AF533382

natürlich oekom
nachhaltig seit 1989

Autor und Verlag danken der Umweltstiftung Weser-Ems für die Unterstützung dieser Publikation

Bibliografische Information der Deutschen Nationalbibliothek:
Die Deutsche Nationalbibliothek verzeichnet diese Publikation in der Deutschen Nationalbibliografie; detaillierte bibliografische Daten sind im Internet über www.dnb.de abrufbar.

2. Auflage 2024

oekom – Gesellschaft für ökologische Kommunikation mbH
Goethestraße 28, 80336 München
+49 89 544184 – 200
www.oekom.de

Lektorat: Doris Bergs, Reno Lottmann
Layout, Satz und Korrektur: Reno Lottmann Umschlaggestaltung: Ines Swoboda
Umschlagabbildung: © Reno Lottmann
Druck: Esser printSolutions GmbH, Ergolding

ISBN 978-3-96238-410-4
https://doi.org/10.14512/9783987262067

Reno Lottmann

Nächster Halt Wattenmeer

Wie ein kleiner Zugvogel Welten verbindet

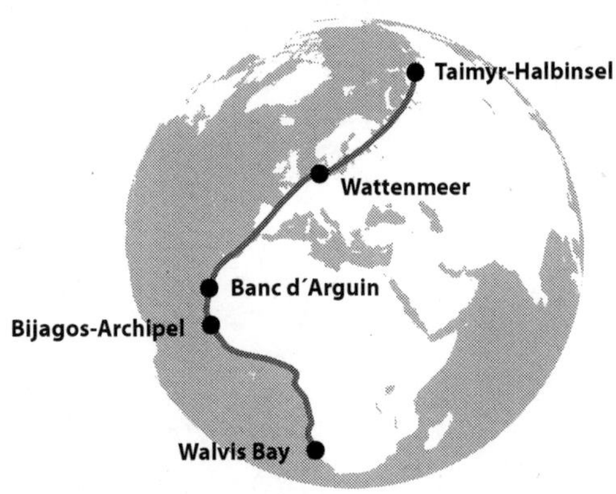

Inhalt

1 Ein Schwarm steigt auf 7

2 Auf den Spuren Alexander von Middendorffs – Überleben in der Arktis 19
Taimyr, Russland

3 Im Rhythmus der Gezeiten 67
Wattenmeer, Deutschland

4 Wasser, Watt und Wüste 133
Banc d'Arguin, Mauretanien

5 Überwintern unter Palmen 173
Bijagos-Archipel, Guinea-Bissau

6. Lagunen am Sandmeer 213
Walvis Bay/Sandwich Harbour, Namibia

7 Schicksalhaft verbunden 247

8 Rückkehr in eine veränderte Welt 285

Danksagung 332

Bildnachweis 333

Quellen 337

»Und ich kann mir wahrlich Schlimmeres denken
als den Vergleich mit dir, kleiner Vogel,
schließlich entstammen wir beide derselben Werkstatt
und sind aus dem gleichen Holze geschnitzt.«

Sjón, »Das Gleißen der Nacht«

Kapitel 1

Ein Schwarm steigt auf

Abb. 1: Ziehende Blässgänse

Nils Holgersson 2.0

»Er meinte, den Himmel noch nie so dunkelblau gesehen zu haben wie an diesem Tage. Zugvögel kamen dahergeflogen. Sie kamen vom Auslande, waren über die Ostsee gerade auf Smygehuk zugesteuert und waren jetzt auf dem Wege nach Norden.«[1] So beginnt *Die wunderbare Reise des kleinen Nils Holgersson mit den Wildgänsen* der Schwedin Selma Lagerlöf. Der Verband der schwedischen Volksschullehrer hatte 1906 bei der Schriftstellerin angefragt, ob sie nicht eine spannende Landeskunde für den Schulgebrauch schreiben könne. Lagerlöf nahm den Auftrag hocherfreut an und hatte eine geradezu geniale Idee: Sie ließ einen kleinen Jungen zum Däumling schrumpfen, setzte ihn auf den Rücken einer Hausgans und schickte die beiden zusammen mit einem Schwarm Wildgänsen kreuz und quer durch Schweden, vom tiefsten Süden bis hinauf in den höchsten Norden. Durch diesen Kunstgriff gelang es der Autorin, Kindern ihr riesiges Heimatland auf unterhaltsame Weise näherzubringen – und machte das Buch ganz »nebenbei« zu einem Welterfolg.

Natur und Kultur stehen gleichwertig im Zentrum des Buches und werden immer wieder miteinander verschmolzen, ganz wörtlich zum Teil. So, als sich eine verwunschene Landschaft vor den Augen des kleinen Nils Holgersson auf wundersame Weise in die Stadt Karlskrona im

Südosten des Landes verwandelt: »Die großen Steinblöcke waren nichts andres als Häuser. Die ganze Insel war eine Stadt; die glänzenden, goldnen Punkte waren Laternen und erleuchtete Fensterreihen. Der Riese, der ganz oben auf der Insel stand, war eine Kirche mit zwei Türmen, und alle die Meeresungeheuer und Zauberer, die er zu sehen geglaubt hatte, waren Boote und große Schiffe, die rings um die Insel herum verankert waren.«[2]

Tiere und Pflanzen, Land und Leute, unberührte Natur mit endlosen Wäldern, Dörfer mit »lustigen Puppenhäusern«, Städte mit »rauchigen Fabrikgebäuden«, die Küste übersät mit Schären, dazu Flüsse, Seen, Moore, Ackerland und karges Fjäll, sogar Mythen und Sagen oder bedrohliche Krankheiten wie Typhus, all das findet Eingang ins Buch und wird von der Autorin meisterhaft miteinander verwoben. Sogar der Naturschutz kommt zu Wort, wenn die Wildgans Akka am Ende der Reise ihrem Schützling Nils Holgersson ordentlich ins Gewissen redet: »Wenn du etwas Gutes gelernt hast, Däumling, dann bist du vielleicht jetzt nicht mehr der Ansicht, daß die Menschen allein auf der Welt herrschen sollten. [...] Bedenke, ihr habt ein großes Land für euch, und deshalb könntet ihr uns recht gut ein paar Schären und einige sumpfige Seen und Moore sowie einige öde Felsen und abgelegene Wälder überlassen, wo wir armen Tiere im Frieden leben könnten. Solange ich lebe, bin ich nun beständig verfolgt und gejagt worden. Es wäre eine Wohltat, wenn sich für solche Geschöpfe, wie wir sind, auch irgendwo eine richtige Freistatt fände.«[3]

Das vorliegende Buch nimmt die Idee von Selma Lagerlöf auf und überträgt sie ins 21. Jahrhundert, nicht für Kinder allerdings, sondern für Erwachsene. Wie bei der Schwedin bildet der Zugweg einer Vogelart die inhaltliche Klammer des Buches, wie bei ihr werden Mensch und Natur auf der Reise gleichberechtigt nebeneinandergestellt und miteinander verknüpft. Im Unterschied zu Selma Lagerlöf versucht dieses Buch allerdings, Antworten auf deutlich weiter gefasste Fragen zu finden: Auf welche Weise bestimmt die natürliche Umwelt das Leben der Menschen auf der Erde, wie beeinflusst sie die Entwicklung von Gesellschaften, wie formt sie unser Denken, Fühlen und Handeln? Wie kommen auf der anderen Seite nichtmenschliche Wesen, die neben uns leben, mit den jeweils vorherrschenden Bedingungen zurecht? Welche Strategien haben diese Tiere entwickelt? Wie blicken wir auf sie, in welchem Kontakt stehen wir zueinander, wie wirken wir aufeinander ein? Und nicht zu vergessen: Wie wirken sich unsere Eingriffe in den Naturhaushalt auf uns und unsere Mitwelt aus? All das sind Fragen, die letztendlich um dasselbe Thema kreisen: die Beziehungen des Menschen zur Natur, beispielhaft beleuchtet über einen weitgereisten Zugvogel.

Abb. 2: Alexander von Humboldt

Die Idee zu dieser Verknüpfung ist zwar inspiriert von Selma Lagerlöf, fühlt sich jedoch in erster Linie der Tradition jener Weltreisenden verpflichtet, die vor allem im 18. und 19. Jahrhundert die Welt über Fachgrenzen hinweg in all ihren Erscheinungsformen zu beschreiben versuchten, allen voran Alexander von Humboldt, der schon als junger Mann auf seiner Amerikareise zwischen 1799 und 1804 in seinem Tagebuch festhielt: »Alles ist Wechselwirkung.«[4] Er sammelte und kartierte auf dieser Reise Pflanzen, führte meteorologische und astronomische Messungen durch, machte sich gleichzeitig aber auch Gedanken über die Sklaverei und den Einfluss eingewanderter Missionare auf die indigene Bevölkerung. Selbst zur Malerei und Naturwahrnehmung hatte er etwas zu sagen. All diese Aspekte waren für ihn eng miteinander verwoben, gehörten ursächlich zusammen. Er trennte nicht streng zwischen Natur- und Geisteswissenschaften, wie bis heute im wissenschaftlichen Diskurs üblich, sondern versuchte, sie miteinander zu verknüpfen. »Je klarer die Einsicht ist, welche wir in dem Zusammenhang der Phänomene erlangen«, schrieb er in seinem berühmten *Kosmos*, »desto leichter machen wir uns auch von dem Irrthume frei, als wären für die Kultur und den Wohlstand der Völker nicht alle Zweige des Naturwissens gleich wichtig.«[5]

Der Versuch, eine Beziehungsgeschichte von Mensch und Natur zu entwerfen, kann nur dann gelingen, wenn man sich anders als Selma Lagerlöf nicht auf ein einziges Land beschränkt, sondern den Blick weitet. Erst eine globale Betrachtungsweise eröffnet die Möglichkeit, die Spannbreite menschlicher und nichtmenschlicher Anpassungsleistungen in Bezug auf die Umwelt ins Auge zu fassen. Das Vorhaben, einen Vogel als Reiseleitung einzusetzen, stellt an diese Vogelart entsprechend hohe Anforderungen. Gesucht wird ein Vogel, der nationale Grenzen überwindet, an weit entfernt liegenden Orten zu Hause ist und dabei mit den verschiedensten menschlichen Kulturen in Berührung kommt, gesucht wird mit anderen Worten ein echter Globetrotter. Wildgänse wie Akka kommen dafür nicht in Betracht, da sie »nur« zwischen Westeuropa und Skandinavien oder Sibirien pendeln. Zeit, sich an die Küste zu begeben, dorthin, wo sich zweimal im Jahr riesige Scharen von Zugvögeln zur Rast einfinden und die besten Chancen bestehen, fündig zu werden.

Ein Weltenbummler

An der Küste Dithmarschens im Nationalpark Schleswig-Holsteinisches Wattenmeer. Ein ruhiger, sonniger Abend Ende Mai. Der Blick schweift über weite, dunkelgraue Wattflächen, am Horizont kann man die Hafenanlagen von Cuxhaven erkennen, dazwischen fließt irgendwo die Elbe. Ab und an schiebt sich ein Containerschiff ins Bild und zieht langsam, aber zielstrebig vorbei. Die Luft ist erfüllt von den Rufen der hier brütenden Austernfischer, Rotschenkel und Säbelschnäbler.

Mit einem Mal steigen weit draußen über dem Watt Vogelschwärme in die Luft, drehen in gewagten Manövern ihre Runden, setzen zur Landung an und scheinen im Watt zu verschwinden. Einige Minuten passiert nichts, dann erheben sich die Schwärme erneut in den Himmel, ziehen für kurze Zeit ihre Bahnen, landen. Und wieder: starten, fliegen, landen. Mit jeder ihrer Flugeinlagen kommen die Vögel dem Festland ein Stück näher, parallel zur langsam ansteigenden Flut.

Schließlich sind die Vögel nah genug, um sie genauer betrachten zu können. Sie sind etwa amselgroß, robust gebaut, haben relativ lange Beine und einen schmalen, geraden Schnabel. Vom Kopf bis zum Bauch sind sie einfarbig pfirsichrot oder rostbraun, im Kontrast zum dunkleren Rücken, der ein filigranes, kontrastreiches Fleckenmuster zeigt. Ganz eindeutig, das sind Knuttstrandläufer, kurz Knutts, Watvögel, die zu dieser Jahreszeit zu Tausenden das Wattenmeer bevölkern. Wie die meisten seiner Verwandten (zu denen neben anderen Strandläufern unter anderem Schnepfen, Regenpfeifer und Wasserläufer gehören) hält sich der Knutt mit Vorliebe in solch offenem, feuchtem Gelände auf. Das Watt ist bei fast allen Vertretern der Watvogelfamilie derart beliebt,

Abb. 3: Knutt im Prachtkleid

dass man sie ebenso gut als Wattvögel bezeichnen könnte, schließlich beziehen sich »Watt« wie »Watvögel« auf das Wort »Waten«, eine Fortbewegungsweise, die laut Duden darin besteht, »auf nachgebendem Untergrund« zu gehen, »wobei man ein wenig einsinkt und deshalb die Beine beim Weitergehen anheben muss«.[6]

Knutts brüten in der gesamten arktischen Region, von Sibirien über Alaska bis nach Grönland. Je nachdem, wo sie brüten, ziehen sie nach der Brutzeit in sehr unterschiedliche Regionen der Erde. Knutts, die im nordwestlichen Kanada zur Brut schreiten, folgen dem amerikanischen Kontinent bis hinunter nach Patagonien, Vögel aus Ostsibirien fliegen im Herbst über China bis nach Australien oder Neuseeland. Die meisten der Knutts, die sich hier gerade in Dithmarschen versammeln (Unterart *Canutus*), waren vor einigen Wochen noch in ihren Winterquartieren im Westen Afrikas, in Kürze wird es sie weitertreiben zu ihren Brutplätzen auf der Taimyr-Halbinsel im arktischen Sibirien.

Ein Leben zwischen Arktis und Tropen, Eis und Wüste, in Lebensräumen, die unterschiedlicher kaum sein können, welch eine Herausforderung für solch einen kleinen Vogel! Der Knutt hat Lösungen für alle damit verbundenen Herausforderungen gefunden, er ist ein Anpassungskünstler, der für sich allein bereits genügend Stoff für ein umfangreiches Buch liefern würde. Doch damit nicht genug: Egal wo der Knutt hinkommt, ob in kalte, gemäßigte oder brütend heiße Regionen, in trockene oder feuchte Klimate, überall, selbst an den abgelegensten Orten, begegnet er Menschen. Menschen, denen es wie ihm gelungen ist, mit den dort herrschenden Bedingungen über lange Zeit zurechtzukommen. Menschliche Gesellschaften an extremen Orten und ein kleiner Zugvogel, der sie miteinander verbindet, keine Frage, mit dem Knutt ist der perfekte Reisepartner gefunden.

Das Buch folgt diesem Kosmopoliten auf seiner Zugroute rund um den halben Globus und versucht, sein faszinierendes Leben mit der Spannbreite menschlicher Anpassungsleistungen in Verbindung zu setzen. Es geht der Frage nach, welche Ressourcen dem Knutt und den Menschen an den jeweiligen Orten zur Verfügung stehen und wie sie diese jeweils nutzen, es untersucht, wie beide unter den unterschiedlichen klimatischen Bedingungen ihr Leben organisieren, erkundet, in welcher Beziehung sie zueinander stehen, mit welchen Folgen für die eine oder andere Seite.

Die menschlichen Gesellschaften entlang des Zugweges haben wie der Knutt zwar ganz eigene Lösungen für ihre Probleme gefunden und damit unverwechselbare Kulturen erschaffen, keines von ihnen existierte oder existiert aber völlig losgelöst und unbeeinflusst von anderen Völkern. Spätestens die von Portugal im 15. Jahrhundert in Gang gesetzte europäische Expansion zwang noch die abgeschiedenste Zivilisation aus ihrer Isolation heraus und verband sie unentrinnbar mit der Welt. Zum Verständnis der heutigen Situation der Menschen entlang des Zugweges reicht es deshalb nicht aus, sich auf eine Beschreibung ihrer derzeitigen Kulturpraktiken zu beschränken. Es bedarf darüber hinausgehend einer historischen Einordnung. Wie sich dabei zeigen wird, hat der Kontakt mit fremden Kulturen für einige Völker entlang des Zugweges verheerende Folgen gehabt, bis hin zu einer fast vollständigen Zerstörung ihrer über einen langen Zeitraum erworbenen kulturellen Identität.

Würde man allen Knuttpopulationen auf ihrem Weg folgen, müsste eine Betrachtung fast die gesamte Welt umfassen. Man müsste eine unüberschaubare Anzahl von Landschaften und Völkern vorstellen und miteinander vergleichen – ein schier unmögliches Unterfangen. Deshalb konzentriert sich das Buch weitgehend auf jene Knutts, die auf dem Weg zwischen Afrika und Sibirien bei »uns« im Wattenmeer zur Rast einfallen, auf Vögel der Unterart *Canutus*. Trotz dieser Einschränkung hat man es bei dem Versuch, einen fachübergreifenden Blick auf die Welt zu werfen, immer noch mit einer derartigen Fülle an Informationen zu tun, dass die Anmerkungen an vielen Stellen zwangsläufig lückenhaft, verkürzt und stark vereinfachend bleiben müssen. Leider kann auch nur ein sehr kleiner Ausschnitt menschlicher und nichtmenschlicher Anpassungsleistungen dargestellt werden. Da die Knutts der Unterart *Canutus* auf ihrem Zugweg aber in den denkbar unterschiedlichsten Landschaften haltmachen und dabei auf sehr stark voneinander abweichende Kulturkreise treffen, ergibt sich trotzdem ein umfangreicher, erhellender Blick auf die Beziehungen zwischen Mensch und Umwelt, Mensch und Vogel.

Als Startpunkt der Reise bietet sich die Taimyr-Halbinsel im äußersten Norden Sibiriens an, der Ort, an dem das Leben für den Knutt der Unterart *Canutus* seinen Anfang nimmt. Die Reise folgt den Spuren Alexander von Middendorffs, eines echten Universalgelehrten, der Mitte des 19. Jahrhunderts die Halbinsel als Erster genauer beschrieben hat. In dem riesigen, von der Tundra geprägten Areal brütet eine Vielzahl der bei uns im Wattenmeer rastenden Zugvögel. Alles muss hier schnell ablaufen, Balz, Paarung Eiablage, Aufzucht der Jungen – der Sommer ist schließlich nur von kurzer Dauer. Menschen leben nur wenige in dieser extremen Umwelt, darunter die Nganasanen, eines der kleinsten indigenen Völker Russlands, ein Volk, dessen Kultur perfekt auf die harten Umweltbedingungen eingestellt war, nun aber unterzugehen droht.

Kontrastprogramm dann auf dem Weg Richtung Süden: Mit dem deutschen Wattenmeer als zweiter Station erreichen die Knutts einen dicht besiedelten, wirtschaftlich intensiv genutzten Lebensraum. Für den Knutt ein Schlaraffenland. Fast alles hier unterliegt dem Rhythmus der Gezeiten, auch das Leben der Küstenbewohner:innen, deren Existenz immer wieder durch Sturmfluten bedroht war und ist, die heute dessen ungeachtet aber ganz komfortabel vom Tourismus leben.

Ohne Zwischenhalt geht es vom Wattenmeer weiter bis zur Banc d' Arguin in Mauretanien, dem wichtigsten Überwinterungsgebiet der Art. Der flache Küstenabschnitt unterliegt wie das Wattenmeer den Gezeiten – Vorteil für den Knutt, der hier im Schlick wieder reiche Beute findet. Allerdings ist nicht alles so bekömmlich, wie es aussieht. An Land bestimmen Trockenheit und Hitze das Leben, was die hier lebenden Imraguen dazu zwingt, sich fast ganz auf den Fischfang zu konzentrieren.

Im Vergleich zu Mauretanien erwartet Vögel, die weiter zum Bijagos-Archipel in Guinea-Bissau ziehen, eine ganz andere, geradezu exotisch anmutende Welt. Überwintern unter Palmen, für den Knutt ist das eine Herausforderung. Die Ureinwohner:innen der Inselgruppe, die Bijagos, haben es da besser: Sie müssen sich nicht auf den Fischfang beschränken, sondern profitieren von dem, was die reichhaltige Pflanzenwelt bereithält. Die Globalisierung mit ihren zum Teil gravierenden Umwälzungen hat mittlerweile aber auch diese Region erreicht.

Die letzten Knutts kommen erst im südlichen Afrika zur Ruhe. Die Lagunen bei Walvis Bay in Namibia sind ein beliebtes Reiseziel für gefiederte Globetrotter. Gute Bedingungen für diverse Wat- und Wasservögel, harte Bedingungen für das seit alters in Küstennähe siedelnde Volk der Topnaar. Lange Zeit hing das Überleben der Menschen in erster Linie von einer erstaunlichen Pflanze ab. Während sich der Hafen von Walvis Bay seit der Unabhängigkeit Namibias zu einem boomenden Handelsstützpunkt mausert, leben viele Topnaar immer noch unter ärmlichsten Bedingungen.

Nachdem die Reise in Namibia ihr Ende gefunden hat, ist es an der Zeit, die Reisestationen miteinander in Beziehung zu setzen und nach Verbindungen zu suchen. Schnell wird klar: Alles hängt irgendwie zusammen, keiner lebt für sich allein. Für den Knutt als Weltenbummler gilt das in besonderer Weise. Gibt es in nur einem der Lebensräume, die er im Laufe eines Jahres aufsucht, Probleme, gerät gleich die gesamte Lebensplanung der Vögel aus den Fugen. Ähnliches lässt sich mittlerweile auch in Bezug auf die Menschen sagen: Durch die fortschreitende Globalisierung sind die Verbindungen zwischen den Völkern heute derart eng und allumfassend, dass eine Veränderung in lediglich einer Region sich in kürzester Zeit global auf das Leben der Menschen auswirken kann – das hat nicht zuletzt die Coronapandemie eindrücklich unter Beweis gestellt.

Durch die Besiedlung und Nutzung desselben Lebensraumes sind auch Mensch und Knutt eng miteinander verbunden. Dort, wo Eingriffe des Menschen zu einer starken Veränderung des Ökosystems führen, kann das für den Knutt fatale Folgen haben. Der Naturschutz versucht, wo möglich, Abhilfe zu schaffen. Den erschreckenden, durch die rücksichtslose Ausbeutung der Ressourcen und einen exorbitanten Bevölkerungsanstieg verursachten Rückgang vieler Tier- und Pflanzenarten haben derartige Schutzbemühungen bislang allerdings nicht stoppen können. Sind Indigene mit ihrer Sicht auf die Natur womöglich die besseren Naturschützer:innen?

Der einsetzende Klimawandel führt nun für Mensch wie Knutt zu ganz neuen Herausforderungen. In der Arktis ist er längst angekommen, und der Knutt gehört zu seinen ersten Opfern. Viele Menschen müssen aber auch bereits jetzt mit den negativen Folgen der Erwärmung leben. Der Druck auf Menschen und andere Lebewesen nimmt zu. Dem Problem ist mit der Unterschutzstellung von Räumen allein nicht mehr beizukommen, es muss sich grundsätzlich etwas ändern.

Mit dem kurzen Überblick über den Aufbau des Buches sind die Reisevorbereitungen abgeschlossen, es kann losgehen. Ein Blick Richtung Elbe offenbart, dass die Flut die Knutts inzwischen bis aufs Festland getrieben hat. Hier stehen sie nun eng beieinander und warten. Seit ihrer Ankunft vor einigen Wochen ging es für jeden Einzelnen von ihnen eigentlich nur um eines: fressen, möglichst viel fressen, fressen ohne Unterlass, Tag und Nacht. Möglichst viel Nahrung aus dem Schlick ziehen und sich so ein sattes Fettpolster anlegen, nur deswegen sind sie hier. Und wenn – wie jetzt gerade – das Hochwasser die Wattflächen überschwemmt und eine Nahrungsaufnahme unmöglich macht, haben sie gewartet und sich erholt. Auf diese Weise ist es den Vögeln gelungen, ihr Gewicht in der kurzen Zeit fast zu verdoppeln, genug Reserven, um den langen Flug in die Arktis im Nonstopflug zu bewältigen. In den letzten Tagen haben sie es dann insgesamt ruhiger angehen lassen, die Nahrungssuche weitgehend eingestellt und ausgeharrt, bis sich alle Organe, die beim Flug nicht gebraucht werden, langsam zurückentwickelt haben – ein unnötiger Ballast auf der langen Reise, die sie vor sich haben.

Jetzt ist alles bereit, jetzt möchten sie eigentlich los. Alle Vögel wirken entsprechend nervös und angespannt, immer wieder lüftet einer die Flügel und steckt mit seiner Unruhe die anderen an. Einige fliegen sogar kurz auf, tauchen aber gleich wieder unter im dicht gedrängten Schwarm.

Ein anschwellendes Zwitschern kündigt die Explosion an: Alle Vögel steigen fast synchron in die Höhe und sind schnell dabei, den Blicken zu entschwinden. Doch noch einmal macht der Schwarm kehrt, so als würden die Vögel nun erst realisieren, welch gewaltige Herausforderung vor ihnen liegt. Also erneut gelandet, stehen geblieben und durchgepustet. Die Unruhe der Vögel ist nun fast körperlich spürbar. Schon wieder sind sie in der Luft. Jeder Versuch aufzubrechen dauert nun länger, führt die Vögel in immer größere Höhen. Endlich, die

Sonne ist schon hinter dem Horizont verschwunden, ist es so weit: Der Schwarm schwenkt, ein klares Ziel vor Augen, endgültig in Richtung des Brutgebietes ab. Weg sind sie. Was bleibt, sind eine merkwürdige Leere und Stille. »Da ergriff den Jungen eine schmerzliche Sehnsucht nach den Davonziehenden«, heißt es im Buch von Selma Lagerlöf, kurz nachdem Nils Holgersson am Ende der Reise seine ursprüngliche Gestalt wiedererlangt hat. »Und es hätte nicht viel gefehlt, so hätte er sich gewünscht, wieder der Däumling zu sein, um mit einer Schar Wildgänse über Land und Meer hinfliegen zu können.«[7]

Kapitel 2

Auf den Spuren Alexander von Middendorffs – Überleben in der Arktis

Taimyr-Halbinsel/Russland

Im Auftrag der Akademie

Eine Reise in den äußersten Norden Sibiriens, wie wäre das? Auf Staatskosten eine weitgehend unberührte Landschaft erforschen, Tiere und Pflanzen entdecken, Steine klopfen und Flussläufe vermessen, Kontakt zu indigenen Volksgruppen suchen – solch ein attraktives Angebot erhält man nicht alle Tage, und so musste der Biologe Alexander von Middendorff (1815–1894) sicherlich nicht lange überlegen, als die Kaiserliche Russische Akademie der Wissenschaften zu Sankt Petersburg 1842 bei ihm anfragte, ob er nicht die Leitung einer Expedition zur nordöstlich des Ural gelegenen Taimyr-Halbinsel übernehmen wolle. Middendorff stammte aus Estland im Baltikum. Seine Familie gehörte zum dort ansässigen deutschstämmigen Adel, der im gesamten Land über ausgedehnte Landgüter und viel Einfluss verfügte. Wie Alexander von Humboldt galt Middendorff als echtes Multitalent. »Je näher man Middendorff kennen lernt, um so bewundernswerther, weil vielseitiger, erscheint er«, heißt es beispielsweise im *St. Petersburger Herold* anlässlich seines goldenen Doktorjubiläums am 2. Juni 1887. »Er ist Sammler, Jäger, Fischer, Seemann, Handwerker, Arzt, Züchter, Zoolog, Musiker, Landwirth, Forstmann, gleichzeitig Staatsmann und Volksmann (selten verstand wohl jemand die Volksseele wie Middendorff), Botaniker, Geolog, Meteorolog, Linguist, Philosoph, liebevollster Sohn, Gatte und Vater und stets der Mann, der edle Mensch obenan. Er hat beginnen können, was er nur immer wollte: Er leistete stets das irgend Erreichbare – er ist aber ein ganzer Mann, ja mehr – eine universale Natur.«[1] Als er die Anfrage bekam, lehrte der später derart Gelobte gerade als Professor in seinem Spezialgebiet, der Zoologie, an der Universität in Kiew.

Abb. 1: Alexander von Middendorff

Der Norden des Kontinents war dem Grafen nicht ganz fremd, schließlich hatte er bereits 1840 als Fünfundzwanzigjähriger das Weiße Meer und Teile Lapplands besucht und damit wichtige Erfahrungen mit den Lebensbedingungen in diesen Breiten sammeln können – sicher ein wichtiger Grund, warum die Akademie gerade ihn als Expeditionsleiter auserkoren hatte. Die Taimyr-Halbinsel war zur Zeit der Auftragsnahme noch ein weitgehend unerforschter Landstrich. Weder wusste man etwas über die dort heimischen Tiere und Pflanzen, noch war bekannt, wie sich das Leben der in der Region ansässigen indigenen Völker gestaltete, und schon gar nicht war klar, dass hier eines der weltweit wichtigsten Brutgebiete von Watvögeln wie dem Knutt auf seine Entdeckung wartete.

Die Akademie wünschte eine Erforschung der Gegend zuvörderst »in geographischer, physicalischer, ethnographischer und naturhistorischer Hinsicht«.[2] Über ausführliche Instruktionen wurde der junge Forscher vor Antritt der Reise darüber in Kenntnis gesetzt, was er genau zu untersuchen hatte. Zum Teil reichten die Anmerkungen bis ins kleinste Detail. Für die Erforschung der Tierwelt bedurfte es allerdings keiner ausführlichen Anweisungen, bei der Akademie war man davon überzeugt, dass Middendorff als Zoologieprofessor selbst am besten wusste, was zu tun war. »Es wäre daher unnütz«, hieß es knapp, »wenn man ihm einschärfen wollte, dass er nicht blos die seltenen Arten, sondern auch von den allgemeiner verbreiteten Formen einzelne charakteristische Exemplare sammeln, dass er die verschiedenartigen Abänderungen der Thiere nach Klima u.s.w. beachten und von den in Sibirien eigenthümlichen Arten die grösstmögliche Zahl von Individuen zu acquiriren suchen sollte.«[3] Akquirieren, das bedeutete in der Praxis, ausgewählten Tieren mit der Flinte hinterherzujagen, sie nach dem Abschuss in einen möglichst haltbaren Zustand zu bringen und sicher nach Sankt Petersburg zu verfrachten, wo sie die Sammlung der Akademie bereichern sollten. Nicht dem Studium, sondern dem Sammeln galt das Hauptaugenmerk, erst schießen, dann erforschen. Entsprechend wurde Middendorff auch eine Liste der zu erlegenden Vogelarten mit auf den Weg gegeben. Der Knutt war nicht darunter, vermutlich weil es schon genug Exemplare in der Sammlung gab. Zusätzlich äußerte die Akademie den Wunsch, Eier und Nester sicherzustellen. Das war es schon, Vögel schießen und Eier rauben, mehr wurde nicht gefordert. Als begeisterter Ornithologe beschränkte sich Middendorff auf der

Reise dann aber keineswegs auf das Sammeln, weit darüber hinausgehend, führte er genau Buch über alle Begegnungen und Erlebnisse, die er mit Vögeln hatte. Später dienten ihm diese Notizen unter anderem dazu, Mutmaßungen über den Ablauf des Vogelzuges und das Orientierungsvermögen von Zugvögeln anzustellen.

Ob Middendorff sich vor der Abreise wohl des vollen Umfangs seiner Aufgaben bewusst war? Die Auswertung der Ergebnisse seiner Studien sollte ihn schließlich die nächsten 30 Jahre beschäftigen! Immerhin erlaubte ihm die Akademie, zur Unterstützung zwei wissenschaftliche Mitarbeiter (den Forstmann Thor Brandt und den Landvermesser Wassili Waganow) und seinen Diener (Michael Fuhrmann) auf die Expedition mitzunehmen.

Die Reise begann im zeitigen Frühjahr 1843. Sie führte Middendorff und seine Begleiter zunächst über Tomsk und Krasnojarsk bis nach Turuchansk. Dieser Ort liegt etwas südlich des Polarkreises am Jenissei, im 19. Jahrhundert bildete er ein florierendes Handelszentrum für Pelztiere. Nach einem längeren Aufenthalt ging es am 5. April mit Hundeschlitten auf dem vereisten Jenissei weiter gen Norden bis nach Dudinka. Danach folgte die Reisegesellschaft dem Lauf des Flusses Boganida und erreichte die Waldgrenze. »Nicht ohne ein Gefühl tiefer Demut nahm ich nun vom Wald Abschied«, hielt Middendorff fest. »Ich war sehr lange dem traurigen Kampf Schritt für Schritt gefolgt, durch

Abb. 2: Vogelillustrationen in den Reiseberichten von Alexander von Middendorff aus dem Jahr 1853

den ein Bestandteil nach dem anderen aus den Reihen der Waldbäume ausgeschieden war, und nur die Lärche hatte sich bis zuletzt behauptet – jetzt war es auch mit ihrer Kraft vorbei.«[4]

Mit dem Überschreiten der Waldgrenze und dem Betreten der Tundra hatte Middendorff nach monatelanger Reise endlich sein Forschungsziel erreicht, die Taimyr-Halbinsel, oder das Taimyrland, wie er selbst es nannte.

»Prädikat Arktis« – eine kurze Landschaftsbeschreibung

Die Taimyr-Halbinsel liegt im äußersten Norden des eurasischen Kontinents, mit dem Kap Tscheljuskin als nördlichstem Festlandpunkt der Erde. Benannt ist sie nach dem Fluss Taimyra, der durch weite Teile der Region fließt. Nach Westen hin wird die Halbinsel durch den Mündungstrichter des Jenissei abgegrenzt, im Norden und Osten umschließt das Polarmeer die Region. Ein riesiges Areal mit einer Fläche von etwa 400.000 Quadratkilometern, damit ist Taimyr größer als ganz Deutschland (357.375 Quadratkilometer). Baumlose, unendlich erscheinende Ebenen und sanft geschwungenes Hügelland prägen weite Teile der Halbinsel. Für Abwechslung sorgen Fließgewässer, neben der Taimyra die Nowaja und der Khatanga, dazu ist die Landschaft übersät mit Hunderttausenden von Seen, von denen der Taimyr-See mit seinen 4.560 Quadratkilometern als größter See der Arktis gilt. Nördlich des Taimyr-Sees liegt das 1.000 Kilometer lange und zwischen 50 und 180 Kilometer breite Byrranga-Gebirge, der einzige nennenswerte Höhenzug der Halbinsel (bis zu 1.125 Meter hoch). Die Küstenlinie ist von zahlreichen Buchten und vorgelagerten Inseln geprägt.

Fast alles ist extrem hier im äußersten Norden. Vor allem die harten Witterungsbedingungen drücken der Region ihren Stempel auf. Im Winter können die Temperaturen bis auf minus 60 Grad fallen. Im Sommer ist es zwar deutlich milder, die Mitteltemperaturen liegen aber auch dann kaum über null Grad. Allerdings können die Tagestemperaturen vorübergehend auf über 30 Grad in die Höhe schnellen. Niederschläge sind selten, fast ständig bläst ein kräftiger Wind, häufig stürmt es. Einen

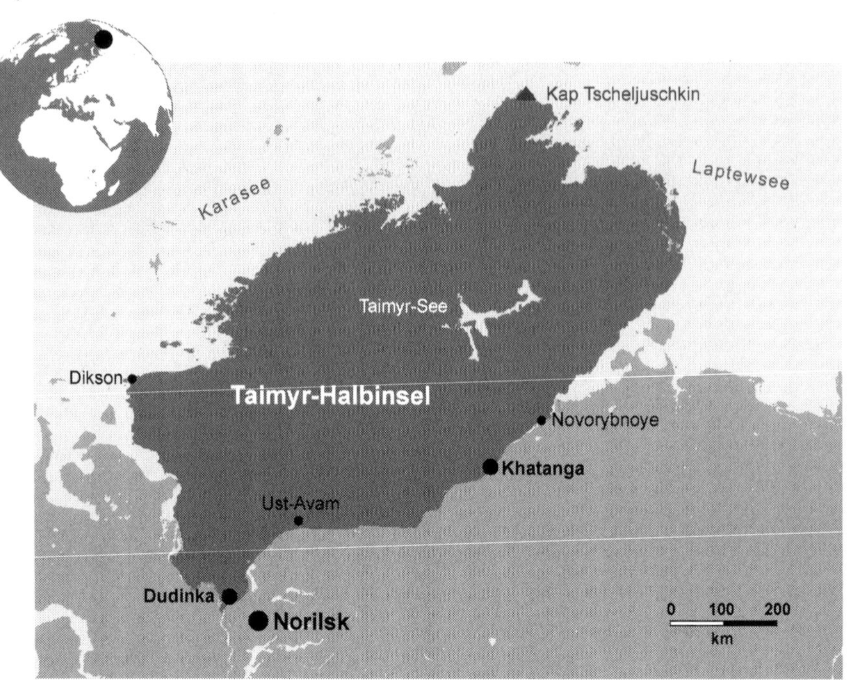

Abb. 3: Taimyr-Halbinsel

Großteil des Jahres liegt Schnee (200 bis 280 Tage im Jahr). Im Winter herrscht die Polarnacht (in Dudinka ganz im Süden der Halbinsel 65 Tage), dafür scheint im Sommer die Mitternachtssonne, es ist also über mehrere Wochen hinweg taghell (in Dudinka 83 Tage). Der Sommer ist kurz und intensiv. Hoch im Norden an der Küste dauert er kaum einen Monat (Juli bis Anfang August), weiter südlich immerhin eineinhalb bis zweieinhalb Monate (zweite Hälfte Juni bis Ende August). Der Schnee liegt noch bis in den Juni hinein, die Vereisung von Flüssen und Seen zieht sich oft sogar noch länger hin. Der Boden taut im Sommer nur an der Oberfläche auf – weit im Norden sind es nur wenige Zentimeter. Darunter bleibt der als »Permafrostboden« bezeichnete Untergrund das ganze Jahr über gefroren. Der eisige Boden verhindert, dass das Tauwasser im Frühjahr versickert, und verwandelt so weite Teile der Tundra in Sumpfgebiete.

Die ein- bis zweieinhalb Monate zwischen Schneeschmelze und den ersten wieder einsetzenden Schneestürmen bilden das Zeitfenster,

welches Tieren und Pflanzen zur Verfügung steht, um Kräfte zu sammeln und sich zu vermehren. Unter solch extremen Bedingungen überlebt nur, wer perfekt angepasst ist. Pflanzen haben es da besonders schwer. Sie können nicht wie Vögel und – in eingeschränktem Maße – Säugetiere einfach abwandern, wenn es ungemütlich wird. Bäume müssen deshalb bereits weiter südlich aufgeben. Im Permafrostboden wird es für sie unmöglich, Wurzeln zu schlagen, der stürmische Wind, der ein Wachstum in die Höhe verhindert, und die kurze Vegetationsperiode tun ein Übriges.

Auf der sicheren Seite ist, wer sich – wie die meisten Pflanzen der Arktis – flach auf den Boden drückt. Rosetten oder Polster auszubilden, bringt ebenfalls Vorteile. Die Pflanzen sind dann besser vor Kälte geschützt, können die etwas höheren Temperaturen direkt am Boden besser ausnutzen. Auch eine geringe Größe, kleine kompakte Blätter mit Behaarung und ein isolierendes Gewebe stellen eine gute Möglichkeit dar, um der Kälte zu trotzen. Dem kurzen Zeitfenster wird Rechnung getragen, indem viele Pflanzen versuchen, möglichst frühzeitig Blüten auszubilden. Dazu werden bereits im Herbst Blütenknospen angelegt, die, geschützt unter einer dicken Schneedecke, den Winter überdauern und sich unmittelbar nach der Schneeschmelze öffnen. Arktische Blütenpflanzen besitzen zudem oft Speicherorgane, die es erlauben, sofort nach dem Auftauen des Bodens mit dem Wachstum zu beginnen.

In den nördlicheren Bereichen der Arktis werden die Lebensbedingungen für die meisten Blütenpflanzen zu hart, ab hier übernehmen Pflanzen wie Flechten (eine Vergesellschaftung von niederen Pilzen und Algen) und Moose das Regiment. Moose und Flechten haben keine echten Wurzeln und können damit selbst auf Geröll und nacktem Gestein wachsen. Sie sind nicht in der Lage, ihren Wasserhaushalt aktiv zu steuern, weshalb sie ganz auf Niederschläge (oder Tau) angewiesen sind. Das ist in der Regel aber kein großes Problem, da vor allem Flechten über einen sehr langen Zeitraum ganz ohne Wasserzufuhr auskommen, und sehr lang kann bei ihnen durchaus 40 Jahre bedeuten. Die Pflanzen verfallen in den Trockenphasen in eine Art Ruhestarre, warten auf den nächsten Regen, um anschließend einfach weiterzumachen. Auch starker Frost macht ihnen wenig aus, Photosynthese betreiben einige noch bei Temperaturen von minus zehn Grad. Dafür wachsen sie nur extrem langsam, an manchen Orten kaum mehr als zehn Millimeter in 100 Jahren.

Tierische Anpassungen

Auch die auf Taimyr lebenden Tiere haben sich an die unwirtlichen Bedingungen der Arktis angepasst. Für Säugetiere ist, abgesehen von der angespannten Nahrungssituation im Winter, die Kälte das wohl größte Problem. Viele der Säugetiere des Nordens sind deshalb größer als ihre weiter südlich lebenden Artgenossen, sie haben relativ kurze Beine und kleine Ohren. Dadurch besitzen sie im Verhältnis zu ihrem Körpervolumen eine kleinere Oberfläche und geben entsprechend weniger Wärme an die Umgebung ab. Diese Anpassung ist der Grund, warum arktische Säugetiere oft so »pummelig« oder besonders »niedlich« wirken. Zusätzlich sind viele Tiere durch eine dicke Fettschicht unterhalb der Haut und/oder durch ein dichtes Unterfell, das wie ein Luftpolster wirkt, gegen die Kälte geschützt. Säugetiere sind ein wichtiger Bestandteil im Ökosystem der Taimyr-Halbinsel. Sie beeinflussen das Leben unserer Zugvögel und sind für das Überleben der hier lebenden Menschen von zentraler Bedeutung. Es lohnt sich also, noch einen Moment bei dieser Tiergruppe zu verweilen und drei von ihnen etwas genauer vorzustellen.

Die häufigste Säugetierart in der Tundra ist der Sibirische Lemming (eine zweite hier vorkommende Art, der Halsbandlemming, ist seltener). Er lebt in großen Kolonien und wandert jedes Jahr von seinem Sommerdomizil gen Süden in mildere Gefilde, wo er im Schnee Tunnel anlegt und Nester baut. Den Winter verbringt er nicht im Winterschlaf, sondern sucht unter dem Schnee nach Nahrung. In dieser Zeit pflanzen sich die Tiere auch fort, sage und schreibe fünf Würfe kann ein Lemming innerhalb einer Wintersaison großziehen. Durch diese hohe

Fortpflanzungsrate können Lemmingbestände in kurzer Zeit geradezu explodieren, durch schlechte Witterungsbedingungen, Konkurrenz und eine geringe Lebenserwartung aber auch schnell wieder in sich zusammenfallen. Typisch für die sibirische Tundra ist ein zyklisches Auf und Ab der Bestände.

Abb. 4: Sibirischer Lemming

Gibt es viele Lemminge, freut sich der Polarfuchs. Für ihn stellen Lemminge die wichtigste Nahrungsquelle dar. Er ist sozusagen das arktische Pendant unseres Rotfuchses, sieht aber durch den gedrungeneren Körper und die relativ großen Augen »possierlicher« aus. Der Bestand auf der Taimyr-Halbinsel wurde für die 90er-Jahre des vergangenen Jahrhunderts auf 145.000 Tiere geschätzt, in guten Lemmingjahren liegt er deutlich darüber, in schlechten darunter.[5] In Jahren mit wenig Nagern wandern viele Füchse in andere, zum Teil weit entfernte Gebiete ab. So gelangte ein auf Taimyr markiertes Tier über die Beringstraße bis nach Alaska!

Abb. 5: Polarfuchs

Die dritte aus ökologischer Sicht besonders bedeutsame Art ist das Rentier. Auf der Taimyr-Halbinsel lebt die größte Rentierherde der Welt, der Bestand wird – Stand 2016 – auf etwa 600.000 Tiere geschätzt. Er ist in den vergangenen Jahren dramatisch geschrumpft.[6] Die Tiere besiedeln im Sommer vor allem die Ebenen südlich des Byrranga-Gebirges. Im Herbst ziehen sie dann 500 bis 800 Kilometer in den Süden, um dort in der Taiga den Winter zu überstehen.

Abb. 6: Rentier

Die »wahren Herrscher« der Taimyr-Halbinsel sind aber nicht die Säugetiere und auch nicht die Vögel, es sind die Milliarden von Insekten, die den Sommer in der Arktis bestimmen. Es gibt nur vergleichsweise wenige Arten, dafür gibt es sie in unvorstellbaren Mengen. Fliegen und Mücken (Dipteren) stellen die wichtigste arktische Insektenordnung dar. In den Sümpfen, die im Frühjahr durch den tauenden Schnee überall entstehen, können sie sich prächtig vermehren.

Vor allem die Myriaden von Stechmücken machen das Leben warmblütiger Tiere im arktischen Sommer zur Hölle. »Hat man die fürchterliche Mükken- und Moskito-Plage in Sibirien durchgemacht«, hielt Middendorff dazu fest, »hat man die durch Fruchtbarkeit gesegnetsten Landstriche daselbst verödet gefunden, weil weder Menschen noch Hausthiere es vor Geschmeiss auszuhalten vermochten, [...] so zögert man gewiss nicht, die volle Bedeutung anzuerkennen, welche das Hervorkommen des Geschmeisses für die armen Geplagten hat.«[7] In Anbetracht dessen verwundert es nicht, dass die saisonalen Wanderungen der Rentiere im Frühjahr nicht nur guten Nahrungsgründen gelten, sondern auch dazu dienen, in Gebiete mit weniger der blutsaugenden Quälgeister zu entkommen.

Was uns abschreckt, ist für viele Zugvögel der entscheidende Grund, um den langen Flug hierhin auf sich zu nehmen. Insekten im Überfluss, das bedeutet für sie, Nahrung im Überfluss, rund um die Uhr, 24 Stunden am Tag.

Eine mächtige Flut

Nur ganz wenige Vogelarten bleiben das ganze Jahr über auf der Taimyr-Halbinsel. Das Alpenschneehuhn etwa, das sich im Winter von Nadeln, Blättern, Knospen, Samen und Flechten ernährt und so hoch im Norden nur deshalb überleben kann, weil es die Pflanzen über selbst gegrabene Gänge im Schnee erreicht und zum Schutz vor allzu großer Kälte Schlafhöhlen in den Schnee gräbt.

Vögel wie das Alpenschneehuhn sind aber Ausnahmen. Die allermeisten Vögel warten weiter im Süden darauf, dass die Tage länger werden und eine »innere Uhr« ihnen das Startsignal für den Aufbruch gen Norden gibt.

Der Sommer in der Tundra ist so kurz, dass die meisten Vögel fast gleichzeitig im Brutgebiet auftauchen. »Urplötzlich, unaufhaltbar, wie eine mächtige Fluth, die sich aus kleinen Rinnsalen allmählich zusammengestaut, brechen die Zugvögel hinter ihrem Damme hervor, der sie warten liess«, schrieb Alexander von Middendorff. »Der Schwall Heranziehender, der sich bei uns allmälig vertheilt, überfluthet den Hochnorden fast gleichzeitig. Eine Vogelart folgt der anderen unmittelbar. Einzelne Waghälse gehen als Kundschafter voraus. Ist es ihnen gelungen durchzubrechen, so stürzen sich Vortrab, Hauptzug und Nachhuth, die bei uns getrennt reisen, in geschlossenen Reihen hinter einander über die Tundra. Je später, je plötzlicher das Frühjahr, desto grösser die Wucht.«[8]

Middendorff verfolgte die Wanderungen, hielt fest, in welcher Reihenfolge die Zugvögel erschienen und in welche Richtung sie weiterzogen. Bis ins Detail beschrieb er jede interessante Begegnung. So entdeckte er Ende Juni am Fluss Boganida einen Kiebitzregenpfeifer. Diese Art gehört zu jenen Watvogelarten, die vor ihrem Flug in den Norden im Wattenmeer Station machen, um dort ihre Energievorräte aufzu-

füllen. Middendorff bemerkte: »Am 26sten Juni sass dort das Weibchen noch auf seinem, aus dürren Blättern und Flechten zusammengestoppelten Neste, in welchem vier Eier waren. Da über diese letzteren nichts Zuverlässiges bekannt zu sein scheint und ich sie auch fruchtlos unter den Abbildungen zu Thienemanns neuestem Werke suche, so mögen folgende Angaben hier ihren Platz finden.«[9] Daraufhin notierte er die Grundfarbe der Eier, beschrieb die Art der Fleckung, maß ihre exakte Länge und Breite und verglich sie schließlich mit verwandten Arten.[10]

Nicht jedem Nest und jeder Vogelart widmete sich Middendorff mit der gleichen Detailverliebtheit. Der Kiebitzregenpfeifer bekam seine ganze Aufmerksamkeit, weil ganz offenkundig noch kein Naturkundler vor ihm ein Gelege dieser Vogelart beschrieben hatte. Mehr noch, es gab zur Zeit von Middendorffs Expedition noch nicht einmal fundierte Informationen darüber, wo die Brutgebiete des Kiebitzregenpfeifers genau liegen könnten – Reiseziel weitgehend unbekannt. Diese Unkenntnis beschränkte sich keineswegs auf den Kiebitzregenpfeifer. Auch für andere Watvogelarten, für Pfuhlschnepfe und Sanderling etwa, für diverse andere Strandläufer und nicht zuletzt für den Knutt gab es nur ungenaue oder gar keine Angaben über ihre Brutgebiete.

Middendorff sah diese Vogelarten nun auf dem Nest sitzen oder beobachtete, wie sie ihre Jungen durch die Tundra führten. Für Arten, die bei uns im Wattenmeer zu Tausenden rasten, war endlich eine Brutheimat gefunden. Ob sich Middendorff dessen bewusst war, dass er mit seinen Beobachtungen und Nachweisen das wichtigste Nistgebiet für »unsere« Watvögel entdeckt hatte?

Die Entdeckungen Middendorffs begründeten den geradezu mythischen Ruf, den die Taimyr-Halbinsel in Ornithologenkreisen bis heute genießt. Gesteigert durch die Unerreichbarkeit des Landes zur Zeit der Sowjetunion, wurde die Taimyr-Halbinsel, als sich die Grenzen Ende der 1980er-Jahre im Zuge der »Perestroika« endlich öffneten, zum Traumziel für viele Ornithologen. Manche Reisen hinauf ins »Taimyrland« glichen einer Wallfahrt ins Gelobte Land. Forschungsreisende und Vogelbegeisterte aus Deutschland, den Niederlanden, Großbritannien, Polen, Frankreich, Norwegen, Schweden, Finnland, Südafrika, Brasilien, der Schweiz und anderen Ländern strömten nun auf die Halbinsel, um das Verhalten der Watvögel und Gänse in ihren angestammten Brutgebieten genau zu studieren.

Durch die Grenzöffnung war es nun möglich, auch etwas über das Brutgeschäft der sibirischen Knutts zu erfahren. Middendorff hatte dazu auf seiner Reise nur wenig beitragen können, mehr als ein paar flüchtige Begegnungen waren ihm nicht vergönnt: »Am Taimyrflusse traf ich diesen Vogel nirgends, bis auf ein Exemplar, welches ich am 30sten August todt liegend fand. Ich vermuthe, dass diese Art an der Küste des Eismeeres nistete. An der Boganida wurden auch nur zwei Exemplare am 27ten Mai geschossen, und seitdem wurde dieser Vogel nicht wiedergesehen.«[11] Nach einem Gelege suchte er vergebens, und so sollten bis zum ersten Brutnachweis des Knutts in der Arktis noch einige Jahrzehnte vergehen.

Hektische Zeiten

Man geht davon aus, dass Knutts die mehr als 4.000 Kilometer von Dithmarschen bis zur Taimyr-Halbinsel in der Regel nonstop zurücklegen. Das bedeutet: Sie nehmen während der Reise keine Nahrung zu sich, sie trinken nicht und sind dabei doch ständig in Bewegung. Welch eine Kraftanstrengung! Bei ruhigem Wetter können Knutts eine durchschnittliche Geschwindigkeit von 50 bis 60 Stundenkilometern erreichen (der Rekord liegt bei 127 Stundenkilometern![12]), sodass sie bei ruhigem Wetter und Rückenwind nach vier bis fünf Tagen auf der Taimyr-Halbinsel ankommen können. Ihr Ziel ist die nördliche Tundra, hoch bis an die Eismeerküste, dort, wo der Sommer höchstens zwei Monate dauert, das Wetter unberechenbar ist und die Tage ewig dauern, dort, wo nur noch sehr wenige Vogelarten in der Lage sind, ihren Nachwuchs großzuziehen.

Anfang Juni sind sie da. Nun wird es ernst, die Brutsaison ist der »Moment der Wahrheit«. Das gesamte Leben des Knutts ist allein auf die Zeit hier oben im Brutgebiet ausgerichtet: All die Bemühungen, die lange Wanderung, die Intensität der Nahrungsaufnahme im Wattenmeer, die Mauser ins Prachtkleid, all das ist umsonst gewesen, wenn es ihm nun nicht gelingt, erfolgreich für Nachwuchs zu sorgen.[13] Eine Herausforderung mit vielen Unbekannten – und die vielleicht wichtigste Frage dabei lautet: Wie sind hier im Brutgebiet in diesem Jahr die Witterungsbedingungen? Sind sie auf meiner Seite, kommt der Frühling zur rechten Zeit? Die Taimyr-Halbinsel gilt schließlich als äußerst launisch und unzuverlässig. Die Temperaturen variieren stark von Jahr zu Jahr, der Frühling startet nicht immer zur gleichen Zeit.

Die Vögel mussten im Wattenmeer »auf Verdacht« losfliegen, sie mussten es tun, die Wetterbedingungen im fernen Brutgebiet konnten sie schließlich nicht vorhersehen. So kann es sein, dass bei ihrer Ankunft der ganze Schnee bereits weggetaut ist, überall Insekten umherschwirren und milde Temperaturen herrschen. Es kann aber auch sein, dass die Schneeschmelze erst spät einsetzt oder unentwegt Stürme toben. Dann sind die Vögel gezwungen, eine Zwischenrast einzulegen und auf bessere Verhältnisse zu hoffen.

Wenn alles passt, sollte die Tundra bei der Ankunft der Vögel noch ein ungastlicher Ort sein, kalt und ungemütlich, die meisten Bereiche noch vollkommen von Schnee bedeckt und tief gefroren, ein Ort so lebensfeindlich, dass die Vögel sich zunächst an den wenigen bereits schneefreien Plätzen zusammendrängen. Unter diesen unwirtlichen Bedingungen beginnt die vielleicht kritischste Phase des Sommeraufenthaltes. Einerseits sind die Vögel von der Reise so erschöpft und ausgelaugt, dass sie unbedingt Ruhe brauchen. Andererseits drängt es sie sofort weiter in ihre nahe gelegenen Brutgebiete, um dort umgehend ein Revier zu besetzen und mit der Brut zu beginnen. Alles muss schließlich schnell gehen, die Zeit ist knapp, zwei Monate etwa, dann müssen sie zurück.

Der Flug hat viel Kraft gekostet, und auch das Brutgeschäft stellt hohe Anforderungen an die Physis der Vögel. Jetzt zahlt es sich aus, wenn ein Vogel im fernen Wattenmeer so große Fettvorräte angelegt hat, dass bei der Ankunft im Brutgebiet noch etwas davon übrig ist. Er kann somit eher wieder loslegen, früher mit der Brut beginnen als völlig ausgezehrte Artgenossen – Vorteil für »Dicke«. Forscher:innen sprechen deshalb auch gerne vom »Survival of the fattest« statt »Survival of the fittest«. Hat es keine Komplikationen auf dem Zug gegeben, reichen die Reserven bei den meisten Tieren noch für vier bis fünf Tage, das gibt ihnen etwas Luft, die erste Zeit gut zu überstehen. Die verbliebenen Vorräte brauchen die Vögel anfangs vor allem zum Wiederaufbau der inneren Organe, die sich kurz vor dem Abflug im Wattenmeer ja zurückgebildet haben, um Gewicht einzusparen.

Die Energievorräte reichen aber in keinem Fall aus, um alle unmittelbar bevorstehenden Aufgaben erfolgreich zu bewältigen. Das Männchen braucht viel Energie, um ein Revier zu verteidigen und ein Weibchen zu erobern. Die Weibchen wiederum brauchen viel Energie, um Eier zu produzieren. Die Vögel müssen also möglichst umgehend wieder etwas fressen. Auch beim Knutt stehen ab jetzt in erster Linie Insekten auf dem Speiseplan. Gar nicht so einfach, welche zu finden, wenn es eisig kalt ist und fast überall noch Schnee liegt. Das könnte der Grund sein, warum die Vögel die ersten Tage zumeist in Gruppen auftreten: Da, wo sie sich zusammenfinden, gibt es bereits etwas zu fressen! Anfänglich erscheint es am vielversprechendsten, im Boden nach Larven oder Würmern zu suchen. Sollte sich dies als schwierig oder unmöglich erweisen, werden die Vögel in ihrer Not auch mal zu Vegetariern – Samen und erste zarte Triebe bestimmen dann den Speiseplan.

Sobald die Bedingungen es zulassen, steuern die Vögel ihr angestammtes Brutgebiet an, den Ort, wo sie bereits letztes Jahr gewesen sind, die Gegend, wo sie selbst geboren wurden. Die Ortstreue vieler Watvögel ist erstaunlich, ihre Orientierungsleistung beeindruckend. In dieser über weite Strecken monoton wirkenden Landschaft seinen Brutplatz – zum Teil auf den Quadratmeter genau – wiederzufinden ist eine für uns kaum nachvollziehbare Leistung!

Im Brutgebiet sind die Bedingungen in der Regel noch etwas härter als im Rastgebiet einige Kilometer entfernt: Der gesamte Bereich kann anfangs immer noch vollständig von Schnee bedeckt sein – nur hier und da machen erste durch den Wind vom Schnee befreite Flächen Hoffnung auf eine bessere Zukunft.

Unmittelbar nach der Ankunft steigt das Knuttmännchen in den Himmel empor und beginnt, im Flug sein Revier einzukreisen. Der Aufstieg führt bis zu 160 Meter hoch (in Ausnahmefällen sogar bis zu 400 Meter). Der Vogel hält zunächst mit schwirrenden Flügelschlägen die erreichte Höhe, streckt die Flügel aus, verharrt in dieser Position und verliert dadurch langsam an Höhe. Kurz vor dem Boden geht es mit schnellen Flügelschlägen wieder in die Höhe – das Spiel beginnt, begleitet von melodisch flötenden Rufen, von Neuem. Ein stimmungsvolles Auf und Ab, das fünf bis zehn Minuten dauern kann und nach einer kurzen Zwischenlandung schnell wieder fortgeführt wird. So geht das über Stunden. Ein enormer Aufwand, und man ist geneigt zu fragen, ob es nicht kraftsparendere Möglichkeiten gibt, potenziellen Rivalen zu signalisieren, dass sie bitte woanders ihre Zelte aufschlagen mögen. Dabei vergisst man, dass die Reviermarkierung ebenso auf die Weibchen abzielt und für diese eine ganz andere Botschaft bereithält. Wer kurz nach der Absolvierung von mehr als 4.000 Kilometern bereits wieder in der Lage ist, stundenlang umherzufliegen und aufreizende Töne zu produzieren, der muss genug Kraft haben, um später erfolgreich Kinder großzuziehen! Der Balzflug ist also eine Art »Fitnesstest« und erleichtert den Weibchen die Partnerwahl.

In Anbetracht des engen Zeitfensters muss es zwangsläufig sehr schnell zur Paarbildung kommen und wenige Tage später zur Eiablage. Aber wo die Eier ablegen, wenn eigentlich überall noch Schnee liegt? Auch wenn das Nest des Knutts nur aus einer flachen Vertiefung besteht, die mit Blättern, Zweigen, Gras oder Moos ausgelegt wird, so muss dafür doch ein trockener Bereich gefunden werden. Dafür reicht den Vögeln allerdings schon ein kleines schneefreies Plätzchen, eine Insel im endlosen Schneemeer. Das Männchen bietet dem Weibchen mehrere Nester zur Auswahl. Hat das Weibchen gewählt und die Eier gelegt, beginnen die Partner, abwechselnd die Eier zu bebrüten. Jetzt zeigt sich, warum die Vögel im Wattenmeer ihr eintönig graues Gefieder gewechselt haben, geduckt auf dem Nest sitzend, verschmilzt der Vogel geradezu mit dem schneefreien Untergrund.

Abb. 7: Brütender Knutt im Schnee

Das Unterfangen, so früh mit der Brut zu beginnen, ist trotzdem riskant, und zwar deshalb, weil die Nester auf den noch kleinen schneefreien Bereichen von Räubern viel leichter zu finden sind als später, wenn alles weggetaut ist. Schneespuren zeigen, dass Polarfüchse in dieser Zeit gezielt von einer Insel zur nächsten laufen und dort nach brütenden Vögeln und ihren schmackhaften Eiern Ausschau halten – die perfekte Tarnung hilft auf der begrenzten Fläche dann wenig. Zum Glück sorgen Lemminge jetzt für Entlastung. Wenn es zu tauen beginnt, bricht ihr in den Schnee gegrabenes Höhlensystem zusammen. Das zwingt sie, zu ihren Sommerhöhlen aufzubrechen. Während der Wanderung, die oft mit dem Brutbeginn der Knutts zusammenfällt, werden Lemminge sichtbar, umso mehr, wenn die Höhlen in ihrem Sommerdomizil noch durch Schmelzwasser »abgesoffen« sind. Solange sie umherlaufen oder in der »Warteschleife« sind, haben Polarfüchse und andere Beutegreifer relativ leichtes Spiel. Das gilt aber natürlich nur für Jahre, in denen Lemminge in entsprechender Anzahl vorkommen. Gibt es viele Lemminge, ernähren sich Polarfüchse und andere Räuber fast ausschließlich von ihnen. Der Knutt und seine Verwandten bleiben weitgehend verschont. Sowohl für Polarfüchse wie auch für Vögel ein erfolgreiches Jahr: Beide können viele Junge großziehen. Im darauffolgenden Sommer gehen dann allerdings entsprechend viele Füchse auf die Jagd, was den Lemmingbestand (der bereits seit Ende der letzten Sommersaison durch Futtermangel – Massen von Nagern fressen Massen von Pflanzen – und oft auch Parasitenbefall im Sinken begriffen ist) schnell dezimiert. Dies zwingt die Räuber bald dazu, auf Vögel zurückzugreifen – ein schlechtes Jahr für die Vögel, aber auch für den Polarfuchs, denn der Rückgriff auf Vögel reicht in der Regel nicht aus, um den Fuchsbestand zu halten. Er bricht ein, was die Situation im dritten Jahr für die Vögel wieder entspannt. Auch Lemminge können sich nun wieder vermehren, sodass der »Zyklus« im vierten Jahr von vorne beginnen kann.

Warum nehmen sich die Vögel in Anbetracht der Gefahr, entdeckt zu werden, nicht trotz des engen Zeitfensters wenigstens ein paar Tage mehr Zeit und warten, bis ein größerer Teil der Tundra freigelegt wird? Für die Altvögel wäre ein späterer Start doch vorteilhaft, ihr Gelege wäre schwerer zu finden, sie hätten mehr Zeit, Kraft zu tanken, und könnten

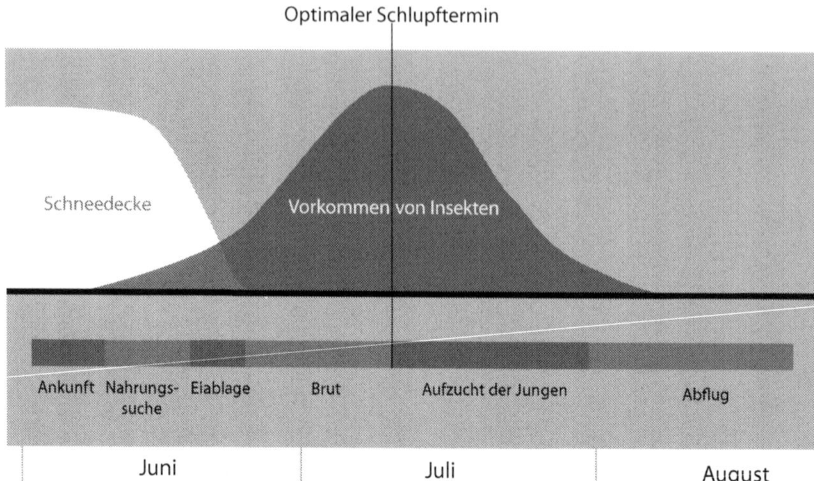

Abb. 8: Zusammenspiel von Schneeschmelze, Insektenvorkommen und Brutbeginn

gestärkt ihren Nachwuchs großziehen. Bei genauerer Betrachtung zeigt sich, dass lange Erfahrung hinter dem frühen Brutbeginn steckt. Die Ursache für den zeitigen Beginn sind letztendlich die hungrigen Mäuler des Nachwuchses und die Insekten, die, sobald der Schnee zu tauen beginnt, zu neuem Leben erwachen und bereits nach kurzer Zeit – etwa ab Anfang Juli – massenhaft umherfliegen. Das Massenvorkommen hält aber nicht lange an. Anfang August ist der Spuk fast schon wieder vorbei. Um genug zu fressen zu haben, müssen die Küken deshalb genau dann das Licht der Welt erblicken, wenn das Insektenvorkommen in der Tundra gerade seinen Höhepunkt erreicht. Dies gelingt aber nur, wenn die Knutts bereits während der einsetzenden Schneeschmelze mit dem Brüten beginnen.

Ein weiterer Vorteil dieser Strategie: Sollte sein Nest einem Räuber zum Opfer fallen, hat der Knutt so zeitig im Jahr noch eine gewisse Chance, eine zweite Brut erfolgreich durchzuführen. Für später ankommende Vögel besteht diese Möglichkeit nicht mehr, der 1. Juli gilt unter Forscher:innen als Deadline, ein späterer Brutbeginn führt kaum noch zum Erfolg. Es ist eben wie überall, wer zu spät kommt, den bestraft das Leben!

Wenn der Schnee im Laufe der nächsten paar Wochen langsam wegtaut, wird sichtbar, welchen Lebensraum der Knutt sich hier im hohen Norden ausgesucht hat: trockene, steinige Bereiche, spärlich mit Moosen und Flechten bewachsene Hänge oder Plateaus, ausgedehnte Flächen mit viel Schotter und Geröll. Bei einem Blick in die weitere Umgebung zeigt sich, dass Knutts bei der Brutplatzwahl sehr darauf achten, in der Nähe feuchterer Bereiche mit üppigerer Vegetation zu siedeln. Sümpfe, Teiche oder Flussläufe sind nie weit entfernt. Das sind die Bereiche, die später besonders viele Insekten für den Knutt und seinen Nachwuchs bereithalten.

Die brütenden Vögel vertrauen derart auf ihre Tarnung, dass sie selbst dann noch auf ihrem Nest verharren, wenn sich der Feind in unmittelbarer Nähe befindet. Erst im letzten Moment fliegen sie auf. Für Forscher:innen, die Knuttnester studieren wollen, ist das ein Problem. Oft hilft nur ein sehr langes Seil, das von zwei Personen über den Tundraboden gezogen wird und den Knutt, wenn es ihn erreicht, dazu zwingt, aufzufliegen, um das Nest zu finden. Die unglaubliche Tarnung wird eindrucksvoll durch eine Geschichte belegt, die der Ornithologe Jochen Dierschke zu berichten weiß. Mitarbeiter von ihm hatten nach langer Suche endlich ein Knuttnest entdeckt. Mit den entsprechenden GPS-Daten versehen, machte sich Dierschke auf den Weg, um das Nest nun selbst in Augenschein zu nehmen. Am gekennzeichneten Platz angekommen, war aber rein gar nichts zu entdecken. Erst als Dierschke den Blick auf den Bereich direkt vor seinen Füßen richtete, entdeckte er den Vogel, der scheinbar unbeeindruckt auf dem Gelege ausharrte![14]

Eine weitere Form der Tarnung entdeckte der Ornithologe Jeroen Reneerkens bei kanadischen Knutts. Der Forscher untersuchte das Sekret in ihrer Bürzeldrüse. Die Drüse befindet sich auf der Oberseite der Schwanzwurzel und wird in erster Linie zur Gefiederpflege eingesetzt. Dazu wird das Sekret mit Schnabel und Beinen im Gefieder verteilt. Im Unterschied zu anderen Vogelarten ändert sich bei den kanadischen Knutts die chemische Zusammensetzung des Sekrets während der Brutzeit, die Vögel riechen dadurch weniger stark. Wie Reneerkens mithilfe von Spürhunden nachweisen konnte, ist der Knutt durch den veränderten Geruch deutlich schwerer für Räuber zu lokalisieren.[15]

Stundenlang bewegungslos auf dem Nest sitzen, nach dem Stress der letzten Wochen muss das für einen Knutt eigentlich die reinste Erholung sein. Leider stimmt dies nicht ganz, Kälte und mehr noch der ständig wehende Wind zehren an den Kräften und entziehen dem Vogel viel Energie. In der flachen Landschaft kann man sich kaum davor schützen. Forscher:innen gehen davon aus, dass der Energieverbrauch für die Vögel in der Tundra etwa doppelt so hoch ist wie bei Vögeln unserer Breiten. Da ist es von Vorteil, dass die Partner sich beim Brüten ablösen (das Männchen brütet etwas länger) und ein Vogel jeweils Zeit hat, seine Energievorräte aufzufüllen.

Die Brutzeit beträgt in der Regel drei Wochen, kann von den Eltern aber um bis zu drei Tage nach hinten verschoben werden. Diese Option wird gewählt, wenn die Witterungsverhältnisse beim angezeigten Schlupftermin gerade miserabel sind oder wenn die Hufe einer großen vorbeiziehenden Rentierherde die frisch geschlüpften Küken bedrohen könnten. Die Eltern können zu diesem Zweck die Wärmezufuhr drosseln, sind möglicherweise aber auch in der Lage, durch Lautäußerungen Kontakt zu ihrem Nachwuchs aufzunehmen und die Küken quasi zu bitten, mit dem Aufbrechen der Eier noch etwas zu warten. Das Schlüpfen geschähe danach also gewissermaßen in Absprache.

Dann, ab Mitte Juli, ist es so weit, die Jungen picken sich ans Licht und treten ins Leben ein. Bei ihrem Anblick wird sofort klar, warum die Eier der Knutts (und anderer Watvögel) vergleichsweise groß sind: Die Küken bringen schon alles mit, was ein Vogel zum Überleben braucht. Sie haben ein geschlossenes schützendes Daunenkleid, einen voll funktionsfähigen Schnabel und kräftige lange Beine, die sie bereits nach wenigen Minuten einsetzen, um den ersten Insekten hinterherzujagen. Knutts sind also Nestflüchter, im Gegensatz zu Nesthockern wie der Amsel, deren frisch geschlüpfte Küken fast noch nackt sind, mit unterentwickelten Augen, Schnäbeln und Beinen. Um bereits bei der Geburt so gut ausgestattet zu sein, muss Nestflüchtern für ihr Wachstum viel Energie in den Eiern mitgeliefert werden.

Die Tundra ist jetzt voller Leben. »Unten auf dem See schwammen sowohl Stern- wie auch Gelbschnabeltaucher, dazu einige Eisenten«, beschreibt der schwedische Ornithologe Christian Hjort das übersprudelnde Leben an den Barometerseen im äußersten Norden der Halbinsel. »Küstenseeschwalben flogen umher und pickten Insekten von der Wasseroberfläche. Oben von den umgebenden Hügeln hörte man balzende Knutts und Tundragoldregenpfeifer und zwischen den frisch aufgebauten Zelten trippelten bereits ziemlich unbeschwert einige Ohrenlerchen umher. Dazu gab es am Ufer jede Menge Wolfsspuren und im Gelände recht viele Rentiere, darunter mehrere prachtvolle Bullen. Das Gebiet wurde abwechselnd von Hügeln, trockenen Heiden und von Seen, Tümpeln und Mooren geprägt, mit flachen Flüssen, die sich durch die Landschaft schlängelten. Die Blumenpracht war herrlich, die Flora interessant, und die Temperaturen lagen dank des Einflusses des sogenannten Jakutischen Hochdruckgebietes manchmal bei bis zu 25 °C, die Flüsse luden mit etwa 18 °C zum Baden ein – nicht schlecht für diese Breite […]. Außerdem gab es Massen von großen Fischen, die man im See angeln konnte, sowohl Maränen wie auch Saiblinge. Zusammengefasst: Alles, was das Herz begehrte!«[16] Auf jeden Fall ein Paradies für Ornitholog:innen, aber auch den jungen Knutts dürfte es bei diesem Wetter gut gehen – zumindest haben sie genug zu fressen.

Aber nicht alle Tage sind so schön, die Taimyr-Halbinsel ist ja berüchtigt für ihr sehr wechselhaftes Wetter. Genau rechtzeitig zum Höhepunkt des Insektenvorkommens geschlüpft zu sein ist das eine, diese Insekten auch zu finden und zu erbeuten das andere. Bei schlechtem

Wetter, das heißt bei Wind, Regen und Kälte, verstecken sich die Insekten und Spinnen im Boden oder im Moos und sind wesentlich schlechter zu fangen (umso mehr, als die Jungen mit ihren kleinen Schnäbeln nur schwer ins Erdreich eindringen können). Hinzu kommt, dass die Küken bei Kälte und Nässe Schutz unter dem Gefieder ihres Elternvogels suchen (sie werden »gehudert«) und dadurch entsprechend weniger Zeit zum Fressen haben. Untersuchungen haben gezeigt, dass der eingeschränkte Nahrungszugang bei ungünstigem Wetter für das Überleben der Jungen mindestens so bedrohlich ist wie ein insgesamt schwaches Insektenvorkommen.

Unabhängig von der Situation auf dem »Insektenmarkt« bleibt die allgegenwärtige Gefahr bestehen, einem Beutegreifer zum Opfer zu fallen. Die Gefahr geht dabei keineswegs nur von Polarfüchsen aus, auch Wiesel, verschiedene Raubmöwenarten und Schnee-Eulen suchen die Tundra nach unvorsichtigen Küken ab, vor allem, wenn ihre bevorzugte Beute, die Lemminge, wieder mal ein schlechtes Jahr erwischt haben. Wie schon beim Bebrüten der Eier gilt: Je weniger Lemminge, umso höher das Risiko, von einem Raubtier erwischt zu werden. In gewisser Weise ist die Situation nach dem Schlüpfen sogar noch prekärer, da die Lemminge sich jetzt in ihre Sommerhöhlen zurückziehen können und schwerer zu erwischen sind als vorher. Zum Glück sind auch die Küken durch ihre Gefiederfärbung perfekt getarnt.

Trotz all der Gefahren, die hier im hohen Norden lauern, überwiegen für die Knutts offensichtlich die Vorteile. Nicht nur das riesige Nahrungsangebot, auch der weite Raum, der den Konkurrenzdruck durch Artgenossen oder andere Vögel minimiert, spielt dabei womöglich eine Rolle. Außerdem ist die Wahrscheinlichkeit, einem Beutegreifer zum Opfer zu fallen, geringer als in vielen Gegenden weiter im Süden.

Für den Schutz der Küken ist allein der Vater zuständig, die Mutter hat das Nest direkt nach dem Schlüpfen der Kleinen verlassen und ist bereits wieder Richtung Wattenmeer unterwegs. So ist das bei den Knutts, eine strikte, unverbrüchliche Rollenzuweisung, bei der das Männchen allein den Part des Erziehungsbeauftragten übernimmt – dachte man zumindest. Neueste Forschungen an Knutts auf Tschukotka und in Alaska belegen nun, dass ausnahmsweise (in etwa zwei Prozent der Fälle) auch Weibchen die Aufzucht des Nachwuchses (für den Vater) übernehmen.[17] Sie machen das genauso gut und erfolgreich wie die männlichen Vögel, und es scheint ihnen auch gesundheitlich nicht zu schaden, alle »umgepolten« Mütter erschienen laut Forschungsbericht im nächsten Jahr wieder an ihrem gewohnten Brutplatz.

Da die Jungen selbstständig auf Nahrungssuche gehen, beschränkt sich die Aufgabe des Männchens (oder eben des Weibchens) auf das Wärmen der Jungen und den Schutz vor Feinden – was zumindest in schlechten Lemmingjahren keine einfache Sache ist. Manche Familien suchen dann die Nähe von »wehrhaften« Verwandten wie dem Steinwälzer, der in der Lage ist, Feinde aggressiv anzugehen, und damit nebenbei auch den Knuttnachwuchs verteidigt. Watvögel versuchen aber auch, ihre Feinde auszutricksen. So imitiert der Knutt als Ablenkungsmanöver gerne einen Lemming. Er macht sich klein, flitzt nach Nagerart davon, gibt hohe Quietschgeräusche von sich und gaukelt dem Angreifer so eine schöne Beute vor. Gleichzeitig entfernt er sich immer weiter von seinen Jungen und lockt den Feind damit in die falsche Richtung. Selbst in Kenntnis dieses Tricks ist die Versuchung, dem Tier zu folgen, enorm.

Mit 19 Tagen sind die Jungvögel flügge (das heißt, sie können fliegen) und damit nach Ansicht des Männchens alt genug, um von jetzt an selbst auf sich aufzupassen. Es verlässt ebenfalls das Gebiet und überlässt den Nachwuchs seinem Schicksal. Den Weg ins Winterquartier müssen die Kleinen alleine finden.

Anfang August neigt sich der Sommer bereits wieder dem Ende zu, die Insekten werden immer seltener – höchste Zeit für die verbliebenen Jungvögel, ebenfalls die Taimyr-Halbinsel zu verlassen. Wer dazu nicht bereit oder in der Lage ist, hat kaum noch Chancen zu überleben. Das war schon Alexander von Middendorff aufgefallen: »Im Norden scheinen nicht wenige junge Vögel solchen Aberwitz mit dem Leben zu bezahlen«, schrieb er und ergänzte: »Am 30. August fand ich einen Kanot-Strandläufer [Knutt] der schon todt war. Er schmekkte gut.«[18] Des einen Leid ist des anderen Freud …

Aller Dünkel wie fortgeblasen

Nur die wenigsten Knutts werden ihre erste Begegnung mit Menschen auf der Taimyr-Halbinsel haben, dazu ist das Gebiet einfach zu dünn besiedelt. Im Landkreis Taimyrski Dolgano-Nenezki Rajon (die Bezeichnung Rajon entspricht in etwa dem deutschen Landkreis), zu dem neben der Taimyr-Halbinsel auch weiter südlich gelegene Gegenden gehören, leben insgesamt nur etwa 40.000 Menschen. Nicht eingerechnet sind dabei die 175.000 Einwohner der Stadt Norilsk. Dieser Industriestandort liegt zwar auch in der Region, gehört aber zu einem anderen Verwaltungsbezirk. Das macht für den Landkreis lediglich 0,5 Einwohner pro Quadratkilometer, in Deutschland sind es etwa 230. Dazu kommt, dass allein die Hälfte der Menschen in der größten Ortschaft Dudinka leben und die weiter nördlich gelegenen Gebiete, in denen der Knutt hauptsächlich zu Hause ist, bis auf ein paar verstreut liegende Siedlungen am Meer nahezu menschenleer sind.

Sollte es dennoch einem Knutt vergönnt sein, bereits hier einem Menschen über den Weg zu laufen, so ist die Wahrscheinlichkeit hoch, dass es sich dabei um eine Person der hier beheimateten indigenen Völker handelt, einem Dolganen, Nentsen, Nganasanen, Entsen oder Ewenken. Mit etwa 9.000 Menschen bilden die fünf Völker heute zwar nur noch eine kleine Minderheit auf Taimyr (25 Prozent der Gesamtbevölkerung), im Gegensatz zu den Russen und anderen zugewanderten Volksgruppen besiedeln sie aber in erster Linie den ländlichen Raum und kommen deshalb eher mit Wildtieren wie dem Knutt in Kontakt.

Von den genannten Volksgruppen lebten die Nganasanen ursprünglich am weitesten im Norden und kamen entsprechend am häufigsten mit den vorzugsweise dort brütenden Knutts in Berührung. Die Nganasanen oder Avam-Samojeden (Assja), wie er sie nannte, waren es auch, mit denen Middendorff die meiste Zeit auf Taimyr verbrachte. Grund genug, dieses Volk ins Zentrum der nachfolgenden Betrachtungen über die Menschen auf Taimyr zu stellen.

Historiker:innen gehen davon aus, dass die Nganasanen Nachfahren von Siedlern sind, die bereits ab 5.000 v. Chr. auf der Taimyr-Halbinsel lebten. Das heutige Volk der Nganasanen mit seiner eigenen

Kultur und Sprache kristallisierte sich aber erst deutlich später ab den ersten Jahrhunderten nach Chr. heraus. Ab dieser Zeit wurden samojedische Volksstämme vom Volk der Tungusen wiederholt weit nach Norden bis hin zur Taimyr-Halbinsel abgedrängt. Auf Taimyr stießen sie auf Ureinwohner:innen und »vermischten« sich mit ihnen.

Zusammen mit Nenzen, Enzen und Selkupen bilden die Nganasanen eine Sprachfamilie. Das Samojedische gehört zu den uralischen Sprachen, im Unterschied etwa zur Turksprache, die von den ebenfalls auf der Taimyr-Halbinsel lebenden Dolganen gesprochen wird. Nur noch weniger als 30.000 Menschen benutzen heute weiterhin eine der samojedische Sprachen.

Ursprünglich waren die Nganasanen Teilnomaden, die hauptsächlich von der Jagd lebten, im Gegensatz zu den benachbarten Nentsen, die als Rentierzüchter unterwegs waren. Rentiere wurden von den Nganasanen nur zu Transportzwecken gehalten. Sie lebten verstreut über ein gewaltiges Gebiet in kleinen wirtschaftlich autarken Familienverbänden, bildeten vorübergehend wirtschaftliche Allianzen mit anderen Gruppen und bauten mit diesen eine Art »Verheiratungsnetzwerk« auf (Frauen durften nur in andere Gruppen einheiraten).

Abb. 9: Traditionell gekleidete Familie der Nganasanen (um 1927)

Den ersten Kontakt mit Russen gab es Anfang des 17. Jahrhunderts über Pelztierjäger und -händler. Kurz darauf, 1618, stießen Kosaken bis nach Taimyr vor und versuchten, den Nganasanen Steuern in Form von Zobelpelzen aufzuzwingen und sie damit ins Zarenreich einzugliedern. Dies gelang nicht sofort und geschah nicht ohne Gegenwehr. So überfielen im Jahr 1666 Nganasanen mehrfach aus dem Hinterhalt Steuereintreiber, Soldaten, Geschäftsleute sowie deren Dolmetscher und töteten sie. Später akzeptierten die Nganasanen jedoch die zu entrichtenden Steuerabgaben. Allerdings ließen sich die Zahlungen nur schwer eintreiben, allzu verstreut lebten die Stämme. Deshalb geschah der Einzug der Abgaben zumeist in den zaristischen Stützpunkten im Zusammenhang mit Einkäufen der Indigenen. Bezahlt wurde mit Pelzen – ein Kupferkessel kostete einen Nganasanen zum Beispiel einen Kessel voller Zobelpelze.[19]

Der Kontakt mit den Russen hatte kaum Auswirkungen auf die Lebensweise der Nganasanen, sodass Middendorff, als er sie 1843 besuchte und für ein paar Monate mit ihnen zusammenlebte, noch ihre ursprüngliche Lebensweise studieren konnte. Eine ganz schöne Umstellung für den verwöhnten Europäer: »Wie Vieles in unserem gesellschaftlichen Leben nur konvenzionell begründet ist, blikkt im Samojedenzelte bald hervor. Wo 18 Menschen beiderlei Geschlechtes, nebst noch einigen Gästen, nebst Hunden, Geräth, Feuerheerd u.s.w. in einem Zelte von 3 Klafter Durchmesser [entspricht – nach altpreußischer Berechnung – etwa zehn Kubickmetern] Platz finden müssen, und das Unwetter oft tagelang verbietet, das Zelt zu verlassen, wo nächst dem Bedürfnisse des sorgfältigsten Trokknens der Unterkleider das Ungeziefer dazu drängt, bei jeder Gelegenheit die Leibpelze abzuziehen, so oft das Feuer im Zelte höher emporflakkert, da kann von Schamhaftigkeit im Sinne Europa's nicht die Rede sein.«[20]

Middendorff war tief beeindruckt von dieser Kultur, von den ausgeklügelten Anpassungsleistungen an eine unbarmherzige Natur. »Aller Dünkel ist aus dem eingebildeten Europäer wie fortgeblasen«, hielt er fest. »Es fällt ihm wie Schuppen von den Augen, dass in jenen urtümlichen Zuständen Vollkommenheiten liegen, die in ihrer Art durch tausendjährige Verbesserung entwickelt wurden. [...] Er kann sich, wenn er nicht zugrunde gehen will, nur dadurch erhalten, dass er sich selbst in einen Nomaden verwandelt.«[21]

Trotz dieser Vollkommenheiten blieb das Leben der Nganasanen prekär, immer wieder liefen sie Gefahr, zu verhungern oder von Krankheiten dahingerafft zu werden. So lagen alle Stammesmitglieder von einer Epidemie getroffen danieder, als Middendorff bei ihnen eintraf. Durch die Epidemie konnten die Nganasanen den Rentieren erst verspätet nach Norden folgen. Kein Greis befand sich in der Gruppe, für Middendorff ein Beleg für die harten Lebensbedingungen der Nganasanen. Besonders bedrohlich war die Lage im zeitigen Frühjahr, wenn die Vorräte aus dem letzten Jahr zur Neige gingen und neue Nahrung noch nicht zu finden war. So ist es kein Wunder, dass die erste vorbeiziehende Weißwangengans große Aufmerksamkeit erregte: »Mit Jubel wurde dieser unfehlbare Verkünder des nahenden Frühlings, dieser wahre Prophet des kommenden Sommers begrüßt«, beschrieb Middendorff die Szene und fügte hinzu: »Dann herrschte wieder Ruhe in den Lüften. Wir hatten uns aber immerhin eine erfreuliche Zulage zu unserer Vorratskost herabgeholt.«[22]

Wie Gänse ins Netz gehen

In einer Umgebung, die Ackerbau kaum zulässt, rückt die Jagd zwangsläufig ins Zentrum des Überlebenskampfes. Die Jagd bestimmte einen Großteil des Lebens der Nganasanen, und Rentiere spielten dabei die Hauptrolle. Sie waren es, die das Jagdgeschehen dominierten und dafür sorgten, dass genug Nahrung für alle zur Verfügung stand. Zu Beginn des Sommers wurde einzelnen Tieren oder kleinen Gruppen zu Fuß nachgestellt. Im Spätsommer lauerten die Nganasanen an Flussläufen dann ganzen Herden auf, an Stellen, die die Tiere auf ihren alljährlichen Wanderungen jedes Mal überquerten oder an Abschnitten, auf die man sie gut zutreiben konnte. Im ausgewählten Flussabschnitt wurden vorab zwei Pfahlreihen ins Wasser gerammt, jeder Pfahl oben mit einem Grassodenstück versehen. Die beiden Reihen bildeten einen enger werdenden Durchgang, in den die abgerichteten Hunde der Nganasanen die ankommenden Rentiere trieben. Die Jäger warteten mit ihren Kanus gut verborgen auf der anderen Uferseite, paddelten den Tieren, sobald diese ins Wasser eingetaucht waren, entgegen und versuchten, sie mit Pfeilen zu erlegen. Auf die in Panik umkehrenden Tiere lauerten auf der anderen Seite im Unterwuchs versteckt weitere Jäger.

Auch Zugvögel spielten bei der Versorgung der Nganasanen eine nicht unwesentliche Rolle, wobei Watvögel weitgehend verschont blieben. Der Knutt war den Nganasanen natürlich bekannt, seine geringe Größe, die weit verstreut liegenden Nester und die heimliche Lebens-

Abb. 10: Nenzen bei der Gänsejagd. Die Jagdmethode entspricht derjenigen der Ngansanen

weise machen ihn aber zu keinem besonders lohnenswerten Ziel. Da ihr Fleisch laut Alexander von Middendorff sehr schmackhaft war, stellten zufällig erbeutete Vögel aber sicher eine willkommene Abwechslung im Speiseplan dar.

Deutlich interessanter für die Nganasanen waren die Massen der auf Taimyr brütenden Gänse. Diese Vögel sind relativ groß, schmecken ebenfalls gut und haben den Vorteil, oft dicht beieinander in Kolonien zu brüten. Die Chance, bei einem Gang gleich eine größere Menge mit nach Hause zu bringen, ist bei ihnen also deutlich größer. Und besonders wichtig: Sie sind eine begrenzte Zeit lang relativ leicht zu fangen! Gänse wechseln in der Brutzeit nämlich ihr Gefieder und sind dann für kurze Zeit flugunfähig. Sie leben in dieser Zeit bevorzugt in der Nähe von Gewässern, auf die sie im Notfall flüchten. Dieses Verhalten machten sich die Nganasanen zunutze. Sie organisierten jedes Jahr in der Mauserzeit Treibjagden, denen Hunderte, ja Tausende von Vögeln zum Opfer fallen konnten. Die Jagd geschah mithilfe transportabler Netz-Fanganlagen. Am Ufer des Fluchtgewässers der Gänse wurde ein Netzkonstrukt so aufgestellt, dass es v-förmig zusammenlief und in einen rechtwinkligen Pferch mündete. Mithilfe von Kanus und unterstützt von Posten am Ufer, trieben die Jäger die Gänse in die Netzanlage, so tief, bis sich alle dicht gedrängt im Pferch am Ende der Anlage befanden. Dort wurde ihnen von den Männern der Hals umgedreht, und die Frauen hatten ihren Einsatz: Sie legten das Fleisch der Vögel zum Trocknen aus und füllten das ausgelassene Fett zum Weitertransport in vorbereitete Rentiermägen.

Verwandte darf man nicht töten

Die Jagd war eine heikle Angelegenheit. Sie erforderte viel Geduld und Übung, war riskant und gefährlich, und bei allem Geschick blieb der Erfolg doch ungewiss. Und wenn die Beute erlegt war, der Adrenalinspiegel sank, wich die Euphorie langsam einer diffusen Angst. Ein Jäger der Nganasanen musste sich nun der Frage stellen, ob sein Handeln überhaupt rechtens war. Durfte er den Knutt, der vor ihm aufgeflogen war, überhaupt töten? Hatte er sich an die entsprechenden Regeln gehalten, hatte er alles richtig gemacht? Schließlich war der vor ihm liegende Vogel mehr als eine kleine unbedeutende Kreatur, er war in den Augen des Jägers ein Verwandter.

Tiere als Verwandte, das erschließt sich uns Europäern sicherlich nicht auf Anhieb. Der Anthropologe Philippe Descola versucht, dieses animistische Naturverständnis in Worte zu fassen: »Die Tiere, die Pflanzen, die Geister sowie bestimmte Objekte werden dabei als Personen betrachtet und behandelt, als intentional Agierende, denen man eine ›Seele‹ zuschreibt, das heißt die Fähigkeit zu vernünftiger Einsicht, zur Kommunikation und zu moralischen Urteilen, die sie zu vollwertigen Subjekten macht, mit denen die Menschen Beziehungen aller Art unterhalten können. […] Sie haben ihre Häuser, ihre Häuptlinge und ihre Schamanen, sie heiraten nach den jeweils geltenden Regeln und pflegen Rituale. Und wenn, bei aller Differenz der physischen Form, zwischen Kollektiven von Menschen und Nichtmenschen Kommunikation möglich ist – im Allgemeinen in Träumen – so deshalb, weil die Körper der einen wie der anderen als bloße Hülle betrachtet werden.«[23]

Alte Sagen bekunden, dass die Verwandtschaft zwischen Menschen und Tieren (oder zwischen Menschen und Nichtmenschen, wie

Descola es formuliert, um die Trennung zwischen den beiden aufzulösen) ursprünglich noch enger gewesen war: Beide konnten ihre Gestalt beliebig wechseln und in die Haut eines anderen schlüpfen.

Auch Zugvögeln war es möglich, Menschengestalt anzunehmen oder umgekehrt, so wie in der überlieferten Sage vom Vogel-Alten: »Es lebten einmal ein Vogel-Alter und ein Maus-Alter«, heißt es dort. »Der Vogel-Alte hatte ein Zelt und eine Ehefrau. Er hatte einen Sohn, einen Burschen. Im Nachbarzelt lebte der Maus-Alte mit seiner Frau und seiner Tochter. Der Sohn des Vogel-Alten lief immer zur Tochter des Maus-Alten, um sich seinen Kopf flechten zu lassen. Manchmal ging der Bursche auch nachts zu diesem Mädchen. Der Vogel-Alte sah seinen Sohn, (wie er) zum Maus-Alten ging, um zu freien. Schließlich nahm er das Mädchen zur Frau. Dann lebten ihre Kinder zusammen. Während sie so lebten, ging der Sommer vorüber, schließlich schneite es. Der Vogel-Alte sagte: ›Ich fange jetzt an zu frieren. Der Sommer ist schon zu Ende. Wie geht es deiner Tochter? Wird sie hier zurückbleiben? Wenn sie Flügel hätte, würde ich sie mitnehmen.‹ Die Frau des Maus-Alten begann zu weinen und sagte: ›Wie sollte mein Kind zu einem so weit entfernten Land gelangen? Ich werde mein Kind bestimmt nicht fortlassen. (Wie wäre es), wenn (dein) Bursche bliebe? Er soll ein Jahr lang in meinem Zelt leben, vielleicht wird er nicht sterben.‹ ›Einverstanden, mein Kind soll bleiben.‹ Am Morgen fuhr der Vogel-Alte zusammen mit seiner Frau mit dem Schlitten fort. Sein Bursche blieb im Zelt des Maus-Alten zurück. Nicht lange und der Bursche starb vor Kälte. Die Mäuse aßen sein Fleisch auf. Als es Frühling geworden war, kehrte der Vogel-Alte nicht zurück.«[24] In Gestalt des Menschen bleibt die den Zugvögeln nachgesagte Kälteempfindlichkeit erhalten. Sie zwingt den Alten, in den Süden aufzubrechen, seinem zurückbleibenden Sohn kostet sie das Leben. Nichtmenschen wie die Zugvögel unterscheiden sich also nicht nur durch ihre Gestalt von den Menschen, sondern auch durch Verhaltensweisen, die ihnen ihr Körper aufzwingt.

Unter Verwandten, das ist auch bei uns »einprogrammiert«, gibt es Verpflichtungen: Man sollte respektvoll miteinander umgehen, einander beistehen. Und natürlich: Verwandte darf man nicht töten. Damit steckte der nganasanische Jäger in einer Zwickmühle: Auf der einen Seite brauchte er tierische Nahrung, um überleben zu können, auf der anderen Seite musste er dafür ein Verbrechen begehen und zum Kannibalen werden. Der Ethnologe Klaus E. Müller sieht hierin das zentrale Problem von Jägerkulturen.[25]

Ein Tier war durchaus bereit, sein Leben zu geben und sein Fleisch zur Verfügung zu stellen, es erwartete dafür aber Gegenleistungen. Eine gängige und auch von Middendorff bei den Nganasanen beobachtete Beschwichtigungsgeste bestand darin, dem Tier oder seinem »Herrengeist« die entnommene Nahrung über rituelle Handlungen teilweise zurückzugeben. Dazu gab es einen Verhaltenskodex, der vor, während und nach der Jagd unbedingt einzuhalten war. Die Augen des Tieres als Sitz der Seele waren dabei von besonderer Bedeutung. Sie mussten der Beute entnommen und nach einem kurzen Gebet auf der Erde abgelegt werden, nur so konnte das getötete Tier zu Mutter Erde zurückkehren und ein neues Lebewesen das Licht der Welt erblicken. Laut Middendorff durfte der Kopf eines erlegten Rentieres nicht gekocht werden, die Ohren waren über die Schulter hinweg zu entsorgen – es sei denn, man verzehrte sie unmittelbar nach der Tötung des Tieres. Hunde durften vom erlegten Wild nichts fressen, Wölfe und Füchse dagegen schon. Einige Tierarten durften überhaupt nicht gegessen werden, so waren Gelbschnabeltaucher für die Nganasanen tabu (Middendorff erklärte man, sie würden sonst Menschen totschlagen). »Gib, wenn du hast«, das gerne als »Gesetz der Tundra« beschriebene Teilen der Beute mit anderen Gruppenmitgliedern, war ein weiterer, besonders wichtiger Bestandteil der Verhaltensregeln. Middendorff hielt das für »Kommunismus«, den es zu verurteilen galt: »Jedem tüchtigen Jäger folgen Lungerer; denn Jeder, der zu einem erlegten Wilde kommt, bevor der Jäger dasselbe zerlegt hat, schmaust nicht nur mit, sondern gewinnt sogar einen Antheil am Felle«, schrieb er und bezeichnete den Brauch als »Krebsschaden des samojedischen Haushaltes«.[26] Verborgen blieb ihm offenbar der tiefere Sinn dieses Brauches, der in einer Regel der Nganasanen schön zum Ausdruck kommt: »Bedaure nicht, was du deinem Freund gegeben hast! Irgendwann wird auch er dir ein Geschenk machen.«[27] Auf das Jagdglück kann man schließlich nicht immer zählen, das Gesetz der Tundra war eine Lebensversicherung, auf die jedes

Gruppenmitglied angewiesen war. Außerdem verhinderte das Teilen die Ausbildung allzu starker Hierarchien.

Bei allen Beschwichtigungsgesten, so sorgsam und genau sie auch ausgeführt wurden, konnte der Frevel des Kannibalismus nie wirklich ganz aus der Welt geschafft werden. Er rief bei den Menschen laut Descola immer wieder »eine metaphysische Unruhe hervor, die weit über das vorübergehende schlechte Gewissen hinausgeht, das manche Abendländer empfinden mögen, wenn sie Fleisch essen. Denn den [...] sibirischen Jäger überkommt weniger ein Schuldgefühl, wenn er tierisches Leben entnimmt, als vielmehr eine dumpfe Angst«.[28] Angst, dass ein schuldhaftes Verhalten negative Folgen für den Jäger und seine Gruppe nach sich zieht, Angst davor, dass der Jagderfolg in Zukunft ausbleibt, das Wetter sich verschlechtert, Unfälle oder Krankheiten die Menschen heimsuchen werden. Zur Unterstützung besaß jeder Haushalt eine Koika (Idol), eine kleine geschnitzte Holzfigur, die als materielle Verkörperung des göttlichen Schutzherren innerhalb des Stammes galt. Wenn man die Figur gut behandelte (zum Beispiel, indem man sie mit erhitztem Tierfett »fütterte«), konnte sie den Jagderfolg sichern, Gefahren abwenden oder vor Krankheiten schützen. Behandelte man eine Koika dagegen schlecht, hatte das böse Folgen, auch eine Weitergabe an Dritte war unbedingt zu vermeiden, das beschwor ebenfalls Unglücke herauf. Unglücksfälle wurden immer als Folge menschlichen Fehlverhaltens verstanden. Was aber hatte der Jäger falsch gemacht? Hatte er Rituale missachtet, seine Koika nicht korrekt behandelt? Und wie konnte er sein Versagen wiedergutmachen, sein Schicksal und das der Gruppe wieder zum Guten wenden?

In krisenhaften Momenten, in Zeiten, wo man nicht weiter wusste, wandten die Nganasanen sich an den Schamanen in der Gruppe. Der Schamane trug eine große Verantwortung. Er war das menschliche Bindeglied zwischen Diesseits und Jenseits (ein Art »lebende« Koika). In einer Séance, einer Art rituellen Ekstase oder Traumvision, nahm der Schamane Kontakt zu den Herrengeistern auf. Er versuchte herauszufinden, welches Fehlverhalten vorlag und wie man es wieder gutmachen konnte. Er war verantwortlich für den Jagderfolg, wirkte aber auch als Heiler.

Um sein Ziel zu erreichen, musste sich der Schamane auf die Reise machen. Eine Gänsekopffigur verwandelte ihn in einen Vogel, der flügelschlagend und laut rufend durch die Luft in die Oberwelt aufstieg und dort versuchte, einen Kontakt herzustellen. Ein Vogelschwanz machte ihn zum Seetaucher, der unter der Wasseroberfläche nach einem kranken Geist Ausschau hielt. Auch Schwäne, Eulen, Krähen oder Adler wurden je nach Anlass als Hilfsgeister eingesetzt. Mit den ihm übertragenen Aufgaben hatte ein Schamane großen Einfluss auf das Verhalten und Überleben der Gruppe. Gleichzeitig war er der Hüter Jahrhunderte alter Traditionen.

Kurzes Zwischenspiel am Eismeer

In der Nähe des Taimyr-Sees verließ Middendorff für einige Zeit die Nganasanen und erreichte mit seinem Team wie geplant das nördliche Eismeer. Der Aufenthalt dort musste leider sehr viel kürzer ausfallen als geplant, es war schon spät im Jahr, sie mussten zurück. Der Rückweg wurde zu einer einzigen Strapaze. Wieder am Taimyr-See angekommen, verließen Middendorff endgültig die Kräfte, er konnte nicht weiter. Der See begann schon zuzufrieren, die ersten Schneestürme setzten ein. Nun drohte ihm das gleiche Schicksal wie den beiden Knutts, denen er wenige Tage zuvor begegnet war, und denen es nicht mehr gelungen war, die Taimyr-Halbinsel rechtzeitig zu verlassen. Er schickte seine Kameraden los, damit wenigstens sie überleben konnten. Seine Hoffnung war, dass sie dabei auf die Nganasanen trafen und er mit deren Hilfe vielleicht doch noch gerettet werden konnte. Er verkroch sich in einer Höhle und wartete. Die Nahrungsmittel sollten noch für zwei Tage reichen, nach zwölf Tagen, kurz vor dem Verhungern, erschien tatsächlich Toitschum, der Häuptling der Nganasanen und rettete ihn. Sicher einer der Gründe, warum Middendorff fast immer mit Wärme und Zuneigung von den Nganasanen sprach.

Der Neue Mensch

Im Gegensatz zu den Dolganen und anderen benachbarten Völkern ließen sich die Nganasanen nicht christianisieren. So führten sie ihr traditionelles Leben noch bis in das 20. Jahrhundert fast ungestört fort. Nach der Oktoberrevolution 1917 und der Entstehung der Sowjetunion veränderte sich jedoch die Lage. Besitzer großer Rentierherden (Nentsen und Dolganen) wurden enteignet und dem Schamanismus der Kampf angesagt. Schamanen passten nicht in das atheistische Weltbild des sozialistischen Staates. Sie galten als konservativ, als Hüter einer veralteten Lebensweise, waren von Staatsseite für den Widerstand gegen die auferlegten Reformen verantwortlich. Infolgedessen wurden schamanistische Praktiken einfach verboten, die Schamanen schikaniert und ins Gefängnis gesteckt.

Die Zerstörung des Schamanismus gelang aber nicht vollständig, immer wieder kamen Séancen zustande. Erst mit dem Tod des Schamanen Tubyaku Kosterkin im Jahr 1989 schien der Schamanismus wirklich besiegt. In einer seiner letzten Séancen rezitierte der Schamane Kosterkin resigniert: »In den schnell zu Ende gehenden Tagen des Schamanismus und der Idole wird kein Kind die Séancen fortführen. Ich werde all meine helfenden Geister zusammenraffen, nur das Gesetz der Sowjets wird bleiben.«[29] Seine Schamanenbekleidung und die von ihm benutzte Trommel sind heute im Ethnografischen Museum von Dudinka ausgestellt. Es ging den Kommunisten aber nicht in erster Linie darum zu zerstören, man wollte etwas Neues aufbauen. Die Nganasanen und andere indigene Völker sollten wie alle anderen zu »Neuen Menschen« werden. Zu diesem Zweck begann

Abb. 11: Plakat zum Jahrestag der Oktoberrevolution und zum Kongress der Kommunistischen Internationale, 1922

man, in den 1930er-Jahren »Missionare« in die Tundra zu schicken. So erschien 1934 in der Zeitung *Komsomolskaya Pravda* ein Aufruf an junge Kommunisten, den nördlichen Völkern beim Aufbau einer kommunistischen Gesellschaft zu helfen. In speziell dafür entwickelten Zelten nebst Propagandamaterial versuchten die Aktivisten, den Menschen den Sozialismus nahezubringen. Zu einem gewissen Ruhm gelangte hierbei Amalia Khazanovich, eine Metallarbeiterin weiter aus dem Süden, die zwar nichts über die Sprache und die Gebräuche der Nganasanen wusste, dafür aber mit »Ignoranz und pompöser Rücksichtslosigkeit« umso entschlossener dagegen agitierte.[30] In den 1930er-Jahren wurden erstmals Kinder unter Zwang in Internate geschickt, Stützpunkte mit Läden und Krankenstationen entstanden. Im Zuge der Kollektivierung und der Bildung von Kolchosen integrierte man die Nganasanen weiter ins System, ihre Rentiere gingen im Laufe der Zeit in Kollektiveigentum über, sie hatten von nun an einen Jahresplan zu erfüllen.

Trotz dieser Umwälzungen konnten die Nganasanen ihre ursprüngliche Wirtschafts- und Lebensweise noch längere Zeit beibehalten. Sie blieben Teilnomaden, jagten weiterhin Rentiere, Vögel und Pelztiere. Allerdings weitete der Staat die Jagd deutlich aus und professionalisierte sie. Das galt nicht nur in Bezug auf Rentiere, deren Bestände durch den verstärkten Abschuss stark dezimiert wurden und die Tiere dazu veranlasste, ihre Wanderrouten zu verändern, sondern ebenso für Gänse. Auch hier waren Vorgaben einzuhalten. So erlegten Jäger 1926/27 auf der Halbinsel laut einer Statistik mehr als 170.000 Gänse.[31] Einigen Jagdbrigaden gelang es, an einem einzigen Tag 10.000 Vögel in Netze zu treiben. Die Jäger waren dazu angehalten, auch andere Vogelarten abzuschießen (1926/27 erbeuteten die Brigaden zum Beispiel 620.000 Enten und 740.000 Schneehühner), sodass wohl auch der eine oder andere Knutt dem sozialistischen Jahresplan zum Opfer gefallen sein dürfte. Man brauchte die Vögel und Rentiere in erster Linie für die vielen Häftlinge, die am Aufbau des Metallkombinats in Norilsk südlich der Taimyr-Halbinsel beteiligt waren. Ein düsteres Kapitel in der Geschichte Sibiriens – man geht davon aus, dass etwa 270.000 Menschen das Lager Norillag in Norilsk durchlaufen haben, 17.000 bis 18.000 davon sollen in der Eiseskälte umgekommen sein.[32]

Die gewerbliche, unbeschränkte Jagd auf Zugvögel ging im großen Stil bis Ende der 1960er weiter, erst dann gelang es auf Druck westlicher Naturschützer:innen, Schutzbestimmungen durchzusetzen und den Jagddruck zu vermindern.

Alles hat seinen Preis

Das Jahr 1971 stellt für viele Nganasanen eine Zäsur dar. Als es zu einer Epidemie unter den domestizierten Rentieren kam, beschloss man im Jagdministerium der UDSSR, die Rentierzucht auf Taimyr aufzugeben und sich fortan ganz auf die Jagd wilder Tiere zu konzentrieren. Alle »Haustiere« waren daraufhin zu schlachten. Die Hauptaufgabe der neu gegründeten Sowjose Gospromkhoz Taymirsky war es, die Städte Dudinka und Norilsk wie zuvor mit Fleisch zu versorgen. Im Zuge dieser Umstrukturierung mussten die Nganasanen zwangsweise in die Ortschaften Ust-Avam, Volochanka oder Novorybnoye umziehen und dafür ihre gemeinschaftliche Lebensweise als Teilnomaden aufgeben. In den Ortschaften lebten sie nun mit Dolganen, Entsen und Russen zusammen.

Die Umsiedlung hatte durchaus Vorteile: Den Menschen standen feste Wohnungen zur Verfügung, die Orte verfügten über eine vergleichsweise gute Infrastruktur, es gab eine bessere gesundheitliche Versorgung (was dazu führte, dass die Kindersterblichkeit sank) und Läden, in denen man alles für den täglichen Gebrauch einkaufen konnte. Regelmäßig flogen Hubschrauber Richtung Dudinka oder Norilsk und ermöglichten es den Menschen, ein wenig Stadtluft zu »schnuppern«. Die meisten Männer arbeiteten zunächst weiterhin als Jäger. Als Lohnarbeiter der Kolchose verdienten sie nun gutes Geld. Die »Firma« wies jeder Jägerbrigade ein festes Revier zu. Jeder der Arbeiter erhielt dafür ein Schneemobil und anderes technisches Gerät. Die Jäger waren sechs bis zehn Monate in ihren Revieren unterwegs, lebten in dieser Zeit – abgesehen von Kurzbesuchen – nun von ihren Familien getrennt. Wer nicht als Jäger tätig sein wollte oder konnte, versuchte anderswo in der Sowjose Arbeit zu finden. Dazu fehlte es allerdings häufig an

der nötigen Ausbildung. Deshalb waren viele dieser Männer nur als ungelernte Arbeiter tätig, Diskriminierungen am Arbeitsplatz waren an der Tagesordnung. Einige hatten gar keinen Job. Die Frauen, die traditionell mit ihren Männern zusammengearbeitet hatten, waren jetzt als Näherinnen, Verwaltungsangestellte oder Lehrerinnen in der Sowjose tätig.

Die Umsiedlung bewirkte, dass der Lebensstandard der Nganasanen deutlich anstieg und sogar über dem Durchschnitt der Sowjetunion lag. Die verbesserten Lebensbedingungen hatten allerdings ihren Preis – das langsame Verschwinden der kulturellen Identität. Die Entwicklung begann bei den Kindern. Sie mussten jetzt alle bis zu ihrem 17. Lebensjahr Internate besuchen und waren damit jedes Jahr für neun Monate von ihren Eltern getrennt. »Wenn sie im Sommer nach Hause kamen«, schreibt Natalia Mihailova, »konnten sie das traditionelle Leben ihrer Eltern nicht mehr nachvollziehen. Sie kannten kaum noch die traditionelle Sprache und Kultur. Sie wollten lieber in der Stadt wohnen, aber dort wurden sie als ›Aliens‹ zurückgewiesen.«[33]

Auch das Zusammenleben unterschiedlicher Ethnien in den Siedlungen schwächte den kulturellen Zusammenhalt. Es förderte das Russische und verdrängte mehr und mehr die Muttersprachen der indigenen Bevölkerungsgruppen. Alsbald sprachen nur noch die alten Menschen die traditionelle Sprache, insbesondere, wenn sie unter sich waren. Jüngere verstanden die Sprache, benutzten sie jedoch kaum noch. Zum Identitätsverlust trug sicher auch bei, dass der Familienverband eine immer geringere Rolle spielte. Nicht nur, dass die Familienmitglieder über Monate hinweg voneinander getrennt lebten, auch der Kontakt zur weiteren Verwandtschaft, die oft Hunderte von Kilometern entfernt wohnte, wurde seltener.

Wie so oft bei indigenen Völkern führte die veränderte Lebensweise vor allem bei Männern zu einem vermehrtem Alkoholkonsum – ein wichtiger Grund, warum Frauen sich vermehrt »soliden« Russen zuwandten und damit dazu beitrugen, die traditionelle Kultur der Nganasanen weiter auszuhöhlen.

Lebe, wie es dir beliebt

Mit der Perestroika konnten endlich auch ausländische Ethnologen und Anthropologen nach Taimyr reisen und die dort lebenden indigenen Völker kennenlernen. Einer von ihnen war John P. Ziker aus den Vereinigten Staaten. Ab 1992 besuchte er mehrmals die Siedlung Ust-Avam und studierte dort das Leben der Nganasanen und Dolganen. So bekam er hautnah mit, wie ihr Leben nach dem Ende der Sowjetunion erneut auf den Kopf gestellt wurde. Die nachfolgenden Ausführungen (bis etwa Ende des Jahrtausends) basieren in erster Linie auf seinen Beobachtungen und Studien.[34] Das für die erneute Umwälzung grundlegende Ereignis fand 1993 statt, als der Staat der Sowjose Gospromkhoz Taymirsky die meisten ihrer Aufgaben entzog. Die Jäger der Dolganen und Nganasanen bekamen plötzlich keinen Lohn mehr, die »Produktion« ging stark zurück. Ihre Frauen, die in der Sowjose gearbeitet hatten, wurden ganz einfach den Jägern zugeordnet, galten dadurch nicht mehr als Angestellte und erhielten entsprechend auch keinen Lohn mehr. Nur einige Lehrerinnen und Verwaltungsbeamtinnen behielten ihre Arbeit. Viele Leute mussten nun von Alterspensionen oder den Ausgleichszahlungen, die das Metallkombinat Norilsk Nickel für Umweltschäden zu leisten hatte, leben. Die meisten Auszahlungen kamen – wenn überhaupt – chronisch verspätet. Zudem verlor das Geld an Kaufkraft, da die Preise im Zuge der Privatisierung vieler Wirtschaftszweige in die Höhe schossen. So führten gestiegene Transportkosten zu höheren Preisen bei Haushaltswaren, Lebensmitteln und anderen Konsumgütern. »Nachdem ihr tägliches Leben über Jahre bis ins Kleinste geregelt war, erleben die Dolganen und Nganasanen in Ust-Avam die derzeitige russische Regierungspolitik nun als ›Lebe, wie es Dir beliebt‹. Es gibt keine Arbeit, kein geregeltes Leben, keine soziale Absicherung«, fasst Ziker die damalige Situation zusammen.[35]

Um die traditionelle Ökonomie der indigenen Völker zu bewahren, oder besser, um sie wiederzubeleben, setzte Präsident Boris Jelsin 1992 ein Dekret in Kraft, das es den indigenen Völkern des Nordens ermöglichen sollte, günstig an Land aus Staatsbesitz zu gelangen, um dieses nach eigenen Vorstellungen für Jagd und Fischfang zu nutzen. Doch nur wenige Familienverbände nahmen das Dekret in Anspruch. Dies lag in erster Linie daran, dass sich die meisten Ländereien nicht mehr profitabel bewirtschaften ließen. Nur in Stadtnähe, bei Dudinka oder Khatanga, wo die sprunghaft angestiegenen Kosten für Luftverkehr und Schifffahrt nicht so ins Gewicht fielen, konnte sich eine Holding oder Kooperative tatsächlich rechnen. Hier aber traten die Familienbetriebe zum Teil in Konkurrenz zu der Stadtverwaltung und den Nachfolgegesellschaften der staatlichen Betriebe, die dabei waren, ein eigenes Vertriebsnetz aufzubauen und über bessere Kontakte und größere Geldreserven verfügten. Bevor die Indigenen überhaupt daran denken konnten, gewinnorientiert zu handeln, galt es erst einmal, sich selbst und seine Familie über Wasser zu halten. Die Selbstversorgung (Subsistenzwirtschaft) gewann wieder stark an Bedeutung.

Aber wohin zum Jagen? Die »eingedampfte« Sowjose Gospromkhoz Taimyrski flog die ursprünglichen, weit abgelegenen Jagdgebiete der Brigaden nicht mehr an, die Jäger mussten sich nach anderen, näher gelegenen Jagdgründen umsehen. Dabei kam ihnen zugute, dass Jagdgebiete rund um die Siedlungen dem Gemeinwohl dienen sollten und von allen Jägern der ehemaligen Sowjose »bewirtschaftet« werden durften – eine Art Jagdgebiet für alle. Auf diese Gebiete konzentrierte sich von nun an das Jagdgeschehen. Die Jäger regelten untereinander, wann, wo und wer mit wem jagen ging. Diese Übereinkünfte, die auch die Gänsejagd betrafen, hielten die Übernutzung des Geländes in Grenzen. Trotzdem dürfte der Jagddruck auf alle hier lebenden Tiere deutlich angestiegen sein. Ein Nachteil für denjenigen Knutt, der sich hier zum Brüten niedergelassen hatte, ein Vorteil für den, der das fernab versuchte – Gebiete, die weiter als 150 Kilometer entfernt waren, lagen nun außerhalb der Reichweite von Jägern.

Die Jagd war nun beschwerlicher als zuvor. Es gab Transportprobleme: Die Jäger waren es gewohnt, mit Fahrzeugen in die Wildnis aufzubrechen. Sie besaßen zwar noch Schneemobile, die nach fünf Jahren in den Besitz der Jäger übergingen, diese waren aber veraltet und anfällig, die nötigen Ersatzteile schwer zu bekommen oder zu teuer. An einen Neuankauf war schon gar nicht zu denken. Auf domestizierte Rentiere konnte man ebenfalls nicht mehr zurückgreifen – sie waren vor Jahren auf Anordnung der Sowjose ja geschlachtet worden. So waren die Leute nun oft zu Fuß oder mit Hunden, die aber auch ernährt werden wollten, in der Tundra unterwegs.

John P. Ziker berichtet davon, dass als Folge der prekären Lebensverhältnisse die alte Maxime »Gib, wenn du hast«, von Middendorff noch als »Krebsschaden des samojedischen Haushaltes« gegeißelt, nun gezwungenermaßen eine Renaissance erlebte. Geteilt wurde vor allem unter Verwandten, bei großen Fängen bekamen aber fast alle, die Bedarf anmeldeten, etwas ab: alleinerziehende Mütter, Invaliden, Pensionäre, Nachbarn. Auch zwischen den Ethnien wurde geteilt. Die Anhäufung von Beute galt wieder als sozial bedenklich. Teilen erhöhte den Status, davon abzusehen, gefährdete den zukünftigen Jagderfolg. Auch der Glaube, über Rituale und einen respektvollen Umgang mit den Tieren ließe sich das Jagdglück beeinflussen, schien wieder aufzuleben.

In der Lebenswirklichkeit blieben nun aber viele Familien lieber zu Hause, vor allem junge Leute zog es kaum noch in die Wildnis. Da die Älteren ihnen die nötigen Vorkenntnisse zur Jagd nicht länger vermittelten, blieb ihnen diese Tätigkeit zunehmend fremd, manche hatten daran auch schlicht kein Interesse mehr. Andere Arbeit aber gab es kaum, wer etwas werden wollte, musste Ust-Avam (oder eines der anderen abgelegenen Dörfer) von nun an verlassen.

Geografische Isolation, Perspektivlosigkeit, all das nagte am Selbstwertgefühl und trug entscheidend dazu bei, dass der Alkoholkonsum unter den Indigenen weiter zunahm. Am schlimmsten war es an staatlichen Zahltagen, wenn kurzfristig Geld im Umlauf war und ganze Ortschaften im Alkohol ertranken. Über 70 Prozent aller Todesfälle hatten unnatürliche Ursachen, und fast alle hatten mit Alkohol zu tun – Gewaltverbrechen, Selbstmorde, Vergiftungen.

Ich möchte nicht, dass die Nganasanen aussterben, für mich sieht es aber so aus

Und heute? Es ist nicht ganz einfach, sich ein aktuelles Bild vom Leben der Nganasanen zu machen. Ust-Avam und andere von den Nganasanen bewohnte Siedlungen liegen weit ab und sind nur äußerst schwer zu erreichen. Berichte zu ihrem Leben sind unvollständig und teilweise widersprüchlich.

Die Linguistin Beáta Wagner-Nagy, die Ust-Avam zusammen mit Sándor Szeverèny im Jahr 2008 besuchte und weiterhin in regelmäßigem Kontakt zu einigen Frauen der Gemeinde steht, meint, dass sich seit dem Besuch von John P. Ziker an der prekären Situation der Indigenen wenig verändert hat.[36] Im Jahr 2008 lebten etwa 700 Menschen in der Siedlung, heute sind es noch ungefähr 400. Es gibt neben der lokalen Verwaltung eine Schule, einen Kindergarten, einen kleinen Spielplatz, ein Krankenhaus, ein Postamt sowie zwei Läden. Alle wichtigen Posten hatten und haben Russen inne. Die russischen Ärzte und Dorfpolizisten werden durch höhere Löhne in den Norden gelockt, bleiben aber immer nur so lange, bis sie meinen, genug verdient zu haben. Ein Stromgenerator, der ständig in Betrieb ist, versorgt das Dorf mit Strom. Geheizt wird mit Kohle, die aufwendig mit dem Schiff herangeschafft wird. Das Wasser für die Haushalte muss aus dem nahegelegenen Fluss geholt werden, nur im Winter beliefert ein Tankwagen die Menschen. Toiletten mit fließendem Wasser gibt es nicht. Der Ort wird aktuell etwa dreimal pro Monat von Dudinka aus angeflogen.

Die soziale Situation der Einwohner:innen im Dorf bleibt nach wie vor äußerst angespannt. Wie anderswo auch gibt es nur wenige Jobs. Da es selbst in Dudinka schwer ist, Arbeit zu finden und dort zudem nur wenig Wohnraum zur Verfügung steht, stecken die Menschen in der Gemeinde fest. Die Perspektivlosigkeit führt hier wie anderswo zu Alkoholmissbrauch, Gewalt, überproportional vielen Selbstmorden und hoher Kindersterblichkeit. Die Lebenserwartung betrug 2008 entsprechend nur 40 bis 42 Jahre, daran dürfte sich bis heute kaum etwas geändert haben. Vor allem Männer erreichen nur selten ein höheres Lebensalter. Schon deswegen ist der Anteil von Kindern an der Gesamtbevölkerung relativ hoch. Die meisten Familien leben auf engstem Raum in einer Ein- bis Zweizimmerwohnung zusammen. Bis auf spielende Kinder sind die Straßen auch tagsüber fast leer. Arbeitslose bleiben lieber zu Hause und sehen fern. Hier kommen sie mit der Außenwelt in Berührung und werden auf schmerzliche Weise mit einem ganz anderen Lebensstandard konfrontiert.

Fast alle Bewohner:innen des Ortes sprechen im Alltag Russisch. Selbst in Familien, in denen die Eltern Nganasanisch als Muttersprache haben, dominiert das Russische. Zudem entstammen die Ehepartner oft verschiedenen Volksgruppen. So wird es schwierig, die Identität einer Ethnie zu bewahren. Bezeichnend, was eine Frau 2008 auf die Frage nach ihrer Identität antwortete: »Meine Mutter ist eine Entsin, mein Vater ein Nganasane, mein Ehemann ist ein Dolgane, meine Söhne sprechen nur Russisch. Also, wer soll ich sein?«[37] Vor diesem Hintergrund erscheint es mehr als fraglich, dass die traditionelle Sprache der Nganasanen überleben wird.

Der Ornithologe Tom Noah vermittelt ein ähnlich düsteres Bild vom Leben der Indigenen. Er besuchte 2014 die Ortschaft Novorybnoye nahe der Kleinstadt Khatanga.[38] Zu dieser Zeit hatte der Ort etwa 560 Einwohner:innen, meistenteils Dolganen, aber auch ein paar Nganasanen und Russen. Fast ein Drittel der Bevölkerung war jünger als 18 Jahre.[39] Die Häuser des Ortes ähnelten aus Holzresten zusammengezimmerten Baracken. Plastikplanen ersetzten zum Teil Fensterscheiben. Vor den Häusern stapelte sich der Müll. Die Exkremente der Menschen landeten in Abfalleimern vor der Haustür. Auf jedem Haus thronte aber eine Satellitenschüssel.

Auf Noah wirkten die Einwohner:innen des Dorfes etwas lethargisch und unzugänglich, aber nicht unzufrieden. Sie liebten die Ruhe des Ortes, berichtet er. Khatanga (2.645 Einwohner:innen, Stand Oktober 2010) empfänden sie schon als zu laut und hektisch. Trotz der prekären Lebensverhältnisse spielte nur jeder/jede Vierte ernsthaft mit dem Gedanken wegzugehen, die Mehrheit wollte bei den Familien und Freunden bleiben.[40]

Der Staat versucht zu helfen, indem er finanzielle Hilfe bei der Anschaffung von Ausrüstungsgegenständen und Baumaterialien (für Jagd-

Abb. 12: Novorybnoye

hütten) leistet, einen Teil der Benzinkosten übernimmt, beim Kauf von Generatoren zur Seite steht, Sanitätsutensilien liefert, die Reisekosten der Schüler:innen zahlt und für einen Teil der Studiengebühren aufkommt. Neue Arbeitsplätze hat er bislang aber kaum (oder gar nicht) schaffen können.[41]

Oft sind es Einzelpersonen wie Alexei Chunanchar, die durch ihren Einsatz versuchen, gegenzusteuern und das kulturelle Erbe zu retten. Chunanchar stammt aus Volochanka, hat in Norilsk an der Hochschule Kunst studiert und lebt nun in Dudinka. Er fühlt sich der traditionellen Kultur der Nganasanen immer noch sehr verbunden. Er singt traditionelle Weisen in der Gruppe Dentedie, die schon internationale Auftritte hatte, ist aber vor allem als Knochenschnitzer bekannt. In nur zehn Minuten stellt er vor den Augen der beeindruckten Reporterin Anna Gruzdeva eine kleine menschliche Figur in der Tracht der Nganasanen her und meint lachend: »Solche Figuren sind jetzt populär. Autofahrer fahren mit ihnen umher und benutzen sie als Talisman, um nicht der Verkehrspolizei zu begegnen.«[42] Kleine Figuren? Da drängt sich eine Verbindung zu den Koika, den kleinformatigen Holzplastiken auf, die den Besitzer:innen als persönliche Hausgötter halfen, Unglück von der

Familie abzuwenden. Jetzt scheinen sie in der Moderne angekommen zu sein, als Anhänger in den Autos abergläubischer Stadtbewohner. Ähnlich sind wohl schamanistische Praktiken zu bewerten, die im Umfeld der Nganasanen – und nicht nur dort – wieder etwas aufleben. Für die Kulturwissenschaftlerin Natalia Koptseva wird dieser Neo-Schamanismus ohne einen wirklichen Bezug zu den archaischen Traditionen der Nganasanen eingesetzt, ein gutes Beispiel, wie in der Moderne oft mit dem kulturellen Erbe umgegangen wird.[43]

Für die Linguistin Larisa Leisiö, die das Volk 2013 im Zuge ihrer Sprachstudien gut kennenlernte, steht fest, dass weniger als 1.000 verbliebene Nganasanen ihre Probleme nicht allein lösen können.[44] Russland muss ihrer Meinung nach stärker als zuvor die Verantwortung für diese Menschen übernehmen und zwar nicht durch Vorschriften und Zuschüsse, sondern indem der Staat die Fähigkeiten und die traditionelle Wirtschaftsweise der Nganasanen fördert. Ansätze immerhin scheint es zu geben. So versucht der Staat laut Beáta Wagner-Nagy in Ust-Avam offenbar, die Rentierzucht wieder aufleben zu lassen und den Menschen vor Ort damit eine Zukunftsperspektive zu eröffnen. Aber kann dieser Plan in Anbetracht der isolierten Lage und der ungenügenden Infrastruktur wirklich funktionieren?[45] Die Linguistin bleibt da skeptisch. Ihrer Meinung nach stellt eine vollständige Umsiedlung der Menschen nach Dudinka (oder Khatanga) rein ökonomisch betrachtet die einzig mögliche Lösung dar. Die sozialen Probleme der Menschen würde das freilich sicher nicht lösen, fügt sie an. Und so ist zu befürchten, dass sich bewahrheitet, was die Nganasanin Maria Chepalova, eine Schulassistentin aus Ust-Avam, 2008 vorausgesehen hat: »Ich möchte nicht, dass die Nganasanen aussterben, für mich sieht es aber so aus, als könnten wir dem nicht entrinnen. Nur Ausstellungsgegenstände in Museen, Fotografien und Aufnahmen in Büchern werden bleiben.«[46]

Umweltsünden

Zurück zum Knutt, zurück zu den Zugvögeln und anderen Nichtmenschen. Was wird auf Taimyr eigentlich zu ihrem Schutz getan?

Da gibt es zum einen das Schutzgebiet Taimyrski Sapowednik. Es wurde 1979 eingerichtet und erhielt 1995 von der UNESCO den Status eines Biosphärenreservates (Details zu Biosphärenreservaten siehe Kapitel 5/Bijagos). Das Reservat ist etwa 13.500 Quadratkilometer groß und besteht aus drei Einzelregionen, von denen das Gebiet westlich und südlich des Taimyr-Sees die größte Fläche einnimmt (13.240,42 Quadratkilometer). Laut UNESCO lebten 1994 noch 3.600 Indigene im Schutzgebiet, wie viele es heute sind, ist unklar. Das Gebiet ist ein sehr wichtiger Lebensraum für Vögel, und natürlich brüten hier auch viele Knutts. Zum anderen gibt es das Schutzgebiet Bolschoi Arktitscheski Sapowednik. Es ist mit einer Fläche von 41.692 Quadratkilometern das größte Naturschutzgebiet Russlands. Im nördlichen Küstenbereich der Halbinsel gelegen, setzt es sich aus einem Flickenteppich unterschiedlicher Teilgebiete zusammen. Dazu gehören ausgedehnte Tundragebiete, das Nordenskjöld Archipel mit über 90 Inseln, aber auch marine Bereiche. Die Idee zum Schutzgebiet kam Wissenschaftler:innen während der ersten deutsch-russischen Expedition auf Taimyr im Jahr 1989. »Bei unserem Abschied vom ersten Besuch der großartigen Landschaft Nordsibiriens verband uns das Gefühl, mit unseren russischen Partnern diese perspektivischen Naturschutzüberlegungen künftig gemeinsam fortzusetzen«, schrieb Peter Prokosch, damals Chef des Wattenmeerbüros des WWF.[47] Schon am Ende der ersten Expedition organisierten die russischen Wissenschaftler eine Konferenz mit wichtigen Entscheidungsträgern. Nach einer intensiven Kooperation zwischen dem Nationalpark Schleswig-Holsteinisches Wattenmeer, dem WWF und russischen Behörden wurde das Schutzgebiet 1993 schließlich seiner Bestimmung übergeben, genau 150 Jahre nachdem Middendorff Teile des Schutzgebietes besucht hatte. Das Areal ist für Brutvögel ebenso von Bedeutung wie für Säugetiere. Rentiere und Eisbären leben hier, aber auch Meeressäuger wie der Belugawal oder das Walross.

Vor dem Hintergrund der dünnen Besiedlung und der weitläufigen Schutzgebiete scheinen der Knutt und andere Zugvögel heute relativ gut geschützt – gäbe es da nicht die Gefahren, die durch den Bergbau drohen. Hier kommt die Stadt Norilsk ins Spiel, jene Stadt, die größtenteils Gulag-Gefangene aufgebaut und betrieben haben und die als

Abb. 13: Norilsk

nördlichste Großstadt der Welt gilt. 40 Prozent des Weltbedarfs an Palladium werden hier gefördert, bekannt ist der Ort aber vor allem wegen seiner gigantischen Nickel- und Kupfervorkommen. Der für den Abbau verantwortliche Konzern MMC Norilsk Nickel gehört zu den größten und profitabelsten Unternehmen Russlands. Der Konzern ist aber auch einer der größten Luftverschmutzer weltweit – nicht umsonst hat das Blacksmith Institute Norilsk mehrfach zu einem der zehn am schlimmsten belasteten Orte der Welt gewählt. »Dort, wo fast nichts wächst, ist die Vielfalt unglaublich. Die Vielfalt von Grau und Schwarz. Je näher der Reisende der Stadt Norilsk in Nordsibirien kommt, desto größer wird die Vielfalt. Im späten Frühjahr liegt hier, 300 Kilometer nördlich des Polarkreises, noch viel Schnee. Aber weiß und rein ist der Schnee nicht. Stattdessen erst gräulich überzogen, dann aschgrau, am Straßenrand schwarz und in der Ferne pastellgrau, wo er in den dunkelgrauen Qualm der Fabriken und den schmierig-grauen Dampf der Kühlbecken übergeht. Das Eis ist mal tiefgrau, mal tiefschwarz, mal glatt schillernd, mal borstig. Der Boden, wenn er sich zeigt, ist oftmals schwarz. Die Pipelines sind rostig-schwarz, gelegentlich mit einem

Leck, das schimmernd graue Wölkchen entlässt.« So beschreibt der Reporter Benjamin Triebe den Ort bei seinem Besuch im Frühjahr 2017.[48]

Rund um Norilsk erstrecken sich tote Wälder oder Mondlandschaften, ein schwarzer Staubfilm bedeckt in der Nähe von Norilsk alle Pflanzen. Wer Pilze essen will, sollte diese erst lange in Salzwasser einlegen und dann stundenlang kochen. Verpestete Natur in einem Radius von Dutzenden von Kilometern. Wie die zuständige Umweltbehörde einräumen musste, werden die Abgase bei ungünstigem Wind bis nach Kanada getrieben.[49] Davon immerhin bleibt Ust-Avam weitgehend verschont – der Wind kommt hier in der Regel von Norden und hält die kontaminierte Luft damit vom Ort fern.

Kein Wunder, dass man Norilsk als Ausländer:in nur mit einer speziellen Einreisegenehmigung bereisen darf – Norilsk ist eine der letzten »geschlossenen Städte«, die es in Russland noch gibt. Nachdem Vladimir Putin die Konzernspitze 2010 zum wiederholten Male aufgefordert hatte, mehr für den Umweltschutz zu tun, begann man bei Norilsk Nickel langsam, zu reagieren und rüstete einige Fabriken mit neuen Filter- und Reinigungsanlagen aus. Inzwischen nimmt der Konzern umfangreichere Modernisierungen vor, eine Senkung des Schwefelausstoßes aller Produktionsstätten um 75 Prozent in nächster Zeit ist das Ziel. Zwei Milliarden US-Dollar will der Konzern dafür jährlich in die Hand nehmen. In Anbetracht der gigantischen Verschmutzungen erscheint dies aber nur als Tropfen auf den heißen Stein, noch bietet die Gegend ein apokalyptisches Bild. »Der Mensch kam als Räuber hierher«, schreibt Triebe. »Wenn er eines Tages mit diesem Planeten fertig ist und nur Mahnmale seiner Gier zurückbleiben, wird die Welt vielleicht überall aussehen wie Norilsk am Ende eines arktischen Winters.«[50]

Bedroht wird das Ökosystem auch von einer ganz anderen Seite: Die weltweit größte Herde wildlebender Rentiere ist in Gefahr. Grund dafür ist die illegale Jagd auf diese Tiere. In der *Siberian Times* vom Frühjahr 2017 wird das Geschehen geschildert.[51] Die Jagd dient den dort beschriebenen Jägern nicht mehr dazu, ihren Eigenbedarf an Fleisch zu decken, ihr eigentlicher Zweck ist es, Geweihe für den Markt in Ostasien zu bekommen. Die Geweihe dienen der Herstellung von Heilmitteln und sollen bei der Wundheilung helfen, das Immunsystem stärken oder die Potenz fördern. Die Hatz findet meistens im Frühjahr statt, dann, wenn die Jagd auf Rentiere verboten ist. Nach alter Tradition lauern die Jäger den Tieren auf, wenn sie auf den Wanderungen gen Norden die Flüsse überqueren. Während sie wehrlos im Wasser schwimmen, schneiden die Häscher ihnen das Geweih mit einer Axt oder einem Beil ab. Schwangere Kühe, die auf diese Weise malträtiert werden, erleiden, sobald sie wieder an Land sind, meist eine Fehlgeburt. Viele Rentiere werden durch einen Kopfschuss getötet, was den Vorteil hat, dass neben dem Geweih auch noch die Zunge, als Delikatesse begehrt, als Beute anfällt. Die Kadaver versenkt man im Wasser oder lässt sie einfach liegen.

Dr. Leonid Kolpashchikov, der wissenschaftliche Leiter des Taimyr-Schutzgebietes, ist vor allem über den Zynismus der gut bewaffneten Jäger bestürzt, darüber, dass die Tiere nur wegen einer delikaten Zunge wahllos abgeschlachtet werden. Er geht davon aus, dass jedes Jahr 120.000 statt der erlaubten 40.000 Rentiere so ihr Leben verlieren. Der Bestand einer Teilpopulation, der Tarey-Herde, schrumpfte so von 44.000 Tieren im Jahr 2017 auf wenige tausend Tiere im Jahr 2019. Veränderte klimatische Bedingungen beschleunigen den Einbruch der Bestände.[52] Jagdhüter listeten etwa 800 Jagdplätze auf, verstreut über eine Entfernung von 1.500 Kilometern. Es ist zu befürchten, dass auch Nganasanen in die Wilderei verwickelt sind, Belege dafür liegen allerdings nicht vor. Sollte sich der Verdacht allerdings erhärten, wäre das ein weiterer Beleg dafür, dass eine in Jahrhunderten gewachsene Kultur, zu deren Dogmen es gehörte, Tiere mit Respekt zu behandeln, endgültig unterzugehen scheint.

Kapitel 3

Im Rhythmus der Gezeiten

Wattenmeer/Deutschland

Eine Schlammwüste als Schlaraffenland

Nach der Brut haben es die Knutts schon wieder eilig, mit aller Macht zieht es sie zurück Richtung Süden. Brut war gestern, nun gilt es, die Arktis schnellstmöglich wieder zu verlassen und das Winterquartier anzusteuern. Alles wird diesem neuen Ziel untergeordnet. Zwei bis drei Monate, nachdem sie sich im Wattenmeer die Bäuche vollgeschlagen haben, machen die Vögel es im Brutgebiet nun ganz ähnlich. Kaum ist das Fettpolster groß genug, geht es schon retour Richtung Nordsee. Oft finden sich die Vögel dabei zu kleineren Gruppen zusammen. Vor allem für unerfahrene Jungvögel, die ihren Weg ins Winterquartier erst finden müssen, dürfte das von Vorteil sein, insbesondere wenn sie das Glück haben, mit einem noch anwesenden Altvogel starten zu können. Der Instinkt hat ihnen schließlich nur eine Zugrichtung (Südwest), aber kein klares Ziel vorgegeben. Nicht alle Vögel scheinen es nun aber gleich eilig zu haben wie im Frühjahr. Davon zeugen Beobachtungen aus dem Baltikum oder von den schwedischen Inseln Öland und Gotland, wo Knutts im Spätsommer regelmäßig durchschnaufen. Im Frühjahr sieht man sie an diesen Orten nur, wenn schlechtes Wetter sie zu einer Landung zwingt.

Abb. 1: Junge Knutts bei einem Zwischenhalt auf der schwedischen Insel Öland

Wie bereits erwähnt, übt das Wattenmeer nicht nur auf den Knutt, sondern auf viele andere Wat- und Wasservögel eine geradezu magische Anziehungskraft aus. Bis zu zwölf Millionen Vögel unterbrechen hier ihre Reise. Die Vögel kommen dabei nicht nur aus Sibirien, sondern auch aus dem nördlichen Kanada, von Grönland und Spitzbergen, aus

Skandinavien oder dem Baltikum. Der Grund für die Attraktivität des Wattenmeeres liegt gut verborgen unter der Wattoberfläche und war vermutlich schon Kaiser Friedrich II. (1194–1250) bekannt: »Die Zugvögel, zumeist also von Norden kommend, rasten unterwegs auf dem Festland oder auf Inseln und möglichst an solchen Plätzen, wo jede Art die ihr gemäße Nahrung findet«, schrieb er in *De arte venandi cum avibus.*[1] Essbares, darum geht es hier, was auch sonst!

Das Wattenmeer erstreckt sich von Den Helder im Nordwesten der Niederlande bis nach Esbjerg im Süden Dänemarks und schließt damit die gesamte deutsche Nordseeküste ein. Wenn bei Ebbe das Wasser abgelaufen ist, wirkt das Wattenmeer oberflächlich betrachtet wenig anziehend: endlose Flächen aus Matsch und Schlick, leer und trist, eine Schlammwüste, die nur hier und da von kleinen Rinnsalen oder Prielen unterbrochen wird. In dieser Ödnis kann eine sich knapp über den Horizont erhebende Dünenkette zur Verheißung werden. Selbst das Meer, wenn es bei Hochwasser alle paar Stunden vorbeischaut und die Wattflächen unter sich begräbt, regt die Sinne hier meist nur mäßig an. Gischtgekrönte Wellen, Brandung, Bewegung? Fehlanzeige! Nichts, was den Blick länger festhält, nichts, was Aufmerksamkeit erregt – nichts bis auf die Vögel, die wahllos im Watt verteilt oder zu riesigen Schwärmen vereint der Landschaft Leben einhauchen.

Die Geschichte des Wattenmeeres beginnt mit dem Ende der letzten Eiszeit vor etwa 12.000 Jahren. Durch das in den Gletschern gebundene Wasser lag der Meeresspiegel zu dieser Zeit ungefähr 40 Meter unter dem heutigen Stand, sodass große Teile der Nordsee nach dem schrittweisen Rückzug des Eises zunächst noch trocken lagen. Eine tundraähnliche Landschaft entstand, bevölkert unter anderem von Rentieren und Mammuts. Mit der Zeit begann sich die Nordsee, langsam wieder mit Wasser zu füllen. Der Anstieg verlief mit mehr als zwei Metern pro Jahrhundert am Anfang so schnell, dass England bereits um 6.000 v. Chr. wieder zur Insel wurde und auch Helgoland nicht mehr trockenen Fußes zu erreichen war. Um 5.000 v. Chr. war die heutige Küstenlinie in etwa erreicht. Danach hat sich der Meeresspiegelanstieg stark verlangsamt, bis auf ungefähr 25 Zentimeter pro Jahrhundert, wobei der Anstieg nicht kontinuierlich, sondern in Phasen verläuft. Es gab immer wieder Zeiträume, in denen der Anstieg zum Stillstand kam oder sich das Meer sogar etwas zurückzog. Das Wattenmeer, so wie wir es heute kennen, mit seinen vorgelagerten Barriereinseln, dem dahinter liegenden Watt und den angrenzenden Salzwiesen, begann sich erst vor weniger als 3.000 Jahren herauszubilden.

Die großen Ströme und Flüsse spülten nach der Eiszeit Unmengen von Sand und anderen Sedimenten in die Nordsee, und sie tun dies in eingeschränktem Maße bis heute. Die Sedimente bestehen sowohl aus grobem Material (Sand) wie auch aus feinen Substraten (Schluff und Ton). Dazu kommen organische Überreste wie die Schalen von Tieren oder abgestorbene Pflanzenteile. Die Sedimente bilden den Baustoff für die Entstehung des Wattenmeeres, die Gezeiten sowie der Wind sind die Baumeister. Zweimal am Tag, im Rhythmus von etwa zwölfeinhalb Stunden, steigt und fällt der Meeresspiegel, das Wasser kommt und geht, auf Flut folgt Ebbe. Bei auflaufendem Wasser, der Flut, werden die Sedimente in Richtung Küste befördert. Gelangen die »schweren« Sandkörner mit der Strömung in Strandnähe, nehmen die Wellen diese auf und werfen sie am Strand ab. Feinere Sedimente werden weitergetragen. Wenn nächste Fluten weitere Sandkörner am Strand ablagern, kann sich der Sand langsam zu Platen (flachen Sanderhebungen) aufbauen, die nicht mehr bei jedem Hochwasser überflutet werden. Im Zusammenspiel mit vorteilhaften Winden und unterstützt durch erste Pflanzen, die sich am Strand ansiedeln und dem Sand Halt geben, können sich auf den Platen erste Dünen ausbilden und schließlich so weit emporwachsen, dass sie auch Sturmfluten überdauern können. Wo der Höhenunterschied zwischen Hochwasser und Niedrigwasser, der Tidenhub, nur sehr gering ist, entstehen auf diese Weise sehr lange geschlossene Dünenketten, wie sie zum Beispiel in Belgien oder auf Jütland (Dänemark) zu bewundern sind. Übersteigt der Tidenhub aber, wie im Bereich des Wattenmeeres, eine gewisse Marke (etwa 1,5 Meter), wird die Gezeitenströmung so stark, dass die aufgebaute Dünenkette immer wieder von den heranströmenden Wassermassen durchbrochen wird. Das Wasser ergießt sich ins Land dahinter und macht so aus einer zusammenhängenden Küstenlinie eine Reihe von Inseln. Aufgereiht wie auf einer Perlenkette erstrecken sie sich heute von der niederländischen Küste bis in

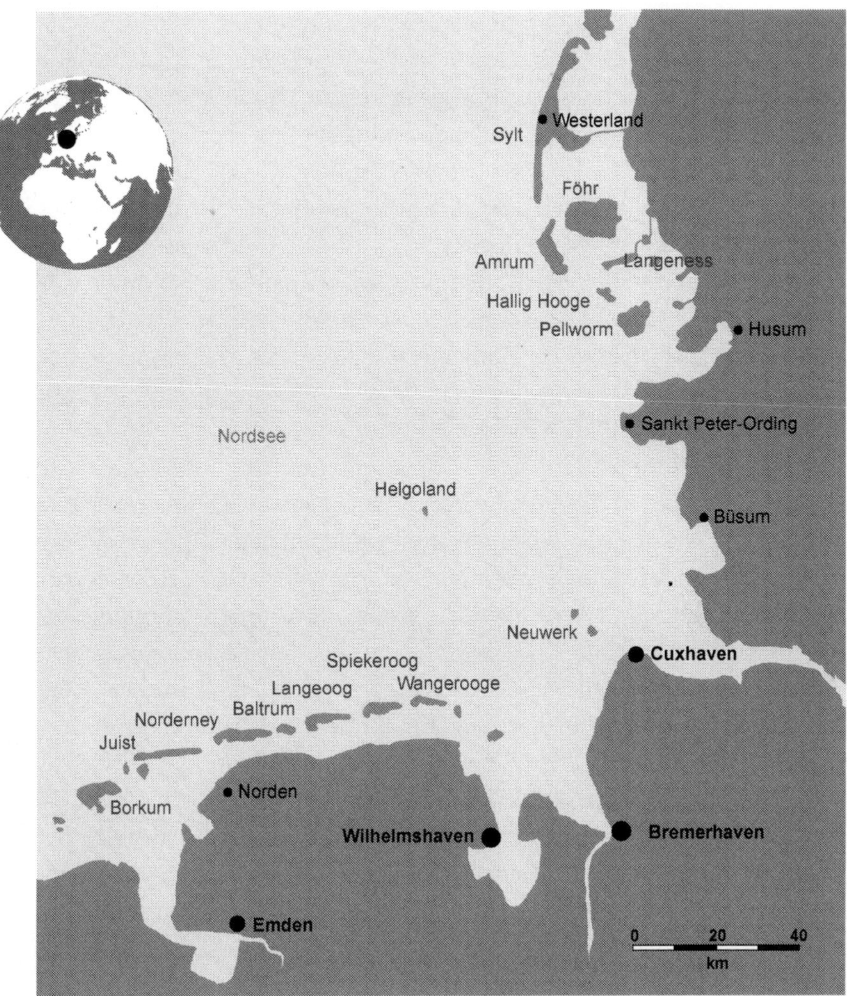

Abb. 2: Das deutsche Wattenmeer von Borkum bis Sylt

den Süden Dänemarks, unterbrochen nur in einem Bereich zwischen Jade und Elbe, wo der Tidenhub so stark ist, dass Sandbänke, aber keine richtigen Inseln mit Dünen mehr entstehen können.

Die Durchlässe zwischen den Inseln, die Seegats, bilden das Eingangstor zum eigentlichen Wattenmeer. Durch sie wird das Wasser bei Flut in das Wattenmeer hineingepresst und kann sich dort verteilen.

Direkt im Seegat herrscht eine enorme Strömung, die nach dem Passieren des Engpasses aber schnell nachlässt und im »Windschatten« der Inseln schließlich fast zum Erliegen kommt. Je nach Strömungsgeschwindigkeit können sich nun auch Sedimente mit geringeren Korngrößen ablagern. Am feinsten sind sie im Schlickwatt, das vor allem Richtung Festland zu finden ist, am gröbsten im Sandwatt, das in Inselnähe vorherrscht. Die Ebbe drückt das Wasser wieder aus dem Wattenmeer heraus, sodass der Boden nun trocken fällt. Im Sandwatt versickert das Wasser schnell, der Boden härtet fast umgehend aus und ist problemlos zu begehen. Im Schlickwatt dagegen kann das Wasser nur langsam versickern, hier muss man aufpassen, nicht im schlammigen Boden steckenzubleiben.

Das gesamte Wattenmeer, die Sandplaten, die Inseln und das Watt sind extremen Veränderungen unterworfen. Gezeiten und starke Winde gestalten das Gelände immer wieder neu. Eine besondere Kraft entfalten schwere Sturmfluten. Sie können Inseln anfressen, entzweireißen oder ganz verschwinden lassen, sie können Strömungsverhältnisse »umkrempeln« und damit schlagartig den Verlauf von Prielen verändern. Auf der anderen Seite können Sandplaten in kürzester Zeit, wie aus dem Nichts, einen neuen Bestandteil der Landschaft bilden. Inseln können in schnellem Tempo wachsen, wie zum Beispiel die Insel Spiekeroog, die ihre Größe innerhalb der letzten 300 Jahre mehr als verdoppelt hat (geologisch gesehen ein Wimpernschlag). Wer sich bei starkem Wind einmal dem »Sandstrahlgebläse« am Strand ausgesetzt hat, der kann nachvollziehen, welche Kräfte hier an der Nordseeküste am Werk sind.

Wer im Watt permanent leben will, muss damit klarkommen, dass er zweimal am Tag unter Wasser lebt und zweimal auf dem Trockenem sitzt. Er hat mit stark wechselnden Temperaturen, einem hohen Salzgehalt des Wassers, einer starken Strömung und ständig variierendem Licht zu kämpfen. An diese extremen Bedingungen konnten sich nur wenige Tierarten anpassen, dafür gibt es sie in unvorstellbaren Mengen. In einem Kubikmeter Wattboden können mehrere hundert Herzmuscheln, 50 Wattwürmer, 1.000 Seeringelwürmer und bis zu 100.000 der winzigen Wattschnecken leben.[2] Die Anzahl der Tiere ist nicht überall

gleich, sie richtet sich zum Beispiel nach der Sedimentzusammensetzung – im Schlickwatt ist die Anzahl in der Regel höher als im Sandwatt. Ohne die Gezeiten wäre solch ein Massenvorkommen nicht möglich. Mit jeder Flut versorgen die Nordsee und die großen Flüsse das Wattenmeer mit frischen Nährstoffen. Davon ernähren sich Kleinstlebewesen wie Kieselalgen, die wiederum von größeren Tieren, unter ihnen Muscheln, Würmer und Schnecken, gefressen werden. Und auf genau diese Tiere haben es die Millionen von Zugvögeln abgesehen. Es ist dieser Schatz im Boden, der unglaubliche Nahrungsreichtum, der das Wattenmeer für viele Zugvögel zum Schlaraffenland macht. Insbesondere für Watvögel ist es ein Ort, an dem sie einfach nicht vorbeifliegen können. Das Wattenmeer ist »Watvogelland«.

Sobald das ablaufende Wasser den Wattboden freigibt, machen sich die Vögel auf den Weg. Jede Watvogelart versucht auf ihre Weise, etwas vom »Kuchen« abzubekommen. Ziel der Beutetiere ist es, den gierigen Schnäbeln zu entkommen, indem sie sich direkt nach Ablaufen des Wassers vollständig in den Wattboden zurückziehen. Mit Vorliebe suchen die Vögel deshalb jene Bereiche auf, die gerade erst trocken gefallen sind. Hier finden sich noch Spuren der jüngst im Wattboden verschwundenen Beute. Gänge, die noch nicht von Sedimenten zugeschüttet worden sind, geben Hinweise, wo sich eine Muschel oder ein Wurm im Boden aufhalten könnte. Das erleichtert die Suche, spart Zeit – ein großer Vorteil, wenn man schnell an Fett zulegen möchte. Manchmal lässt sich hier sogar noch ein unvorsichtiges Beutetier an der Wattoberfläche entdecken, eine Chance für Vögel wie Kiebitz- und Sandregenpfeifer, die nur mit einem relativ kurzen Schnabel ausgerüstet sind und entsprechend nicht an tief im Boden verborgene Nahrung herankommen. Dafür haben sie hervorragende Augen. Kaum haben

Abb. 3: Sanderlinge bei der Nahrungssuche am Strand

sie eine verräterische Bewegung auf der Oberfläche erblickt, eilen sie an die entsprechende Stelle und schnappen sich die Beute, bevor ein näher stehender Vogel sie entdeckt hat.

Das Watt ist zwar riesig, gerade an den nahrungsreichsten Stellen kann es aber zu hohen Konzentrationen von Vögeln kommen. Wo es viele Vögel gibt, entsteht Konkurrenz. Dann kann es lohnender sein, an nahrungsärmeren, dafür aber kaum besuchten Plätzen auf die Jagd zu gehen. Sanderlinge machen es vor: Sie suchen am wenig frequentierten Sandstrand nach Nahrung, in der Hoffnung, dass die anrollenden Wellen dort kleine Lebewesen und Nahrungsreste anspülen. Die Vögel sind ständig in Bewegung, folgen den Wellen, trauen sich mutig vor und ziehen sich blitzartig zurück, sobald die nächste Wellenzunge naht. Dabei lassen sie sich selbst von Spaziergänger:innen nur wenig stören. Steinwälzer nutzen Buhnen und andere Küstenschutzbauwerke als Nahrungsplätze. Auch hier gibt es Beute, man muss sie nur finden. Steinwälzer schauen überall nach, unter Pflanzen und Steinen, ihr Name ist Programm. Der Säbelschnäbler schließlich entgeht dem Gedränge, indem er ins flache Wasser ausweicht und dort mithilfe seines hauchdünnen aufgeworfenen Schnabels Beute aus dem Wasser fischt.

Auch wenn es bei den großen Ansammlungen eine gewisse Konkurrenz gibt, so ist sie doch geringer als man bei der Ballung vielleicht erwarten würde. Dies liegt unter anderem daran, dass nicht alle Vögel auf genau die gleiche Beute aus sind. Große Vögel suchen zum Beispiel eher nach großer Beute, kleinen Vögeln reicht eine kleinere. So dringt der Brachvogel als stattlichster Watvogel mit seinem langen gebogenen Schnabel in die tiefsten Bodenbereiche vor, dorthin, wo die größten Würmer zu finden sind. Der Alpenstrandläufer hat zwar ebenfalls einen langen Schnabel, der Vogel ist aber im Verhältnis zum Brachvogel geradezu winzig und muss die Nahrung entsprechend viel dichter an der Oberfläche suchen. Pfuhlschnepfen und Wasserläufer liegen etwa zwischen diesen Extremen, wobei Wasserläufer nicht unbedingt im Watt, sondern ähnlich wie der Säbelschnäbler eher im flachen Wasser ihrem Handwerk nachgehen. Konkurrenz zwischen Arten wird zudem dadurch vermieden, dass die Geschmäcker teilweise sehr verschieden sind: Einige Arten stehen mehr auf Würmer, andere eher auf Krebse und Schnecken. Der Knutt hat es vor allem auf Muscheln abgesehen und muss damit eine besonders »harte Nuss« knacken.

Immer profitabel

Im Wattenmeer begegnen die Knutts ihren Artgenossen aus den Brutgebieten Grönlands und Nordwestkanadas (Unterart *Islandica*, im Freiland nicht von der Unterart *Canutus* zu unterscheiden). Beide Unterarten haben bis hierhin einen etwa gleich langen Weg hinter sich.

Ende Juli tauchen die ersten Vögel im Wattenmeer auf. Es sind zumeist Weibchen, die sich bereits direkt nach dem Schlüpfen der Jungen aus dem Staub gemacht haben und den Männchen gegenüber einen kleinen Zeitvorteil haben. Die Männchen folgen entsprechend etwas später. Zum Schluss erscheinen die unerfahrenen Jungvögel. Spätestens, wenn sie die Massen von Artgenossen entdecken, die unter ihnen im Watt herumspazieren, wissen sie, dass sie hier richtig sind.

Bei Fängen von Knutts machten Wissenschaftler:innen eine interessante Entdeckung: Alle ausgewachsenen männlichen Knutts, die ihnen im Herbst zu Forschungszwecken in die Finger gerieten, stammten aus Grönland und Kanada, nie war ein Männchen aus Sibirien dabei – ein Rätsel. Sollten die *Canutus*-Vögel den Zeitnachteil gegenüber den Weibchen womöglich dadurch wettmachen, dass sie das Wattenmeer einfach überspringen und direkt ins Winterquartier nach Afrika fliegen? Auszuschließen ist das nicht. Eine Antwort auf diese spannende Frage steht noch aus. Sie wird vermutlich erst zu beantworten sein, wenn die ersten männlichen Sibirier erfolgreich mit einem Satellitensender versehen werden.[3]

Im Wattenmeer wird der Knutt wieder so gesellig wie im Frühjahr. Bis um die 350.000 Individuen nutzen das Gebiet jedes Jahr zur Rast (beide Unterarten zusammengenommen), damit zählt der Knutt hier zu den häufigsten Watvogelarten überhaupt.[4] Vor allem bei Hochwasser, wenn das Watt überflutet ist und als Nahrungsraum nicht zur Verfügung steht, bilden sich an hochwassergeschützten Rastplätzen riesige Schwärme von zum Teil mehreren tausend Vögeln. Es ist ein faszinierendes Schauspiel, wenn die Flut diese Vögel zusammen mit anderen Watvögeln immer näher an die Küste treibt. Erst wenn das Wasser nicht weiter steigt, bei Hochwasser, kehrt Ruhe ein, die Vögel legen ihren Schnabel ins Gefieder und beginnen, die Augen zu schließen. Reglos, Körper an Körper stehen sie da, ab und an nur schaut einer von ihnen auf, um zu kontrollieren, ob noch alles in Ordnung ist, dann wird das Nickerchen fortgesetzt.

Doch es ist eine erzwungene Ruhe, nur dem Umstand geschuldet, dass die Nahrung eine Zeit lang nicht erreichbar ist. Vor allem die sibirischen Vögel haben eigentlich schon wieder Stress – sie wollen so schnell wie möglich weiter, mehr als vier Wochen sollte ihr Aufenthalt im Wattenmeer nicht dauern. Das ist wahrlich ambitioniert, schließlich müssen sie ihr Gewicht wie vor dem Weiterflug im Frühjahr in dieser Zeitspanne fast verdoppeln, was bedeutet, dass sie täglich um etwa vier Prozent des Körpergewichtes zunehmen müssen (in Spitzenzeiten sogar bis zu zehn Prozent).[5] Diesem Ziel ordnen die Vögel alles unter. Kaum beginnt das Wasser abzulaufen, machen sie sich auf ins Watt, um etwas für ihr Gewicht zu tun. »An Lebensthätigkeit übertrifft ihn kein anderer Strandläufer«, beschrieb Johann Andreas Naumann (1744–1826) das Verhalten des Knutts bei der Nahrungssuche. »Er ist, bis auf wenige Momente, wo er sich ausruht, immer in Bewegung, läuft zierlich und schnell an den Ufern entlang, emsig nach Nahrung suchend und über schwimmende Wasserpflanzen hinlaufend streckt er die Flügel senkrecht in die Höhe, theils um den Körper in der Wage zu halten, theils um ihn leicht zu machen und das Einsinken zu verhindern. Auf tiefem, weichem Schlamm thut er dasselbe, und dem emsigen Treiben einer dort herum laufenden Gesellschaft jenes Manöver immer von mehreren Individuen zugleich und so unter einander damit wechselnd, ausgeführt, zuzusehen, gewährt viel Vergnügen.«[6]

Wie und mit welch unglaublicher Effizienz die Vögel bei ihrer Nahrungssuche vorgehen, hat ein niederländisches Forscherteam um Theunis Piersma und Jan van Gils vom Koninklijk Nederlands Instituut voor Onderzoek der Zee (NIOZ) erforscht.[7] In großangelegten Versuchen im Watt/Inselbereich der Insel Vlieland studieren sie das Verhalten der Vögel. Man beobachtete die Knutts bei der Nahrungssuche, kartierte ihr Rastplatzverhalten, versah Vögel mit Radiotelemetriesendern und führte umfangreiche Bodenuntersuchungen zur Nahrung im Watt durch. Ergänzt wurden die Freilandstudien durch Versuche unter kontrollierten Bedingungen. Auf diese Weise sind faszinierende Erkenntnisse über den Knutt und seine Anpassungen an den amphibischen Lebensraum Watt ans Licht gekommen.

Muscheln stellen wie erwähnt die Hauptnahrung des Knutts dar. Besonders beliebt sind Baltische Plattmuscheln (*Limecola balthica*). Sie haben eine relativ dünne Schale und sind deshalb besser zu verdauen als die härteren ebenfalls auf dem Speiseplan stehenden Herz- oder Miesmuscheln (*Cerastoderma edule, Mytilus edulis*). Wo es viele Plattmuscheln gibt, finden sich auch viele Knutts ein. Die Muscheln sind teilweise derart begehrt, dass Knutts ihren Bestand messbar reduzieren können.[8]

Knutts scheinen zwar eher wahllos im Wattboden nach Nahrung zu suchen, sie fressen aber beileibe nicht jede Muschel, die ihnen in den Schnabel gerät (Beute, die tiefer als zwei bis drei Zentimeter im Boden liegt, ist von den Schnäbeln nicht mehr erreichbar). Zunächst einmal darf die Nahrung einen Durchmesser von drei Zentimetern nicht überschreiten, größere Nahrung können die Vögel nicht mehr herunterschlucken. Hat der Vogel eine Muschel erwischt, muss er entscheiden, ob es sich lohnt, sie zu verspeisen, oder ob es vorteilhafter ist, noch ein wenig weiterzusuchen. Muscheln sind je nach Alter unterschiedlich groß und befinden sich im Wattboden entsprechend in unterschiedlicher Tiefe – die ganz jungen Muscheln liegen direkt unter der Oberfläche, die älteren etwas tiefer und die größten, ältesten, am tiefsten. Junge Muscheln sind am häufigsten, große Muscheln am seltensten. Es ist somit viel einfacher, eine junge Muschel zu erwischen als eine alte. Allerdings ist eine große Muschel deutlich profitabler – mit einem Schlag hat man sich den mehrfachen Nährwert einer kleinen Muschel einverleibt. Was also ist besser, viele kleine Muscheln in kurzer Zeit oder weniger, dafür aber große Muscheln in längerer Zeit? Effizienteste Lösung: Die Vögel verschmähen die ganz kleinen Muscheln und konzentrieren sich auf die größeren. Wie es scheint, bestimmt aber nicht nur die Größe einer Muschel, ob sie geschluckt oder mit Missachtung gestraft wird, Knutts sind zumindest bei Herzmuscheln scheinbar in der Lage, das Verhältnis von Fleischmasse zu Schalenmasse zu ermitteln und den relativen Fleischanteil bei ihrer Entscheidung miteinzubeziehen. Logischerweise bevorzugen sie Muscheln mit einem hohen Fleischanteil. Muscheln mit einer relativ geringen Fleischmasse profitieren davon: Sie werden seltener von den Knutts gefressen und haben gegenüber ihren „fetten“ Artgenossen damit einen Überlebensvorteil.[9]

Der Knutt ist zwar auf Muscheln spezialisiert, in seltenen Fällen greift er aber auch auf andere Nahrung zurück, auf Garnelen zum Beispiel. Das ist durchaus nachvollziehbar: Die Beute ist relativ weich und damit leichter verdaulich als Muscheln, sie ist profitabler. Allerdings muss man die Tiere erst einmal entdecken – und dann noch erwischen. Das ist nicht gerade einfach, oft geht die Jagd ins Leere. Und kaum hat man die Garnele im Schnabel, schnappt sich eine Möwe, die nur auf diesen Moment gewartet hat, die Beute, und fliegt mit ihr davon. Der Garnelenfang macht also richtig Arbeit, er kostet entsprechend mehr Energie als der Fang von Muscheln. Sind Garnelen leicht zu erwischen, werden sie Muscheln aber vorgezogen, so das Ergebnis eines Versuches unter kontrollierten Bedingungen.[10] Vielleicht erkennen die Knutts nicht nur, dass sie eine lohnendere Beute sind, sondern sie schmecken ihnen auch besser. Vögel, die bevorzugt auf Garnelen zurückgreifen, besitzen oft einen unterentwickelten Magen. Dies legt die Vermutung nahe, dass es sich um Vögel handelt, die gerade erst aus dem Brutgebiet angekommen sind. Vor ihrer Abreise haben die Vögel, wie bereits im Frühjahr, ihre inneren Organe, darunter den Magen, zurückentwickelt. Frisch im Wattenmeer gelandet, müssen sie den Magen nun erst wieder auf »muscheltauglich« trimmen. Bis es so weit ist, sehen sich die Vögel gezwungen, auf die leicht verdaulichen Garnelen zurückzugreifen. Es sind also womöglich nicht »Gourmets«, sondern Vögel mit einem schwachen Magen.

Untersuchungen im Labor haben gezeigt, dass Knutts nach einigem Zögern sogar auf bis dahin völlig unbekannte Nahrung umschwenken können. Reichte man gefangenen Vögeln »künstliche« Lebensmittel (Forellenhappen-Pellets) als Futter, so bedienten sich die Vögel bis auf wenige Ausnahmen nach einiger Zeit an dieser für sie unbekannten Nahrung. Interessanterweise zögerten später in die Käfige eingesetzte Knutts weniger lange mit der Nahrungsaufnahme als die Erstankömmlinge – offensichtlich vertrauten diese Vögel dem Fressverhalten der bereits anwesenden Artgenossen.

Ein großer Vorteil von Muscheln als Hauptbeute liegt darin, dass der Knutt die einzige Watvogelart ist, die sich auf diese Schalentiere spezialisiert hat. Andere Watvögel greifen darauf kaum oder nur sporadisch zurück: Austernfischer zum Beispiel, die allerdings auf Exemplare in einer Größenklasse aus sind, die für den Knutt nicht infrage kommen. Im Unterschied zu seinem größeren Verwandten, der die Muscheln mit seinem kräftigen Schnabel aufbrechen muss, schluckt der Knutt sie einfach so herunter. Er vertraut auf seinen Magen, der derart starke Muskeln hat, dass er in der Lage ist, selbst die harten Schalen von Herzmuscheln zu zerdrücken. Die stattlichen Muskeln verhindern zudem Verletzungen am Magen durch die scharfkantigen Muschelreste. Praktischerweise nehmen die Vögel mit den Muscheln gleich noch genügend Wasser auf, wobei es sie wenig stört, dass dieses Wasser stark salzhaltig ist. Die Vögel scheiden das überschüssige Salz durch Drüsen, die zwischen den Augen sitzen, einfach wieder aus.

Bei der Nahrungssuche hilft dem Knutt seine Fähigkeit, die im Wattboden versteckten Muscheln mithilfe von empfindlichen Tastkörpern auf der Schnabelspitze über Veränderungen der Druckwellen zu orten und gezielt anzusteuern – eine für uns Menschen nur sehr schwer nachvollziehbare Anpassung.

Da der Knutt die Muscheln fast für sich alleine hat, ist die größte Konkurrenz von den Artgenossen zu erwarten. Trotzdem suchen Knutts auch während der Nahrungssuche immer wieder die Nähe von ihresgleichen. Das dürfte vor allem daran liegen, dass es im Wattenmeer lohnende und weniger lohnende Bereiche gibt. Und es spricht sich herum, wo viel Nahrung zu finden ist. Die Hochwasserrastplätze dürften hierbei als eine Art »Informationsbörse« fungieren. Sicherlich tauschen sich die Vögel nicht direkt über die besten Nahrungsgründe aus, es dürften eher Indizien sein, die einen aufmerksamen Vogel auf die richtige Spur führen. Aus welcher Richtung kommen die meisten Vögel, wann kommen sie am Rastplatz an und wie gut genährt sind sie? All das lässt Rückschlüsse zu, wo die beste Nahrung zu finden ist. Vor allem für Jungvögel ist das Beobachten wichtig, sie verfügen noch über keinerlei Erfahrung im ausgedehnten Watt und können so von den »alten Hasen«, die aus mehrjähriger Erfahrung wissen, wo es eine gute Mahlzeit gibt, profitieren.

Auf den ersten Blick geht es bei der Nahrungssuche sehr gesittet zu, keiner scheint dem anderen in die Quere zu kommen, konzentriert aber friedlich geht jeder Vogel seinem stochernden Handwerk nach. Untersuchungen haben allerdings gezeigt, dass die Effizienz der Nahrungsaufnahme nachlässt, wenn die Vögel allzu dicht beisammen sind. Sie schauen vermehrt, wo die anderen sich gerade aufhalten und was sie machen, sie versuchen, sich aus dem Weg zu gehen, vermeiden einen allzu engen Kontakt. Dies gilt vor allem für junge, untergeordnete Tiere. Sie sind besonders bemüht, anderen nicht im Weg zu stehen. Dominante

Abb. 4: Junger Knutt mit erbeutetem Wattwurm

Vögel scheren sich dagegen deutlich weniger um das, was um sie herum vorgeht, sie gehen offenbar davon aus, dass ihnen Platz gemacht wird. Zumindest bei großen, dichtgedrängten Trupps kann es bei Knutts im Wattenmeer also zu Konkurrenzsituationen kommen.[11]

Nicht alle Vögel folgen der großen Masse ins Schlaraffenland. Es gibt auch sogenannte »Explorer«, Vögel, die lieber auf eigene Faust auf Nahrungssuche gehen. Auf ihren kulinarischen Entdeckungsreisen legen diese Vögel zum Teil Hunderte von Kilometern zurück, fliegen vom Wattenmeer bis nach England oder Frankreich und zurück. Untersuchungen haben ergeben, dass diese »Pioniere« etwas weniger wiegen als die »Schwarmenthusiasten«. Sie haben kleinere Mägen und einen kleineren Energiespeicher.[12] Den höheren Energieaufwand, der mit dem Auskundschaften verbunden ist, gleichen sie durch den Fang hochwertigerer Beute, zum Beispiel Würmer, wieder aus. Durch das geringere Gewicht sparen sie für ihre Flüge zudem etwas Energie ein. Die Forscher:innen vom NIOZ gehen davon aus, dass eher Erfahrungen als genetische Vorgaben für dieses von der großen Masse abweichende

Verhalten verantwortlich sind.[13] So könnte ein junger Knutt bei seiner ersten Landung im Wattenmeer einen Bereich mit unzureichendem Muschelangebot vorfinden, was ihn zwingen würde, seine Suche zu intensivieren und auf andere Beute auszudehnen. Überlebt er, wird er das erworbene Suchverhalten in Zukunft wahrscheinlich beibehalten, körperliche Anpassungen wie das geringere Gewicht erhöhen dann mit der Zeit seine Überlebenschancen. Ob dem wirklich so ist, ist noch nicht abschließend geklärt. Die Überlebenschancen der Explorer scheinen jedenfalls nicht geringer zu sein als die der großen Masse.

Die niederländischen Ornitholog:innen fragten sich, wie lange Knutts optimalerweise in einem Areal bleiben sollten und wann es Zeit wird, zum nächsten Futterplatz aufzubrechen. Wann ist ein Gebiet so weit »abgegrast«, dass eine Weitersuche ineffizient wird? Um darauf eine Antwort zu finden, untersuchten die Forscher:innen den Muschelbestand auf ausgewählten Nahrungsflächen und schätzten auf der Basis des Nahrungsangebotes ab, wie viel Zeit die Knutts auf diesen Flächen optimalerweise verbringen müssten. Zu ihrer Überraschung stellten sie fest, dass die Aufenthaltsdauer der Tiere jeweils deutlich länger war als berechnet. Oft waren die Vögel doppelt solange im Gebiet unterwegs. Sollte der Knutt hier etwa ineffizient vorgehen? Wie sich schnell herausstellte, lag der »Fehler« nicht beim Knutt, sondern beim Forschungsteam: Man hatte nicht bedacht, dass die Vögel nicht beliebig lange fressen können, irgendwann ist ihr Magen voll. Der Magen ist kein »Durchlauferhitzer«, sondern braucht Zeit, um die schwerverdauliche Schale der Muscheln zu verarbeiten, erst danach ist er bereit für Nachschub. Die Vögel sind somit gezwungen, in dieser Zeit eine Fresspause einzulegen. Und warum den Platz verlassen, Energie beim Weiterflug vergeuden, wenn es hier eigentlich noch genug zu holen gibt? Die Knutts machen das Beste daraus, sie warten an Ort und Stelle, bis ihr Magen ihnen das Signal zum Weitermachen gibt.

Der Lebensrhythmus der Knutts richtet sich im Wattenmeer nicht nach Tag und Nacht, er richtet sich nach der Verfügbarkeit der Nahrung und damit nach den Gezeiten. Nur bei Niedrigwasser liegt das Watt frei, nur dann können die Vögel fressen. Entsprechend sind die Knutts in diesem Zeitraum im Watt zu finden, unabhängig davon, ob es Tag oder

Nacht ist. Auch im Dunkeln lassen sich schließlich Muscheln erspüren. Um die Zeit, in der sie fressen können, noch auszudehnen, wandern viele Knutts bei der Nahrungssuche mit den Gezeiten. Ebbe und Flut laufen in der Nordsee im Kreis. Die Flut trifft von Nordwesten auf die niederländische Küste und zieht von dort der Küstenlinie folgend zuerst nach Osten, dann, ab Schleswig-Holstein, nach Norden. Knutts machen diese Bewegung ein kleines Stück mit, bevor sie zu ihren Rastplätzen zurückfliegen. So gewinnen sie etwas Zeit im Watt.

Bei Hochwasser müssen sich alle im Watt fressenden Vögel entscheiden, wo sie ihre erzwungene Ruhephase verbringen möchten. Einige Arten rasten mit Vorliebe in Salzwiesen, andere nutzen die Wiesen des Binnenlandes, wo es möglicherweise sogar weitere Nahrung zu finden gibt. Die Mehrzahl der Arten, darunter der Knutt, zieht jedoch weitläufige Sandstrände oder Sandbänke vor. Besonders beliebt sind die Ostenden von Inseln, wo sich in der Regel ausgedehnte Sandplaten befinden. Bei der genauen Wahl des Rastplatzes gilt es abzuwägen: Im

Abb. 5: Knutts landen am Hochwasserrastplatz (zusammen mit Alpenstrandläufern)

günstigsten Fall liegt der Rastplatz ganz in der Nähe von guten Nahrungsgründen, wenn an diesem Platz aber mehr Gefahren lauern als an einem weiter entfernt liegenden Rastplatz, kann es vorteilhafter sein, sich dorthin zu bewegen. Ältere, erfahrene Vögel scheinen hier vorsichtiger zu sein als junge Tiere.

Die größte Gefahr kommt in der Regel aus der Luft. Für Wanderfalken stellen die Watvögel im Wattenmeer eine bevorzugte Beute dar. Der Falke ist ein Überraschungsjäger, der urplötzlich auftaucht und aus großer Höhe in atemberaubender Geschwindigkeit auf seine Beute herabstößt. Gegen solche Angriffe hilft die Masse. Für den einzelnen Vogel hat das zunächst einmal statistisch belegbare Vorteile – in großen Gruppen sinkt für den Einzelnen die Wahrscheinlichkeit, vom Jäger erwischt zu werden. Im Gegensatz zu einzelnen Vögeln, die immerwährend nach einem möglichen Räuber Ausschau halten müssen, kann man das in einem Schwarm durchaus auch mal den anderen überlassen. Vielleicht noch wichtiger ist aber, dass die Masse besser als Einzelvögel in der Lage ist, den Angriff eines Falken ins Leere laufen zu lassen. Erheben sich beim Angriff alle Vögel eines Schwarmes gleichzeitig, ist es für den Greifvogel schwierig, sich auf einen der davonfliegenden Vögel zu konzentrieren. Die große Auswahl benebelt die Sinne, könnte man sagen, vor allem, wenn der Schwarm zusätzlich in blitzschnellen gemeinsamen Manövern die Richtung ändert! Ein weiterer Grund also, warum Knutts außerhalb des Brutgebietes am liebsten in großen Gruppen leben. Die meisten im Wattenmeer jagenden Falken sind übrigens Zugvögel wie der Knutt. Sie brüten ebenfalls weiter im Norden und nutzen das vogelreiche Wattenmeer als Zwischenstopp, viele Vögel bleiben gleich ganz und überwintern hier.

Der Aktionsraum, die *homerange*, den die Mehrzahl der Knutts bei ihren Nahrungsflügen ausnutzt, ist mit etwa 800 Quadratkilometern vergleichsweise groß. Dabei ist der Knutt sehr ortstreu. Wenn er in seiner *homerange* gute Bedingungen vorfindet, wird er diesen Platz im nächsten und den folgenden Jahren erneut aufsuchen, die Stelle wird zu einem Stück Heimat.

Die beiden Unterarten gehen durchaus zusammen auf Nahrungssuche und ruhen sich an denselben Plätzen aus. Allerdings lassen es die Vögel der Unterart *Islandica* etwas »entspannter« angehen als ihre sibirischen Kollegen, kein Wunder, haben sie ihr Winterdomizil, die Atlantikküste Englands, bereits dicht vor Augen. Einige Vögel sparen sich sogar diesen Weg und bleiben bis zum Frühjahr im Wattenmeer. Ein riskantes Unterfangen: Anders als im Süden kann es an der Nordsee im Winter nämlich richtig ungemütlich werden. Es kann stürmen, regnen, und, für die Vögel von besonderer Bedeutung, es kann kalt werden. Knutts kommen mit niedrigen Temperaturen zwar gut zurecht, anders hätten sie keine Chance, in der Arktis zu überleben. Um die Innentemperatur konstant zu halten, müssen sie bei Kälte allerdings viel Energie verbrennen – Frieren kostet Kraft. Ihren kürzeren Weg ins Winterquartier bezahlen die Vögel mit einem erhöhtem Energieverbrauch, den sie durch eine verstärkte Nahrungsaufnahme ausgleichen müssen. Da trifft es sich schlecht, dass Muscheln, auch im Winter die Hauptnahrung, sich bei zunehmender Kälte immer tiefer im Wattboden verkriechen und langsam aus der Reichweite der Schnäbel geraten. Dann heißt es, Energie sparen, wo es nur geht. Bei der Nahrungssuche rücken die Vögel enger zusammen, suchen möglichst windgeschützte Stellen zur Rast auf und stehen dort dicht gepackt nebeneinander. Aus der Distanz mutet das zuweilen an, als wäre der Trupp ein einziger Organismus. Auf dem kalten Wind reagieren die Vögel, indem sie ihm die Stirn bieten, mit dem Schnabel voran. So hat der Wind nur eine relativ geringe Angriffsfläche. Darüber hinaus fliegen die Vögel in Kältephasen bei Störungen weniger schnell auf und lassen sich auch schneller wieder nieder. Dafür nehmen sie in Kauf, von einem Wanderfalken leichter erbeutet zu werden. Kälte macht unvorsichtig.

Während die sibirischen Vögel emsig damit beschäftigt sind, sich möglichst schnell ein Fettpolster anzufuttern, nutzen ihre westlichen Verwandten die Zeit, um die abgenutzten Federn zu wechseln, sie mausern. Auch das kostet Kraft, wie eine leicht erhöhte Körpertemperatur anzeigt. Den Gefiederwechsel bereits während der spätsommerlichen Rast vorzunehmen, hat für sie den Vorteil, dass sie sich damit nicht in der folgenden, entbehrungsreichen kalten Jahreszeit herumschlagen müssen. Für die Mauser haben die »Sibirier« noch keine Zeit, das muss warten. Sie wollen schleunigst weiter. Warum eigentlich diese Eile, fragt man sich in Anbetracht des gigantischen Nahrungsangebotes hier an der Nordsee. Warum machen sie es nicht wie ihre Artgenossen oder lassen sich zumindest mehr Zeit bis zum Weiterflug? Vielleicht ist die Antwort darauf in den Winterquartieren Afrikas zu finden ...

Ein armseliges Volk

Noch bevor die ersten Knutts das Wattenmeer vor einigen tausend Jahren als Rastgebiet für sich entdeckt haben, siedelten im Nordseeraum bereits Menschen. Anfänglich waren es Jäger und Sammler, die in der Tundra kurz nach der Eiszeit Rentiere, Auerochsen und Nashörner jagten. Später, als sich Wälder im wärmer werdenden Klima ausbreiten konnten, stellten sie eher Rehen und Wildschweinen nach. Dazu gingen sie auf Fischfang, sammelten Früchte, Samen und Wurzeln.

Die langsam vordringende Nordsee drängte die Jäger und Sammler nach dem Abschmelzen der Eismassen immer weiter in den Süden, bis sie schließlich an der derzeitigen englischen Küste und dem heutigen Wattenmeer landeten.

Ab dem 4. Jahrtausend v. Chr. hielten Ackerbau und Viehzucht Einzug an der Küste, eine Neuerung, die das Zusammenleben der Menschen und ihren Umgang mit der Natur nicht nur hier grundlegend verändern sollte. Der als »neolithische Revolution« bezeichnete Siegeszug (eigentlich ein langsamer, Jahrtausende andauernder und nicht linear verlaufender Prozess) der Landwirtschaft hatte seinen Ursprung in mehreren Weltregionen und entwickelte sich unabhängig voneinander, wobei sich der sogenannte »Fruchtbare Halbmond«, eine Region rund um Euphrat und Tigris in Vorderasien, in den Anfängen als besonders geeignet für den Wandel erwies. Es gab hier seit jeher eine sehr vielfältige Flora und Fauna, darunter etliche Pflanzen, die wie Weizen oder Gerste schon von sich aus sehr ertragreich waren, schnell wuchsen und dazu noch einfach anzubauen waren. Auch die Auswahl an »passenden« Säugetieren (bei Weitem nicht alle Säugetiere lassen sich domestizieren) war vergleichsweise groß. Vom Fruchtbaren Halbmond aus erreichte die Landwirtschaft schließlich auch die deutsche Nordseeküste. Langsam lösten Viehzüchter und Bauern die ursprünglich hier lebenden Jäger und Sammler ab.

Die Menschen siedelten zunächst nicht direkt an der Küste, sondern nutzten natürliche Anhöhen etwas weiter im Binnenland. Die küstennahen Flächen waren ein allzu unsicheres Terrain, immer von Überflutungen durch Stürme bedroht. Allerdings lockten sie mit fruchtbaren, für die Viehhaltung und den Ackerbau geeigneten Böden. In Phasen, wo der Meeresspiegelanstieg zum Erliegen kam oder das Wasser sogar zurückwich, rückten die Menschen an die Küste vor, stieg der Meeresspiegel, verschwanden sie wieder. Da sich im Hinterland der Küstenmarschen mancherorts große Moore ausdehnten, die einen Zugang von Land unmöglich machten, erfolgte die Besiedlung wahrscheinlich auch vom Meer aus.

Spätestens ab Christi Geburt (erste Spuren stammen bereits aus der Zeit um etwa 2.800 v. Chr.[14]) begannen die Menschen, sich vor der bedrohlichen See zu schützen, indem sie auf den Resten überfluteter Gebäude mit Mist und Klei Wohnhügel errichteten. Anfangs waren diese Wurten oder Warften noch sehr niedrig, kaum mehr als einen Meter hoch, nach jeder katastrophal verlaufenden Sturmflut wurden sie etwas höher wieder aufgebaut, bis sie schließlich eine Höhe von vier oder mehr Metern erreichten.

Plinius der Ältere schrieb um 47 n. Chr. in seiner *Naturalis historia* als Erster über die Marschbewohner und ihre merkwürdigen Hügel: »Dort leben sie, ein armseliges Volk, das auf herausragenden Hügeln oder auf künstlichen Erhöhungen wohnt, die es selbst aufgrund seiner Erfahrung mit dem höchsten Stand der Flut mit den bloßen Händen errichtet hat. Mit ihren darauf erbauten Behausungen gleichen ihre Bewohner segelnden Schiffen, wenn die Wassermassen das umliegende Land bedecken. Schiffbrüchigen hingegen, wenn diese zurückgewichen sind, und um ihre Hütten herum suchen sie die zugleich mit dem Meer fliehenden Fische zu fangen. Es ist ihnen nicht möglich, Vieh zu halten und sich von Milch wie ihre Nachbarn zu ernähren, ja nicht einmal mit wilden Tieren zu kämpfen, da weit und breit jedes Strauchwerk fehlt.

[...] Aus Riedgras und Sumpfbinsen flechten sie ihre Schnüre, um daraus Netze für den Fischfang herzustellen, und Dreck, den sie mit den Händen einsammeln, lassen sie eher mit der Hilfe der Winde als der Sonne trocknen, kochen mit diesem Heizmaterial aus Erde ihre Speisen und wärmen damit ihre vom Nordwind starren Eingeweide. Zu trinken haben sie nur in Gruben am Eingang ihres Hauses gespeichertes Regenwasser. Und diese Stämme meinen, wenn sie heute vom römischen Volk besiegt würden, bedeute dies Sklaverei für sie.«[15]

Ganz korrekt erscheint diese Schilderung der Lebensweise der Küstenbewohner:innen allerdings nicht, das legt zumindest die Ausgrabung einer Warft in Busenwurth an der Nordseeküste Schleswig-Holsteins nahe. Die Warft wurde etwa um 150 n. Chr. (also gut 100 Jahre nach dem Bericht von Plinius) errichtet und um 300 n. Chr. aufgegeben. Anders als von Plinius behauptet, war die Viehhaltung in Busenwurth nicht nur möglich, sondern stand sogar im Zentrum der Bewirtschaftung. Neben Rindern wurden Schafe, Schweine und Pferde gehalten. Auch das von Plinius angesprochene Jagdgeschehen beschränkte sich keineswegs auf Fische, sondern umfasste darüber hinaus Seehunde, Hirsche, Wildschweine, Enten und Gänse. Eigenständig angebautes Getreide wurde zu Brot verarbeitet, aus der Wolle von Schafen fertigte man Kleidung, Eisen wurde vor Ort bedarfsgerecht verformt. Auch die gefundenen Keramikgefäße stammen offensichtlich aus eigener Herstellung. Die Bewohner:innen der Warft lebten mit anderen Worten weitgehend autark.

Schon lange vor der Ankunft der Römer (um die Zeitenwende herum) spielte auch der Handel bereits eine gewisse Rolle. An Flüssen und Prielen entstanden vermehrt Siedlungen mit Anlegestellen, über die Waren verschifft oder abgeladen werden konnten. Auf diese Weise fanden exklusive Güter wie Glas oder Elfenbein den Weg ins Wattenmeer.[16] Bernstein war vor und während der Römerzeit das wohl bedeutsamste Exportgut, später übernahm Salz diese Rolle. Das Salz gewann man aus Torfböden, die das Meer häufig überschwemmte. Der abgestochene Torf wurde getrocknet, dann verbrannte man ihn, tränkte die salzhaltige Asche mit Meerwasser, erhitzte die Lauge und gewann so die wertvollen Salzkristalle. Zum Zweck der Salzgewinnung wurden Moorflächen weiträumig abgegraben.

Sturmfluten, die innerhalb von Stunden alles mit sich reißen konnten, blieben die große Herausforderung – und sie bleiben es bis heute. Zur Jahrtausendwende nahmen die Bemühungen, sich besser vor diesen Naturgewalten zu schützen, deutlich an Fahrt auf. Ausschlaggebend dafür dürfte das sogenannte »Mittelalterliche Klimaoptimum« gewesen sein, eine allgemeine Klimaerwärmung, die im Norden um 830 n. Chr. einsetzte und bis etwa 1100 andauerte.[17] Die klimatischen Bedingungen führten ganz allgemein zu verbesserten Lebensbedingungen und als Folge davon zu einer starken Zunahme der Bevölkerung. Neue, sich schnell ausdehnende Siedlungen entstanden, der Handel gewann zunehmend an Bedeutung. Die wachsende Bevölkerung auf dem Land und in den aufblühenden Städten wollte ernährt sein, und so mussten die fruchtbaren Marschen an der Küste mehr noch als zuvor in den Fokus der Menschen geraten. Einer dauerhaften Kultivierung standen freilich die nach wie vor und immer wieder eintretenden Überschwemmungen im Wege. Die Warften konnten vielleicht die Menschen schützen, nicht aber großflächige Weide- und Anbauflächen. Ab etwa 1000 n. Chr. begann man deshalb erstmals, Deiche als Schutzbauwerke anzulegen. Anfänglich waren es lediglich kleine Ringdeiche, zum Teil weniger als einen Meter hoch, die das Weideland und die Felder vor Hochwasser im Sommer bewahren sollten. Mit der Zeit wurden die Deiche miteinander verbunden, bis ab dem 13. Jahrhundert eine weitgehend geschlossene Deichlinie bestand, die das gesamte Binnenland vor der Nordsee abschottete. Der Bau dieses Bollwerkes war eine gewaltige kollektive Aufgabe, ein Kraftakt, der zu jener Zeit wohl nur mit der Errichtung großer Sakralbauten zu vergleichen ist.[18] Möglich war die Umsetzung solch eines Projektes nur in einem gut funktionierenden Gemeinwesen.

Der Deichbau stellte (und stellt) einen großen Eingriff in die natürlichen Abläufe an der Küste dar. Er veränderte das Bild der Küste nachhaltig – mit zum Teil einschneidenden Folgen für Menschen und Tiere: Man schützte jetzt zwar das Binnenland, dafür stand dem vom Meer heran gedrückten Wasser nun aber ein weit geringerer Überflutungsraum zur Verfügung, mit dem Ergebnis, dass Sturmfluten höher aufliefen. Je mehr eingedeicht wurde, desto größer, höher und stabiler mussten die Deiche sein. Damit das Regenwasser aus der Marsch ins Meer abfließen konnte, wurde es bei Niedrigwasser über Sieltore abgeleitet. Die Entwässerung führte im Hinterland teilweise zu Absackungen (Torfböden), sodass sich das Landniveau senkte. Auch die großräumige Entnahme von Torf zur Salzgewinnung trug zu diesem Prozess bei. Wenn dann eine Sturmflut die Deiche zerstörte, waren die Auswirkungen verheerend: Das gesamte tiefer liegende Gelände wurde überflutet. Auf diese Weise entstanden bei großen Sturmfluten der Dollart bei Emden und der Jadebusen bei Wilhelmshaven.

Abb. 6: »Deichbruch«, 1661

Da das dem Meer entrissene Land hinter den Deichen sehr fruchtbar war, war es trotz der Risiken sehr begehrt. Bauern siedelten sich an, größere Höfe entstanden. Die hier und weiter im Hinterland produzierten Waren verschiffte man über Sielhäfen in Absatzgebiete jenseits der Marsch. Als selbstständiger Bauer konnte man entlang der Küste zu Reichtum kommen, aber auch alles schnell wieder verlieren. So waren nach Sturmfluten in den darauffolgenden Jahren kaum Gewinne zu erzielen, was immer wieder Bauern in den Konkurs trieb. Aus der Konkursmasse bedienten sich die anderen Landwirte, was im Laufe der Zeit zu einer Konzentration des Besitzes in den Händen weniger Großbauern führte. Hochherrschaftliche Gulfhöfe (Niedersachsen) oder Haubarge (Schleswig-Holstein), die ab dem 16. Jahrhundert hinter den Deichen entstanden, zeugen von dem Reichtum der Bauern. Für die Bewirtschaftung der stattlichen Höfe benötigten die Besitzer viele Arbeitskräfte, die sie zum Teil von weither aus strukturarmen Gegenden im Binnenland an die Küste lockten. Ein auf Ausbeutung ausgelegtes Machtgefüge bildete sich heraus, mit wohlhabenden Bauern als Arbeitgebern und landlosen Tagelöhnern und Gesindel als billigen, nahezu rechtlosen Arbeitskräften, Verhältnisse, die, wie Franz Rehbein aus Dithmarschen zu berichten wusste, noch bis in das 20. Jahrhundert fortbestanden: »So tüchtig aber der Besitzer in der Ökonomie war, – gegen seine Leute war er ein ausgesprochener Protz. Sie galten ihm lediglich als menschliche Maschinen, als ein notwendiges Übel, ohne das er leider nicht fertig werden konnte. Er sah in ihnen einzig und allein Arbeitskräfte, Hände, die nur dazu bestimmt waren, für ihn zu arbeiten, so viel oder so wenig er ihrer gebrauchen konnte. Sein Umgangston war stets herrisch, und seine Anordnungen von lakonischer Kürze. In Bezug auf sein Personal kannte er nur einen Grundsatz: ›Ick de Herr – du de Knecht!‹«[19]

Um dem fast rechtlosen, entbehrungsreichen Leben auf den Marschbauernhöfen zu entkommen, konnte man in Handelsstützpunkten wie Husum, Greetsiel, Norden oder Emden, das sich im 16. Jahrhundert zu einem der bedeutendsten Häfen Europas entwickelte, sein Glück versuchen.

Und dann gab es da noch die dem Wattenmeer vorgelagerten Inseln. War dort vielleicht ein freieres, selbstbestimmtes Leben möglich? Eingeklemmt zwischen Watt und Meer waren die Inseln allerdings nur mit Mühe zu erreichen. Zudem barg (und birgt) das Leben auf den Eilanden besondere Risiken. Die meisten Inseln im Wattenmeer sind »auf Sand gebaut«, einem Material, dass bei Sturmfluten den Wassermassen nur schwer Paroli bieten kann. Inseln wie Langeoog oder Borkum konnten innerhalb weniger Stunden in mehrere Teile zerbrechen. Zudem machte Sand als Untergrund eine intensive landwirtschaftliche Nutzung fast unmöglich. Eigentlich ist solch eine Insel ein lebensfeindlicher Ort. Man kann sich vorstellen, wie groß die Not der Menschen gewesen sein muss, dass es sie trotzdem hier hinzog. Im niedersächsischen Wattenmeer ist eine Besiedlung ab dem 14. Jahrhundert verbürgt, vermutlich waren Siedler aber schon deutlich früher auf den Inseln anzutreffen (auf Inseln wie Sylt oder Amrum in Schleswig-Holstein, die einen erhöhten Geestkern haben und entsprechend einen besseren Schutz vor Hochwasser boten, siedelten Jäger und Sammler bereits vor der neolithischen Revolution). Da an eine ertragreiche Landwirtschaft kaum zu denken war, mussten die Menschen sich auf den Inseln etwas anderes einfallen lassen. Fischfang war eine Möglichkeit oder der Abbau von Muschelschill, der auf dem Festland zu Mörtel weiterverarbeitet wurde. Man konnte natürlich auch, wie auf Borkum zur Zeit der Hanse, Seeräubern Unterschlupf gewähren. Auf der Insel Baltrum gründeten sich kleine Reedereien, die entlang der Küste Waren hin- und her transportierten. Viele Männer waren gezwungen, sich außerhalb der Inseln nach Arbeit umzusehen. Sie heuerten auf Seglern an, waren als Kapitäne, Offiziere oder Harpuniere auf Walfangschiffen bis hoch in die Arktis unterwegs. Fiel einer dieser Erwerbszweige weg, versank die Inselbevölkerung oft wieder in bitterer Armut. Gerade in solchen Zeiten sehnten viele Menschen Schiffsunglücke herbei, soweit sie nicht die eigenen Leute betrafen. Das angespülte Strandgut stand schließlich den Insulanern zu, allerdings nicht ausschließlich, auch dem Landesherren gebührte ein Teil der Beute, was unter den Inselbewohner:innen offenbar nicht so gut ankam, wie Reiner Behrends, der ehemalige Vorsitzende des Heimatvereins Juist, berichtet: »Ganz früher, so die Überlieferung, wurden Steuereintreiber oder Abgesandte, die von den Fürsten geschickt wurden, um auch auf den Inseln Anteil am Strandraub zu haben, auf insulare Art bestraft – die fanden sich dann bei Ebbe angepflockt im Watt wieder. Die Flut erledigte dann die Sache von selbst.«[20]

Ab Ende des 18. Jahrhunderts veränderte sich alles, es setzte eine Entwicklung ein, die für die Insulaner:innen und Küstenbewohner:innen ganz neue Perspektiven eröffnete und viele langsam aus der Armut herausführte. Ausgerechnet das Meer, dieses ständig über der Bevölkerung hängende Damoklesschwert, die Bedrohung schlechthin, spielte dabei eine entscheidende Rolle – und eine feine bürgerliche Gesellschaft, die sich auf dem Festland Sorgen um ihre Gesundheit machte. Lange Zeit hatte das Meer, ja das Element Wasser an sich, nicht nur bei den Küstenbewohner:innen, sondern auch bei Angehörigen der feinen Gesellschaft einen eher schlechten Ruf. Wasser galt als schädlich für die Haut, es konnte Krankheiten übertragen. Adlige puderten sich lieber, als mit Wasser in Kontakt zu kommen. Das Meer war noch bedrohlicher: Mit dem ungestümen, salzhaltigen, fauligen Wasser in Berührung zu kommen, das war nicht nur gesundheitsschädigend, sondern lebensgefährlich. Erst mit dem aufstrebenden Bürgertum und einer Hinwendung zur Natur änderte sich dieses Bild und verkehrte sich langsam ins

Gegenteil. Wie in der Antike glaubte man als gesundheitsbewusster Mensch nun wieder an die reinigende statt bedrohliche Kraft des Wassers. Das Nass auf der Haut zu spüren, tat gut. Dem englischen Arzt Richard Russell (1687–1759) kam der Verdienst zu, auch das Meerwasser in diesem neuen Licht erstrahlen zu lassen. Seine Schrift *A Dissertation Concerning the Use of Sea Water in Diseases of the Glands* (Eine Dissertation über die Verwendung von Meerwasser bei Erkrankungen der Drüsen), ist ein einziges Loblied auf die heilende Wirkung des Salzwassers. »Meerwasser spült alle Übel von den Menschen ab«, heißt es – Euripides zitierend – gleich zu Beginn seiner Abhandlung.[21] 1753 eröffnete er in Brighton am Ärmelkanal eine Praxis und begann mit seiner Meerwassertherapie. Dabei ging er sehr behutsam vor, ließ seine Patient:innen das Wasser in kleinen Dosen schlucken oder rieb es ihnen, versetzt mit verschiedenen Ingredienzen, vorsichtig auf die Haut. Offenbar mit Erfolg: Schon bald reisten wohlhabende Patient:innen überall aus England ans Meer und machten nicht nur Brighton noch vor der Jahrhundertwende zu einem beliebten Kurort. Eine Entwicklung mit Signalwirkung. *Warum hat Deutschland noch kein grosses öffentliches Seebad?*, fragte 1793 der Göttinger Gelehrte Georg Christoph Lichtenberg (1742–1799).[22] Er hatte nach eigenem Bekunden in einem englischen Seebad die gesündesten Tage seines Lebens verbracht und fühlte sich dadurch bemüßigt, in seiner Heimat ebenfalls die Entstehung solch eines heilkräftigen Ortes anzumahnen. Dabei war die Gesundheit für ihn nur ein, wenngleich bedeutsamer, Aspekt. Fast ebenso wichtig war seiner Ansicht nach das einzigartige Landschaftserlebnis, das mit einem Aufenthalt am Meer verbunden war: »Der Anblick der Meereswogen, ihr Leuchten und das Rollen ihres Donners, der sich auch in den Sommermonaten zuweilen hören lässt, gegen welchen der hochgepriesene Rheinfall wohl bloßer Waschbeckentumult ist, die großen Phänomene der Ebbe und Flut, deren Beobachtung immer

Abb. 7: Georg Christoph Lichtenberg

beschäftigt, ohne zu ermüden[...], alles dieses, sage ich, wirkt auf den gefühlvollen Menschen mit einer Macht, mit der sich nichts in der Natur vergleichen läßt als etwa der Anblick des gestirnten Himmels in einer heiteren Winternacht.« Eine erhabene, urgewaltige Natur, das war ein Pfund, das später neben dem Gesundheits- und Erholungsaspekt immer mehr Menschen dazu bewegen sollte, sich auf den Weg ans Meer zu machen. Lichtenberg hatte für die Umsetzung seiner »Seebäderidee« bereits ein paar geeignete Plätze im Sinn: Ritzebüttel bei Cuxhaven sowie die Inseln Neuwerk und Helgoland. Es war dann allerdings keiner dieser Orte, sondern die Insel Norderney, die man am 3. Oktober 1797 zur ersten Königlich-Preußischen Seebadeanstalt ausrief. Damit war der Grundstein gelegt für die touristische Erschließung der gesamten Nordseeküste. 1804 wurde Wangerooge offiziell zum Seebad, es folgten die Insel Föhr 1819, Borkum, Langeoog, Spiekeroog und Baltrum 1830, Juist 1840, Sylt 1855 und Amrum 1890. Die Initiative für die Seebäder ging dabei in erster Linie von der jeweiligen Landesherrschaft aus, nicht von den Insulaner:innen. Die Entwicklung verlief zunächst eher schleppend. Auf die Inseln zu kommen, war aufwendig. Allein die Anreise konnte Tage dauern. So brauchte man schon vom nicht weit vom Meer entfernten Bremen mit der Kutsche 16 Stunden bis nach Norden an der Festlandküste vor Norderney (heute schafft man es mit der Bahn in etwa zweieinhalb Stunden).[23] Zudem fehlte auf den Inseln anfangs noch die nötige Infrastruktur, sodass Gäste mancherorts ihre Betten, Brennmaterial und Küchengegenstände selbst mitbringen mussten. Die Insulaner:innen räumten für die Fremden ihre Sommerwohnung und übernachteten zum Teil im Stall. Es waren zwei sich fremde Welten, die hier aufeinander trafen: Auf der einen Seite die oft unter ärmlichsten Bedingungen lebenden Einheimischen, die ihre Heimat als lebensfeindlich und ständig vom Meer bedroht erlebten, auf der anderen Seite die gut situierten Städter, die diesen bedrohlichen Ort als Gesundbrunnen wahrnahmen.

Der Aufenthalt am und im Meer hatte zunächst wenig mit dem heutigen Badebetrieb zu tun. Das Meer war eine Arznei, kein Vergnügen, mit Vorsicht und nur unter genauer Anleitung eines Arztes zu genießen. Drei- oder viermal kurz im Meer untertauchen, das war mehr

Abb. 8: Nordseebad Borkum im Jahr 1921

als genug. Mann und Frau wurden getrennt voneinander und verborgen in Kabinen ins Meer gezogen, wo sie dann – zumeist züchtig gekleidet – über eine Treppe ins Wasser stiegen, sich kurz dem Meer anvertrauten, um dann schnell wieder in der Kabine zu verschwinden.

Mit einer immer besseren Infrastruktur, mit Strandpromenaden, Cafés, Theatern, Boutiquen und Casinos trat der Gesundheitsaspekt als Reisegrund mehr und mehr in den Hintergrund. Sich erholen, Spaß haben, darum ging es nun vor allem, sehen und gesehen werden, Kontakte knüpfen, flirten und dabei der Urgewalt des Meeres lauschen. Die zunehmenden Besucherscharen veränderten auch die Menschen, die ihnen Unterkunft boten und sie bedienten. So schrieb der Inselpfarrer von Baltrum im Jahr 1904: »So manche Genüsse und Gewohnheiten, die der Insel sonst fremd waren, treten in den Gesichtskreis ihrer Bewohner und lassen die derbe Einfachheit und Genügsamkeit mehr und mehr verschwinden.«[24] Eine echte Win-Win-Situation, wie es scheint, denn bis heute hat sich der Tourismus zum wichtigsten, alles beherrschenden

Wirtschaftszweig an der Nordseeküste entwickelt. Mehrere Millionen Gäste verzeichnet die Region nun jedes Jahr. Vielerorts ist der Tourismus zur einzigen echten Einnahmequelle geworden, ohne auswärtige Gäste könnten viele Gemeinden nicht überleben.

Der Tourismus sichert zwar das Überleben, sorgt aber auch für Probleme, besonders auf den Inseln. Alles, was dort gebraucht wird, muss aufwendig mit dem Schiff (oder dem Flugzeug) herangeschafft werden, vom Nagel bis zur Leberwurst. Das macht das Leben teuer. Zudem müssen die wenigen Einwohner:innen eine Infrastruktur bereitstellen, die weit mehr Menschen dient als ihnen allein. So kommen zum Beispiel auf der kleinen Insel Baltrum auf 600 Einwohner:innen jedes Jahr gut 75.000 Gäste (2017: Einwohner:innen 617, Gäste 76.734).[25] Neben einer funktionierenden Müllbeseitigung, der Feuerwehr und – zumindest im Sommer – der Polizei, erwarten die Urlauber:innen ein Hallenbad, gepflegte Sportanlagen und Einrichtungen zur Kinderbetreuung, dazu ein gut ausgebautes Wanderwegenetz und ausreichend öffentliche Toiletten. Das ist für die kleinen Gemeinden selbst mit dem erhobenen Kurbeitrag kaum zu bewältigen, den meisten Kommunen geht es finanziell schlecht.

Zu einem weiteren Problem – vor allem auf den Inseln – gehört, dass immer mehr Urlauber:innen dabei sind, sich den Traum von einer eigenen Ferienwohnung zu erfüllen. Dadurch sind die Preise für Immobilien geradezu explosionsartig in die Höhe geschnellt. Immer mehr Mietwohnungen werden nun zu hochpreisigen Eigentumswohnungen umgestaltet, was dazu führt, dass immer weniger Mietraum für Insulaner:innen und das Personal der Dienstleistungsbetriebe zur Verfügung steht – es herrscht akute Wohnungsnot. Gerade für Inseln, die tideabhängig sind, die also nicht zu festen Zeiten erreicht werden können, ist das ein riesiges Problem: Die nötigen Arbeitskräfte können hier nicht einfach jeden Morgen aus der weiteren Umgebung anreisen, sie müssen vor Ort leben. Neue Gesetze und Fördermaßnahmen sollen nun gegensteuern. Ob diese Maßnahmen auf Dauer wirklich helfen werden, bleibt abzuwarten.

Neben dem Badevergnügen stellt die einzigartige Natur heute die wichtigste Motivation dar, die Küste zu besuchen. Laut einer Gästebefragung im Jahr 2017 entscheiden sich immerhin fast die Hälfte aller Touristen wegen der schönen Natur für einen Besuch an der Nordsee.[26] Dabei ist das Wattenmeer schon längst nicht mehr der natürliche Lebensraum, zu dem es gerne von ortsansässigen Touristikern hochstilisiert wird. Aufwendige Küstenschutzmaßnahmen, die notwendig sind, um die Inseln an ihrem Platz zu halten, Deiche, die ein Vordringen des Wassers ins tiefer gelegene Binnenland verhindern, ausgebaggerte Fahrrinnen, die es selbst Ozeanriesen ermöglichen, die Häfen von Hamburg, Bremerhaven, Wilhelmshaven oder Emden anzulaufen, umweltschädliche Nährstoffe, die eine intensive Landwirtschaft in die Nordsee spült, an vielen Orten ist die Nordseeregion zu einer vom Menschen stark überformten und verunreinigten Kulturlandschaft geworden. Den meisten Touristen scheinen diese massiven Eingriffe in das Ökosystem allerdings kaum aufzufallen, das Gefühl, sich in unversehrter Natur zu bewegen, überwiegt. Ausflüge in diese »freie« Natur gehören zu einem gelungenen Inselaufenthalt oder zu einem Abstecher an die Küste einfach dazu. Auf Führungen, besonders beliebt sind Wattwanderungen, lernen die Urlauber:innen so auch die Vogelwelt an der Küste kennen, schließen Bekanntschaft mit dem Knutt und anderen Watvögeln, bestaunen die waghalsigen Flugmanöver der Vogelschwärme. Ob sie bei dem Anblick des pulsierenden Lebens wohl ahnen, dass vielen der »Wattvögel«, auch dem Knutt, vor kaum mehr als einem Jahrhundert noch ganz anders nachgestellt wurde?

Ihr Fleisch gibt einen recht guten Braten

Gesundheitliche Gründe führten den jungen Ornithologen Ferdinand von Droste zu Hülshoff (1841–1874) zwischen 1863 und 1868 mehrfach auf die ostfriesische Insel Borkum. »Hier können wir mit leichter Mühe studieren, wie die Millionen Wandervögel sich am Meeresgestade benehmen und welche Arten sich in der Nachbarschaft der Salzflut häuslich niederlassen«, schrieb er im Vorwort zu seinem Buch *Vogelwelt von Borkum*, das 1869 erschien.[27] Die Publikation gilt als die erste umfassende Zusammenstellung der Vogelwelt im Wattenmeer. Sie machte den Autoren und die Insel Borkum weit über die Grenzen Deutschlands hinaus bekannt. Auch dem Knutt widmete der Autor einige Seiten und es ist interessant nachzulesen, wie viel zu dieser Zeit bereits über die Vogelart bekannt war. Bei Droste heißt der Knutt noch »Isländischer Strandläufer«, was wohl der Tatsache geschuldet ist, dass man zu seiner Zeit fälschlicherweise davon ausging, der Knutt würde »in den Gebirgen des östlichen« Islands brüten. Droste war über die Expedition Middendorffs nach Taimyr im Bilde, er wusste, dass dieser annahm, der Knutt würde dort brüten. Er hatte Kenntnis darüber, dass die Vogelart auf Grönland und auf dem amerikanischen Kontinent nistete, irrte sich allerdings in der Annahme, auch Teile Skandinaviens gehörten zum Brutgebiet. Ihm war bekannt, dass die Vögel sehr zeitig südwärts wandern, im Wattenmeer fand er sie in den Monaten August bis Oktober. »Einzeln, familienweise und in großen gedrängten Haufen streichen sie von Küste zu Küste.«[28] Auch über ihre Winterquartiere wusste er schon ganz gut Bescheid. Im Wattenmeer überwinterten sie nur in geringer Zahl, stellte er fest, häufig waren sie dagegen in England und Frankreich, viele zogen aber auch weiter bis Westafrika (Gambia). Droste studierte auch das Verhalten der Vögel. Ihre Geselligkeit ließ sich kaum übersehen. Er bewunderte ihre meisterhaften Flugmanöver, beobachtete, wie die Vögel oft so lange im Wasser stehen blieben, bis sie schwimmen mussten. Darüber hinaus konstatierte er, dass die Vögel bei Hochwasser am liebsten am Strand landeten, um dort zu schlafen.

Für Droste waren Knutts aber nicht nur Studienobjekte, sondern auch eine Bereicherung seines Speiseplans. Ihr Fleisch ergäbe einen recht guten Braten, hielt er in seiner vogelkundlichen Abhandlung fest. Ein Ornithologe, der sich über den Geschmack von Vögeln auslässt, das mutet heute leicht abwegig an. Droste war da aber keine Ausnahme, im Gegenteil. Sein bereits erwähnter Kollege Johann Andreas Naumann zum Beispiel widmete der Jagd auf den Knutt sogar ein ganzes Kapitel. Auch er hob die Qualität des Fleisches hervor: »Sein zartes, oft, selbst im Frühjahr, sehr fettes Fleisch ist außerordentlich wohlschmeckend, und der Werth für die Küche wird noch besonders dadurch erhöhet, daß der

Vogel schon unter die größeren Strandvögel gehört, und nicht so kleine Bissen giebt als alle andere Arten dieser Gattung.«[29] Nicht alle waren allerdings von der Fleischqualität überzeugt. »Das Wildbret lohnt jedoch, da es tranig zu schmecken pflegt, die Jagd nicht«, hieß es abwertend in Brehms Tierleben aus dem Jahr 1927.[30]

Der Bericht von Droste ist ein Beleg dafür, dass Knutts und andere Watvögel im Wattenmeer eine beliebte und wichtige Nahrungsressource darstellten. Vor allem für die armen Inselbewohner:innen war der Vogelfang zur Deckung des Nahrungsbedarfs bis ins 20. Jahrhundert hinein sicher von großer Bedeutung. Wie die Ausgrabungen in der Siedlung Busenwurth (siehe weiter oben) zeigen, stellten Zugvögel bereits in der römischen Kaiserzeit (50–300 n. Chr.) eine Ergänzung des Nahrungsangebots dar.

Watvögel waren allerdings nicht leicht zu erbeuten. Glaubt man Johann Andreas Naumann, so müssen Knutts, wenn sie gemeinschaftlich auftraten, besonders harte Brocken gewesen sein: »Wenn sich dort [am Meer] große Scharen über den Strand verbreiten, so macht nicht alleine ihre Unruhe den Schützen viel zu schaffen, sondern auch die Gewohnheit, niemals gedrängt durch einander zu laufen, viel Verdruß,

Abb. 9: Vogeljagd mit Stellnetzen im Gebiet The Wash an der Südostküste Englands

weil es ihm demnach selten glücken wird, mehr als einen Vogel mit einem Schusse zu erlegen.«[31]

Lohnender als die Jagd mit dem Gewehr war der Fang mit Stellnetzen. Droste hat diese Jagdtechnik in einem gesonderten Artikel beschrieben. Um die Methode studieren zu können, musste der Baron den skeptischen Jägern offenbar vorab mit einer gewissen Geldsumme aushelfen. Jedes der grobmaschigen Netze war etwa vier Meter hoch (15 Fuß) und 18 Meter lang (25 Schritt). Mehrere wurden zu einer langen Reihe zusammengefügt, wobei ein Netz direkt ans nächste anschließen musste, je länger die Wand, umso besser. Die von Droste beschriebene Fangkonstruktion maß gut 150 Meter (223 Schritt). Wollte man erfolgreich sein, war eine genaue Kenntnis über die Verhaltensweisen der Vögel unabdingbar: Wo hielten sich die Vögel auf, welchen Weg nahmen sie zwischen Nahrungsgebiet und Rastplatz? »Die Strandläufer pflegen zur Hochfluth unruhig dem Strande folgend hin und her zu schwirren«, hielt Droste fest, »deshalb müsste die Linie der Netze senkrecht auf die des Strandes zeigen. [...] So lange das Tageslicht oder heller Mondschein den Vögeln gestattet, die Netze zu erblicken, fängt sich nichts. Darum werden Vögel, die niemals des Nachts unterwegs sind, wie Möwen, Krähen und Falken, so äusserst selten erbeutet. [...] Die Strandläufer und Enten aber sind auch die längste Zeit der Nacht über munter, wenn auch die Finsterniss ziemlich gross ist. Für den Fang am günstigsten ist ein regnerischer windiger Abend oder ein Schneegestöber zur Zeit der Dämmerung, wenn das eine oder der andere zugleich, um die Zeit der Hochfluth fällt.«[32] Der Autor wunderte sich darüber, wie schwierig es war, die Vögel aus dem Netz zu bekommen: »Es ist erstaunlich, wie sehr oftmals die Vögel sich verstrickt haben. Einem Austernfischer musste ich Beine und Flügel abschneiden, um ihn nur loslösen zu können.«[33] Alle Ornithologen, die heute den Fang mit Stellnetzen zu Forschungszwecken betreiben, können ein Lied davon singen, wie nervenaufreibend sich das Herauslösen eines Vogels gestalten kann, wie viel Geduld und Fingerspitzengefühl dafür erforderlich ist. Aus gutem Grund bedarf diese Arbeit einer entsprechenden Ausbildung.

Wenn man die älteren Berichte von Droste und anderen Naturkundlern liest, fällt auf, mit welch geringer Empathie die Jagd oft beschrieben wurde. Ganz trocken konstatierte Droste zum Beispiel, dass am unteren Rand des Netzes hängende Vögel ausnahmslos durch die Flut ertränkt würden. Von Skrupeln oder gar »Besänftigungsritualen« keine Spur. In den Bemerkungen schimmert ein deutlich distanzierteres Verhältnis zu den Vögeln durch, als es zur gleichen Zeit bei den Nganasanen zu beobachten war. Das wirft die Frage auf, welches Naturverständnis eigentlich unsere Kultur prägt. Wie dachten und denken wir im Abendland über die Natur und damit über Tiere wie den Knutt?

Der Knutt als Maschine

Unerwartete Erlebnisse können etwas Kostbares sein, anregend und bewegend, sie können uns zwingen, ausgetretene Pfade zu verlassen und sich über Dinge Gedanken zu machen, die bis dahin keine Rolle spielten. So sind wir es gewohnt, dass wildlebende Vögel beizeiten vor uns Reißaus nehmen. Vögel sind auf der Hut. Sie achten genau darauf, eine gewisse Distanz zu wahren. Das Unterschreiten einer genau abgemessenen Entfernung führt unmittelbar und zwangsläufig zu einem tief im Inneren verwurzelten Fluchtreflex. Wirklich nahe kommt man Vögeln selten. Natürlich gibt es Ausnahmen, Sanderlinge zum Beispiel, die nervös am Spülsaum entlang hasten und die Anwesenheit der Menschen kaum wahrzunehmen scheinen. Aber selbst dort scheint es eine unsichtbare Linie zu geben, die nicht überschritten werden darf.

Was aber, wenn ein Vogel sich nicht an diese Regel hält oder den Spieß gar umdreht? Ein naher Verwandter vom Knutt, der Mornellregenpfeifer, macht es vor. Die Vogelart brütet in der Fjällregion Skandinaviens, in den kargsten Gefilden hoch oben im Gebirge. Während des Zuges gen Süden rastet die Art regelmäßig in geringer Zahl auch an der Nordseeküste. Hat dieser Vogel einen Menschen entdeckt, ist von Scheu oder Skepsis nichts zu spüren, im Gegenteil, irgendetwas scheint ihn anzutreiben, sich das große Wesen dort hinten einmal näher anzuschauen. Ohne Hemmungen setzt sich der kleine Vogel Richtung Mensch in Bewegung. Zwischendurch bleibt er immer wieder stehen, schaut in Richtung der anvisierten Person, so als ob er sich vergewissern möchte, dass

Abb. 10: Mornellregenpfeifer

sein Zielobjekt brav stehengeblieben ist, noch nicht die Flucht ergriffen hat. Stück für Stück kommt der Vogel auf diese Weise näher. Schließlich steht er direkt vor dem Menschen, umkreist das Wesen, lässt sich selbst dann nicht groß ablenken, wenn der Mensch sich auf den Bauch legt und dem Vogel direkt ins Gesicht schaut. Mensch und Tier begegnen sich auf Augenhöhe. Automatisch versucht man herauszubekommen, was den Vogel wohl zu dieser Handlung treiben könnte. Irgendein Trieb muss es doch sein, oder? Vielleicht hat der Vogel Hunger, vielleicht ist er müde. Der Blick in die Augen aber verrät nichts. Keinerlei Mimik, keinerlei Anhaltspunkte, die eindeutige Rückschlüsse auf die Gefühlslage des Vogels zulassen. Hat er überhaupt Gefühle? Ein Blick in die starren Augen lassen daran zweifeln. Und unwillkürlich taucht die Frage auf: Wer bist du eigentlich, was bist du?

»Das ist eine Maschine«, würde der Philosoph René Descartes (1596–1650) antworten, eine instinktgesteuerte Maschine, »die, durch die Hände Gottes hergestellt, unvergleichlich besser konstruiert ist als eine, wie sie von den Menschen erfunden ist.«[34] Eine Maschine, die im Grunde wie ein Uhrwerk funktioniert, das zwar nur aus Rädern und Federn besteht, aber »richtiger als wir mit aller unserer Klugheit die Stunden zählen und die Zeit messen kann«.[35] Der Mensch ist laut Descartes zwar auch eine Maschine, zusätzlich und exklusiv wird er von Gott jedoch mit einer Seele ausgestattet, die es ihm ermöglicht, nicht allein nach Instinkten zu handeln, sondern mit Augenmaß und Vernunft. Da Tiere keine Seele besitzen, können sie auch keine vernünftigen Gedanken entwickeln. Das schließt Descartes daraus, dass kein noch so vollkommenes und noch so glücklich veranlagtes Tier in der Lage ist, Worte zusammenzufügen, um daraus eine Rede zu bilden. Den Knutt muss man sich nach Descartes also als triebgesteuerte Materie vorstellen, als einen Apparat, auf den der vernunftbegabte, »seelige« Mensch herabschauen kann.

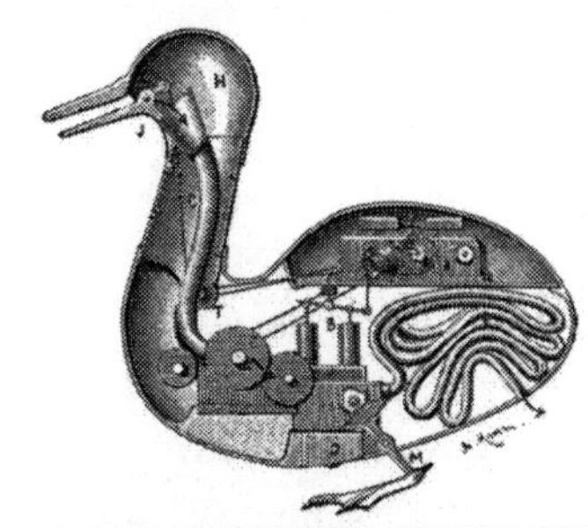

Abb. 11: Der Vogel als Automat

Mit diesen Gedanken reiht sich Descartes ein in eine lang zurückreichende Tradition abendländischen Denkens, einem Denken, das unser Bewusstsein und unser Handeln bis heute beeinflusst und bestimmt. Philippe Descola formuliert das dahinter zum Vorschein kommende Naturverständnis so: »Zum ersten Mal in der Geschichte wird behauptet, dass zwischen den Menschen und Nichtmenschen ein wesentlicher und nicht nur gradueller Unterschied besteht: Man betont, dass sich die Menschen zwar universelle physische und chemische Eigenschaften mit den Nichtmenschen teilen, dass sie sich durch ihre moralischen und kognitiven Anlagen aber von den letzteren unterscheiden.«[36] Das von Descola skizzierte Naturverständnis stellt eine Umkehrung des animistisch geprägten Weltbildes der Nganasanen dar. Bei diesem Volk war der Unterschied zwischen Menschen und Tieren rein äußerlicher Natur, nur die Körper trennten die Menschen von Tieren, geistig und kulturell war man dagegen eng miteinander verwandt. Genau anders herum das traditionelle abendländische Weltbild: Hier wird die körperliche Verwandtschaft betont, Gliedmaßen und Organe zeigen eine große Nähe, auf geistigem und kulturellem Gebiet wird der Unterschied dagegen als gewaltig und elementar empfunden.

Die Anfänge dieses Naturverständnisses dürften in der Zeit zu suchen sein, als die Menschen damit begannen, Pflanzen zu kultivieren,

Tiere zu züchten und nicht länger von einem Ort zum anderen wanderten, als Zäune, Mauern, Gräben oder Hecken kultivierte Flächen immer deutlicher von der »wilden«, bedrohlichen Natur abgrenzten. Man darf wohl annehmen, dass die an den Gestaden der Nordsee lebenden Nomaden als Sammler und Jäger noch einem ähnlichen, animistisch geprägten Weltbild verhaftet waren wie die Nganasanen und ein Wandel in der Einstellung zur Natur erst einzusetzen begann, als Ackerbau und Viehzucht auch hier Einzug hielten. Zu einer wirklich klaren Abgrenzung gegenüber der Natur konnte es aber wohl erst kommen, als aus den Bauern Bürger wurden, aus kleinen Siedlungen Städte emporwuchsen. Solange der Mensch in der Natur lebte wie »ein Fisch im Wasser«, eng verzahnt mit allem, was sich in ihr bewegte und in ihr wuchs, solange sein Leben den Jahreszeiten und Wetterkapriolen bedingungslos unterworfen war, bildeten Mensch und Natur eine unlösliche Einheit. In der Stadt war das anders. Hier entschied nicht mehr in erster Linie die Natur über das Schicksal der Menschen, sondern der Mensch selbst. Nicht mehr die Witterung oder die Fruchtbarkeit des Bodens waren maßgeblich für das Überleben, sondern das Wissen und das Geschick der Städter. Häuser, Straßen, die Zünfte, alles zeugte in der Stadt von seiner Eigenständigkeit und Gestaltungskraft. Die Natur blieb außen vor, sie begann erst vor den Toren der Stadt. »Ihre Mutter, die Erde, hat sie gewissermaßen von sich gestoßen«, beschrieb der Nationalökonom James Stuart im 18. Jahrhundert die in die Stadt strömenden Bauern.[37]

Die ersten schriftlichen Zeugnisse für die Verschiebung des Naturverständnisses finden sich schon bei den klassischen griechischen Philosophen, allen voran Aristoteles (384–322 v. Chr.). Ihm zufolge besitzen zwar alle Lebewesen, also auch Pflanzen, eine »nährende« Seele, die die grundlegendsten Bedürfnisse wie die Nahrungsaufnahme steuert, Tiere und Menschen haben zusätzlich eine »sensitive« Seele, die die Wahrnehmung und die Fortbewegung regelt, aber nur der Mensch allein verfügt über eine dritte, eine »rationale« Seele, die ihm die Fähigkeit zu vernünftigem Denken verleiht. Passend dazu war Aristoteles davon überzeugt, dass Tiere zum Nutzen des Menschen auf der Welt waren. Für die Stoiker besaß die menschliche Seele als »Alleinstellungsmerkmal« einen »herrschenden Teil«.

Bestimmend für unser Denken wurde aber vor allem das Naturverhältnis, wie es in der Bibel formuliert wird, am prägendsten und schärfsten in der Schöpfungsgeschichte. Dort kann man lesen: »Und Gott schuf den Menschen zu seinem Bilde, zum Bilde Gottes schuf er ihn; und schuf sie als Mann und Frau. Und Gott segnete sie und sprach zu ihnen: Seid fruchtbar und mehret euch und füllet die Erde und machet sie euch untertan und herrschet über die Fische im Meer und über die Vögel unter dem Himmel und über alles Getier, das auf Erden kriecht.«[38] Der Mensch, als Abbild Gottes am letzten Tag der Schöpfung erschaffen, als schon alle anderen Tiere die Erde bevölkern, bekommt hier eine Sonderrolle in der Welt zugewiesen. Tiere und Menschen leben in der Bibel sozusagen in verschiedenen Sphären, werden klar voneinander abgegrenzt behandelt.

Mit dem Vordringen des christlichen Glaubens entwickelte sich das in der Bibel vermittelte Weltbild in fast ganz Europa zum entscheidenden Orientierungspunkt für die Menschen und das darin propagierte Naturverständnis zu einer allgemein akzeptierten Doktrin, zur »Staatsreligion« (wobei sich das Naturverständnis auf dem Land sicherlich weiterhin stark von den Vorstellungen der »Städter« unterschied). Die in der Bibel festgeschriebene Trennung von Mensch und Tier bildet das Fundament, auf dem unser heutiges Naturverständnis basiert. Wer verstehen möchte, wie sich unser heutiges Bild von der Natur entwickelt und verändert hat, wie das Naturstudium an Bedeutung gewinnen konnte und unsere Sicht auf die Welt grundlegend veränderte, muss deshalb dort, bei der Kirche und ihren Vordenkern beginnen. Das ist keine leichte Aufgabe. Es gibt eine unüberschaubare Anzahl unterschiedlichster Dokumente und Entwürfe, kaum etwas verläuft geradlinig. Schnell verliert man sich im Dschungel divergierender Ansichten und Meinungen, gerät in ein Dickicht aus christlichen Wurzeln und daraus sprießenden säkularen Zweigen und Ästen. Und je näher wir der heutigen Zeit kommen, umso dichter und verworrener wird das Gestrüpp. Der im Folgenden »gebahnte« Weg ist somit nur einer von vielen möglichen.

Am besten beginnt man seinen Weg durch die Geschichte vielleicht mit dem »Kirchenlehrer« Augustinus von Hippo (354–430 n. Chr.). Der

Abb. 12: Sturmflut an der Nordsee

Geistliche bestimmte mit seinen Ausführungen zum Glauben für lange Zeit das Denken im Mittelalter. Augustinus verglich die Natur mit einem Buch, über das Gott zu den Menschen spricht. Die Heilige Schrift und das Buch der Natur, *liber scripturae* und *liber creaturae*, beide legten für ihn Zeugnis ab von Gottes Weisheit und Macht. Alles im Buch der Natur hat Gott perfekt eingerichtet, alles ist so, wie es sein muss. Augustinus war sich bewusst, dass diese Sichtweise nicht alle Menschen unmittelbar nachvollziehen konnten, »denn die armselige und gebrechliche Hinfälligkeit unseres Fleisches, eine Folge des gerechten göttlichen Strafgerichts, nimmt an vielem Anstoß, was ihm nicht passt, etwa an Feuer, Kälte, wilden Tieren oder dergleichen. Sie beachten nicht, dass diese Dinge an ihrem Platze und ihrer Natur nach durchaus wertvoll und in guter Ordnung verteilt sind, und welche Zier sie an ihrem Teile dem Weltganzen wie einem großen Gemeinwesen verleihen«.[39]

Sturmfluten, eine Zier im Weltganzen? Das war eine Sichtweise, die den Küstenbewohner:innen des Wattenmeeres, die ihr ganzes Leben mit der Angst leben mussten, von der aufgewühlten See verschlungen zu werden, in der Tat nicht leicht gefallen sein dürfte. Für die Gläubigen konnte oder durfte es dafür nur eine Erklärung geben, zu Papier gebracht zum Beispiel von dem Bauern Iven Knutzen aus Wobbenbüll in Nordfriesland: »Es haben auch gute Leute aus der Nachrechnung der großen Fluten und aus der Erfahrung sehr wohl angemerket, daß unser lieber Herr Gott diesem Ort landes gemeiniglich um die vierzig Jahre mit einer großen Fluth wegen der Sünden heimgesuchet und bestrafet habe«, schrieb er im Jahr 1588. »Weil aber leider, Sünde und Bosheyt bey uns überhand nimmt, sich häufet und vermehret, so läßt Gott es bey der 40-jährigen Strafe nicht bleiben, sondern sendet uns der großen Wasser so viele, eins nach dem andern.«[40] Man musste nur in die Bibel schauen: »Der Donner zeigt seine Gegenwart an, der Sturm verkündet seinen Zorn«, war dort zu lesen.[41] Der Mensch war letztlich also selbst Schuld an seinem Unglück. Wer nicht hören will, muss fühlen, immer wieder, wenn nötig. Bestrafung für sündhaftes Verhalten, das erinnert durchaus an die Nganasanen, an ihre Furcht vor ausbleibendem Jagdglück und der Rache der Tiere, nur dass Gott hier an die Stelle von Tiergeistern und Ahnen tritt. Auch die Lösungsstrategien gleichen sich: verstärkter Glauben, vermehrte Achtung der Gebote, Einhalten der Rituale.

Während eine genaue Naturkenntnis für die Nganasanen eine Frage des Überlebens war, sahen Augustinus und die nachfolgenden Generationen von Philosophen und Kirchenmännern darin keinen großen Wert. »Es ist keine Gefahr, wenn ein Christ etwa in Unwissenheit ist über das Wesen und die Zahl der Elemente, über Bewegung, Ordnung und Verfinsterung der Gestirne, über die Gestalt des Himmels, über die Arten und die Natur der Tiere, der Sträucher, der Steine, der Quellen, der Flüsse, der Berge, über Raum- und Zeitmessungen, über die Zeichen drohenden Unwetters und über vielerlei andere Dinge«, hielt Augustinus im Jahr 421 fest, »für den Christen genügt es, wenn er glaubt, daß die Ursache aller geschaffenen Dinge, der himmlischen und der irdischen, der sichtbaren und der unsichtbaren, nur die Güte des Schöpfers sein kann. Und dieser ist der eine und wahre Gott.«[42] So kann wohl nur schreiben, wer nicht täglich darum kämpfen muss, genug auf dem Teller zu haben …

Vögel fungierten in dieser Welt bevorzugt als von Gott eingesetzte Botschafter, Sinnbilder oder Symbole. Sie spiegelten menschliche Stärken und Schwächen, sollten helfen, die sündigen Menschen auf den Pfad der Tugend zurückzuführen. »Ich will wilde Tiere unter euch senden«, drohte Gott denen, die nicht auf ihn hören wollten, »die sollen eure Kinder fressen und euer Vieh zerreißen und euch vermindern, und eure Straßen sollen verlassen sein.«[43] Da konnte ein Vogel schon mal als teuflischer Bote daherkommen, der die armseligen Menschen heimsuchte, wie etwa der Vogel »Meauca«, ein Sturmtaucher (oder Eissturmvogel), von dem Konrad von Megenberg in seinem *Buch der Natur* zu berichten weiß. »Meauca heißt eine Meergans. Das ist ein auf dem Meer lebender Vogel, und er ist größer als eine Ente und kleiner als eine richtige Gans. Der Vogel ist besonders gierig nach menschlichem Aas, und deshalb schreit er, wenn ein Unwetter auf dem Meer ist, unaufhörlich meauce, meauce, so als ob er sich über die Leute freue, die in dem Meer ertrinken […] Unter der Meergans verstehe ich den bösen Geist, der uns in diesem jammervollen Meer der vergänglichen Welt auflauert.«[44] Der schlechte Ruf des Vogels ist wohl dem Umstand geschuldet, dass Sturmtaucher und Eissturmvögel sich bei Gelegenheit auch an Aas gütlich tun.

Zum Glück gab es als Gegengewicht auch gütige Vögel wie den Alk, der die Wogen wieder glätten konnte. »Zur Winterszeit legt er seine Eier in den Sand«, berichtete Megenberg, »besonders wenn das Meer auf das Land hinauf fluthet und das Ufer und Gestade mit seinen Wellen peitscht. Wenn nun der Vogel seine Eier in das ungestüme Meer hineingelegt hat, so wird dieses besänftigt, hört auf zu wogen und der Wind ruht, bis der Alk seine Eier ausgebrütet hat. Der Vogel wohnt nemlich im Meer und brütet sieben Tage auf seinen Eiern. Dann giebt er noch acht Tage zu, während derer er die Jungen füttert, bis sie kräftig geworden sind. So viel Gnade ist diesem kleinen Vogel von Gott gegeben, dass auch die Schiffer sich in diesen vierzehn Tagen über die ruhige Zeit auf dem Meer freuen können. Sie nennen die vierzehn Tage die Alkentage und fürchten sich während ihrer Dauer auf dem Meere nicht.«[45] Das *Buch der Natur* wurde von Konrad von Megenberg zwischen den Jahren 1348 und 1350 verfasst und gilt als die erste systematische deutschsprachige Zusammenfassung des Wissens über die Natur.

Den Naturerscheinungen näher auf den Grund zu gehen, war lange Zeit geradezu verpönt. »Denn was nützt denn bitte das Wissen über die Natur der Tiere, Vögel, Fische und Schlangen, wenn wir die Natur des Menschen nicht kennen, nicht wissen, wozu wir geboren sind, woher wir kommen, und wohin wir gehen, und uns für diese Fragen nicht interessieren«, schrieb zum Beispiel der Dichter Petrarca, nachdem er sich angemaßt hatte, im Jahr 1336 den Mont Ventoux zu erklimmen, nur um von dort einen Blick auf die Natur unter ihm zu werfen.[46] Die Natur blieb das »Andere«, dem man keine unnötige Zeit widmen sollte.

Es gab zu dieser Zeit allerdings bereits andere Stimmen, Stimmen, die immer vernehmlicher eine stärkere Hinwendung zum Studium der Natur forderten. Der Naturphilosoph Wilhelm von Conches (1080/1090–1154) gehörte dazu. Er hatte sich als einer der Ersten wieder verstärkt der antiken und arabischen Literatur zugewandt und war dadurch zu einer veränderten Sicht auf die Welt und den Kosmos gelangt. In seiner 1124/1130 entstandenen *Philosophia* (oder: *Philosophia mundi*) behauptete Conches, dass Gott bei der Erschaffung der Welt nur den Rahmen festgelegt hatte, innerhalb dessen sich die Welt ohne weiteres Eingreifen des Schöpfers frei entwickeln sollte, ein von ihm geordnetes System, das danach eigene Gesetzmäßigkeiten entwickelte. Diese Gesetze ließen sich über die Vernunft erklären und erforschen. Conches ging so weit zu postulieren, dass sich die Heilige Schrift an der Wissenschaft von der Natur zu orientieren habe, nicht umgekehrt. Die Erschaffung des Mannes aus Lehm und der Frau aus der Rippe des Mannes, wie es in der Bibel behauptet wurde, hielt der Naturphilosoph zum Beispiel für Unsinn.[47]

Eine besondere Stellung als Wegbereiter eines verstärkten Naturstudiums nimmt der bereits erwähnte Kaiser Friedrich II. ein – vor allem in Bezug auf das Studium der Vögel. Friedrich war ein äußerst umtriebiger Kaiser. Er herrschte über ein Reich, das von Mitteleuropa bis Sizilien reichte, er nahm an einem Kreuzzug teil, legte sich wiederholt mit dem Papst an und fand darüber hinaus noch Zeit, sich intensiv mit naturwissenschaftlichen, künstlerischen und philosophischen Fragen auseinanderzusetzen. Seine größte Leidenschaft galt dabei der Falknerei. Zeitweise waren bis zu fünfzig Falkner bei ihm angestellt. Für

Friedrich II. war die Jagd mit Falken mehr als nur ein Zeitvertreib, er widmete sich dem Hobby mit großem naturwissenschaftlichem Ernst. Seine langjährigen Erfahrungen fasste er schließlich in dem Buch *De arte venandi cum avibus* (Über die Kunst, mit Vögeln zu jagen) zusammen. Das Buch ist in erster Linie der Falknerei gewidmet, enthält daneben aber eine Fülle darüber hinausgehender ornithologischer Beobachtungen und Erkenntnisse. Das vielleicht Erstaunlichste an diesem Werk ist die Fixierung auf die eigene, unvoreingenommene Naturbeobachtung. Nur was er selbst gesehen hatte oder was sich experimentell beweisen ließ, hielt Friedrich für wahr, durch Hörensagen allein ließ sich seiner Meinung nach keine Gewissheit erlangen. Die Erkenntnisse, die Friedrich aus seinen Naturbeobachtungen ableitete, machen das Buch ohne Frage zu einem Meilenstein empirischer naturwissenschaftlicher Forschung. Der Historiker Michael Menzel spricht in diesem Zusammenhang gar von einem »Urknall ornithologischen Wissens«.[48]

Abb. 13: Kaiser Friedrich II.

Den Zugvögeln, der bevorzugten Beute seiner Falken, widmete sich Friedrich II. in der Schrift mit besonderer Hingabe. Alles am Vogelzug war für ihn von Interesse, auf alles hatte er ein waches Auge. Welche Vögel ziehen weg und welche nicht, warum tun sie das und wie bereiten sie sich auf den Zug vor, welches Wetter bevorzugen sie, welche Vögel ziehen zuerst und warum, was ist das Ziel ihrer Reise und warum fliegen sie gerade dorthin, wie lange bleiben sie und wo rasten sie unterwegs? Jede dieser Fragen versuchte der Kaiser zu beantworten. So entwarf er ein facettenreiches und mehrdimensionales Bild vom Vogelzug, das in erstaunlich vielen Bereichen dem heutigen Kenntnisstand entspricht oder zumindest nahekommt.

Leider gerieten die bahnbrechenden Beobachtungen von Friedrich II. schnell in Vergessenheit. Das verwundert nicht, war er doch – vom Papst als »Antichrist« gebrandmarkt – der Kirche noch lange Zeit ein

Dorn im Auge. Erst im 18. Jahrhundert wurde sein Buch wiederentdeckt und einer breiteren Öffentlichkeit zugänglich gemacht.

Auch wenn die Gedanken und Forschungen von Wilhelm von Conches, Friedrich II. und anderen bei manchem Kirchengelehrten auf Kritik stießen, so hatten sie doch selbst für streng gläubige Menschen einen gewissen Charme. Waren nicht durch einen genauen Blick in das von Augustinus beschriebene *Buch der Natur* die Wunder und die Allmacht Gottes deutlicher offenzulegen, als dieses allein durch die Bibel möglich war? Konnte nicht vielleicht das Studium der Natur die Existenz Gottes endgültig unter Beweis stellen? Wie ein Zug, der erst langsam, dann immer schneller in Gang kommt, legte man nun ein immer größeres Gewicht auf die Beobachtung der real existierenden Natur, sammelte, experimentierte und analysierte, suchte die Regelmäßigkeiten in den Erscheinungen der Welt zu ergründen. Tiere wurden nun studiert und nicht mehr nur mit symbolischen oder metaphorischen Zuweisungen belastet. Die Herrlichkeit Gottes ließ sich in jeder seiner Kreaturen erforschen, selbst in so kleinen, unscheinbaren Lebewesen wie den Insekten, denen sich zum Beispiel Jan Swammerdam (1637–1780) verschrieben hatte. Die Allmacht Gottes in der Natur war für ihn so umfassend, »dass auch die allergeringsten sein Lob ewig ausrufen, und so viele Stimmen sind, die uns zu seiner Furcht und Liebe einladen, und uns ermahnen, sein Bild an uns zu erkennen, an uns, die wir von ihm mit Kräften begabt sind, dem Schöpfer in seinen Geschöpfen nachzuspüren und seine statlichen Wunder zu entdecken«, schrieb er voller Ehrfurcht.[49] Noch Isaac Newton (1643–1727), dem Begründer der modernen Physik, soll es in seinen Forschungen zuvörderst darum gegangen sein, einen Beweis für die Existenz Gottes zu finden.

Mit den Entdeckungen und den Verbesserungen, die sie für die Menschen bedeuteten, wuchs unter den Forschern und Entdeckern die Zuversicht, der Mensch könne allein durch seinen Intellekt und seinen Erfindergeist die Welt begreifen. Als besonders einflussreich erwiesen sich hierbei die Einlassungen von Francis Bacon (1561–1626). Bacon behauptete, dass der Mensch einzig über empirische Beobachtungen und Experimente zu neuen Erkenntnissen gelangen könne, nur rationales Denken, nicht der Glaube, führe zu mehr Wissen. Damit gilt Bacon als ein entscheidender Wegbereiter der modernen Wissenschaft. Das Vertrauen in die Kraft der Vernunft war ganz im Sinne des bereits erwähnten René Descartes. Für den Philosophen konnte mit Ausnahme der immateriellen menschlichen Seele alles zerlegt, erforscht und wieder zusammengesetzt werden. Dabei folgte er einem klaren Ziel: Statt einer »theoretischen Schulphilosophie« wollte er eine praxisorientierte Forschung aufbauen, »wodurch wir die Kraft und die Tätigkeiten des Feuers, des Wassers, der Luft, der Gestirne, der Himmel und aller übrigen uns umgebenden Körper ebenso deutlich kennenlernen und also imstande sein würden, ebenso praktisch zu allem möglichen Gebrauch zu verwerten und uns auf diese Weise zu Herrn und Eigentümern der Natur zu machen«.[50] An Stelle eines allumfassenden Gottvertrauens trat mehr und mehr das Vertrauen in die menschlichen Fähigkeiten.

Abb. 14: René Descartes

An vielen Stellen in Europa entstanden im 18. Jahrhundert Akademien, die sich in erster Linie naturwissenschaftlichen Aufgaben widmeten – die (Natur)Wissenschaft emanzipierte sich. Die Entwicklung verlief allerdings nicht reibungslos, vor allem aus Kirchenkreisen gab es immer wieder erhebliche Widerstände. Dies lässt sich zum Beispiel an der Entwicklung des Küstenschutzes sehr schön nachzeichnen. Für die meisten Menschen am Meer galten Sturmfluten noch bis weit in die Neuzeit als von Gott gesandte Strafgerichte, als unabwendbare Quittungen für eigenes Fehlverhalten. Plötzlich behaupteten fortschrittliche Deichbaumeister, dass Sturmfluten sich durch verbesserte Maßnahmen ganz gut beherrschen ließen. Der Eiderstedter Pastor Petrejus war als Vertreter eines traditionellen Glaubens mit dieser Entwicklung gar nicht einverstanden. In seiner 1740 publizierten Schrift *Historische Nachricht vom Teichwesen* meinte er, die Vorfahren der Küstenbewohner:innen hätten besser daran getan alles beim Alten zu lassen und keine Deiche zu bauen. Die Schöpfung Gottes bedürfe keiner großen Korrektur, da sie vollkommen sei (Petrejus hatte offensichtlich Augustinus gelesen). Leider ließe sich das Ganze nun nicht mehr rückgängig machen.[51] Diese Einstellung konnte für die Deichbaumeister problematisch werden, schließlich brauchte man die tatkräftige Unterstützung der ortsansässigen Bevölkerung, um die aufwendigen Deichbauwerke zu unterhalten, sonst war die Mühe vergebens. Und so hielt der Deichbaumeister und Deichrichter Albert Brahms allen Skeptikern in einer flammenden Streitschrift entgegen: »Und dahero mögen denn auch alle Einbrüche und Überschwemmungen, welche sonst, wenn die Menschen nur gewollt hätten, verhütet werden können, als Strafen Gottes angesehen zu werden; indem sie Folgen der Blindheit und Nachläßigkeit der Menschen sind, welche die wohlverdiente Strafe trifft, daß sie das nicht sehen wollen oder können, was in diesem Fall zu ihrem Besten hätte dienen können. Man deicht also gegen die natürlich entstehenden auch großen Fluthen, und keineswegs gegen die göttliche Allmacht.«[52] Nicht mehr Gott, wollte er damit sagen, sondern der Mensch bestimmt über sein Schicksal, Gott straft nur noch, wenn der Mensch leichtfertig mit seinem Schicksal umgeht.

Drastischer als von René Descartes und anderen »Aufklärern« ist die Trennung von Mensch und Natur wohl nie formuliert worden. Das von ihnen entworfene Naturverständnis schrieb die Sonderstellung und das Herrschaftsverhältnis des Menschen gegenüber der Natur auf lange Zeit fest. Die Natur wurde dadurch nicht nur zum objektiv beschreibbaren Forschungsobjekt, sondern zur Ressource, zu einem unerschöpflichen Warenlager, das nach Belieben ausgeschöpft, verändert und für den Menschen nutzbar gemacht werden konnte. Menschliche Eingriffe setzte man mit Fortschritt und Wachstum gleich. Die unberührte Natur war nicht mehr länger ein von Gott perfekt eingerichteter Ort, sondern ein Elend, wie zum Beispiel John Locke (1632–1704) meinte. Der einzige Wert der Natur lag für ihn darin, dass sie ausgebeutet werden konnte. George Buffon (1707–1788) sah das ähnlich. Für ihn war die ursprüngliche Natur »ein wüster Erdstrich, eine traurige Gegend«, die erst durch den Gestaltungswillen des Menschen schön wurde.[53] Schön ist, was den Menschen nützt. Im Zeitalter der Aufklärung im 18. Jahrhundert, erreichte diese Sichtweise ihren Höhepunkt. Die Deichbauer waren jetzt im Krieg mit der Natur, mit dem »Blanken Hans«, den es mit allen den Menschen zur Verfügung stehenden Kräften zu besiegen galt. Dem Unterwerfungswillen des Menschen sollte sich nun gefälligst auch das Meer fügen.

Alles in der Natur und in uns selbst ist objektiv messbar, kalkulierbar und formbar, diese Sichtweise der Aufklärung teilten nicht alle. Schon Immanuel Kant (1724–1804) hatte betont, dass wir ein Objekt durch eine getönte Brille wahrnehmen, dass erst durch unsere Wahrnehmung aus einem Objekt ein Ding wird, »wie es uns erscheint«.[54] Alexander von Humboldt (1769–1859) ging noch einen Schritt weiter. Naturbeobachtungen waren für ihn immer auch emotional, sie waren unlösbar mit den Vorerfahrungen und Gefühlen des jeweiligen Menschen verbunden. Und Humboldt zeigte als einer der ersten, dass die Herrschaft der Menschen böse Folgen haben konnte, in Kuba etwa, wo menschliche Gier die Umwelt zerstörte und Indianer unterjocht wurden.

Abb. 15: Novalis

Mit diesen Ansichten kann man Humboldt vielleicht zu einem Vorboten der Romantik erklären, einer Bewegung, die der reinen Vernunft den Kampf ansagte. Die Vertreter:innen dieser Strömung verachteten den unbedingten Fortschrittsglauben, dem Wissenschaftler und Ingenieure (in der Regel Männer) huldigten. »Unter ihren Händen starb die freundliche Natur und ließ nur tote, zuckende Reste zurück«, schrieb zum Beispiel Novalis (1772–1801), einer der führenden Köpfe hinter der neuen Bewegung.[55] Die Natur wurde nicht länger als beliebig manipulierbare Ware betrachtet, sie war nun plötzlich »Freundin, Trösterin, Priesterin und Wundertäterin«, sie war »heilig«.[56]

Die Beschäftigung mit der Natur diente den Romantikern fortan nicht mehr dazu, sie zu unterwerfen, sondern war ein Versuch, mit ihr wieder in Verbindung zu treten und Ruhe zu finden. Handlungsanweisung für eine Erfolg versprechende Naturbetrachtung nach Novalis: »Langer, unablässiger Umgang, freie und künstliche Betrachtung, Aufmerksamkeit auf leise Winke und Züge, ein inneres Dichterleben, geübte Sinne, ein einfaches und gottesfürchtiges Gemüt, das sind die wesentlichen Erfordernisse eines echten Naturfreundes, ohne welche keinem sein Wunsch gedeihen wird.«[57]

Beim Eintauchen in die Natur konnte man viel über sich selbst erfahren, die innere Natur ließ sich über die äußere erkennen, die Natur wurde zum Spiegel der eigenen Befindlichkeit. Im Bestreben beim Aufenthalt in der Natur die tief im Menschen verborgenen Gefühle und Gedanken hervorzulocken, gerieten auch Zugvögel in den Fokus. So eignete sich die herbstliche Wanderung der Vögel hervorragend, um sich die eigene Vergänglichkeit ins Gedächtnis zu rufen, wie etwa im Gedicht *Im Herbst* von Heinrich Seidel (1842–1906):

Was rauscht zu meinen Füßen so?
Es ist das falbe Laub vom Baum!
Wie stand er jüngst so blütenfroh
Am Waldessaum!

Was ruft zu meinen Häuptern so?
Der Vogel ist's im Wanderflug,
Der noch vor kurzem sangesfroh
Zu Neste trug.

Mein ahnend Herz, was pochst du so?
Du fühlst den Pulsschlag der Natur,
Und dass verwehen wird also
Auch deine Spur![58]

Zugvögel konnten ebenso gut Fernweh auslösen, gerne angereichert mit einer Prise Melancholie. War es etwa nicht traurig, sich der begrenzten menschlichen Fähigkeiten gewahr zu werden, sich eingestehen zu müssen, dass der Mensch sich niemals so frei und selbstverständlich würde bewegen können wie ein Vogel? Ein besonders bitteres Gefühl für all jene, die in einer Zeit der Restauration aufwuchsen. Im Gedicht

Am Morgen von Caroline von Danckelmann (1806–1881) aus dem Jahr 1849 klingt dies durch:

Der Nacht entquiellt das junge Licht,
Der weiche Schlummer flieht:
Die Blüth aus grüner Knospe bricht,
Der Wandervogel zieht. …

O laß mich wie die Blume blühn,
Die Deine Schöpfung schmückt!
Und wie den Vogel laß mich ziehn,
Der fernen Strand erblickt. …

Er zieht durch`s feuchte Wolkenmeer,
Wie müd` die Schwinge wird;
Er fraget nicht: wohin, woher?
Er hat sich nie verirrt. …[59]

Die Neubewertung der Natur, die in der Romantik ihren Anfang nimmt, ist bis heute wirkmächtig – das Bemühen, die Kluft zwischen Mensch und Natur wieder zu schließen, sich mit ihr zu versöhnen, vielleicht sogar wieder eins mit ihr zu werden. Kaum einer hat diese Sehnsucht eingängiger – und publikumswirksamer – bedient als der Schwede Bengt Berg (1885–1967) in seinem Buch *Mein Freund, der Regenpfeifer*. In dem Buch, das 1917 erschien und ein Millionenpublikum erreichte, begegnen wir dem weiter oben beschriebenen Mornellregenpfeifer wieder. Berg stößt hoch oben im lappländischen Fjäll auf diesen Vogel und verfällt sofort seinem Charme. Der Autor ist derart überwältigt von der Zutraulichkeit des Regenpfeifers, dass er immer wieder seine Nähe sucht. Schließlich hat er den Vogel so weit gebracht, dass er ihn mitsamt seinem Nest in die Hand nehmen kann – ein bewegender Moment. »Es ist wunderbar, wie leicht die Herzen der Fjällbewohner sich durch das zutrauliche Wesen eines Tieres einnehmen lassen«, schrieb er glücklich. »Den Menschen da oben muß die Verwandtschaft mit den klügeren Tieren mehr im Blute liegen als uns hier unten, die wir meistens mit

Schweinen und Rindvieh verkehren.«[60] Und an einer anderen Stelle: »Jedesmal, wenn wir heimwanderten, wandten wir uns oftmals um und schwenkten den Hut oder winkten mit der Hand zum Abschied, als ob wir es mit einem lieben Menschen zu tun hätten und nicht mit einem kleinen unbedeutenden Vogel.«[61] Keine Maschine mehr, das Tier wird zum Freund. Mehr noch, der Wunsch, wieder eins zu werden mit der Natur, erscheint nicht mehr vollends außer Reichweite. Die Botschaft kam an. »Keiner kann diese Tierwelt so schildern wie er«, hieß es voller Bewunderung in der Zeitschrift *IDUN, Illustrerad Tidning für Kvinnan och hemmet* aus dem Jahr 1917. »Er lehrt uns, wie tausend feine Fäden unsere Menschenseele mit der Tierseele verbinden, wie wir letztendlich ähnliche Gefühle und Vorstellungen haben, wie ein und dieselbe Weltseele in uns allen vibriert.«[62] Dies erinnert stark an das traditionelle Naturverständnis der Nganasanen. Begegnen sich Mensch und Tier nun wieder auf Augenhöhe?

Schaut man genauer hin, bekommt das im Buch vermittelte Bild der Freundschaft und Verbundenheit, der »gemeinsamen Weltseele«, schnell Risse. Es beginnt bereits damit, dass sich Berg viel eher als Dompteur denn als Freund betätigt. Mit viel Geduld und Ehrgeiz bringt er den Vogel dazu, sich füttern zu lassen und auf der Hand des Autors zu brüten. Der Vogel lässt es geschehen, freundschaftliche Gegenleistungen von seiner Seite bekommt der »Vogelflüsterer« nicht. Als Berg den Vogel eines Tages nicht mehr antrifft, ist er »betrübt wie die Kinder, die ein liebes Spielzeug verloren haben«.[63] Der Vergleich spricht Bände, die Beschäftigung mit dem Vogel verkümmert damit zu einem interessanten, emotional aufgeladenen Zeitvertreib. Genauso bezeichnend, dass der Autor auf der anderen Seite keinerlei Skrupel hat, zwei Odinshühnchen, nahe Verwandte des Regenpfeifers, abzuschießen, nur um seinem Gefährten zu zeigen, dass die Weibchen dieses »Spielzeugs« prächtiger gefärbt sind als die Männchen. Die Trennung zwischen Menschen und Tieren ist bei Berg also keineswegs aufgehoben, im Gegenteil. Vieles, was er beschreibt, ist durchdrungen von einem Gefühl der eigenen Macht und Einzigartigkeit.

Man muss Bengt Berg zugutehalten, dass er viele Anstrengungen (und Mückenstiche) in Kauf nahm, um sich mit dem Regenpfeifer

Abb. 16: »Der Sonntagsspaziergang« von Carl Spitzweg aus dem Jahr 1841

»anzufreunden«. Er setzte sich mit der Natur auseinander. Schon in der Romantik erschöpfte sich die Verbindung mit der Natur bei den meisten Menschen dagegen oft in passivem Genuss. Natur war so lange schön, bis man sich schmutzig machte. Carl Spitzweg (1808–1885) hat dieses Verhalten in seinem Bild *Der Sonntagsspaziergang* unnachahmlich auf den Punkt gebracht. Da spaziert eine Familie im Sonntagsornat in die Natur heraus, der Vater voran mit einem dicken Bauch, der nahelegt, dass längere Spaziergänge nicht unbedingt zur alltäglichen Beschäftigung dieser Familie zählen. Hut und Schirm schützen Mann und Frau vor den unbarmherzigen Sonnenstrahlen. Die Hauben der Frau und der beiden im Gänsemarsch folgenden Kinder erscheinen wie Scheuklappen, die eine allzu intensive Beschäftigung mit der Natur zu verhindern wissen. Beim Betrachten des Bildes hat man das Gefühl, dass schon einer leichter Windstoß, erst recht ein Wetterwechsel, für die Familie in einer Tragödie enden muss. An dieser Form der Begegnung hat sich bei aller Überzeichnung bis heute im Grunde wenig geändert. Natur wird in erster Linie konsumiert. Ausflüge, die wir unternehmen, finden in der Regel unter kontrollierten Bedingungen (gut ausgebaute Wege) in einer vom Menschen weitgehend gezähmten Natur statt. Die Begegnung wird auf diese Weise zu einer reinen Freizeitveranstaltung mit mehr oder minder voraussagbaren Erlebnissen. So kann es nach dem Soziologen Hartmut Rosa kaum zu tiefgreifenden, nachhaltigen Naturerfahrungen kommen, eine echte Nähe zur natürlichen Umwelt kann für ihn auf diese Weise nicht entstehen.[64] Wir machen einen Ausflug in geschützte Oasen, lassen den Stress der Großstadt hinter uns, erleben mit etwas Glück die waghalsigen Flugmanöver des Knutts und, mit noch mehr Glück, die Zutraulichkeit eines Mornellregenpfeifers, um dann in einen »aufgeklärten«, »vernunftbetonten« Alltag zurückzukehren, wo das Erlebte schnell verblasst und es viele nicht wirklich berührt, wenn Lebensmittel von zu Milchmaschinen oder Eierautomaten degradierten Lebewesen auf den Tisch kommen. Näher an die Mitwelt rückt man so eher nicht …

Auflösungserscheinungen

Nicht alle abendländischen Denker sahen die Trennung von Mensch und Tier allerdings als gegeben an. Immer wieder gab es Stimmen, die den Dualismus in Frage stellten. Zu nennen wäre hier als Erstes vielleicht Franz von Assisi (1181/82–1226), der Vögel einer Legende nach als Brüder bezeichnet haben soll. Entschiedener und klarer äußerte sich gut 300 Jahre später der französische Jurist, Politiker und Philosoph Michel de Montaigne (1533–1592). Für ihn waren Tiere dem Menschen ebenbürtige »Mitbrüder und Gesellen«. »Wir müssen nur auf die Gleichheit, die zwischen uns und ihnen ist, Acht geben. Wir verstehen mittelmäßig, was die Thiere haben wollen; und fast eben so gut verstehen uns auch die Thiere […] Sie können uns aus eben dem Grunde für unvernünftig halten, aus welchen wir sie dafür halten.« Für ihn war die mit der Trennung verbundene Überlegenheit des Menschen ein Zeichen von Hochmut und Eitelkeit. Es gäbe zwar Unterschiede, räumte er ein,

»Allein, alles steht unter der Aufsicht der einzigen Natur.«[65] Ähnliches lässt sich bei Julien Offray de La Mettrie (1709–1751) nachlesen: »Denn wem verdanken wir denn, so frage ich, alle Tüchtigkeit, Gelehrsamkeit und Tugend, wenn nicht einer Veranlagung, die es uns erst ermöglicht, tüchtig, gelehrt und tugendhaft zu werden? Und wem verdanken wir diese Veranlagung, wenn nicht der Natur?«, fragte der Arzt und Philosoph und versuchte damit ebenso wie Montaigne Mensch und Natur wieder näher zusammenzuführen.[66]

Abb. 17: Karikatur mit Charles Darwin in Affengestalt

Entscheidende Unterstützung erhielten die Kritiker des Dualismus 1859 von Charles Darwin (1809–1882) mit der Veröffentlichung seines Buches *Die Entstehung der Arten.* Das Buch fand ein riesiges Echo und beeinflusste das Weltbild der Menschen nachhaltig. Darwin konnte glaubhaft nachweisen, dass sich Arten durch Anpassungen und eine natürliche Auslese entwickeln und nicht Gott sie aus dem Nichts erschuf, wie in der Bibel beschrieben. In seiner Abhandlung *Die Abstammung des Menschen und die geschlechtliche Zuchtwahl*, die 1871 erschien, ging er noch einen Schritt weiter und legte dar, dass der Mensch vom Affen abstammen muss. Die von ihm begründete Evolutionstheorie zweifelt in ihren Grundzügen heute kein ernsthafter Wissenschaftler und keine ernsthafte Wissenschaftlerin mehr an, für die christlichen Religionen bleibt sie eine große Herausforderung. Daran ändert auch der Umstand nichts, dass von kirchlicher Seite mittlerweile von Verantwortung statt Herrschaft die Rede ist, wenn es um das Verhältnis des Menschen zu seiner Mitwelt geht.

Seit dem Erscheinen von Darwins Evolutionslehre hat die Forschung viele weitere Belege zutage gefördert, die zeigen, dass eine menschliche Sonderstellung so nicht mehr zu halten ist. Belege dafür zu finden, ist allerdings kein leichtes Unterfangen. Es ist schwierig, Menschen mit Nichtmenschen zu vergleichen, selbst oder gerade für die Wissenschaft. Tiere sind einfach anders. »Tiere sind nicht wie wir, sondern sie selbst.«[67] Vor allem, wenn es um Gefühle oder intellektuelle Fähigkeiten geht, sind eindeutige Aussagen nur schwer zu treffen. Tiere (wie Bengt Berg in seinem Buch über den Mornellregenpfeifer) mit lauter menschlichen Attributen zu belegen, wird diesen auf jeden Fall nicht gerecht. Das bedeutet aber nicht, wie lange behauptet wurde, dass Tiere keine Emotionen zeigen. Gefühle sind keine erst mit den Menschen auftauchende Qualität, viele Tiere sind emotional veranlagt. »Angst, Aggression, Wohlgefühl, Ängstlichkeit und Freude entstehen bei Mensch und Tier in denselben Hirnstrukturen und durch dieselben chemischen Prozesse, welche jeweils ein und denselben Ursprung haben«, schreibt der Journalist und Naturforscher Carl Safina.[68] Angst, Glück, Schmerz, auch viele Tiere erleben so »ihr« Leben – nur auf eigene Weise. Tiere können Empathie entwickeln, Trauer beim Tod eines Gruppenmitglieds empfinden (Affen, Elefanten, Wale). Manche sind fähig zu begrifflichem Denken, versuchen die Gedanken von Artgenossen zu lesen, um daraus für sich in Zukunft Vorteile zu ziehen, werden kreativ. Selbst komplexe soziale Verhaltensweisen wie Fairness und Gerechtigkeit, Moral und Gemeinschaftssinn sind nicht plötzlich mit dem Menschen »aufgetaucht«, sondern das Ergebnis einer langen Evolutionsgeschichte mit dem Ziel, die Harmonie in Gruppen aufrechtzuerhalten. Und nicht der Mensch allein verfügt offenbar über ein Selbstgefühl. Jeder Delfin hat zum Beispiel einen eigenen Namen, auf den er reagiert und antwortet. Er erinnert sich ein Leben lang an andere Individuen der Gruppe. Im Hinblick auf kognitive Eigenschaften und Verhaltensweisen gibt es laut dem Hirnforscher Gerhard Roth kein einziges Merkmal, das ausschließlich und ohne Vorstufen nur beim Menschen zu finden ist.[69]

Keine Frage, der Mensch ist einzigartig und mag anderen Tieren in vielerlei Hinsicht überlegen sein. Aber diese Leistungsfähigkeit beruht wie andere Errungenschaften auf evolutionären Entwicklungsprozessen. Dabei spielte und spielt die kulturelle Evolution, verstanden als Entwicklung und Weitergabe von Informationen oder Fertigkeiten ohne Gene, eine zunehmend große Rolle. Sie tritt, wie andere Errungenschaften, in eingeschränktem Maße zwar auch bei Tieren auf, so richtig entfaltet hat sie sich aber erst bei uns Menschen. Wichtigster Auslöser und Motor dieses Evolutionsprozesses war sicherlich die Sprache (die ebenfalls das Ergebnis einer langsam ablaufenden Entwicklung gewesen sein muss). Mithilfe von Wörtern konnten von da an selbst umfangreiche Informationen ohne Probleme von einem Menschen zum anderen weitergeben werden und sich innerhalb kürzester Zeit verbreiten. Die Evolutionsgeschwindigkeit nahm dadurch geradezu explosionsartig zu, die Schrift und heute das Internet beschleunigen den Prozess weiter. Diese erhöhte Entwicklungsgeschwindigkeit erklärt die atemberaubenden Entwicklungssprünge der menschlichen Kultur. Aber auch die kulturelle Evolution fußt letztlich auf biologischen Prozessen. Die mündlich oder schriftlich vermittelten Informationen verankern sich im Hirngewebe und werden dort Bestandteil von komplexesten Netzwerken. Die neuronalen Beziehungen und Verknüpfungen verfestigen sich oder werden schwächer, je nachdem, welcher Art der weitere Input an Informationen ist. Die auf diese Weise gespeicherten und miteinander verbundenen Eindrücke setzen zusammen mit genetischen und epigenetischen (Einfluss der Umwelt auf die Aktivität von Genen, zum Beispiel die Einwirkung des Gehirns und des Körpers der Mutter auf den Fötus) Vorgaben den Rahmen für unser gesamtes Denken und Handeln. Seinen Erfahrungen kann man nicht entkommen.

Und was ist mit dem Geist, der immateriellen Seele, mit dem, was lange Zeit als entscheidendes Unterscheidungsmerkmal zu Nichtmenschen angesehen wurde? Folgt man Gerhard Roth, müssen wir auch hier umdenken und uns von der Vorstellung verabschieden, dass der Geist etwas Übernatürliches ist, schon deshalb, »weil er mit anderen physikalischen Zuständen interagiert, das heißt auf sie einwirkt und sich von ihnen beeinflussen lässt. Das wäre unmöglich, wenn Geist etwas ›völlig Anderes‹ wäre als die physikalische Welt«.[70] Für seinen Kollegen Daniel C. Dennett ist das »Ich« sogar nichts weiter als eine vom Gehirn bereitgestellte Illusion, eine gefilterte und stark verkürzte Simulation der Welt. »Statt ›ich denke‹ müsste man sagen: ›es denkt mich‹«, hat dies der Lyriker Arthur Rimbaud (1854–1891) einmal auf den Punkt gebracht.[71]

Auch wenn vieles nach wie vor ungeklärt ist und das Mysterium um den menschlichen Geist, die Seele oder das Ich vielleicht nie wissenschaftlich befriedigend geklärt werden wird, so erscheint der Glaube, wir Menschen seien schlicht »unvergleichlich«, radikal anders als all die Geschöpfe um uns herum und ihnen fundamental überlegen, vor dem Hintergrund all der neuen wissenschaftlichen Erkenntnisse als große Anmaßung.[72] Immer klarer tritt hervor, dass wir mit allem, was uns ausmacht, ein integraler Teil der Natur sind. Warum halten dann die meisten von uns immer noch hartnäckig an einer Sonderstellung des *Homo sapiens* fest? Warum trennen wir im alltäglichen Sprachgebrauch weiterhin zwischen Menschen und Tieren, Natur und Kultur? Liegt es womöglich daran, dass der Mensch als integraler Teil im Netzwerk des Lebens, als ein Tier unter anderen, sein moralisches Recht auf Führung und Beherrschung der Mitwelt aufgeben müsste? Haben wir Angst davor, unsere seit alters geltende Legitimation, die Natur als gottgleiches Wesen nach Belieben gestalten zu dürfen, zu verlieren? »Wir unterstützen sie [die Tiere] wegen ihrer Unvollständigkeit, wegen ihres tragischen Schicksals, dass sie so weit unter uns gestellt hat. Und darin irren wir uns«, schrieb Henry Beston (1888–1968) bereits 1928 in seinem Buch *The Outermost House*. »Denn das Tier sollte nicht mit menschlichen Maßstäben gemessen werden. In einer Welt, die älter und vollständiger ist als unsere, bewegen sie sich vollendet und begabt mit Sinnen, die wir verloren oder nie erworben haben, sie leben nach Stimmen, die wir niemals hören werden. Sie sind nicht unsere Brüder und sie sind keine Untergebenen, sie gehören anderen Nationen an, sie sind wie wir Gefangene des Lebens und der Zeit, Gefangene, die mit uns die Herrlichkeit und Mühen auf der Erde teilen.«[73]

Im Zeichen des Naturschutzes

Wir leben heute tendenziell in zwei verschiedenen Welten: Auf der einen Seite in einer »rationalen«, der Aufklärung verpflichteten, in der die Natur zum Forschungsobjekt wird und als Ressource dient, und als

Kehrseite der gleichen Medaille, in einer »irrationalen«, in der die Natur emotional aufgeladen wahrgenommen wird. Aus der zweiten »Welt«, die in der Romantik Gestalt annimmt, erwuchs letztendlich der Naturschutz. An der Nordsee war es Baron Droste von Hülshoff, der wohl als Erster auf die Gefährdung der Natur hinwies. »Oftmals sah ich mich in die traurige Notwendigkeit versetzt, gegen die Ausartung der Jägerei, sowie gegen das zügellose Eierrauben sprechen zu müssen«,[74] klagte er 1869 im Vorwort seiner *Vogelwelt der Insel Borkum*. Sorgen machten Droste vor allem Brutvögel, Zugvögel wie der Knutt spielten für ihn in Naturschutzfragen noch keine Rolle, im Gegenteil: »Ich kann nicht den Schein eines Grundes auffinden, warum man nicht auf die im Spätherbste zu Tausenden erscheinenden Strandläufer und Enten jagen soll. [...] Es würde unbillig sein, das Jagen auf sie zu verhindern, zumal die meisten im unerforschten Norden heimaten.«[75] Damit outet sich Droste zeitgemäß als echter Chauvinist, von internationaler Verantwortung noch keine Spur.

Besonders kritisch sah der Baron die Jagd auf die einheimischen Möwen: »Wenn man keinen wichtigen Zweck damit verbindet, sollte man sich nie einen solchen Vogelmord zu Schulden kommen lassen und wol bedenken, dass man auf dem Striche ausschließlich Alte tödtet, welche zur Fütterung ihrer Jungen eilen. Von denjenigen erwachsenen Buben aber, welche die schönen Möwen nur dazu tödten, um sie mutwillig fortzuwerfen, brauche ich wol nicht reden.«[76]

Zwar wurden im Laufe des 19. Jahrhunderts Gesetze zum Schutz der Brutvögel erlassen und erste Schutzgebiete ausgewiesen, sie zeigten insgesamt aber kaum Wirkung. Und so konnte Otto Leege (1862–1951) im Jahr 1911 mit Blick auf Borkum nur noch konstatieren: »Der einstmalige Stolz der Insel, die größte Kolonie der ganzen Küste, ist dahin. Man sprach im Sommer nur noch von ›dem einen Möwenpaar‹.«[77] Leege war seit 1882 als Dorfschullehrer auf der Insel Juist tätig und hatte sich hier ein umfassendes Wissen über die Pflanzen- und Tierwelt des Wattenmeeres angeeignet. Das Ausmaß der regellosen Möwenjagd und das massenhafte Ausräubern der Gelege überall im Wattenmeer bestürzten den jungen Lehrer ebenso wie Droste und veranlassten ihn, sich von nun an unermüdlich für den Schutz der Tiere und Pflanzen einzusetzen. Dies machte ihn zu einem Pionier des Naturschutzes im (gesamten) Wattenmeer. Als wichtiger Erfolg und »Meilenstein« des Naturschutzes gilt die Unterschutzstellung der Insel Memmert, die auf Betreiben Leeges im Jahr 1907 bekannt gemacht wurde. Die Insel war zwar unbewohnt, was die Unterschutzstellung sicher vereinfachte, wurde aber regelmäßig im Rahmen von Jagdausflügen, die in regelrechten Vogelmassakern enden konnten, aufgesucht. Leege wohnte die ersten Jahre in den Sommerferien auf der Insel und wachte persönlich darüber, dass es zu keinen Übergriffen mehr kam.

Nach dem Vorbild Memmerts entstanden in rascher Folge weitere »Vogelfreistätten«, 1909 auf der Insel Norderoog (unterstützt durch den kurz zuvor gegründeten Verein zur Begründung von Vogelfreistätten an den deutschen Küsten – Jordsand, kurz Verein Jordsand), 1911 auf Scharhörn, 1912 auf der Insel Mellum, 1913 auf Norderney, 1928 auf Wangerooge. Weitere folgten (Amrum Odde 1941, Rantum-Becken auf Sylt 1947 und Hallig Südfall 1957). Bis 1985 entstanden so allein im niedersächsischen Wattenmeer 19 Naturschutzgebiete, dazu kamen einige Landschafts- und Wildschutzgebiete. All diese Gebiete dienten in erster Linie dem Schutz heimischer Brutvögel. Die Bestände konnten sich dadurch tatsächlich etwas erholen, die Lebensräume, in denen die Vögel ihre Nahrung suchten, das Wattenmeer und die Nordsee, behandelte man dagegen weniger pfleglich. Schwermetalle, chemische Substanzen und andere Schadstoffe gelangten ungefiltert über die Flüsse in die See oder wurden durch Verbrennung auf dem offenen Meer beseitigt. Viele Schiffe verklappten ihre Treibstoffreste oder andere anfallende Abfälle in der Nordsee. Pro Jahr starben an der deutschen Küste und im Wattenmeer etwa 50.000 bis 250.000 Seevögel durch Ölverschmutzung. Heute muten diese Zahlen fast unglaublich an.[78] Dazu gab es Planungen für gewaltige Eingriffe in das Ökosystem des Wattenmeeres: Die Errichtung von Hafen- und Industriekomplexen im Dollart und bei Wilhelmshaven war in der Planung, großflächige Eindeichungsprojekte standen vor der Tür, nördlich von Bremerhaven sollte eine Hafenschlammdeponie im Wattenmeer angelegt werden. Auch der zunehmende Tourismus und die nach wie vor intensive Bejagung von Seehunden und Vögeln bedrohten die einzigartige Natur. Zunehmend wurde klar: Die Nordsee

Abb. 18: Blick über die Wesermündung auf den Containerterminal in Bremerhaven

und das Wattenmeer waren in Gefahr. Höchste Zeit etwas dagegen zu unternehmen. Den Startschuss dazu gab der Niederländer Kees Wevers. Der damals erst 16-jährige Schüler hatte 1965 die Idee, eine Gesellschaft zum Schutz des Wattenmeeres zu gründen. Die Landelijke Vereniging tot Behoud van de Waddenzee erstellte nach ihrer Gründung in Zusammenarbeit mit der im gleichen Jahr entstandenen Werkgroep Waddengebied (Arbeitsgruppe Wattenmeer) die Grundlagen für Programme zum Schutz des Lebensraumes. Zum ersten Mal geriet dabei auch die Bedeutung des Wattenmeeres für durchziehende Vögel in den Fokus. Die Niederländer waren zudem die ersten, die das Wattenmeer als gemeinsamen länderübergreifenden Lebensraum begriffen und einen Schutz des gesamten Wattenmeeres forderten.

Die Bemühungen zeigten alsbald auch in Deutschland Wirkung und führten hier zu der Idee, Nationalparks zum Schutz des Wattenmeeres einzurichten. Interessanterweise waren es nicht Naturschutzverbände oder staatliche Institutionen, die in der Diskussion um den Schutz des Wattenmeeres die Bildung eines Nationalparks als Erste ins Spiel brachten, sondern der Landesjagdverband Schleswig-Holstein. Das war im Jahr 1969. Zu dieser Zeit galt die Ausweisung von Nationalparks in Deutschland noch als geradezu revolutionäre Idee. Viele hielten so etwas schlicht für unmöglich. Nach den international anerkannten Kategorien der IUCN (International Union for Conservation of Nature) ist ein Nationalpark ein Schutzgebiet, das in erster Linie zur Sicherung großflächiger natürlicher und naturnaher Gebiete und großräumiger ökologischer Prozesse eingerichtet wird (Prozessschutz). In einem dicht besiedelten und stark industrialisierten Land wie der Bundesrepublik große Flächen schützen, wie sollte das möglich sein? Im dünn besiedelten Norden Schwedens, wo 1909 der erste europäische Nationalpark entstand, kein Problem. Aber in Deutschland, in einer Küstenregion mit großen Häfen, einer intensiven Küstenfischerei und einem florierenden Tourismus? Allen Unkenrufen zum Trotz war man im Bayerischen Wald im Begriff, einen ersten deutschen Nationalpark aufzubauen. Das gab Hoffnung. Naturschutzverbände an der Küste griffen die Idee der Jäger auf und trieben sie voran (zuerst die 1962 gegründete Schutzstation Wattenmeer in Schleswig-Holstein, danach der World Wildlife Fund, WWF). Das Engagement der Naturschützer:innen führte dazu, dass die Landesregierungen von Niedersachsen, Schleswig-Holstein und zum Schluss auch Hamburg (die Nordseeinseln Neuwerk und Scharhörn gehören zu Hamburg) das Projekt selbst in die Hand nahmen. Die dafür in den entsprechenden Ministerien entwickelten Konzepte wurden Vertreter:innen der betroffenen Gemeinden sowie den unterschiedlichsten Verbänden und Vereinen vorgestellt, trafen dort aber zunächst auf wenig Gegenliebe. Fischer, Jäger, Landwirte, Küstenschützer, Kommunen, Tourismusorganisationen, Motorbootfahrer und Segler, alle sahen ihre Interessen bedroht. Auch die Hafenwirtschaft und Industrie übten Druck auf die Landesregierungen aus. Auf der anderen Seite achteten die Naturschutzverbände sehr darauf, dass die Nationalparkidee nicht zum Etikettenschwindel wurde. All diese Interessen galt es, unter einen Hut zu bekommen – ein fast unmögliches Unterfangen.

Als Folge erheblicher Widerstände legte das Land Schleswig-Holstein das Projekt »Nationalpark« zwischenzeitlich deshalb sogar ad acta, zauberte es aber nach der Wahl von Uwe Barschel (1944–1987) zum Ministerpräsidenten wieder aus den Schubladen hervor. »Als Uwe Barschel merkte, dass in Niedersachsen die Nationalparkplanung beschlossen wurde, da wollte er unbedingt nicht nur den Nationalpark, sondern er wollte auch vorher fertig sein. Und das führte dann dazu, dass er Minister Flessner [Minister für Ernährung, Landwirtschaft und Forsten] alles aus der Hand genommen hat, er hat gesagt: das ist jetzt meine Sache, Chefsache Nationalpark«, erinnert sich Staatssekretär i.R. Peter Uwe Conrad.[79] Durch den Ehrgeiz von Barschel kam es zum Schluss zu einem regelrechten Wettlauf zwischen den beiden Bundesländern, den Schleswig-Holstein letztendlich knapp für sich entscheiden konnte: Am 1. Oktober 1985 wurde das Schleswig-Holsteinische Wattenmeer zum dritten deutschen Nationalpark erklärt (nach den Nationalparks Bayerischer Wald und Berchtesgaden), das niedersächsische Wattenmeer folgte drei Monate später. Mit der Ausrufung des Hamburgischen Wattenmeeres zum Nationalpark im Jahr 1990 war schließlich das gesamte deutsche Wattenmeer über Nationalparks geschützt.

Die in den jeweiligen Nationalparkgesetzen festgelegten Ziele sind fast gleichlautend. So steht im Nationalparkgesetz für den Nationalpark Niedersächsisches Wattenmeer Folgendes: »In dem Nationalpark soll die besondere Eigenart der Natur und Landschaft der Wattregion vor der niedersächsischen Küste einschließlich des charakteristischen Landschaftsbildes erhalten bleiben und vor Beeinträchtigungen geschützt werden. Die natürlichen Abläufe in diesen Lebensräumen sollen fortbestehen. Die biologische Vielfalt der Tier- und Pflanzenarten im Gebiet des Nationalparks soll erhalten werden.«[80] Gleichzeitig soll diese Wildnis Besucher:innen zu »inspirierenden, erzieherischen, kulturellen und Erholungszwecken« zugänglich gemacht werden – ein ganz wichtiger Aspekt der Nationalparkidee.[81] Dabei ist zu gewährleisten, dass die Zaungäste die natürlichen Abläufe nicht stören.

Die Bedeutung des Wattenmeeres für Zugvögel spielte bei den Ausweisungen zwar eine Rolle, war aber nicht das entscheidende Kriterium. Trotzdem profitierten die Zugvögel von den Nationalparks. Ihre Nahrungsgründe waren nun besser gegen menschliche Eingriffe abgesichert. Die wichtigsten Hochwasserrastplätze waren besser geschützt, sodass die Vögel seltener von Menschen aufgescheucht wurden. Sie konnten die Energie, die jedes Auffliegen kostet, einsparen und stattdessen für die Aufstockung ihrer Fettreserven nutzen. Für den Knutt besonders erfreulich: Ab 1990 war das Fischen von Herzmuscheln und Schwertmuscheln verboten. Untersuchungen in den Niederlanden, wo die Herzmuschelfischerei bis 2005 weiterhin erlaubt war, haben gezeigt, dass sich diese Fischerei negativ auf die Bestände des Knutts auswirkt.

Akzeptanz und Auszeichnung

Viele der vor Ort Betroffenen konnten sich zunächst nur schwer mit den Nationalparks anfreunden. Die Ablehnung war groß und wurde so lautstark wie emotional vorgetragen. Gemeinden drohten mit Klagen, um Veränderungen bei den Nutzungsbestimmungen durchzusetzen. Oft waren es allerdings weniger Nutzungskonflikte als die Angst vor Bevormundung, die die Menschen dazu veranlasste, gegen den Nationalpark zu opponieren. »Damals wurde der Nationalpark ohne große Bürgerbeteiligung eingerichtet, also hart ausgedrückt, er wurde übergestülpt für die Bevölkerung, die sich mit etwas konfrontiert sah, von dem sie gar nicht wusste, was es genau ist«, schaut Jens Heyken, Leiter des Nationalpark-Hauses Juist, auf die ersten konfliktreichen Jahre zurück.[82] »Gerade die Ostfriesischen Inseln stehen jeder Art von Fremdbestimmung sehr kritisch gegenüber«, begründete Reiner Behrends, ehemaliger Vorsitzender des Heimatvereins Juist, im Jahr 2001 die anfängliche Ablehnung der Bevölkerung. »Es besteht ein ausgeprägtes Wir-Gefühl und eine abgeschlossene Gemeinschaft, die selbst weiß – nach ihrer Einschätzung – was am besten für sie ist und die sich deshalb ungern bevormunden lässt. […] Es war in der Vergangenheit nicht gut und es ist auch heute nicht gut, wenn sich jemand Fremdes – und die Nationalparkbehörde ist in jedem Fall fremd – plötzlich auf der Insel als Hüter aufspielt. Das mögen Insulaner gar nicht gern.«[83] Martin Wendeburg, von 1966 bis 2002 für die Forschungsstelle Insel- und Küstenschutz auf Norderney tätig, hat die Auseinandersetzungen hautnah miterlebt: »Das ist in der Anfangsphase ein sehr hartes Brot gewesen«, räumt er ein.[84] Mit den Jahren entschärften sich zum Glück die meisten Konflikte, die Menschen arrangierten sich mit den Nationalparks. »Meiner Wahrnehmung nach hat sich die Akzeptanz inzwischen unter der einheimischen Bevölkerung durchaus verbessert«, beschreibt Jens Heyken die heutige Einstellung der Anwohner:innen zum Nationalpark, »zumindest hat sich bei vielen ein Gewöhnungseffekt eingestellt, dadurch, dass der Nationalpark nun seit über 30 Jahren besteht. [...] Inzwischen gibt es auch einige Nationalpark-Partner [Betriebe, die mit dem Nationalpark kooperieren] auf der Insel, was durchaus unterstreicht, dass das Thema Nationalpark von mehr Leuten positiv wahrgenommen und vielleicht auch als Werbeeffekt für den eigenen Betrieb gesehen wird.«[85]

Im Juni 2009 erhielt das Wattenmeer eine Auszeichnung, die zumindest zwischenzeitlich dazu beigetragen hat, die Akzeptanz des Naturschutzes unter der Bevölkerung weiter zu verbessern: Das Wattenmeer wurde in die UNESCO-Liste des Welterbes der Menschheit aufgenommen. Die international stark beachtete Auszeichnung bezieht sich auf das gesamte Wattenmeer, nicht nur auf Deutschland. Sie ist das Ergebnis einer jahrzehntelangen Kooperation zwischen den Anrainerstaaten Niederlande, Deutschland und Dänemark. Die niederländische Naturschutzorganisation Landelijke Vereniging tot Behoud van de Waddenzee hatte sich wie erwähnt bereits ab Mitte der 1960er-Jahre für eine internationale Zusammenarbeit zum Schutz des Wattenmeeres eingesetzt. Die Regierungen der drei Anrainerstaaten (allen voran die bundesdeutsche) konnten sich anfänglich aber nur schwer zu einer Kooperation durchringen. Erst als sich die Staaten 1987 darüber verständigten, ein gemeinsames Wattenmeersekretariat (Common Wadden Sea Secretariat – CWSS) einzurichten, das die Schutzmaßnahmen koordinieren sollte, kam die Zusammenarbeit in Schwung. Die Aufnahme des Wattenmeeres in die UNESCO-Liste ist der verdiente Lohn für diese Zusammenarbeit.

Die Idee des Welterbes beruht auf dem »Übereinkommen zum Schutz des Kultur- und Naturerbes der Welt«, der sogenannten »Welterbekonvention« aus dem Jahr 1972. Ziel der Konvention ist der Erhalt von außergewöhnlich bedeutsamen Kultur- oder Naturstätten. Sie sollen »als Bestandteil des Welterbes der ganzen Menschheit erhalten werden«.[86] Jeder Staat kann sich jährlich mit zwei Stätten bewerben. Ein zwischenstaatliches Gremium, die IUCN, entscheidet darüber, ob

Abb. 19: Ausgedehnte Wattflächen prägen das gesamte Weltnaturerbe Wattenmeer

das entsprechende Gebiet aufgenommen wird oder nicht. Mit dem Beitritt zur Konvention verpflichten sich die Vertragsstaaten, die Schutz- und Erhaltungsmaßnahmen der Welterbestätten auf ihrem Hoheitsgebiet eigenständig zu finanzieren. Staaten, die nur über begrenzte Mittel verfügen, werden finanziell unterstützt. Der Titel wird, wie das Dresdener Elbtal zeigt, bei Missachtung der Regeln auch wieder aberkannt.

Die internationale Bedeutung des Wattenmeeres für Zugvögel hat die Anerkennung als Weltnaturerbe maßgeblich beeinflusst. Ein besserer Schutz der Natur ist mit der Ausweisung zwar nicht verbunden (abgesehen davon, dass bei einer Aberkennung der Gesichtsverlust für einen Staat sehr hoch wäre), wichtiger ist aber, dass die Anerkennung etwas in den Köpfen der Menschen bewirken kann. Weltnaturerbe, gleichrangig neben dem Grand Canyon in den USA oder dem Great Barrier Reef in Australien, das adelt das Wattenmeer, wertet es in den Augen vieler Menschen auf – nicht zuletzt erfüllt es viele Anwohner:innen mit einem gewissen Stolz. Die Wertsteigerung durch das Siegel »Weltnaturerbe« hat insbesondere die Tourismusindustrie erkannt. Wurde der Titel »Nationalpark« eher zögerlich zu Werbezwecken eingesetzt, so nutzt man den Titel »Weltnaturerbe« nun deutlich offensiver. Die verstärkte Werbung hat sicher dazu beigetragen, dass das Wattenmeer nach dem Kölner Dom mittlerweile das bekannteste Welterbe Deutschlands ist (allerdings wissen nur erschütternde 7,7 Prozent der Befragten davon), wie eine Studie der Fachhochschule Westküste und der inspektour GmbH aus dem Jahr 2017 zutage gefördert hat.[87] Das Wattenmeer wird von den Befragten als so einzigartig wie kein anderes deutsches Welterbe angesehen (61 Prozent), die globale Bedeutung des Lebensraumes ist vielen bewusst (51 Prozent). Die einzelnen Nationalparks sind weit weniger bekannt, die Befragten werfen sie oft unter dem Begriff »Wattenmeer« in einen Topf, was durchaus gewollt sein dürfte, präsentieren sich die drei Nationalparks doch über einen gemeinsamen Auftritt im Internet.

Trotz der diversen Schutzmaßnahmen bleibt das Wattenmeer ein intensiv genutzter Wirtschaftsraum, in dem unterschiedliche Interessen aufeinanderprallen. Naturschutz und wirtschaftliche Bedürfnisse stimmen bei Weitem nicht immer überein, auch der Küstenschutz setzt dem Schutz der ursprünglichen Natur immer wieder Grenzen. Manche dieser Konflikte lassen befürchten, dass der Schutz der Wattnatur in Zukunft wieder zurückgeschraubt werden könnte. Unter dem Strich scheint sich bei der Bevölkerung und den Kommunen aber langsam eine Unterstützung des Naturschutzes anzubahnen. Noch jedenfalls kann der Knutt hier weiterhin fast ungestört seine Fettreserven auffüllen und sich bereit machen für den Weiterflug ins Winterquartier.

Kapitel 4

Wasser, Watt und Wüste

Banc d´Arguin/Mauretanien

Pulsierende Inseln auf dem Meer

Auf dem Weg gen Süden folgen die sibirischen Knutts der Atlantikküste. Sie ziehen über die Normandie und die Bretagne in die Biskaya, passieren Spanien, Portugal und Marokko und erreichen schließlich die Banc d'Arguin, einen flachen, langgestreckten Küstenabschnitt im Norden Mauretaniens. Hier ist der lange, kräftezehrende Nonstop-Flug für die meisten Knutts zu Ende, hier können sie endlich verschnaufen, das Ziel ist erreicht!

Schiffskapitänen trieb die weitläufige Bucht lange Zeit Sorgenfalten auf die Stirn: Der Küstenabschnitt war wegen seiner Untiefen, Sandbänke und kleinen Inseln unter Seefahrern berüchtigt. Immer wieder wurden Schiffe verdriftet und liefen vor der Küste auf Grund. Allein zwischen 1791 und 1816 strandeten hier mindestens 30 Seefahrzeuge. Noch im 19. Jahrhundert nahmen deshalb viele Kapitäne einen erheblichen Umweg in Kauf, um nicht in die Nähe dieses Küstenabschnitts zu geraten. 1816 erwischte es die französische Fregatte »Medusa«. An

Abb. 1: »Das Floß der Medusa« von Théodore Géricault (1791–1824) aus dem Jahr 1819

Bord des auf Grund gelaufenen Schiffes befanden sich 400 Personen, für die aber viel zu wenig Rettungsboote zur Verfügung standen. Daraufhin befahl der Kapitän den Bau eines großen Floßes, das die verbliebenen 149 Menschen aufnehmen sollte. Der Plan sah vor, das Floß abzuschleppen, doch kurz nachdem die Boote gestartet waren, ließ der Kapitän das Abschleppseil aus nie ganz geklärten Gründen kappen und überließ die Menschen auf dem Floß ihrem Schicksal. 13 Tage irrte das Gefährt auf dem offenen Meer herum. Im Überlebenskampf massakrierten sich die Menschen gegenseitig, Sterbende wurden ins Wasser geworfen, es kam zu Kannibalismus. Nur 15 Menschen konnten schließlich gerettet werden, von denen fünf kurz nach der Rettung verstarben. Der skandalöse Vorfall rüttelte die französische Gesellschaft auf und führte zur Entlassung des Marineministers sowie von 200 Offizieren. Théodore Géricault (1791–1824) hat das Geschehen in seinem berühmten Bild *Das Floß der Medusa* (von Géricault ursprünglich neutraler *Szene eines Schiffsbruchs* getauft) festgehalten und damit nicht nur die Tragödie, sondern auch die Banc d'Arguin im kollektiven Gedächtnis der Menschheit verankert.

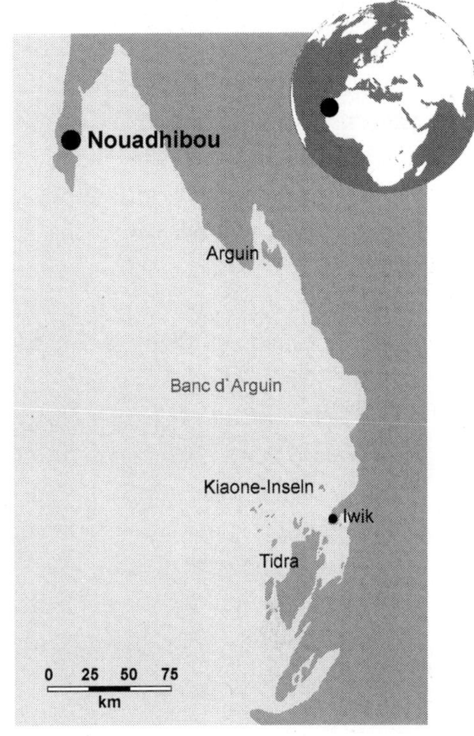

Abb. 2: Banc d`Arguin

Die Banc d'Arguin ist eine Gegend der Kontraste. Auf der einen Seite kühles, blaues Wasser, auf der anderen Seite heiße, sandige Wüste. Der Wind ist Schuld: Vor allem zwischen Oktober und Juni weht er aus Ost oder Nordost und trägt damit warme, trockene Luft von der Wüste über das offene Meer gen Westen. Der Wind sorgt dafür, dass die feuchten Luftmassen über dem Atlantik von der Küste ferngehalten werden und keine Niederschläge das Festland erreichen. So bleibt es im Hinterland der Banc d'Arguin fast das ganze Jahr über sehr trocken und macht es zu einem lebensfeindlichen Ort. Gleichzeitig sorgt der Wind im Meer aber für übersprudelndes Leben. Er drückt das warme Oberflächenwasser von der Küste weg, sodass kaltes nährstoffreiches Wasser aus der Tiefe aufsteigen kann. Unterstützt wird der Wind vom Kanarenstrom, der das Wasser von Norden auf die Küste drückt. Wo das nährstoffreiche, sauerstoffhaltige Wasser aus der Tiefe die lichtdurchflutete oberste Wasserschicht erreicht, können sich die hier vorkommenden Kleinstlebewesen in rasender Geschwindigkeit vermehren.

Wie im Wattenmeer ist das Massenvorkommen dieser Organismen verantwortlich für das reichhaltige Leben im Meer und an der Küste. Sie bilden den Anfang der Nahrungskette, die über Krebstiere, welche sich vom Plankton ernähren, und kleine Fische bis hin zu Vögeln, Haien und Delfinen am Ende der Kette führt. Das Auftriebssystem macht das Meeresgebiet vor der Küste Mauretaniens zu einem der reichsten Fischgründe auf der Welt.

Für die Seefahrer war die flache Küste ein Fluch, für Vögel ist sie ein wahrer Segen. Auf den vielen Inseln der Meeresbucht befinden sich die größten Brutkolonien von Seevögeln in Westafrika. Flamingos, Reiher, Löffler, Seeschwalben und Möwen, sie alle können hier, gut geschützt vor Räubern wie dem Goldschakal, ihren Nachwuchs mit den Schätzen des Meeres versorgen. Schon portugiesischen Entdeckern, die als erste Europäer die Banc d'Arguin erreichten, war der Vogelreichtum dieser Gegend aufgefallen. So wusste Alvise da Cá da Mosto (1432–1483), der im Jahr 1456 die Banc d'Arguin entlang segelte, von einer »Reiherinsel« zu berichten, auf der so viele Vögel nisteten, dass die Portugiesen zwei Boote mit ihren Eiern beladen konnten – sicher eine höchst willkommene Abwechslung vom ansonsten eher eintönigen Speiseplan der Seefahrer. Vermutlich

Abb. 3: Löffler

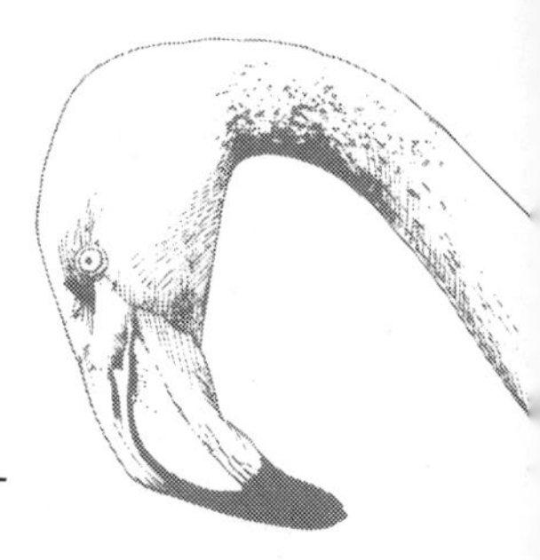

handelte es sich bei der Insel um eine der kleinen Kiaone-Inseln, die heute wie damals riesige Kolonien von Seevögeln beherbergen. Unter anderem befindet sich hier eine ungewöhnliche Brutkolonie des Rosaflamingos. In der Regel brüten diese Vögel ebenerdig in Lagunen, auf Grande Kiaone befindet sich die Kolonie dagegen auf den nackten Felsen hoch über dem Meer.[1]

Aber nicht nur die vielen Brutvögel fielen den Portugiesen auf, auch überwinternde Zugvögel wurden bereits erwähnt. Valentim Fernandez, ein zu Beginn des 16. Jahrhunderts in Lissabon ansässiger Buchdrucker, erzählte von einer unendlichen Anzahl kleiner Vögel, die plötzlich an der Banc d'Arguin einfielen. »Alle diese Vögel«, schrieb er, »kommen in ebenso großer Zahl wie die Heuschrecken, manchmal fliegen sie über das Meer, manchmal fallen sie an der Küste theils auf Land, theils in das Meer.«[2] Kein Zweifel – dies ist die anschauliche Beschreibung der Flugmanöver von Watvögeln über den Gestaden, eine Schilderung, die wunderbar zu einem Bericht der Globetrotterin Odette du Puigaudeau passt, die 1936, etwa 500 Jahre später, die Banc d'Arguin besuchte und in ihren Aufzeichnungen festhielt. »Sie waren überall, beschrieben Linien, Kreise und Dreiecke in der Luft [...] bildeten große, pulsierende Inseln auf dem Meer. Es gab sie in allen Größen, in allen Grautönen, in allen Flugformationen.«[3]

Die Beschreibungen verdeutlichen, wie präsent Watvögel auf der Banc d'Arguin sein können, wie sie vor allem im Winterhalbjahr das Bild der Landschaft prägen. Das ist kein Wunder, wenn man bedenkt, dass sich bis zu 2,7 Millionen Vögel auf einer Strecke von weniger als 85 Kilometern Länge zusammendrängen (die Wattenmeerküste zum Vergleich erstreckt sich über eine Länge von 330 Kilometern). 75 Prozent aller sibirischen Knutts überwintern auf der Banc d'Arguin, damit ist dieses Gebiet eines der wichtigsten Winterquartiere für die Vogelart.[4] Aber auch für andere sibirische Watvögel wie Pfuhlschnepfe oder Alpenstrandläufer bildet dieser Küstenabschnitt das bedeutsamste Winterquartier.

Die Vögel lockt nicht das reiche Fischvorkommen, sondern erneut das Watt, welches den Übergang von der Wüste zum offenen Meer mar-

Abb. 4: Seegraswiesen bei Niedrigwasser

kiert. Die ausgedehnten Schlickflächen erinnern auf den ersten Blick sehr an das Wattenmeer in unseren Breiten. Hier wie dort wird die amphibische Landschaft von einem weitverzweigten Netz aus Prielen durchzogen, hier wie dort bevölkern Muscheln, Würmer und Schnecken in großer Anzahl den Boden. Im Unterschied zum Wattenmeer ist es aber sehr heiß auf der Banc d'Arguin. Wenn sie nicht gerade von einer Dunstschicht verschleiert wird, scheint die Sonne verlässlich jeden Tag. Das ist für die hier überwinternden Zugvögel gegenüber dem Wattenmeer im kalten Norden ein wichtiger Standortvorteil.

Einen weiteren, mit dem Auge gut erkennbaren Unterschied zum Wattenmeer bilden die weitläufigen Seegraswiesen, die das Watt bei Niedrigwasser grünlich aufschimmern lassen. Im Wattenmeer gibt es diese »Unterwasserrasen« nur an wenigen Stellen, auf der Banc d'Arguin bedecken sie den größten Teil der Flächen. Die Wiesen spielen eine wichtige Rolle im Ökosystem dieses Lebensraumes. Der Pflanzenteppich bietet kleinen Tieren ein gutes Versteck, was Seegraswiesen zu einer idealen Kinderstube für Fische macht. Vor allem aber ist das Seegras als Energielieferant von Bedeutung. Algen heften sich an die Blätter des Grases, Bakterien, Pilze und kleine Schnecken zersetzen sie. Die derart verarbeiteten Substrate kommen den Lebewesen des Wattbodens zugute, den vielen Würmern, Muscheln, Schnecken und Krebsen, die wie im Wattenmeer die wichtigste Nahrung für Fische und Vögel darstellen. Die Vögel müssen ihre Nahrungsgewohnheiten also nicht groß umstellen, wenn sie die Banc d'Arguin erreichen, ein weiterer Punkt, der für dieses Gebiet spricht. Die Banc d'Arguin – ein wohl temperiertes Schlaraffenland, so scheint es. Die Realität sieht leider nicht ganz so rosig aus. Die Anzahl von Tierarten im Wattboden liegt zwar über der des Wattenmeeres, der Knutt kann zum Beispiel zwischen 25 statt 10 Muschelarten auswählen, die Biomasse jedoch, die Gesamtmenge der energietechnisch für die Vögel verfügbaren organischen Substanz, das »Energiereservoir«, liegt leicht unter der des Wattenmeeres. Den Vögeln steht also je Quadratmeter etwas weniger Nahrung zur Verfügung – und das auf einer im Vergleich zum Wattenmeer deutlich kleineren Fläche (Wattflächen auf der Banc d'Arguin etwa 500 Quadratkilometer, im Wattenmeer etwa 4.600). Wie sollen da 2,7 Millionen Vögel den ganzen Winter über satt werden? Zum Glück wachsen die Beutetiere in tropischen Breiten schneller als weiter im Norden – der Nahrungsvorrat wird entsprechend rascher wieder aufgefüllt. Trotzdem bleibt die Nahrung knapp.

Als Reaktion auf das limitierte Angebot besetzen die unterschiedlichen Vogelarten auf der Banc d'Arguin deshalb engere Nischen als im Wattenmeer, sie werden zu Spezialisten. Regenbrachvögel verlegen sich hier ganz auf den Krabbenfang, Austernfischer fressen hauptsächlich große Archemuscheln, Sanderlinge und Kiebitzregenpfeifer leben bevorzugt von Aas.[5] Damit vermeiden die Vögel eine Konkurrenz mit anderen Arten, gleichzeitig verstärkt sich dadurch aber die Rivalität innerhalb der eigenen Art. Der »Feind« kommt nicht von außen, er lauert im eigenen Bett. Am Knutt lässt sich das gut beobachten.

Dosinia oder Loripes, das ist hier die Frage

Die ersten Knutts erscheinen bereits Ende August im Gebiet, die meisten im September und Oktober. Entsprechend ihrer Abreise aus dem Brutgebiet erscheinen zuerst die Weibchen, dann die Männchen (wenn sie ihren Zeitnachteil nicht durch einen Direktflug aufgehoben haben) und schließlich die Jungvögel.

Im Winterquartier angekommen, müssen sich die Vögel zuerst einmal auf die veränderten klimatischen Bedingungen einstellen, vor allem auf die zu dieser Zeit herrschende Hitze. An sich scheint das für den Knutt kein großes Problem zu sein. Es macht den Vögeln nicht einmal etwas aus, sich zur Rast auf den heißen Wüstensand zu legen oder sich auf einem Bein stehend, den Schnabel im Gefieder, den Sonnenstrahlen auszusetzen. Alles besser, als weiter im Norden im Wattenmeer bei Kälte und stürmischen Winden den Winter verbringen zu müssen! Größere Hitze erfordert allerdings auch eine erhöhte Wasserzufuhr, was für den Knutt mit einer größeren Menge an aufgenommenem Salz verbunden ist (das Meerwasser ist hier noch salzhaltiger als in der Nordsee). Aber auch das löst die Vogelart: Der Knutt ist ausgesprochen salztolerant und in der Lage, sich an einen erhöhten Salzgehalt anzupassen. Die für die Ausscheidung des Salzes verantwortlichen Salzdrüsen werden auf der Banc d'Arguin »einfach« (auch das kostet Energie) vergrößert.[6]

Wenn sich die inneren Organe wieder zurückentwickelt haben, kann der Knutt ans Fressen denken. Der alten Gewohnheit folgend, sind es wieder Muscheln, auf die er sich zu stürzen beginnt. Wie erwähnt, kann er dabei unter nicht weniger als 25 verschiedenen Arten auswählen. Da die meisten Arten jedoch sehr selten sind oder, wie die Archemuscheln, zu tief im Boden versteckt leben, kommen nüchtern betrachtet nur zwei Arten für den Knutt in Betracht. Ganz oben auf dem Speiseplan sollte für ihn die Glänzende Mondmuschel *Loripes lucinalis* stehen. Sie ist gut an ein Leben in den Seegraswiesen angepasst und kommt auf der Banc d'Arguin entsprechend häufig vor. Bis zu 5.000 Individuen pro Kubikmeter können den Boden bevölkern, das entspricht 58 Prozent aller im Boden vorkommenden Muscheln, ein stolzer Wert.[7] Mondmuscheln sind nicht nur sehr häufig, sie haben auch eine relativ dünne Schale, können also leicht geschluckt und verdaut werden. Eigentlich perfekt! Merkwürdigerweise suchen die Knutts aber mit Vorliebe Bereiche auf, wo die zweite in Frage kommende Art, die Venusmuschel *Dosinia isocardia*, verbreitet ist. Die Venus-

muschel ist ungleich seltener als die Mondmuschel, nur zehn Prozent aller Muscheln gehören dieser Art an (vor allem, weil sie weniger gut mit Seegraswiesen zurechtkommt). Dazu hat sie eine harte Schale und lässt sich entsprechend nur mit deutlich größerem Aufwand verdauen. Warum drängt es die Knutts dann trotzdem immer wieder zu diesen Muscheln, warum ernähren sie sich nicht ausschließlich von den leicht verdaulichen und weit verbreiteten Mondmuscheln? Den Grund für dieses unsinnig erscheinende Verhalten erfährt jeder Vogel, der sich allzu gierig auf Muscheln der Sorte *Loripes* stürzt. Bei geringen Dosen gibt es noch keine Komplikationen, doch wer es mit dem Verzehr übertreibt und die Verkostung nicht rechtzeitig stoppt, der bekommt Durchfall. Die Muschel ist für Knutts in hohen Dosen toxisch. Wer bei aufkommender Übelkeit von Mond- zu Venusmuscheln wechseln kann, bekommt diese Probleme nicht, ihr Verzehr ist zwar anstrengend, dafür bleibt man gesund! Tatsächlich kommen Knutts in einem Gebiet mit einem hohen Anteil von *Dosinia* am besten über den Winter. Wer fit bleiben möchte, sollte also genau solch einen Bereich ausfindig machen.

Da alle Knutts etwas von dieser gesunden Kost abbekommen wollen, die Muscheln aber nur spärlich vorkommen, führt das zwangsläufig zu Konkurrenz. Bezeichnenderweise ändern Knutts auf der Banc d'Arguin deshalb ihr Sozialverhalten: Im Wattenmeer waren sie Gruppentiere, die gemeinsam in großen Verbänden nach Nahrung suchten, auf der Banc d'Arguin mutieren sie zu Einzelkämpfern, die sich aufdringliche Artgenossen am liebsten vom Leib halten. Sie bilden richtiggehende Reviere, stecken »Claims« ab und verteidigen sie. Nachzüglern oder schwächeren Vögeln bleiben nur die schlechteren Bereiche, sie müssen zusehen, wie sie allein mit den Mondmuscheln *Loripes* zurechtkommen.

Die erhöhte Konkurrenz dürfte der wichtigste Grund sein, warum die Knutts das Wattenmeer auch im Herbst möglichst schnell wieder verlassen möchten. Alte Weibchen sind hier gleich zweifach im Vorteil. Zum einen kommen sie als Erste im Winterquartier an und können die besten Reviere okkupieren. Zum anderen wissen sie aus Erfahrung, wo sich die besten Jagdgründe befinden. Da das Vorkommen der Venusmuscheln in ihrer räumlichen Verteilung zwischen den Jahren in der Regel konstant bleibt, können die Vögel einen qualitativ hochwertigen Platz, ist er einmal gefunden, in den nächsten Jahren zielgerichtet wieder ansteuern. Für Jungvögel, die als letzte das Gebiet erreichen und über keinerlei Erfahrung verfügen, bleiben dann in der Regel nur die schlechtesten Nahrungsgebiete übrig. Sie müssen entscheiden, ob sie vor Ort den Unbilden trotzen wollen oder ob sie weiterfliegen und weiter südlich nach einem anderen Rastgebiet Ausschau halten.

Reviere lassen sich nicht auf einer größeren Fläche halten, ein Vogel kann nicht an mehreren Stellen gleichzeitig sein und Artgenossen in die Schranken weisen. Entsprechend klein ist der Aktionsradius der Vögel. Wie erwähnt, decken sie im Wattenmeer problemlos Bereiche von 800 Quadratkilometern ab, auf der Banc d'Arguin beschränken sie sich auf Flächen von zwei bis 16 Quadratkilometern. Zusätzlich achten die Vögel mehr als im Wattenmeer darauf, dass der Rastplatz in der Nähe der präferierten Wattfläche liegt, sie bei Ebbe also schnell wieder vor Ort sein können, um ihr Revier zu besetzen.

Neuere Forschungen haben ergeben, dass Vögel, denen es gelingt, Bereiche zu besetzen, wo genügend *Dosinia* zur Verfügung steht, größere Mägen haben als Vögel, die in Gebieten mit einem geringeren Anteil dieser Beute auf Nahrungssuche gehen müssen. Die Anpassung des Magenvolumens als Reaktion auf die vorhandenen Nahrungsbedingungen: Die hartschalige *Dosinia* erfordert einen größeren, stärkeren Magen als die dünnschalige *Loripes*. Nun können die Mägen von Knutts zwar in kurzer Zeit schrumpfen und ebenso schnell zu alter Stärke zurückfinden, ein voll entwickelter Magen lässt sich aber nicht so einfach von heute auf morgen weiter vergrößern. Die Forscher:innen gehen deshalb davon aus, dass Knutts sich im Laufe ihres Lebens Stück für Stück auf die vor Ort herrschenden Nahrungsbedingungen einstellen und (wie die Explorer im Wattenmeer) Schritt für Schritt einen dazu passenden Magen entwickeln. Besucht ein Vogel immer wieder einen Bereich mit vielen *Dosinia*-Muscheln, wächst der Magen beständig mit. Die Magengröße steht also in Zusammenhang mit Erfahrungen, die die Vögel innerhalb ihres Lebens machen.[8]

Angesichts der Attraktivität von *Dosinia* für Knutts verwundert es nicht, dass der Bestand dieser Muschelart im Laufe des Winters in der Regel so stark zusammenschrumpft, dass die Vögel zunehmend auf die ungesunden *Loripes*-Muscheln zurückgreifen müssen. Wohl dem, der bis zuletzt *Loripes* mit *Dosinia* mixen kann. Vögeln, denen das nicht vergönnt ist, müssen ihrer Verdauung zuliebe sogar auf pflanzliche Nahrung zurückgreifen, sie werden zumindest teilweise zu Vegetariern – kurzfristig sicher kein Vorteil im harten Überlebenskampf. Entsprechend sinken die Überlebenschancen von Knutts in Jahren mit einem besonders niedrigen Vorkommen von *Dosinia*. Das Vorkommen von *Dosinia* hat damit einen erheblichen Einfluss auf die gesamte sibirische Population.

Es fällt auf, dass die Knutts auf der Banc d'Arguin nur vergleichsweise kleine Muscheln zu sich nehmen. Große Schalentiere, die im Wattenmeer mit Missachtung gestraft werden, gehören hier zum täglich Brot. Um ihren großen Appetit zu befriedigen, fressen die Knutts in rasender Geschwindigkeit, bis zu 14-mal in der Minute stochern sie im Boden.[9] Womöglich müssen die Knutts auf kleinere Muscheln zurückgreifen, weil die größeren längst ihrem Heißhunger zum Opfer gefallen sind, vielleicht ist die geringe Größe der Beute ein Ausdruck für den enormen Druck, dem gerade Venusmuscheln im Winter auf der Banc d'Arguin ausgesetzt sind.

Die Nahrungswahl ist aber nicht die einzige Herausforderung, der sich die Vögel hier im Winterquartier stellen müssen. Seit dem späten Frühjahr tragen sie das gleiche Gefieder, die Schwungfedern haben einen extremen Belastungsstress hinter sich – 15.000 Kilometer sind es allein vom Wattenmeer bis ins Brutgebiet, von dort zurück ins Wattenmeer und weiter bis hierher ins Winterquartier. Nun ist es auch für die »Sibirier« an der Zeit, das zerschlissene Federkleid zu wechseln und gegen ein neues, schlichteres zu tauschen. Schon kurz nach der Ankunft setzt die Mauser ein. Schnell wird aus einem auffällig rotbraunen ein unauffällig grauweißer Vogel. Unglücklicherweise fällt die Zeit der Mauser in die Zeit der größten Hitze auf der Banc d'Arguin, mit Tagestemperaturen von über 40 Grad. Und die Mauser ist keine Nebensächlichkeit, sie belastet die Physis der Vögel, was sich (wie weiter oben bereits er-

Abb. 5: Watvögel, darunter einige Knutts, suchen im Watt nach Nahrung

wähnt) unter anderem in einer etwas erhöhten Temperatur bemerkbar macht. Durch die Kombination von sehr hoher Tagestemperatur und leichtem Fieber wächst in der Zeit der Mauser die Gefahr einer Überhitzung. Jetzt bitte nicht noch von einem Falken aufgescheucht werden! Das passiert gar nicht mal so selten. Auch hier gibt es Greifvögel, die für Watvögel gefährlich sind. Allerdings sind Falken nur für etwa ein Prozent der Todesfälle beim Knutt verantwortlich, ein eher überschaubares Risiko.[10] Trotzdem verschafft sich ein Vogel gegenüber anderen zumindest einen kleinen Vorteil, wenn er ein Revier findet, das nicht nur mit vielen Venusmuscheln aufwarten kann, sondern zusätzlich einen relativ guten Schutz vor den Greifvögeln bietet. Vielleicht sind die Falken auch ein Grund dafür, dass Knutts nachts offenbar etwas aktiver auf Nahrungssuche gehen als tagsüber. Im Gegensatz zu den Falken, die in der Nacht als Sichtjäger pausieren müssen, kann der Knutt seine Beute ja ebenso gut im Dunkeln aufspüren. In der Kühle der Nacht auf Nahrungssuche zu gehen, dürfte aber ohnehin angenehmer und energiesparender sein.

Gemeinhin wird angenommen, dass die Sterblichkeit bei Langstreckenziehern während des Zuges am höchsten ist. Diese Annahme hat sich zumindest beim Knutt nicht bestätigt. Die meisten Vögel sterben nicht zwischen Sibirien und Afrika, sondern in den ersten Monaten nach der Ankunft im Winterquartier. Bei näherer Betrachtung ist dies allerdings wenig überraschend. Die Belastungen durch die Mauser, die Folgen einer anstrengenden Brutsaison und eines anstrengenden Fluges im Anschluss daran, der Kampf um die besten Nahrungsgründe, die Belastung des Körpers durch das Gift der Mondmuschel *Loripes*, all das sind Ursachen dafür, dass ein Vogel die erste Zeit im Winterquartier nicht übersteht. Vielleicht ist es ja auch ähnlich wie bei vielen Menschen zu Ferienbeginn: Nachdem der ganze Stress und Druck der letzten Monate abgefallen sind, man endlich die Beine hochlegen kann, bekommt eine aufgestaute Krankheit endlich ihre Chance und »vermasselt« den ganzen Urlaub.

Die Banc d'Arguin ist wie das heimatliche Wattenmeer ein dynamischer Lebensraum. Ebenso wie bei uns reagiert das Gebiet empfindlich auf klimatische Veränderungen und menschliche Nutzung. Als die östlich angrenzende Sahelzone in den 70er-Jahren des letzten Jahrhunderts unter einer langen Trockenphase litt, hatte dies auch Auswirkungen auf die Küstenregion. Im Zusammenhang mit der Dürre traten Sandstürme häufiger auf. Der von den Stürmen an die Küste transportierte Sand lagerte sich auf dem Wattboden ab. Dies führte zu einem Rückgang der Seegrasbestände. Für den Knutt dürfte dieser Zustand durchaus von Vorteil gewesen sein, schließlich ist die für ihn toxische *Loripes*-Muschel auf Seegras spezialisiert, ein Verlust von Seegras könnte entsprechend zu einer Abnahme dieser Art zugunsten anderer Muscheln, darunter *Dosinia*, geführt haben (und einer Zunahme von Würmern). In den letzten Jahrzehnten ist es in der Sahelzone wieder etwas feuchter geworden, mit der Folge, dass Sandstürme nun wieder seltener auftreten und sich die Seegraswiesen entsprechend wieder ausbreiten konnten. Damit verbunden lässt sich eine Zunahme von *Loripes* und eine Abnahme von *Dosinia* beobachten – für den Knutt eine schlechte Entwicklung. Die zurzeit zurückgehenden Überwinterungszahlen des Knutts auf der Banc d'Arguin könnten auch mit der Ausbreitung der Seegraswiesen im Zusammenhang stehen (mehr zur Bestandsentwicklung siehe in Kapitel 7 und 8).[11]

Sklaven

Archäologische Funde aus dem Neolithikum legen nahe, dass Menschen bereits vor 10.000 Jahren das Landesinnere an der Banc d'Arguin besiedelten. Landschaftlich sah es zu dieser Zeit ganz anders aus als heute. Es war deutlich feuchter, die Vegetation entsprechend üppiger. Elefanten, Nashörner und Giraffen durchstreiften das Gebiet, dazu gab es Antilopen und Gazellen, auf die die Ureinwohner mit Pfeil und Bogen Jagd machten.[12] Mit der Zeit wurden aus den Jägern Viehzüchter und sesshafte Bauern.

Etwa ab 1.000 v. Chr. änderte sich das Klima: Die Regenfälle gingen zurück, es gab immer weniger Tiere, die sich für die Jagd eigneten, die Bedingungen für Ackerbau und Viehzucht verschlechterten sich zusehends. Um überleben zu können, sahen sich immer mehr Menschen gezwungen, an die Küste auszuweichen und sich von dem zu ernähren, was das Meer für sie bereithielt. Riesige Abfallhaufen aus Muscheln, aufgetürmt über viele Generationen, zeugen davon, dass Schalentiere die Hauptnahrung dieser Menschen gewesen sein müssen. Welse, Rochen und Adlerfische ergänzten den Speiseplan. Die Ufer waren zu dieser Zeit noch von Mangroven gesäumt, davon zeugen Pflanzenreste an einigen der untersuchten Muschelschalen (aktuell gibt es auf der Banc nur noch Restbestände dieser für die tropischen Breiten so charakteristischen Küstenpflanze).

Die direkten Vorfahren der heute hier lebenden Menschen, der Imraguen, siedelten sich vermutlich erst ab dem 11. Jahrhundert an der Küste an. Die Herkunft dieser Menschen ist unklar. Sprachliche Gemeinsamkeiten verweisen auf die Volksgruppe der Bafour, einer Art Urvolk der westlichen Sahara vor Ankunft der Berber. Berber dürften ebenfalls zu den Vorfahren der Imraguen gezählt haben, davon zeugt die Bezeichnung »Imraguen«, die wohl aus dem Berberischen stammt und so viel bedeutet wie »Fischer« (anderen Angaben zufolge könnte das Wort allerdings auch anderen Ursprungs sein und »die, die Leben sammeln« bedeuten). Die Imraguen bilden jedenfalls keine klar abgegrenzte Volksgruppe, sie stellen vielmehr eine Art »Schicksalsgemeinschaft« von Menschen dar, die durch unglückliche Umstände ihr Leben als

Wüstennomaden aufgeben mussten und gezwungen waren, an die Küste zu ziehen, um hier fortan dem Fischfang nachzugehen. Zugereiste werden offenbar heute noch ohne Weiteres in die Gemeinschaft aufgenommen, wenn sie bereit sind, sich dem traditionellen Leben der Einheimischen anzupassen.[13] Die Imraguen als Gemeinschaft, die sich in erster Linie über den Fischerberuf definiert. Das Wüstenleben aufzugeben, dürfte in den seltensten Fällen eine leichte Entscheidung gewesen sein, schließlich verachteten die Wüstennomaden das Fischerhandwerk. Für sie war das Meer unheimlich, die Karawanenwege führten in sicherer Entfernung von der Küste durchs Land. Kamele, nicht Fische, waren ein Beleg für Wohlstand. Wer über Meerestiere seinen Lebensunterhalt decken musste, stand in der sozialen Rangordnung entsprechend ganz unten und wurde auch so behandelt: Die Imraguen mussten Tribute an die Nomadenstämme im Landesinneren entrichten, wurden zu Vasallen der Clans in der Wüste. Davon wussten bereits die ersten Portugiesen, die ab 1442 regelmäßig an der Banc d'Arguin auftauchten, zu berichten. Valentim Fernandez (†1518/19) merkte beispielsweise an, dass die Imraguen, von ihm »Azanaghen« genannt, bei den Wüstenstämmen als »schlimme, niedrige und unwürdige« Menschen galten. »Von letzteren werden sie [die Imraguen] sehr bedrückt«, schrieb er, »denn sie nehmen den Azanaghen die Nahrungsmittel, schlafen bei ihren Weibern und Töchtern im eigenen Haus derselben, wenn sie sich dort ausruhen; lassen ihnen eine Magd, einen Sklaven oder ein Thier zur Heilung auf eigene Kosten zurück und tödten sie im Falle der Weigerung mit Schlägen.«[14]

Abb. 6: Druckermarke von Valentim Fernandez

Durch die Berichte von Valentim Fernandez und anderen wissen wir relativ gut über die Lebensweise der Menschen in der damaligen Zeit Bescheid. Die Imraguen waren »so arm und unglücklich, dass sie weder Brod noch Oel, noch Holz, noch Salz, noch Zwiebel, noch irgendeine Sache haben, die zum menschlichen Gebrauche gehört«.[15] Der Fischfang stand ganz klar im Zentrum des

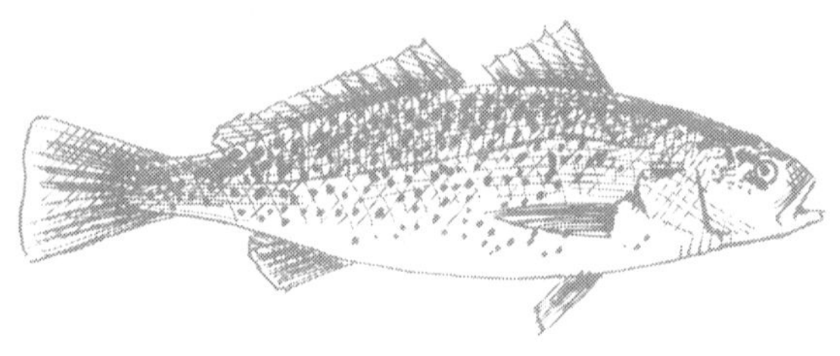

Lebens. Fernandez hielt fest, dass die Netze aus der Rinde von Baumwurzeln (mangui) geflochten wurden und die dazugehörenden Bojen aus dem Holz der Christuspalme bestanden. Auch über die Art des Fischfangs konnte er Auskunft geben: »Der Fischfang beschäftigt immer zwei zugleich. Jeder trägt sein Netz am Holze befestigt; wollen sie fischen, so verbinden sie die beiden Netze und gehen, wenn der Fisch kommt, jeder auf die entgegengesetzte Seite, indem sie Schritt für Schritt das Holz in ihrer Mitte fallen lassen, bis sie die Fische an das Land ziehen, oder zurückkehren, um sich wieder zu vereinigen. Dies geschieht bei niedrigem Wasserstand, bei welchem es nur bis an die Knie reicht, und während der größten Tageshitze, denn der Fisch wird durch die mit der Sonnenhitze steigende Wärme des Wassers wie berauscht. In der rechten Hand tragen sie einen Spiess, um den Fisch, wenn er über das Netz heraus in die Luft schiessen will, damit zu spiessen.«[16] Neben Fischen jagten die Menschen auch Schildkröten. Glaubt man den Angaben von Fernandez, so gehörten Vögel ebenfalls zum Speiseplan. Sie wurden mit Hölzern erschlagen, was nahelegt, dass es sich dabei um noch nicht flugfähige Jungvögel aus den großen Brutkolonien handelte. Zugvögel sind auf diese Weise jedenfalls kaum zu erbeuten.

Aus dem Holz der Christuspalme zusammengezimmerte Barken dienten als Boote. Als Ruder diente ein Brett, die Beine baumelten im Wasser, was den Seefahrer Nuno Tristão aus der Entfernung an Vögel erinnerte. Die Hütten bestanden aus Holzstreben, über die die Imraguen ein mit Meeresschlamm bedecktes Netz spannten. In Bezug auf das Zusammenleben von Mann und Frau meinte Fernandez vermelden zu können, dass sie sich nach »Gutdünken« verheirateten und auch wieder trennten, wobei die Söhne in diesem Fall beim Vater blieben.[17] Obwohl Fernandez nie selbst mit den Einheimischen in Berührung kam, hielt er wenig von ihnen, sie seien hässlich, meinte er und würden stinken wie die Böcke, weil sie Körper und Haare mit Fischtran einbalsamierten. Vor allem aber seien sie faul. Wären sie fleißiger, könnte es ihnen seiner Meinung nach wesentlich besser gehen.[18] So aber waren sie für ihn einfach nur erbärmlich.

Der erste Anlaufpunkt der Portugiesen war die Insel Arguin im Norden der Bucht. Das Eiland war karg, die Vegetation spärlich, es gab keine Bäume, aber, ganz wichtig, es gab Süßwasser. Ein guter Platz, merkten die Seefahrer, um mit arabischen Händlern (die Fernandez den Azanaghen zurechnete – er unterteilte sie in zwei Gruppen, Fischer und Händler) ins Geschäft zu kommen. Flugs errichteten sie einen befestigten Stützpunkt und übernahmen das Kommando auf der Insel. Mitgebrachte Kleidung, Reitsättel und Honig, dazu Silber, Safran, Pfeffer und Getreide tauschten die Portugiesen gegen Gold, Büffelfälle, Straußeneier, Kamele, Kühe und Ziegen ein. Für die Imraguen war die Anwesenheit der Portugiesen eine Chance, der Herrschaft durch die Nomadenstämme zu entkommen. Dafür waren sie bereit, den Portugiesen ein Fünftel des Fischfangs zu überlassen und große Mengen von Lederfisch – einem für die Imraguen mit Tabus belegten Stachelflosser – heranzuschaffen. Per Losentscheid hatten jeden Tag jeweils zwei Imraguen für das Essen des Kommandanten zu sorgen. Im Gegenzug gewährten die Portugiesen den Imraguen nicht nur Schutz, sondern belieferten sie auch mit Wasser.

Der Kontakt mit den Portugiesen konnte für die Einheimischen also Vorteile mit sich bringen, er konnte aber auch einen tragischen Ausgang nehmen. So erging es einigen Imraguen, die 1443 mit Nuno Tristão (†1446) in Kontakt kamen. Der Seefahrer hatte 1441 als erster Europäer Kap Blanc, das »Tor« zur Banc d'Arguin, umschifft. Zwei Jahre später brach er erneut von Portugal auf, ließ die Insel Arguin hinter sich und erreichte die bereits erwähnte »Reiherinsel«. Hier stieß er auf eine Gruppe von Imraguen, die auf Einbäumen über das Wasser paddelten. Eine gute Gelegenheit, befand der Entdecker und nahm die Männer kurzerhand gefangen. Er verfrachtete sie nach Portugal und bot sie dort zum Verkauf an. Ein lukratives Geschäft, mit dem Verkauf von Sklaven ließ sich richtig Geld machen. Damit war der Anfang für einen florierenden Sklavenhandel zwischen Portugal und Westafrika gemacht. Von nun an bestand ein Ziel der Entdeckungsfahrten immer auch darin, möglichst viele Sklaven zu fangen und in Portugal teuer zu verkaufen. Entsprechend spielte der Sklavenhandel auf der Insel Arguin bald ebenfalls eine größere Rolle. Die Sklaven wurden von den Wüstenstämmen an die Küste geschafft und dort an die Portugiesen verkauft. Der Sklavenhandel war also keineswegs eine rein portugiesische Angelegenheit, sondern unter den Wüstennomaden eine seit längerem gängige Praxis. Nicht nur wehrlose Afrikaner, selbst Europäer waren vor diesen Sklavenjägern nicht sicher. Gefährlich wurde es vor allem dann, wenn die Nordländer mit ihren Schiffen vor der Küste auf Grund liefen, was bekanntermaßen häufiger vorkam. Für die Einheimischen war das eine wunderbare, herbeigesehnte Gelegenheit, sich zu bereichern. »Wir bitten den allmächtigen Gott voller Inbrunst, uns hier Christen ans Land zu spülen. Er erhört unsere Gebete und sendet uns oft gute Schiffe«, gestand ein einheimischer Muslim dem Amerikaner Judah Paddock kurz nach dessen Freilassung aus der Sklaverei im Jahr 1801.[19] Das erinnert durchaus an den Wunsch der Inselbewohner:innen im Wattenmeer, ein Schiff möge vor ihrer Insel auf Grund laufen. Sie profitierten genauso vom Schiffbruch, mit dem nicht ganz unwichtigen Unterschied, dass die Besatzung der Schiffe gerettet und danach in Ruhe gelassen wurde.

Es sei kurz angemerkt, dass die Sklaverei trotz internationaler Anstrengungen in Mauretanien nach wie vor weit verbreitet ist. Offiziell wurde die Fronarbeit im Land 1981 per Gesetz abgeschafft. Nach Angaben von Amnesty International leben aber trotz dieses Verbotes immer noch etwa 43.000 Menschen in Mauretanien in sklavenähnlichen Abhängigkeitsverhältnissen. Und der Staat spielt offensichtlich mit, denn wer diese Form der Ausbeutung anprangert und versucht, dagegen vorzugehen, muss mit Inhaftierung und Folter rechnen.[20]

Kurzer Auftritt Brandenburg

Bis 1589 führten die Portugiesen auf Arguin Regie, dann übernahmen Spanier das Zepter, der Beginn einer wechselvollen Inselgeschichte. Schon 1638 verloren die Spanier die Insel an die Niederländer, welche das Gebiet 40 Jahre später, 1678, wiederum an Frankreich abtreten mussten. Ludwig XIV. ließ die Festung schließlich nach wenigen Jahren schleifen und gab die Garnison auf.[21]

Etwa zur gleichen Zeit reifte in Kurfürst Friedrich Wilhelm von Brandenburg (1620–1688) der Entschluss, in den lukrativen Überseehandel einzusteigen. Vorbild für den Monarchen waren die Niederlande, die mithilfe einer großen Handelsflotte zu einer dominierenden Handels- und Wirtschaftsmacht aufgestiegen war. »Seefahrt und Handlung sind die fürnehmsten Säulen eines Estats, wodurch die Unterthanen beides zu Wasser, als auch durch die Manufakturen zu Lande ihre Nahrung und Unterhalt erlangen«, umschrieb er in einem kurfürstlichen Edikt 1686 seine Ambitionen.[22] Im niederländischen Reeder und Kaufmann Benjamin Raule fand er einen Investor, der dem Kurfürsten Schiffe vermietete und ihm half, eine kleine Seeflotte aufzubauen. Hauptaufgabe der Flotte waren zunächst Kaperfahrten, eine zu jener Zeit gängige Praxis, vom Fernhandel zu profitieren und gleichzeitig andere Staaten zu schwächen. Nachdem die Flotte 1680 auf 28 Schiffe angewachsen war, konnte der Kurfürst daran gehen, seine Aktivitäten auszuweiten. Er startete eine erste Afrikaexpedition, die bis ins heutige Ghana führte, wo ein Freundschafts- und Handelsvertrag mit den dort lebenden Afrikanern geschlossen werden konnte. Als nächsten Schritt auf dem Weg zur Handelsmacht gründete der Kurfürst mit der Hilfe von Raule 1682 die Handelscompagnie auf den Küsten von Guinea. Nun galt es, einen geeigneten Heimathafen für die Expeditionen zu finden. Bis dahin war die Flotte in Pillau an der Frischen Nehrung (in der Nähe des heutigen Kaliningrad) stationiert. Völlig ungeeignet, befand der Monarch. Von der östlichen Ostsee nach Afrika aufzubrechen, erschien ihm als viel zu umständlich und zeitraubend. Ein Hafen an der Nordseeküste musste her. Die Stadt Emden schien da besonders geeignet, schließlich stand der Hafen im Ruf, einer der besten Europas zu sein. Geschickt nutzte Wilhelm einen Konflikt zwischen der Fürstin Christine Charlotte von Ostfriesland und den Ständen der Hafenstadt. Die Stände waren mit der Regierungsführung der Fürstin sehr unzufrieden und trachteten danach, ihre Macht zu schwächen. Als der Kurfürst ihnen den Vorschlag unterbreitete, die Garnison der Fürstin in Greetsiel zu erobern und ihren Machtbereich dadurch einzuschränken, nahmen die Emder

Stände dieses »Angebot« dankbar an. Das Manöver gelang und als Gegenleistung durfte der Kurfürst Emden 1683 zum Stammsitz der brandenburgischen Marine und der Brandenburgisch-Afrikanischen Handelscompagnie machen. Jetzt konnten die Schiffe also wie der Knutt vom Wattenmeer aus in den Süden starten.

Das eigentliche Ziel der künftigen »Handelsmacht« war Ghana – hier wollte man eine erste Kolonie aufbauen, durch den Freundschafts- und Handelsvertrag war das Feld dazu bereitet. Bis Ghana aber war es weit, es erschien deshalb ratsam, entlang der Strecke eine Art Brückenkopf zu errichten. Was lag da näher, als die zu diesem Zeitpunkt militärisch ungeschützte Insel Arguin einzunehmen? So brach am 27. Juli 1685 die Fregatte *Roter Löwe* unter dem Kommando des Holländers Corneelius Reers vom Wattenmeer in Richtung Banc d'Arguin auf. Dem ostatlantischen Zugweg der Vögel folgend, fuhr das mit 20 Geschützen bestückte Schiff an den Küsten Frankreichs, Portugals und Marokkos entlang, erreichte einige Monate später die Insel und hatte dort keinerlei Schwierigkeiten, den vor Jahren geschleiften Handelsstützpunkt für Brandenburg-Preußen in Besitz zu nehmen.

Abb. 7: Maat und Matrose der kurbrandenburgischen Marine

Ab 1687 begann man mit dem Wiederaufbau des Kastells. Schiffe aus der Heimat lieferten die nötigen Baumaterialien. Unterstützt von den Einheimischen gelang es, die äußeren Befestigungsanlagen bereits im gleichen Jahr wiederherzustellen und mit Geschützen zu versehen. Die Belegschaft der Garnison bestand aus einem Offizier, einem Sergeanten, einem Arzt und 16 Soldaten. Die Imraguen wurden als Lotsen in der flachen Bucht angeheuert. Sie erhielten die Order, auf keinen Fall fremde Schiffe zur Insel zu führen – die konnten schließlich in böser Absicht kommen. Wie sich schnell herausstellte, waren diese Schutzmaßnahmen tatsächlich nötig. Schon im gleichen Jahr erschien eine französische Fregatte und griff die noch nicht gänzlich fertiggestellte Festung an. Das Interesse Frankreichs an der Insel war also offensichtlich noch nicht gänzlich erloschen. Zu ihrem Glück konnten die Brandenburger diesen Angriff abwehren.

In den folgenden Jahren blieb es ruhig, sodass der Stützpunkt sich stetig weiterentwickelte. Dem Vernehmen nach gestaltete sich der Kontakt zu den Küstenbewohner:innen »friedlich, wenn nicht sogar freundlich«.[23] Dabei dürfte eine Rolle gespielt haben, dass die Einheimischen mit den vorherigen »Herrschern« der Insel, den Franzosen, schlechte Erfahrungen gemacht hatten. Trotz anders lautenden Versprechungen hatten diese einige Einheimische nach dem Abriss der Festung gefangen genommen und als Sklaven an Bord ihrer Schiffe gebracht. Die Opfer wehrten sich, töteten einige Franzosen, wurden dann aber allesamt von den überlebenden Nordländern umgebracht. Schlimmer konnte es mit den Brandenburgern eigentlich nicht werden.

Die Brandenburgisch-Afrikanische Kompanie war auf der Insel für alles verantwortlich. Ein lebhafter Handelsplatz entwickelte sich mit Gummi als wichtigstem Exportgut – die Kompanie hielt eine Zeit lang sogar das weltweite Handelsmonopol auf diese Ressource. Das Leben auf der Insel war aber alles andere als einfach. So erreichte zwischen 1702 und 1708 kein einziges brandenburgisch-preußisches Schiff die Insel, um Lebensmittel zu bringen, oder für die sehnlichst erwarteten Ablösungen der Belegschaft zu sorgen. Um in der unwirtlichen Gegend Überleben zu können, mussten die Weißen deshalb auf Fische, die sie vor Ort fangen oder erhandeln konnten, zurückgreifen, oder auf einen Austausch mit fremden Schiffen hoffen.

Der Handel entwickelte sich unabhängig davon weiter: Neben Gummi eroberten Häute, Felle und Ambra den Markt, bis zu 36 Kisten Straußenfedern wurden jährlich exportiert. Das brachte zwar genug Gewinn, um den Handelsstützpunkt nicht aufgeben zu müssen, war für das Kurfürstentum unter dem Strich aber wenig profitabel. Wahrscheinlich war das der Grund, warum die Insel aus der Heimat so wenig Unterstützung erhielt. Zudem konzentrierte sich Friedrich Wilhelm I. (1688–1740), der ab 1713 Brandenburg-Preußen regierte, lieber auf den Ausbau seiner glorreichen preußischen Armee. Was war dagegen schon ein kleiner Stützpunkt irgendwo in Afrika? So war Arguin auf Dauer nicht zu halten. Das Ende des kolonialen Abenteuers bahnte sich bereits vor der Amtsübernahme von Friedrich Wilhelm I. an. Verbunden ist es mit dem Holländer Nicolaus de Both, der ab 1711 das Kommando über die Insel innehatte. Unter seiner Leitung verschlechterte sich das Verhältnis der Handelsleute zu den Einheimischen dramatisch. Der Kommandant begann sich hemmungslos zu bereichern, betrog die Menschen und versuchte, von ihnen Abgaben zu erpressen. Diese waren darüber derart erbost, dass sie den korrupten Beamten, als er 1716 auf das Festland übersetzte, kurzerhand gefangen nahmen. Nachdem es de Both gelungen war, wieder frei zu kommen, wechselte er – wohl aus Sorge, von den Brandenburgern für sein korruptes Verhalten belangt zu werden – das Lager und bot den Franzosen seine Hilfe an. Ein Angebot, das die Franzosen gerne annahmen. Es dauerte aber noch einige Zeit, bis 1721 vier französische Schiffe nebst kleineren Beibooten vor der Insel auftauchten, mit 500 bis 700 Mann die Festung angriffen und die Brandenburger mit schweren Geschützen zwangen, ihre Stellung zu räumen. Drei Jahre später verkaufte Friedrich Wilhelm I. Großfriedrichsburg, den Stützpunkt in Ghana, für 7.200 Dukaten und zwölf »Mohren« an die Niederländisch-Westindische Compagnie und beendete damit die kurze Episode von Brandenburg-Preußen als Kolonialmacht in Afrika.

Die französischen Eroberer konnten Arguin gerade einmal ein Jahr lang halten, dann ging die Insel in den Besitz der Niederlande über. Nachdem die Franzosen für kurze Zeit erneut am Zug waren, übernahmen 1728 schließlich mauretanische Clanchefs die Kontrolle über die Gegend, was die Imraguen auf lange Zeit zu einem Leben als Rechtlose verdammte. Daran änderte sich zunächst auch nichts, als die Insel Arguin und die gesamte Banc d'Arguin im frühen 20. Jahrhundert erneut unter französische Herrschaft gerieten und Teil von Französisch-Westafrika wurden. »Als Tributpflichtige oder Gefangene, Diener von Arabern und Berbern, müssen sie ihre Herren bezahlen, um fischen zu dürfen, ihr Vieh zu weiden, das brackige Wasser der Brunnen zu trinken«, stellte Odette du Puigaudeau noch 1937 fest. »Herren haben sie überall, von Adrar bis Trarza: in Tiris, bei den Ouled Delim; in Iguidi, im Tasi-

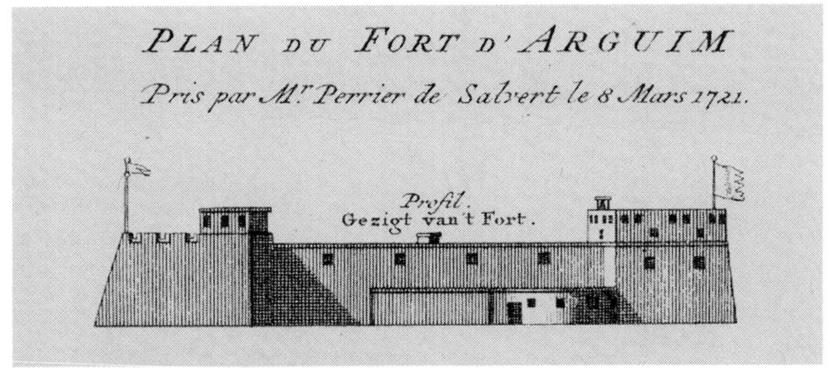

Abb. 8: Das Fort auf der Insel Arguin um 1721

at, bei den Ouled Bousba, obwohl das Gesetz des Korans festlegt, dass kein Mann an mehrere Herren Tribut zahlen muss.«[24] Seit 1960 gehört die Region zur Islamischen Republik Mauretanien. Tribut an ihre alten Herren müssen die Imraguen nun zwar nicht mehr zahlen, das Leben an der Küste bleibt aber nach wie vor eine große Herausforderung.

Tierische Verbundenheit

Auf den ersten Blick hat sich am alltäglichen Leben der Menschen seit dem Bericht von Valentim Fernandez nur wenig verändert. Nach wie vor prägt der Fischfang das Leben der Imraguen. Fische sind ihre Hauptnahrungsquelle und ihr einziges Handelsprodukt, Fische sind ihr Leben. Andere Produkte wie Schafe oder Ziegen spielen, wenn überhaupt, nur eine untergeordnete Rolle. Von zentraler Bedeutung für das Überleben sind die großen Schwärme der Meeräsche *Mugil cephalus*, die zwischen Oktober und Januar auf dem Weg zu den Laichgewässern weiter im Süden die Küste Mauretaniens entlangziehen. Die Fischer wissen genau, wann die Meeräschen, die jetzt vor dem Ablaichen besonders fett sind, an der Küste vorbeikommen. Früher

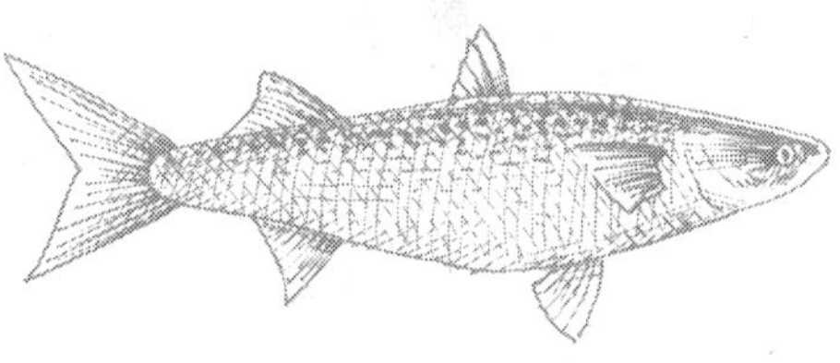

Abb. 9: Traditionelles, flachwassertaugliches Segelboot auf der Fahrt durch einen Priel

folgten die Fischer den Schwärmen die Küste herunter. Seit kanarische Fischer in den 1930er-Jahren flachwassertaugliche Segelboote, die sogenannten »Lanches«, an der Banc d'Arguin einführten und die einheimischen Fischer lernten, diese zu steuern und zu reparieren, konnten die Imraguen, die bis dahin selbst über keine nennenswerte Bootsbautechnik verfügten, auch andere Fische erwischen und ihren Aktionsradius deutlich ausdehnen. Sie mussten den Meeräschen von nun an nicht mehr mit ihrem gesamten Hab und Gut nach Süden folgen. Sie waren auch nicht mehr oder nicht mehr in gleicher Weise gezwungen, nach dem Ende der Meeräschenwanderung in die Wüste zu ziehen und sich dort als Hirten oder Hilfskräfte bei der Salzgewinnung zu verdingen.

Traditionell gibt es eine klare Arbeitsteilung innerhalb der Gemeinschaft: Die Männer gehen auf Fischfang, die Frauen verarbeiten den Fisch, alte Menschen bessern die Netze aus. Kinder gehen den Erwachsenen bei den unterschiedlichen Tätigkeiten zur Hand. »Marion Senones und ich haben sie gesehen,« berichtete Odette du Puigaudeau, »bis zur Brust im Wasser stehend, mit Stöcken bewaffnet, wie sie ihre Netze in den Sanduntiefen verankerten, mit den Haien und Schakalen kämpften, ihren Fang am Ufer hinauf hievten. Kleine Jungen von sieben oder acht Jahren, die Augen verklebt und entzündet, mit aufgeblähten Bäuchen und geschwollenen Beinen, arbeiteten mit ihren Vätern.«[25]

Auch die Fangmethoden sind ungefähr die gleichen geblieben. Zwei oder drei Mann fahren bei Niedrigwasser mit einem Netz im Gepäck heraus Richtung Meer, springen an einer geeigneten Stelle von Bord ins flache Wasser und versuchen, in den Prielen einen Äschenschwarm zu erspähen. Zwei der Männer schwimmen dem Schwarm entgegen und legen das Netz so aus, dass es den Fischen den Weg abschneidet. Auf diese Weise bleibt den Fischen nur noch der Weg zurück, was oft ein dritter, hinter den Fischen auftauchender Mann verhindert. Für Fische auf Wanderschaft ist das aber sowieso keine echte Option. Äschen, die in Panik versuchen, über die Netze zu springen und auf diese Weise zu entkommen, werden mit Harpunen erlegt. An Land übernehmen die Frauen die erbeuteten Fische. Tiere, die nicht zum sofortigen Verzehr bestimmt sind, werden ausgenommen, zum Trocknen ausgelegt und zu »Tischtar« weiterverarbeitet. Die Köpfe und andere verbliebene Teile der Fische werden gekocht, um Öl daraus zu gewinnen. Der wertvollste Teil der weiblichen Tiere, der Rogen, wird von den Frauen zu einer »Bottarga« veredelt. Dazu wird der Rogen sorgfältig vom Fischkörper extrahiert, gesalzen, zusammengepresst und danach an der Sonne getrocknet. Die Paste ist auch in Frankreich, Italien und Griechenland bekannt und gilt dort als Delikatesse. Für die Frauen ist es neben dem Tischtar die einzige wirtschaftliche Ressource, die sie haben. Ihr getrockneter Fisch wurde von maurischen Karawanenfahrern sehr geschätzt und reiste so durch die ganze westliche Sahara.

Schwimmen die Meeräschen in Ufernähe, bekommen die Imraguen zuweilen Besuch. Es sind Große Tümmler, Delfine, die im südlichen Bereich der Banc d'Arguin zuhause sind. Das geschieht wie abgestimmt mit den menschlichen Fischern. Früher sorgte ein Marabout, ein islamischer Heiliger, dafür, dass die Säuger die Menschen am Strand besuchten. Er schlug mit einem Holzstock auf die Wasseroberfläche oder warf etwas Sand ins Meer. Irgendwann, so versicherte er den Fischern, würden die Delfine nun aufkreuzen. [26] Die herbeigeeilten Delfine schwimmen in einem Abstand von nur 20 bis 30 Metern parallel zur Küste neben den Schwärmen der Meeräsche her. Gleichzeitig gehen die Fischer mit ihren Netzen ins Wasser und blockieren den Fischen von vorne den Weg. Derart in die Enge getrieben, springen die Fische in alle Richtungen, ein Chaos, in dem Menschen wie Delfine reiche Beute machen. »Diese ›Zusammenarbeit‹ zwischen Fischern und Delfinen – die den Imraguen so natürlich erscheint – illustriert deutlich die Stufe der Integration, die diese Menschen mit ihrem Lebensraum erreicht haben«, kommentieren Hadya Amadou, Luc Hoffmann und Pierre Campredon das faszinierende Jagdgeschehen.[27] Heute schlagen die Fischer aber nur noch ausnahmsweise mit ihren Händen an die Bootswände, um die Delfine anzulocken und mit ihnen zu fischen.

Dem mauretanischen Ornithologen Hacan El Hassen zufolge beschränkt sich diese Verbundenheit keineswegs auf Delfine, sondern gilt in ähnlicher Weise auch für Vögel.[28] Vögel werden nicht (mehr) gejagt, der Umgang mit ihnen ist durchweg friedlich. Und die Menschen sind gut über ihren Jahresrhythmus informiert: Sie wissen genau, wann die ersten Zugvögel im Herbst die Bucht erreichen und wann sie das Gebiet im Frühjahr wieder verlassen. Die einzelnen Zugvogelarten haben bei ihnen zwar keine eigenen Namen, werden aber durch äußerliche Unterschiede voneinander unterschieden. Eine Pfuhlschnepfe kann ein großer Watvogel mit langem Schnabel sein, der Knutt ein kleiner, etwas untersetzter Vogel mit einem kürzeren, dafür aber kräftigem Schnabel. Manche Zugvögel profitieren sogar von den Menschen – überall laufen Sanderlinge und Steinwälzer auf der Suche nach tierischen Abfällen durch die Siedlungen und helfen als »tierische Müllabfuhr«, die Umgebung sauber zu halten. Sie sitzen auf den Hütten, auf den Masten der Boote und wagen sich bis in die Zelteingänge der Bewohner:innen vor. »Sie fraßen von dem Fischfleisch, was sie mit dem Schnabel bewältigen konnten. Vor allem wurden zuerst die Augen der Fische ausgehackt, dann Kiemen und Eingeweide gefressen«, beschreibt der Ornithologe Wolfgang von Westernhagen seine intimen Begegnungen mit den Vögeln in einer Siedlung der Imraguen.[29] Das Piepen der Vögel gehört wie das Plärren kleiner Kinder und der pfeifende Wind zum typischen »Sound« der Siedlungen.

Imraguen sind Moslems. Das wirft die interessante Frage auf, ob das betont friedliche Verhältnis zu Vögeln und Delfinen in ihrer Umgebung womöglich durch den Glauben befördert wird. Eine Wertschätzung der Delfine liegt durch die Vorteile der gemeinschaftlichen Jagd auf der Hand, bei Vögeln sieht das etwas anders aus. Steckt dahinter vielleicht ein vom christlichen Glauben abgegrenztes Naturverständnis, blicken Muslime anders auf die Natur? Hierzu Aussagen zu treffen, ist für einen mit dem Islam wenig vertrauten Menschen ein schwieriges Unterfangen. Die folgenden kurzen Anmerkungen können deshalb wenig mehr sein als erste Annäherungen.

Bereits bei einer oberflächlichen Betrachtung des Korans sowie anderer Schriften des Islam lassen sich durchaus Belege für einen friedlichen Umgang mit der Natur entdecken. Darunter befindet sich ein bekanntes, Mohammed zugeschriebenes Zitat über das richtige Verhalten des Menschen gegenüber Tieren: »Eine gute Tat an einem Tier ist genauso verdienstvoll wie eine gute Tat an einem Menschen, während eine grausame Handlung an einem Tier genauso schlimm ist wie eine grausame Tat an einem Menschen. Wer immer auch freundlich zu den Geschöpfen Allahs ist, ist freundlich zu sich selbst.«[30] An einer Stelle im Koran werden Tiere sogar fast mit dem Menschen auf eine Stufe gestellt. »Alle Lebewesen auf der Erde, die gehen oder sich mit Flügeln durch die Luft bewegen, sind Gemeinschaften wie ihr«, heißt es in der 6. Sure, Vers 38.[31]

Solch eine Gleichstellung scheint aber eher die Ausnahme zu sein. Ebenso wie in der Bibel nimmt der Mensch im Koran an vielen Stellen eine herausgehobene Stellung ein. Für Ibn Khaldun (1332–1406), einen der einflussreichsten Historiker, Denker und Politiker seiner Zeit, bildete der Mensch die oberste Stufe einer Leiter, die vom unbelebten Material, über Pflanzen und Tiere bis zum Menschen emporführte. »Du musst wissen«, schrieb er in seinem Hauptwerk *al-muqaddima* (die Einleitung), »dass Gott – gepriesen sei Er! – den Menschen von den anderen Lebewesen durch die Denkfähigkeit unterschieden hat, die Er zum Beginn seiner Vollkommenheit und zum Endziel seines Vorrangs über die geschaffenen Dinge und seines hohen Ranges gemacht hat.«[32] Tiere können nach Ibn Khaldun zwar wie der Mensch sehen, riechen, schmecken und fühlen, aber nur der Mensch kann über das Denken erfassen, was über diese Sinneswahrnehmungen hinausgeht. Mit dem Menschen an der Spitze hat der Schöpfungsprozess seinen Höhepunkt und sein Endziel erreicht.

Mit derart überlegenen Fähigkeiten ausgestattet, wurde der Mensch wie im Christentum quasi zwangsläufig zum Statthalter der göttlichen Schöpfung auserkoren: »Und er hat von sich aus alles, was im Himmel und auf Erden ist, in euren Dienst gestellt«, kann man beispielsweise in Sure 45, Vers 12-13 lesen.[33] An vielen Stellen im Koran erhält der Mensch trotz seiner offenkundigen Schwächen die Vollmacht, die Welt nach seinen Bedürfnissen zu unterwerfen. Die Tiere hat Allah in erster Linie zum Nutzen des Menschen in die Welt gesetzt. »Und das Vieh hat er geschaffen. Es bietet euch die Möglichkeit, euch warm zu halten [durch die Wolle], und ist euch auch sonst von Nutzen. Und ihr könnt davon essen. [...] Und es trägt eure Lasten zu einem Ort, den ihr ansonsten nur mit großer Mühe erreichen könnt, [...] Und die Pferde hat er geschaffen und die Maultiere und die Esel, damit ihr sie besteigt, sowie als Schmuck«, heißt es in der Sure 16, Vers 5-8.[34]

Die Bereitstellung von Tieren durch Allah ist aber kein Freibrief. Bedingung für diese Gnade ist, ähnlich wie in der Bibel (und heute von den christlichen Kirchen deutlich hervorgehoben), ein achtsamer Umgang mit der den Menschen anvertrauten Schöpfung. Für den richtigen Gebrauch gibt es entsprechende Rechtsbestimmungen. Die Verpflichtung zum verantwortungsvollen Verhalten gegenüber Tieren betonen auch Imame aus Mauretanien. So antwortete ein Geistlicher jüngst auf die Frage der Sozialwissenschaftlerin Valerie Diallo zum Verhältnis des Islam zur Natur, dass der Mensch die Aufgabe habe, die Umwelt in seinem und im Interesse alles Lebenden zu verwalten. Auch für andere Gelehrte gehört es zu den Pflichten eines jeden Gläubigen, achtsam mit der Natur umzugehen, nichts darf verschwendet werden, Tiere nur aus Spaß zu töten, ist verboten.[35] Leider werden Vögel im Koran nur relativ selten erwähnt. Wie in der Bibel (wo Vögel insgesamt deutlich präsenter sind), stellen sie wie andere Tiere in erster Linie eine vom Allmächtigen für den Menschen bereitgestellte Ressource dar, eine Ressource, die allerdings nur zur Deckung des Nahrungsbedarfs und unter Auslassung jener Arten, die als unrein gelten, ausgebeutet werden darf. Im Paradies erwarten den rechtschaffenden Gläubigen dann »Vögel so groß wie Trampeltiere, und der Freund Gottes isst von ihrem Fleisch. Wenn es ihn gelüstet, fällt es vor ihm nieder, so dass er davon essen kann, gegrillt oder gekocht, wie er es wünscht. Es fällt vor ihm nieder durch die Allmacht Gottes, der zu etwas sagt: ›Werd!‹ und es wird. Wenn der Knecht Gottes davon gegessen hat, was er begehrte, und aufstehen will, so ist der Vogel gleich wieder da, lebendig, fett und gar. Dann fliegt er auf, Gott verherrlichend und sagend: ›Lobpreis sei Ihm, der mich geschaffen und gegart hat, und mein Fleisch zur Nahrung für seine gottesfürchtigen Knechte gemacht hat‹.«[36]

Schon eine oberflächliche Betrachtung des Naturverständnisses im Islam macht deutlich, dass in Bezug auf die Natur offenbar ein sehr ähnliches Weltbild vorherrscht wie im Christentum. In beiden Religionen nimmt der Mensch eine Sonderstellung innerhalb der Schöpfung ein, in beiden ist er befugt, die Natur auszubeuten, solange diese Nutzung verantwortungsvoll und achtsam geschieht. Ob sich die freundschaftliche Verbundenheit der Imraguen zu den Gefiederten um sie herum aus dem Koran speist, ist deshalb fraglich. Andere Gründe dürften ausschlaggebend gewesen sein. Am wahrscheinlichsten ist wohl, dass Vögel für die Imraguen einfach keine ökonomische Bedeutung hatten und haben. Die Menschen konzentrierten sich fast ganz auf den Fischfang, Vögel standen nur ausnahmsweise auf dem Speiseplan.

Pater Naurois macht eine folgenreiche Entdeckung

Im Jahr 1959 besuchte Pater René Paulin Jacobé de Naurois (1906–2006) die Banc d'Arguin. Bevor er zum Priester geweiht wurde, hatte Naurois Mathematik, Physik und deutsche Philosophie studiert. An die Banc d'Arguin führten ihn aber weder sein Missionseifer noch physikalische oder mathematische Studien, sondern sein Interesse an Vögeln. Seit seiner Jugend war Naurois ein begeisterter Ornithologe, der seine Beobachtungen immer wieder in Fachzeitschriften veröffentlichte. Seine besondere Leidenschaft galt der Vogelwelt des Maghreb. Dank der Unterstützung von Noël Mayaud (1899–1989) und Henri Heim de Balsac (1899–1979), zwei bekannten französischen Zoologen, konnte er 1959 eine Studie über die Vogelkolonien an den Küstengebieten im Nordwesten Afrikas durchführen. So erreichte er auch die Banc d'Arguin und erfasste die dortigen Brutvogelkolonien. Ganz nebenbei beobachtete er große Watvogelschwärme, die dort zu überwintern schienen. Dies weckte das Interesse des Ornithologen Francis Roux, der nun selbst (1960 und 1961) das Gebiet aufsuchte und die Watvögel genauer in Augenschein nahm. Die Beobachtungen übertrafen all seine Erwartungen. An nur einer Stelle an der Banc d'Arguin zählte er 50.000 rastende Knutts, an einer anderen bis zu 20.000 Pfuhlschnepfen, an einer weiteren 50.000 Alpenstrandläufer. Überwältigt von diesen Zahlen mutmaßte der Autor, dass die Banc d'Arguin neben dem Wattenmeer das bedeutendste Rast- und Überwinterungsgebiet von Watvögeln in der »Alten Welt« sein musste. Eigentlich erstaunlich: Mehr als 100 Jahre mussten vergehen, ehe nach der Entdeckung des wichtigsten sibirischen Brutgebietes »unserer« Watvögel auf der Taimyr-Halbinsel endlich auch das wichtigste Winterquartier für diese Vögel in Afrika gefunden war! Dabei hatten doch schon die ersten portugiesischen Entdecker und später die Reisende Odette du Puigaudeau vom Vogelreichtum und den Zugvögeln in der Region geschwärmt.

Von nun an war die Banc d'Arguin in Ornithologenkreisen in aller Munde. Forschungsreisen wurden unternommen, weitere Zählungen durchgeführt. Als besonders folgenreich erwies sich eine Expedition von niederländischen Ornithologen im Jahr 1980. Die auf dieser Reise vorgenommenen Studien und Erlebnisse waren offensichtlich so überwältigend, dass die Banc d'Arguin von da an nach dem Wattenmeer das beliebteste Forschungsgebiet vor allem für niederländische Watvogelforscher:innen darstellt.

Schnell machten sich die europäischen Forscher:innen und Naturschützer:innen Gedanken darüber, wie man dieses für Watvögel so einmalige Gebiet am besten erhalten könnte. Auf Initiative des Franzosen Theodore Monod und des Schweizers Luc Hoffmann und mit Unterstützung der französischen Regierung sowie des WWF (World Wildlife Fund) blieb dem damaligen Präsidenten der Islamischen Republik

Abb. 10: Auf der Banc treffen südlich verbreitete Vögel wie Flamingos auf arktische Brutvögel

Mauretanien Ould Daddah kaum etwas anderes übrig, als die Banc d'Arguin 1976, nur 17 Jahre nach der »Entdeckung« durch Pater Naurois, per Regierungsdekret zum Nationalpark zu erklären. Man beachte, dass zur selben Zeit in Deutschland noch mit harten Bandagen um den Schutz des Wattenmeeres gerungen wurde und eine Ausweisung von Nationalparks in diesem Naturraum noch in den Sternen stand! Es ist eben wesentlich einfacher, einen Nationalpark weitab in einem dünn besiedelten »Entwicklungsland« durchzusetzen, als vor der eigenen Haustür, insbesondere dann, wenn man als Naturschützer:in die Regierung eines mächtigen Industriestaates im Rücken hat. So war es auch kein großes Problem, später noch eins »draufzusetzen« und dem Gebiet 1989 den Status »UNESCO-Weltnaturerbe« zu verleihen – 20 Jahre vor dem Wattenmeer.

Bei der Gründung des Nationalparks stand der Schutz der Zug- und Brutvögel eindeutig im Vordergrund. Diesem Ziel wurde fast alles untergeordnet. Die Erhaltung der »aquatischen Ressourcen« gehörte zwar zum Schutzkonzept dazu, spielte aber keine zentrale Rolle. Leider schenkte man auch den Imraguen zunächst nur wenig Beachtung. Sie wurden eher als »folkloristisches Element« wahrgenommen, um dessen Belange man sich nicht sonderlich kümmern musste. Man rechnete damit, dass die Imraguen ihr einfaches, traditionelles Leben einfach weiterführen würden. Dazu erhielten sie von der Parkverwaltung die Genehmigung, so viele Fische, wie sie für den Eigenbedarf brauchten, innerhalb des Parks zu fangen (ansonsten war jeglicher Fischfang verboten). Jede Änderung dieser Praxis war genehmigungspflichtig. Worauf die Parkverwaltung nicht eingerichtet war: Dinge können sich ändern. Es begann damit, dass ab dem Beginn der 1980er-Jahre Fischer aus Nouadhibou (nordwestlich der Banc) oder dem Senegal mit ihren motorisierten Pirogen in den Nationalpark eindrangen und hier illegal zu fischen begannen. Die Parkverwaltung musste dem hilflos zusehen, sie hatte kaum Mittel, die Eindringlinge zu vertreiben. Über die Senegalesen (oder über Einheimische, die länger im Senegal gelebt hatten) erfuhren die Imraguen, dass mit dem Fang von Haifischen ein gutes Geschäft zu machen war. In Ostasien gelten Haifischflossen als Delikatesse, für die viel Geld bezahlt wird. In nur drei Monaten konnte eine Familie an der Banc d'Arguin damit so viel Geld verdienen, dass sie für den Rest des Jahres ausgesorgt hatte. Verlockende Aussichten, schade nur, dass der Fang von Haien und Rochen im Nationalpark streng verboten war!

Parallel zu diesen Verlockungen tauchten immer mehr Händler bei den Imraguen auf und ermunterten sie, mehr zu fischen als die Fischer für den eigenen Bedarf benötigten. Statt den Fisch wie früher für die fischarmen Monate zum Trocknen auszulegen, wurde er nun zumeist direkt an die Händler weiterverkauft. Schnelles Geld.

Als Anfang der 1990er-Jahre der Rogen der Meeräsche in Europa in Mode kam und sich europäische Fangflotten daran machten, diese Ressource direkt vor der Banc d'Arguin auszubeuten, spitzte sich die Situation zu. Der Bestand des für die Imraguen so wichtigen Speisefisches brach ein und die Fischer waren nun geradezu gezwungen, sich auf den illegalen Fang von Haifischen zu konzentrieren. Aus der Not heraus gerieten zudem neue Fischarten zur Deckung des Eigenbedarfs in den Fokus. Das alles hatte weitreichende Folgen. Sowohl Haifische und Rochen wie auch die hinzugekommenen Speisefische nahmen rapide ab. Zudem sammelte sich in den neuen Netzen, die für diese Fischarten benötigt wurden, viel Beifang, selbst Meeresschildkröten waren darunter. Die Fischer konnten die Netze nicht mehr wie vorher selbst herstellen, sondern mussten sie von den Händlern kaufen. Diese erzielten nun nicht nur doppelten Profit, sondern trieben die Fischer auch in eine immer größere Abhängigkeit. Als Folge der veränderten Fangstrategie gab es für die Frauen nur noch wenig zu tun. Es gab kaum noch Fische, die zum Trocknen vorbereitet werden konnten, kaum Rogen, der sich zu einer »Bottarga« veredeln ließ. Nicht nur das Ökosystem der Banc d'Arguin, auch das soziale Gefüge der Menschen, die dort lebten, geriet damit aus den Fugen.

Die Parkleitung reagierte zunächst nur schleppend auf die Veränderungen. Langsam erkannten die Verantwortlichen aber, dass eine Akzeptanz der Regeln – dazu gehörte vor allem das Verbot, Haie und Rochen zu jagen – bei den Imraguen nur durchzusetzen war, wenn sich ihre Lebensbedingungen dadurch nicht verschlechterten. Eine neue Nationalparkstrategie musste her, eine Strategie, die die Indigenen endlich als wichtigen, integralen Bestandteil des Nationalparks akzeptierte und sie an der Entscheidungsfindung beteiligte.

Im Oktober 1998 begannen die Verhandlungen für eine Neuregelung der Nationalparkbestimmungen. Die Parkverwaltung rief eine Versammlung ein, an der neben Vertreter:innen der Fischerdörfer (Stammesoberhäupter, Fischer, Frauen), Abgesandte der Nationalparkverwaltung und Delegierte nationaler und internationaler Interessenverbände (Naturschutz) teilnahmen. In der Versammlung wurde sehr darauf geachtet, die von den Imraguen geäußerten ökonomischen und gesellschaftspolitischen Sorgen ernst zu nehmen und ihre Wünsche bei den Planungen zu berücksichtigen. Die Konferenz markiert den Beginn einer auf Vertrauen basierenden Zusammenarbeit zwischen den unterschiedlichen Interessengruppen. Auf diese Weise gelang es im Jahr 2000, zu einer von allen akzeptierten Vereinbarung zu gelangen. Die Übereinkunft räumt den Fischern das exklusive Nutzungsrecht der Fischressourcen ein. Dafür müssen sie einige Einschränkungen in Kauf nehmen. So ist der Fischfang nur mit traditionellen Fangmethoden gestattet, die Zahl der eingesetzten Boote wird beschränkt, seit 2006 auf maximal 117 Schiffe, Motorboote sind verboten. Für einige Fischarten, darunter Haie und Rochen, gilt weiterhin das Fangverbot, außerdem ist der Einsatz von feinmaschigen Netzen untersagt. Dazu trifft die Verwaltung mit den Fischern jährlich Vereinbarungen, wie viel Fisch sie fangen dürfen.

Als sichtbares Ergebnis der Verhandlungen übergaben die Fischer der Imraguen 2004 gegen eine Entschädigung alle für den Fang von Haien vorgesehenen Netze an die Behörden. Als zusätzlichen Anreiz hatte ihnen die Nationalparkverwaltung vorher einen erweiterten Zugriff auf den lukrativen Adlerfisch offeriert. Die Abgabe der Netze war im Prinzip freiwillig. Publikumswirksam setzte die Parkverwaltung den Deal mit einer öffentlichen Verbrennung der Netze in Szene. Mathieu Ducrocp von der FIBA (Fondation Internationale du Banc d'Arguin, für den Naturschutz im Nationalpark eintretende Organisation) äußerte sich begeistert: »Wir sind Zeugen einer außergewöhnlichen Entscheidung, die nicht von einem Staat oder einer Institution getroffen wurde, sondern von der Gemeinschaft der Imraguen, um die Überfischung der Haie und Rochen einzuschränken und sich beim Fischfang anderen Arten zuzuwenden.«[37]

Abstecher auf die hohe See

Das ausschließliche Nutzungsrecht der Fischbestände ist für die Imraguen sicher der größte Vorteil, den sie aus den Verhandlungen gezogen haben. Der immense Vorteil, den der exklusive Zugang bietet, wird sichtbar, wenn man den Blick über die Banc d'Arguin hinaus auf das offene Meer richtet.

Seit dem Seerechtsabkommen der Vereinten Nationen aus dem Jahr 1982 haben Küstenstaaten wie Mauretanien das alleinige Recht, innerhalb einer Entfernung von bis zu 200 Seemeilen ihre Küstengewässer wirtschaftlich zu nutzen. Seit der Ratifizierung dieses Abkommens müssen fremde Staaten Lizenzen erwerben und Geld zahlen, wenn sie weiterhin in mauretanischen Gewässern Fische fangen wollen. Die EU ist bereit dazu und schickt bis heute Trawler aus Italien, Portugal, Spanien, Griechenland, Deutschland, Irland, Frankreich und Lettland in die Gewässer. Auch Schiffe aus China, Russland und der Ukraine befischen inzwischen die reichen Fanggründe.

Anfänglich schienen die Fischbestände vor Mauretanien unerschöpflich zu sein, doch immer mehr Schiffen mit immer effizienteren Fangmethoden gelang es schließlich doch, die meisten Gewässer komplett leer zu fischen. Daraufhin tauchten die Fabriktrawler verstärkt dicht vor der Küste auf und beschränkten ihre Fischzüge nicht mehr nur auf Schwarmfische, sondern holten auch die für mauretanische Fischer bedeutsamen Grundfische an Bord. Dabei waren diese Fische durch die vielen einheimischen Fischer ohnehin schon einem enormen Druck ausgesetzt. Durch die Trawler drohten die Bestände nun voll-

Abb. 11: Fischerboote, Pirogen, am Strand bei Nouadhibou

ständig einzubrechen. Die Fischer sahen sich dadurch gezwungen, mit ihren Pirogen weit auf die offene See hinauszufahren und dort mit den Trawlern um die verbliebenen Schwarmfische zu streiten – ein ungleicher Kampf und lebensgefährliches Unterfangen. Die EU hätte sich in Anbetracht dieser Konkurrenzsituation eigentlich aus den Gewässern zurückziehen müssen, laut internationalem Recht darf ein Staat nämlich nur dann in Drittländern Fische fangen, wenn es einen Überschuss an Fisch in diesem Land gibt, oder die Bestände nicht von den Einheimischen selbst ausgebeutet werden können.

Die Verantwortung für diese unselige Fischereipolitik lässt sich aber nicht allein der EU und den anderen hier fischenden Nationen zuschreiben. In den Fischereiabkommen der EU mit Mauretanien fand sich jeweils der Hinweis, dass die Regierung Mauretaniens sich verpflichtet, mit dem Geld die einheimische Fischerei zu unterstützen und weiterzuentwickeln. Davon ist bis heute vor Ort aber wenig zu sehen, das Geld wird entweder für andere Zwecke eingesetzt oder landet in den Taschen korrupter Beamter.

In Anbetracht der angespannten Situation im Fischereisektor bedarf es wenig Fantasie, um sich vorzustellen, wie gerne sich Fischer aus Nouakschott oder Nouadhibou mit ihren Booten auf den Weg machen würden, um in den noch weitgehend intakten Gewässern der Banc d'Arguin ihrem Beruf nachzugehen. Keine Frage, das ausschließliche Nutzungsrecht ist ein Privileg und ein Segen für die Fischer der Imraguen. Sonst wären sie mittlerweile vielleicht auch gezwungen, ihr Leben auf offener See zu riskieren.

Seit 2016 ist nun ein Fischereiabkommen mit Mauretanien in Kraft, in dem sich die EU auf Druck von Wissenschaftler:innen und Umweltverbänden endlich der Nachhaltigkeit verschrieben hat und die Sorgen der kleinen Fischer in Mauretanien ernst zu nehmen scheint. Zum Schutz der lokalen Seeleute dürfen sich Trawler ab jetzt nur noch bis auf 20 Seemeilen der Küste nähern, der Küstenstreifen bleibt also für Einheimische reserviert. Den Beifang, früher einfach entsorgt, müssen die Trawler laut Vereinbarung nun ebenfalls anlanden. Zudem wird die Menge des Beifangs auf die Fangquote angerechnet. Kameras auf den Schiffen stellen sicher, dass diese Vorschriften auch eingehalten werden.

Zusätzlich hilft ein Satelliten-unterstütztes Überwachungssystem, illegal fischende Trawler besser aufzuspüren. In Artikel 3 des Abkommens sichert die EU der Islamischen Republik Mauretanien des Weiteren eine finanzielle Unterstützung zu, »die einerseits zur Umsetzung der nationalen Strategien für nachhaltige Entwicklung im mauretanischen Fischereisektor und andererseits zum Umweltschutz in den geschützten Meeres- und Küstengebieten im Einklang mit dem geltenden Strategischen Rahmen für Armutsbekämpfung beitragen soll«.[38]

Laut Protokoll der Vereinbarungen erhält Mauretanien nun jährlich 57,5 Millionen Euro. Gut vier Millionen Euro sind zusätzlich für die Förderung der einheimischen Kleinfischerei vorgesehen.[39] Die Einnahmen machen zusammengenommen etwa 15 Prozent des Budgets der Islamischen Republik Mauretaniens aus.

Die betroffenen Reedereien wehrten sich zwar anfänglich mit aller Kraft gegen die neue Vereinbarung, in Anbetracht einer Fangquote von ungefähr 280.000 Tonnen Fisch pro Jahr, aus Steuergeldern der EU mitfinanziert, dürfte der Fang vor der Küste Mauretaniens aber weiterhin ein lukratives Geschäft sein. Bei dieser enormen Fangmenge bleibt zu fragen, ob damit wirklich eine nachhaltige Fischerei vor der Küste Mauretaniens gewährleistet werden kann. Zu bedenken ist schließlich, dass nach wie vor noch andere Akteure in den Gewässern unterwegs sind, Akteure, die nicht an ähnlich strikte Vereinbarungen gebunden sind oder diese schlicht missachten. Immer noch müssen die Fischer an der Küste so hilflos mit ansehen, wie andere mit ihnen traditionell zustehenden Ressourcen Profit machen und wie vom Staat, der dafür Geld erhält, trotz gegenteiliger Versprechungen kaum etwas bei ihnen ankommt. Immerhin: Für die Ärmsten unter ihnen gibt es Hoffnung. So ist im abgeschlossenen Vertrag mit der EU unter »Sachleistungen« zu lesen: »Die Reeder der Frosttrawler [...], die im Rahmen dieses Protokolls fischen, tragen mit 2 Prozent ihrer zum Abschluss einer Fangreise umgeladenen oder angelandeten pelagischen Fänge zu der Politik der Verteilung von Fisch an Bedürftige in der Bevölkerung bei.«[40] Allerdings ist der Kapitän des Schiffes von dieser Aufgabe entbunden, wenn die Infrastruktur vor Ort die Abgabe verhindert. Die zwei Prozent Fische darf der Skipper dann behalten, sie sind allerdings mit der festgelegten Fangquote zu verrechnen. Es wäre interessant zu erforschen, wie viele Fische bis heute wirklich bei den Ärmsten der Armen gelandet sind. Seit 2022 wird über ein neues Abkommen verhandelt. Ob dort wohl wieder in ähnlicher Weise an die Hilfsbedürftigen gedacht wird?

Kleine Erschütterungen

Zurück an der Küste. Die Übereinkunft zwischen Nationalparkverwaltung und den Imraguen kann natürlich lediglich dann funktionieren, wenn die Regeln im Alltag auch überwacht werden. Das exklusive Nutzungsrecht bringt nur Vorteile, wenn es gelingt, fremde Fischer tatsächlich fernzuhalten. Die Verwaltung bekam deshalb größere Mittel zur Überwachung an die Hand. Patrouillenboote und eine Radarstation sollen nun unter anderem dafür sorgen, dass die Fischer der Imraguen vor der Küste tatsächlich unter sich bleiben. In der Praxis funktioniert die Überwachung aber nicht immer, die Umsetzung der Regeln bleibt schwierig: Die Radarüberwachung fällt immer mal wieder aus, Patrouillenfahrten scheitern wiederholt an fehlendem Kraftstoff.[41]

Schon kleine Erschütterungen können das fragile Konstrukt zwischen Nationalparkverwaltung und Bevölkerung aus dem Gleichgewicht bringen. So fangen einige der Fischer in letzter Zeit offenbar wieder vermehrt Haie und Rochen – wirklich aufgehört hat der Fang auf diese lukrativen Fische wohl nie. Immer wieder kommen zudem die verbotenen feinmaschigen Netze zum Einsatz. Trotzdem gilt der Nationalpark bei der Überwachung und Erhaltung der Fischressourcen als effektivste Institution an der gesamten westafrikanischen Küste.

»Wir sind stolz auf den Park und froh, dass er geschützt ist. Würde er nicht geschützt, gäbe es uns auch nicht mehr. Es gäbe hier gar kein Leben mehr«, zeigt sich der einheimische Fischer EL Mamy Ould D'Reymiz zufrieden.[42] Zur Akzeptanz bei der lokalen Bevölkerung dürfte beitragen, dass für die Imraguen zusätzlich einiges getan wird. Staatliche Hilfsmaßnahmen, unterstützt durch Entwicklungshilfen aus dem Ausland, haben geholfen, die Lebensbedingungen zu verbessern. Gelder fließen in die Restaurierung der kleinen Flotte, in die Vermarktung der

Abb. 12: Typische Siedlung an der Banc d'Arguin

Fischprodukte, in die Entwicklung des Ökotourismus (inklusive einer Ausstellung, die allerdings durchschnittlich nur fünf Besucher:innen pro Tag besuchen), in die Ausbildung der Kinder. Besonders wichtig für die Menschen: Die Nationalparkverwaltung versorgt sie mit Wasser. Ein echtes Vorzeigeprojekt ist eine kleine Werft, die – von einem Holländer initiiert – nun allein von Einheimischen betrieben wird und demnächst auch in den Hausbau einsteigen will.

Aber auch wenn sich die Lebenssituation der Imraguen in den letzten Jahren verbessert haben dürfte, so sind viele Menschen immer noch sehr arm und leben in prekären Verhältnissen. Das Hauptproblem – vor allem für die Frauen – ist die anhaltende Kommerzialisierung des Fischfangs. Viele Männer fischen nicht mehr für den eigenen Verbrauch, sondern um damit Profit zu machen. Reiche Fischer, in der Regel diejenigen, die eines der limitierten Boote besitzen, nutzen die Einnahmen, um ihren Reichtum durch Immobilienprojekte in der Stadt weiter zu steigern. Sie brauchen nicht mehr selbst in die Boote zu steigen, sondern schicken auswärtige Seeleute. Arme Fischer dagegen müssen sich wie zuvor immer wieder verschulden, um über die Runden zu kommen. Die Kommerzialisierung hat dazu geführt, dass nur noch ein Bruchteil der auf der Banc d'Arguin gefangenen Fische auf dem lokalen Markt landet. Für die Frauen ist die Entwicklung ein Desaster: Der Fang wird ihnen nicht mehr direkt zur Verfügung gestellt. Wenn sie Fische weiterverarbeiten wollen, müssen sie dafür jetzt teuer bezahlen, was in Anbetracht der Verschuldungen vieler Familien ein unmögliches Unterfangen ist. So entgehen den Familien dringend benötigte Einnahmen. Dies hat zu einer Verarmung in Teilen der Bevölkerung geführt. Statt frischem Fisch kommen jetzt zum Teil Büchsensardinen und Büchsenthunfisch zum Reis auf den Tisch.

Einige Frauen versuchen, über den Tourismus an zusätzliches Geld zu kommen, zu einer nachhaltigen Verbesserung der Situation hat dies offensichtlich aber (noch) nicht geführt. Die soziale Problematik droht nicht nur die Gesellschaft auseinanderzureißen, sondern stellt auch die Balance im Nationalpark infrage. Das hat die Nationalparkverwaltung, die FIBA und die Weltnaturschutzunion IUCN auf den Plan gerufen. In einem gemeinsamen Projekt, an dem zusätzlich Organisationen wie Slow Food beteiligt gewesen sind, hat man versucht, die Position der Frauen zu verbessern. Um ihnen einen Zugang zum Fisch zu erleichtern, hat man ihnen zinslose Mikrokredite gewährt, ihnen dabei geholfen, die Produktions- und Hygienebedingungen zu verbessern und sie bei der Vermarktung der fertigen Produkte unterstützt. Seit dem Start des Projektes ist die Produktion der Kooperativen stetig gestiegen. Ob das Projekt auf Dauer erfolgreich sein wird, bleibt allerdings abzuwarten. Nach Djibril Ly, der innerhalb der Nationalparkverwaltung für Fischerei, Gesellschaft und Wirtschaft der Imraguen zuständig ist, wird sich an der prekären Situation der Frauen erst dann etwas zum Positiven verändern, wenn es gelingt, den kommerziellen Fischfang einzudämmen. Dazu müsste auch die soziale Kluft zwischen armen und reichen Fischern verringert werden. Zurzeit ist die Position der Frauen seiner Meinung nach noch zu schwach, um den Fischgroßhändlern ernsthaft Paroli bieten zu können.[43]

Kapitel 5

Überwintern unter Palmen

Bijagos-Archipel/Guinea-Bissau

Eine andere Welt

Knapp 1.000 Kilometer südlich von der Banc d'Arguin – für Langstreckenzieher wie den Knutt fast ein Katzensprung – liegt der Bijagos-Archipel. Obwohl nicht weit entfernt, begegnet den Vögeln hier eine ganz andere Welt: Alles wirkt viel grüner, üppiger und lebendiger. Die Sandstrände sind von Palmen gesäumt, die Buchten und Lagunen dicht mit Mangroven bewachsen. So stellt man sich gemeinhin ein Urlaubsparadies vor ...

Die Inseln gehören zu Guinea-Bissau, einem der kleinsten und ärmsten Staaten Afrikas. Der Archipel besteht aus 88 Inseln und erstreckt sich über eine Fläche von etwa 10.000 Quadratkilometern. Das entspricht ungefähr zwei Drittel der Fläche Schleswig-Holsteins. Knapp 33.000 Menschen leben hier, zwei Drittel davon in den Städtchen Bolama und Bubaque.[1]

Die Inseln stellen die Kuppen von sanft geschwungenen Hügeln dar, die ursprünglich mit dem Festland verbunden waren und das Ufer des Geba-Flusses säumten. Als vor vielen Jahrhunderten der Meeres-

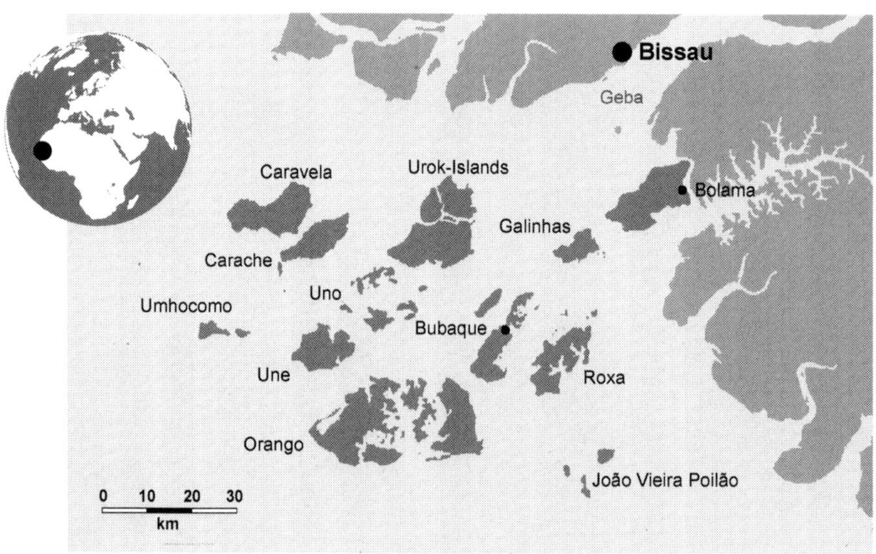

Abb. 1: Karte des Bijagos-Archipels

spiegel anzusteigen begann, wurden weite Teile des Deltas überflutet, bis nur noch einzelne verstreut liegende Inseln aus dem Wasser hervorlugten. Die Inseln sind durch tiefe Rinnen voneinander getrennt, insgesamt ist der Küstenbereich aber sehr flach, die Inseln ragen nur wenige Meter über den Meeresspiegel hinaus. Wie das Wattenmeer und die Banc d'Arguin unterliegt der Bijagos-Archipel dem Rhythmus der Gezeiten. Auch hier fallen regelmäßig große Wattflächen frei, um bald darauf wieder zu verschwinden. Die Schlickbereiche der Bijagos erstrecken sich über eine Fläche von 1.400 Quadratkilometern und nehmen damit fast genauso viel Raum ein wie die entsprechenden Gebiete im niedersächsischen Wattenmeer (1.381 Quadratkilometer). »Er konnte hören, [...] wie die Mangrovenbäume wieder anfingen, die rötlich braune Brühe zu schlürfen, wie die seit dem Morgen auf dem Trockenen liegenden Austern sich bei der Berührung des Salzwassers wieder öffneten, wie die runden, fleischigen Blätter der Mangroven wieder auflebten und die mit sonnengetrockneten Algen und Krabben bedeckten Sandbänke sich langsam wieder verschlucken ließen«, beschreibt der Autor Sylvain Prudhomme die Stimmung bei auflaufendem Wasser in diesem Teil der Welt.[2]

Im Unterschied zur Nordsee ist es das ganze Jahr über heiß auf den Inseln, sehr heiß sogar, die Temperaturen liegen noch leicht über denen auf der Banc d'Arguin. Allerdings ist es nicht durchgehend trocken wie dort, von Mai bis November ist es im Gegenteil ausgesprochen feucht: Bis zu 600 Millimeter Regen fällt in diesem Zeitraum monatlich vom Himmel, vor allem im Juli und August. Mit einem durchschnittlichen Jahresniederschlag von etwa 2.100 Millimetern stellen die Bijagos-Inseln selbst Norddeutschland weit in den Schatten (Wilhelmshaven zum Beispiel 781 Millimeter).[3] Die starken Regenfälle im Sommer und Herbst erklären das fast tropisch anmutende Landschaftsbild der Inselwelt. Von Dezember bis April ist es dagegen weitgehend trocken, sodass die überwinternden Watvögel hier ähnliche klimatische Bedingungen vorfinden wie in Mauretanien.

Wie bei der Banc d'Arguin treffen vor der Küste von Guinea-Bissau warme und kalte Meeresströmungen aufeinander, ebenso wie dort profitiert der Archipel vom Auftrieb kalten, nährstoffreichen Wassers aus der Tiefe, was genau wie dort ein massenhaftes Wachstum von Phytoplankton ermöglicht. Verstärkt wird dieser Effekt durch nährstoffreiches Süßwasser, das der Geba-Fluss und andere Fließgewässer vor allem in der Regenzeit ins Meer schwemmen und das sich im Bereich der Inseln mit dem Salzwasser vermischt. Beeindruckend ist das Vorkommen von Fischen, die Gewässer Guinea-Bissaus zählen ebenso wie die mauretanischen zu den fischreichsten weltweit. Neben wirtschaftlich bedeutsamen Arten wie dem Maifisch leben hier viele spektakuläre Arten, Riesenzackenbarsche und Stachelmakrelen zum Beispiel, der riesige Atlantische Tarpun, Barrakudas, Mantarochen oder der sagenumwobene Sägefisch (auf der Inselgruppe aber inzwischen wohl ausgestorben).

Der Bijagos-Archipel gehört zu den letzten Plätzen, an denen Seekühe, Manatis, noch häufig sind. Von großer Bedeutung ist die Inselgruppe auch für Meeresschildkröten, fünf der sieben weltweit bekannten Arten kommen hier vor, darunter die Suppenschildkröte und die vom Aussterben bedrohte Unechte Karettschildkröte.

Bekannt sind die Bijagos aber vor allem für ihre Flusspferde. Normalerweise sind »Hippos« im Süßwasser anzutreffen, während der langsamen Überflutung des Deltas in den letzten Jahrhunderten ist es ihnen hier aber gelungen, sich an ein Leben im Salzwasser anzupassen.

Auch Vögel zeugen vom ungeheuren Artenreichtum, der auf dem Bijagos-Archipel zu bestaunen ist. Insgesamt wurden auf den Inseln bislang etwa 300 Vogelarten nachgewiesen, eine hohe Anzahl, wenn man bedenkt, dass bis heute nur relativ wenige kundige Ornitholog:innen das Gebiet besucht haben. Die farbenprächtigsten Vögel trifft man vorzugsweise in den Wäldern im Inselinneren an. Namen wie Weißscheitelrötel, Violettmantelnektarvogel oder Amethystglanzstar legen allein schon durch ihre schillernden Namen ein buntes Federkleid nahe.

Von größter ornithologischer Bedeutung sind freilich die Vögel an der Küste, die Scharen von Reihern, Möwen und Seeschwalben, die Pelikane, Ibisse, Löffler, Kormorane und – natürlich – die Watvögel.

Lückenhaftes Wissen

Seit in den 1980er-Jahren dänische und niederländische Ornithologen das Gebiet erkundet haben, ist bekannt, dass der Bijagos-Archipel nach der Banc d' Arguin das wichtigste Überwinterungsgebiet für nordische Watvögel in ganz Afrika ist. Schätzungsweise 700.000 bis 900.000 Watvögel überwintern hier jedes Jahr, das sind etwa zehn Prozent aller Vögel, die den Ostatlantischen Zugweg nutzen.[4] Die Zahlen sind allerdings mit gewisser Vorsicht zu genießen. Sie basieren auf Zählungen aus Teilgebieten, die dann zu Gesamtbeständen hochgerechnet werden. So ergab eine internationale Winterzählung 2012 für ganz Guinea-Bissau eine deutlich geringere Gesamtzahl an Vögeln.[5] Auf jeden Fall ist der Archipel für mehrere Arten, darunter den Knutt, als Winterquartier von großer Bedeutung. So verbringen bis zu 18 Prozent aller über Europa ziehenden Sichelstrandläufer den Winter hier, kein anderes Winterquartier kann mit einer ähnlich hohen Zahl aufwarten.[6]

Über die Lebensbedingungen der auf den Bijagos rastenden Watvögel ist bis heute leider nur relativ wenig bekannt. Hauptverantwortlich dafür dürfte die angespannte politische Lage sein, in der sich Guinea-Bissau seit Jahrzehnten befindet. Unruhen bis hin zu militärischen Auseinandersetzungen waren bis vor Kurzem fast an der Tagesordnung, der Staat als Ordnungsmacht trat kaum in Erscheinung, erst recht nicht auf so abgelegenen Inseln wie den Bijagos. Guinea-Bissau galt lange als *failed State* (gescheiterter Staat), als eine Region, die es eher zu meiden galt. Seit sich das Land leicht zu stabilisieren begonnen hat, gibt es endlich wieder mehr Möglichkeiten, den Archipel mit seiner faszinierenden Natur zu erkunden.

Das Wenige, das wir über die Lebensweise des Knutts und anderer Watvögel auf den Bijagos wissen, verdanken wir in erster Linie den Verhaltensstudien des niederländischen Ornithologen Leo Zwarts und Ergebnissen von Wissenschaftler:innen der Universität Aveiro in Portugal. Zwarts besuchte die Inseln bereits Ende der 1980er-Jahre, das Team aus Portugal ist erst seit Kurzem auf den Inseln tätig.[7]

Bekannt ist, dass der Knutt und die meisten anderen Watvögel den Bijagos-Archipel im September erreichen. Die Mehrzahl der Knutts scheint den ganzen Winter in der Region zu verbringen, die Vögel wechseln aber zwischen verschiedenen Gebieten. Bereits im Februar verlassen die meisten Knutts die Inselgruppe wieder, lange bevor sie im Wattenmeer zu sehen sind, was nahelegt, dass sie zwischendurch noch andere Orte zum Nahrungserwerb aufsuchen. Wie auf der Banc d'Arguin bleiben viele Jungvögel das erste Jahr noch im Überwinterungsgebiet. Knutts sind also, in wechselnder Anzahl, das ganze Jahr über auf den Bijagos anzutreffen.[8]

Eine üppige Natur und sonniges, trockenes Wetter müssten den Aufenthalt für den Knutt und seine Verwandten doch sehr angenehm gestalten. Etwas überraschend ist die Vogeldichte hier aber im Vergleich zum Wattenmeer und der Banc d'Arguin eher niedrig. Der Hauptgrund dafür ist sicher, dass die Biomasse, also das, was von den Vögeln insgesamt als Nahrung zur Verfügung steht, auf den Bijagos noch unter der auf der Banc d' Arguin liegt. Eine vergleichsweise geringe Biomasse ist zwar typisch für tropische Wattbereiche, die Bijagos scheinen in dieser Hinsicht aber einen Spitzenplatz einzunehmen. Die Vögel haben den Winter über womöglich nur deshalb genug zu fressen, weil Muscheln, Würmer und andere Beutetiere hier ähnlich wie in Mauretanien deutlich schneller wachsen als bei uns.

Der Knutt bleibt auch auf den Bijagos seiner Devise »in meinen Magen kommen nur Muscheln« treu (nur im Brutgebiet weicht er davon ab) und ernährt sich hier fast ausschließlich von diesen Tieren. Ganz oben auf der Beliebtheitsskala steht erneut die Venusmuschel *Dosinia isocardia*, 80 Prozent seiner Nahrung entfällt auf diese Art. Da es auf den Bijagos weniger Seegraswiesen gibt als auf der Banc d'Arguin, kommt die Glänzende Mondmuschel *Loripes lucinalis*, jene Art, die bei übermäßiger Aufnahme zu Durchfall führt, auf dem Archipel nicht oder nur in geringer Anzahl vor – gut für die Verdauung. Nur ausnahmsweise landen kleine Arche- und Kurzscheidemuscheln im Magen, dazu die eine oder andere Schnecke. Interessanterweise picken die Knutts ihre Beute im Bijagos-Archipel häufig von der

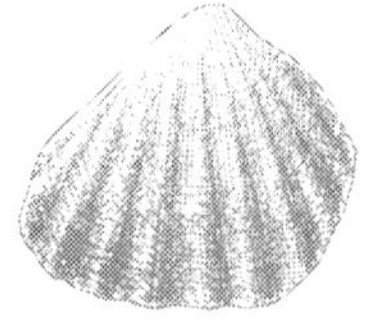

Oberfläche auf, bei uns im Wattenmeer stochern sie in der Regel tief im Boden, um eine Muschel zu erwischen. Diese Form der Nahrungssuche scheint im Gebiet ganz allgemein wenig angesagt, eine Vogelart wie der Alpenstrandläufer, der ausschließlich bohrend unterwegs ist, fehlt hier bezeichnender Weise fast ganz. Offensichtlich ist die Jagdmethode im Watt der Bijagos weniger profitabel als anderswo, vielleicht, weil die Dichte der Beutetiere geringer ist als anderswo, aber auch die Bodenbeschaffenheit könnte eine Rolle spielen.

Laut Zwarts greift neben dem Knutt nur noch der Austernfischer im Archipel ebenfalls gerne auf Muscheln zurück. Den meisten Verwandten gelüstet es auf den Bijagos nach etwas ganz anderem: Winkerkrabben (*Uca tangeri*). Einige Vögel können gar nicht von ihnen lassen, für sie stehen ausschließlich Krabben auf dem Speiseplan. Winkerkrabben kommen weltweit an tropischen Küsten vor. Den deutschen Namen erhielt die Krabbe durch die »winkende« Bewegung, die die Männchen in der Paarungszeit mit der auf einer Seite stark vergrößerten Schere vollführen, um Weibchen anzulocken. Die Fokussierung so vieler Arten auf diese Beute ist ungewöhnlich, bevorzugen viele doch normalerweise

Abb. 2: Männliche Winkerkrabbe

Würmer und Schnecken. Wenn man sich anschaut, in welchen Massen die Krabben auf den Bijagos stellenweise auftreten, verwundert diese Präferenz allerdings weniger. Die Tiere sind zum Teil so häufig, dass selbst Seeschwalben, Ibisse und sogar Geier ihnen nachstellen. Der Knutt dagegen meidet solche Bereiche, denn dort, wo sich viele Krabben tummeln, sind andere Wattbewohner deutlich seltener als anderswo.

Wenn die Flut kommt, müssen sich die Watvögel auch im Bijagos-Archipel nach geeigneten Rastplätzen umsehen. Der Knutt hält dabei in bewährter Manier nach abgelegenen, offenen Bereichen Ausschau, nach Sandbänken, unbewohnten Inseln. Da die Siedlungen der Menschen in der Regel im Landesinneren der Inseln liegen, gönnen sich einige Vögel auch eine Pause an einem der vielen von Palmen gesäumten Strände. Überwintern unter Palmen!

Vogelarten wie Regenbrachvogel, Kiebitzregenpfeifer und Rotschenkel haben eine andere Vorliebe: Sie nutzen die Mangroven am Wasser zur Rast – ein ungewöhnliches Bild für uns Europäer, die es gewohnt sind, ruhende Watvögel am Boden zu erleben. Hoch oben auf den Wipfeln oder weiter unten auf den freiliegenden Wurzeln sitzen die Vögel und warten, bis das Wasser wieder zurückweicht. Im dichten Astgewirr haben allerdings Fressfeinde wie die vielen hier vorkommenden Schlangen gute Möglichkeiten, einen Überraschungsangriff zu starten. Um dieser Gefahr zu entgehen, suchen die meisten Vögel zur Nachtruhe deshalb isoliert liegende Mangroven auf. Dafür nehmen sie selbst einen relativ weiten Flug in Kauf.

Ihren Klauen kann man nicht entkommen

Im Sommer 1456 sichteten einige der auf den Bijagos lebenden Menschen ein paar Fahrzeuge, die sich auf dem Meer langsam den Inseln näherten. Etwas Ähnliches hatten sie noch nie gesehen. Die Schiffe waren mit gut 20 Metern sehr lang. Sie hatten einen hohen Rumpf, aus dem zwei lange Stämme mit großen Segeln herausragten. Man darf annehmen, dass die Bewohner:innen eingehend darüber beratschlagten, wie man diesen fremden Fahrzeugen am besten begegnen sollte. Am Ende entschlossen sich die Menschen, zwei Boote ins Wasser zu lassen und sich den merkwürdigen Schiffen zu nähern. An Bord des größten Wasserfahrzeugs befanden sich etwa 20 Mann, darunter ein gewisser Alvise da Cá da Mosto, jener Seefahrer, dem wir bereits an der Küste Mauretaniens begegnet sind. Wie von seinem Auftraggeber Heinrich dem Seefahrer gefordert, war Cá da Mosto von dort weiter nach Süden gesegelt, um Neuland zu entdecken. Immer der Küste folgend sah er nun als erster Europäer den Bijagos-Archipel vor sich auftauchen – und zwei Kanus, die sich seinem Schiff näherten. »Da die Kanus sehr schnell auf uns zu ruderten und wir nicht wussten, was die Mohren im Schilde führten, hielten wir vorsichtshalber unsere Waffen bereit und warteten ab, wie sich die Eingeborenen verhalten würden«, beschrieb der Seefahrer die Begegnung.[9] Die Befürchtungen erwiesen sich aber schnell als gegenstandslos: »Als sie ganz nahe heran waren, hissten die Mohren ein weißes Tuch, das sie an ein Ruder gebunden hatten, um damit zu zeigen, dass sie in friedlicher Absicht kamen.« Der Symbolgehalt einer weißen Fahne, genutzt bereits im antiken Griechenland und in China nach der Zeitenwende, war offensichtlich auch den isoliert lebenden Bewohner:innen des Archipels durchaus bekannt. So ließen die Portugiesen die Eingeborenen an Deck, wo diese nicht schlecht staunten über die helle Hautfarbe der Besatzung sowie die Konstruktion des fremden Schiffes. Eine richtige Kommunikation wollte aber nicht in Gang

Abb. 3: Karavelle

kommen. »Leider gelang es uns nicht, mit den hiesigen Eingeborenen ins Gespräch zu kommen, denn wir konnten uns untereinander nicht verständigen«, fasste Cá da Mosto den ersten Kontakt zwischen Europäern und den Bewohner:innen der Bijagos enttäuscht zusammen.[10]

Zur Zeit der ersten Begegnung waren die Inseln noch gar nicht so lange bewohnt. Vermutlich erreichten die ersten Siedler im 13. Jahrhundert den Archipel, Vertriebene, die Zuflucht auf den Inseln fanden, Opfer von Umwälzungen, die zu dieser Zeit das nordöstlich von Guinea-Bissau gelegene Königreich Ghana erschütterten (dieser Name steht in keinem direkten Zusammenhang zum heutigen Staat Ghana, der weiter im Südosten am Atlantik liegt). Die ersten Siedler entstammten mit großer Wahrscheinlichkeit nicht einer einzigen ethnischen Gruppe, sondern gehörten verschiedenen Stämmen mit unterschiedlichen kulturellen Traditionen an. Erst mit der Zeit formte sich eine gemeinsame, alle Inseln einschließende Identität heraus.

Die Portugiesen kamen wieder und versuchten in der Region Fuß zu fassen. Zunächst ging es ihnen vor allem um Gold. Sicher hatten die Seefahrer vom Königreich Mali gehört, von Mansa Musa, dem Herren der Schwarzen von Guinea. Der Monarch herrschte im 14. Jahrhundert über ein gewaltiges Königreich, das bekannt war für seine Goldschätze. Im Jahr 1324 unternahm der schwerreiche König mit seinem Gefolge eine Pilgerfahrt nach Mekka, im Gepäck Unmengen von Gold, das er bei einem längeren Aufenthalt in Kairo so großzügig ausgab (er soll zum Beispiel nicht weniger als 1.444 Bücher erstanden haben) und verschenkte, dass der Goldkurs in Kairo zwischenzeitlich einbrach.[11] Gold gab es an der westafrikanischen Küste aber leider nur in geringen Mengen, also konzentrierten sich die Eroberer wie an der mauretanischen Küste auf die Menschenjagd. Damit war schließlich ebenfalls viel Geld zu machen. Wie sich schnell zeigte, ließen sich die Bijagos selbst nicht versklaven. Ihrer Kriegsflotte, großen und wendigen Kanus, mit bis zu 40 Männern besetzt, gelang es immer wieder, die Karavellen der Portugiesen in Schach zu halten. Daraufhin versuchten die europäischen Eindringlinge, Handelsbeziehungen aufzunehmen. Das funktionierte ungleich besser, denn alsbald schon begannen die Krieger der Bijagos, mit ihren Booten aufs Festland überzusetzen, um dort für die Portugiesen auf Menschenjagd zu gehen. Im Laufe der Jahre entwickelten sie sich so zu äußerst erfolgreichen Sklavenjägern, Jägern mit einem, gelinde gesagt, schlechten Ruf: »Wann immer sie auf dem Meer auf etwas stoßen, schnappen sie es, selbst wenn es die eigenen Leute sind«, klagte zum Beispiel Pater Manuel Álvares im Jahr 1615. »Alle, die sich nicht an Bord ihrer Kanus befinden, können ihren Klauen nicht entkommen.«[12] Auch sein Amtskollege Baltasar Barreira hatte nichts Gutes über die Sklavenhändler zu berichten. Die Bijagos würden ihre Gefangenen aufessen, wenn diese nicht zu verkaufen wären, meinte er. Könige in der Nachbarschaft würden deshalb selbst ihre eigenen Kinder eher an die Portugiesen verkaufen, als mit ansehen zu müssen, wie sie in die Hände dieser Sklavenhändler fielen.[13]

Um den Sklavenhandel zu intensivieren, errichteten die Portugiesen schrittweise Stützpunkte in der Region. Das war lukrativ, tat sich im fernen Amerika doch langsam ein neuer bedeutsamer Sklavenmarkt auf. Im Jahr 1614 wurde als Erstes die Kolonie Cacheu nordöstlich des Bijagos-Archipels gegründet (von den Kapverden aus verwaltet), 1753

Abb. 4: Portugiesische Festung in Cacheu

kam es dann zur Bildung der Kolonie Bissau. Die Bijagos konnten ihre Unabhängigkeit aber weiter bewahren. Sie waren nun über den Sklavenhandel fest in die globale Weltwirtschaft integriert. Ihre Inseln entwickelten sich zu regelrechten Sklavenzentren. Es wurden Häfen gebaut, die sowohl portugiesische wie auch holländische, französische, englische und spanische Kaufleuten aufsuchten.

Ende des 18. Jahrhunderts versuchten die Briten kurzzeitig auf der Bolama-Insel im Archipel einen eigenen Handelsstützpunkt zu errichten. Das wollten die Portugiesen verhindern, sie beanspruchten den gesamten Küstenabschnitt für sich. Tatsächlich zogen sich die Briten nach einiger Zeit zurück. Welche Rolle die selbstbewussten Bewohner:innen der Inseln dabei spielten, ist nicht bekannt. Vermutlich kann der Rückzug weder den Portugiesen noch den Bijagos »gutgeschrieben« werden, er hing wohl eher mit der Abkehr Großbritanniens vom Sklavenhandel im Jahr 1807 zusammen. Schlechte Vorzeichen für die Bijagos. Einige Jahre später, 1830, stellten auch die Portugiesen den Handel mit Sklaven ein. Damit waren die Insulaner:innen mit einem Mal vom Welthandel abgeschnitten und mussten ihr Leben grundlegend umgestalten. Statt weiter Sklaven zu jagen und diese gegen Güter aller Art einzutauschen, waren sie nun dazu verdammt, (wieder) als Bauern und Fischer ihr Auskommen zu finden. Von heute auf morgen wurden so aus Global Playern Selbstversorger.

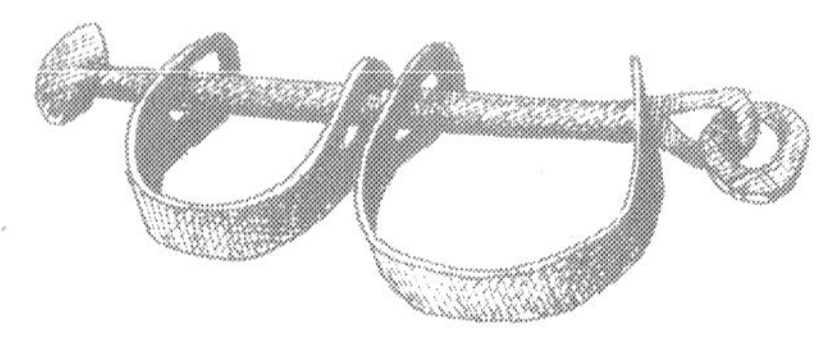

Sollten die Insulaner:innen gehofft haben, die Portugiesen würden mit dem Wegfall der Sklaverei wieder von der Bildfläche verschwinden, sahen sie sich getäuscht: Das Interesse an der Inselwelt schien jetzt erst recht geweckt. Die Versuche, das widerspenstige Archipel endlich unter Kontrolle zu bekommen, nahmen an Intensität zu. Um die Bijagos in die Knie zu zwingen, verbrannten die Kolonisatoren die Kriegskanus der Bijagos und unterbanden oder reglementierten den Schiffsverkehr zwischen den Inseln und zum Festland hin. Diese Maßnahmen waren zwar ökonomisch wirksam, führten aber zunächst nicht zu einer dauerhaften Unterwerfung, immer wieder rebellierten die Bijagos erfolgreich gegen die Kolonisatoren. Die Strafmaßnahmen und kriegerischen Auseinandersetzungen verstärkten aber noch einmal die durch den Wegfall der Sklaverei ausgelöste Isolation der Inseln. Schon bald galten die Bijagos in den Augen der Weißen nicht mehr als gefürchtete Sklavenjäger, sondern als rückständige Wilde. »Stand der Zivilisation: Die Bijagos sind eines der primitivsten Völker der Welt«, schrieb noch 1946 der Ethnograph Mendes Moreira. »Nach der Klassifikation von Morgan [stark rassistisch gefärbtes Stufenmodell der menschlichen Entwicklung aus dem Jahr 1877] gehören sie in die Phase der Barbarei, aber wenn man die Schrift heranzieht, ist es logisch, dass wir sie in die Reihe der kulturlosen Völker einschließen müssen.«[14]

Selbst nachdem es dem Regime in Lissabon 1936 endlich gelungen war, den Archipel zu »befrieden«, blieben die Inseln weitgehend autonom, und daran änderte sich auch wenig, als die Unabhängigkeitsbewegung Partido Africano da Independência da Guiné e Cabo Verde (kurz PAIGC) 1973 nach schweren Kämpfen die kurze portugiesische Vorherrschaft auf den Bijagos beendete und in Guinea-Bissau eine sozialistisch ausgerichtete Regierung installierte. Bis Ende der 1980er-Jahre herrschte die PAIGC in einem Einparteienstaat über das Land. Danach entwickelte sich Guinea-Bissau zu einer Demokratie mit Mehrparteiensystem. Zur Stabilität des Landes hat dieser Systemwechsel bislang freilich nicht groß beigetragen, im Gegenteil: Auseinandersetzungen innerhalb der Nachfolgepartei der Unabhängigkeitsbewegung, deren Mitglieder weiterhin die Geschicke des Landes lenken, führen bis heute immer wieder zu Unruhen.

Auf den Bijagos spielt der Staat nach wie vor kaum eine Rolle. Es hat den Anschein, als könnten die Menschen ihr traditionelles Leben hier unbeeinflusst weiterführen.

Ein Leben in der Warteschleife

Durch die aufgezwungene Isolation sind die Bewohner:innen der Bijagos seit Jahrhunderten gezwungen, weitgehend ohne Hilfe von außen zu überleben. Im Gegensatz zu den Menschen im hohen Norden oder an der kargen Küste Mauretaniens müssen sie sich dabei allerdings nicht ganz auf die Tierjagd konzentrieren, sondern können auf dem fruchtbaren Boden Ackerbau betreiben und sich von dem ernähren, was die Pflanzenwelt um sie herum bereithält: Früchte, Nüsse, Knollen und Blätter, Säfte und Samen.

Die wichtigste Nahrungsquelle der Insulaner:innen ist Reis. Die Pflanzen werden bevorzugt im Bereich der Mangroven (die dafür gefällt werden müssen) direkt am Meer angebaut. Das Erdreich ist hier feucht, für den Anbau braucht man keinen Dünger, der Ertrag ist trotzdem höher als auf anderen Böden. Allerdings ist die Kultivierung aufwendig und erfordert viel Erfahrung: Dämme müssen gebaut und instandgehalten werden, auch für eine geregelte Wasserzufuhr ist zu sorgen.

Abb. 5: Angelegter Damm für Reisfelder

Fast ebenso wichtig wie der Reis ist für die Bijagos die Ölpalme. Die Bestandteile der Palme lassen sich in vielfältigster Weise nutzen. Teile der Früchte sind essbar, man kann Öl oder Wein aus ihnen gewinnen. Das Holz der Bäume wird zum Bau von Dächern, Zäunen oder Gerät-

schaften für den Haushalt verwendet, aus den Blättern lassen sich Matten flechten. Auch medizinische Tinkturen werden aus dem Baum extrahiert.

Der Bedarf an tierischen Proteinen wird in erster Linie durch den Verzehr von Fischen und Meeresfrüchten wie Garnelen, Seeschnecken oder Muscheln gedeckt. Anders als bei den Imraguen dient der Fang der Fische fast ausschließlich dem Eigenbedarf, die Bijagos erzielen damit keine oder nur geringe Einkünfte. Sie fischen nahe der Inseln und entlang der Mangrovensümpfe. Meist sind es nur kleine Fische, die ins Netz gehen oder mit der Harpune erlegt werden: Heringe, Buntbarsche, Meeräschen. Lange Zeit erlegten die Menschen auch Schildkröten, Manatis und selbst Flusspferde. Heute ist die Jagd auf diese Tiere verboten, wenn überhaupt sind sie allein als Beute für religiöse Zeremonien erlaubt. Vögel spielen als Nahrungsressource offenbar keine große Rolle. Laut Arnaldo da Silva, der auf den Bijagos aufgewachsen ist, sind Vögel für die Insulaner:innen eigentlich tabu. Nur ausnahmsweise würden sie gejagt, meint er.[15] Ob und inwieweit auch Watvögel dabei zu den Opfern zählen, ist nicht bekannt. Für den Knutt dürfte von Vorteil sein, dass er in der Regel weitab der Küste auf Sandbänken rastet und dort sicher nur schwer zu erwischen ist. Gefährdet sind Vögel am ehesten in der Regenzeit, wenn es sie auf die Felder verschlägt und sie den Bauern die Ernte streitig machen. In der Trockenzeit sind sie dagegen vor Nachstellungen relativ sicher.

Auf dem Papier sind die Inseln des Archipels im Besitz des Staates, der das Land jeweils für 99 Jahre an private Nutzer:innen verpachten kann. Auf den Bijagos selbst wird dies aber ganz anders gesehen. Nach Jahrhunderte alter Tradition gehört das Land hier einzig und allein den Dorfgemeinschaften. Benachbarte Dörfer regeln untereinander die genauen Zuständigkeiten und Besitzansprüche. Zwischen einzelnen Inseln existieren gesonderte Regelungen. Nichts geht ohne die Zustimmung dieser Gemeinschaften. Wenn eine Gemeinde sich für ein Projekt entscheidet, wird es durchgeführt – selbst entgegen staatlicher Auflagen.

Abb. 6: Typisches Dorf im Archipel

Zwischen den Inseln gibt es zwar graduelle Unterschiede, das Dorf spielt jedoch überall eine zentrale Rolle. Hier wird über alles entschieden, was das Leben des einzelnen Menschen bestimmt, über die Aufteilung und Nutzung der Ressourcen innerhalb der Gemeinschaft, über soziale Aufgaben, die Machtbefugnisse. Die Zuständigkeiten sind klar nach Geschlecht und Alter getrennt. »Die Männer tun nur drei Dinge: Sie machen Krieg, sie bauen Boote und sie gewinnen Wein aus den Ölpalmen«, hielt der Handelskaufmann Álvares de Almada im 16. Jahrhundert fest, »die Frauen bauen die Häuser, arbeiten auf den Feldern, fischen und ernten die Muscheln, sie verrichten all das, was Männer anderswo tun.«[16] Diese Behauptung scheint zumindest heutzutage leicht überzogen. Immerhin sind die Männer auch für die Rodung von Feldern zuständig und betätigen sich im Fischfang. Die Aussaat und Pflege der Felder obliegt allerdings den Frauen, Kinder beiderlei Geschlechts passen auf, dass Vögel sich nicht über die Pflanzen hermachen. Die Ernte fahren Männer und Frauen gemeinsam ein. Auf einigen Inseln zieht gleich die gesamte Belegschaft der Siedlungen auf die außerhalb liegenden Felder und errichtet dort Hütten. Für kurze Zeit entsteht ein zweites kleines Dorf.

Die Frauen kümmern sich, wie vom Handelskaufmann Álvares de Almada richtig postuliert, um die Ernte von Krustentieren und Muscheln. Vor allem die Austernernte ist ein knochenharter Job, wie die Journalistin Ricci Shryock in einer beeindruckenden Fotoreportage offengelegt hat.[17] Ihren Angaben nach ziehen die Frauen meist zu zweit oder zu dritt ins Erntegebiet. Watvögel wie der Knutt geben den Startschuss. Wenn sie über das Dorf fliegen, wissen die Frauen, dass die Wattflächen wieder frei liegen und die Muscheln geerntet werden können. Die Frauen waten dann durch das zum Teil hüfthoch stehende Wasser, kämpfen sich durch den Schlamm am Mangrovenrand, bis sie einen Baum oder einen Wattbereich finden, wo sich Muscheln verankern könnten. Bei dem Versuch, die Muscheln mit Macheten von den Wurzeln der Mangroven zu trennen oder vom Boden zu lösen, fügen sie sich oft schmerzhafte Schnittwunden zu. Und die Tätigkeit birgt Risiken. »Wenn das Meer steigt, ist es sehr gefährlich«, erklärt Ndra Lopes der Reporterin, »es gibt Frauen, die nicht schwimmen können und in

Gefahr geraten zu sterben.« Erst vor Kurzem, bestätigen andere Frauen, hätten sie eine der ihren inmitten der Mangroven wiedergefunden. Die Frau hatte sich offensichtlich zu weit herausgewagt und war ertrunken. In Anbetracht dessen scheint die Arbeitsteilung zwischen den Geschlechtern den Frauen tatsächlich eine besonders harte Last aufzubürden, zumal sie auch das Haus, in dem die Familie lebt, aus Lehm und Stroh selbst bauen und sämtliche dort anfallenden Aufgaben übernehmen. Mehr als verständlich, dass sie im Gegenzug wenigstens darüber bestimmen wollen, welcher Mann mit ihnen diese Hütte teilen darf. In den eigenen vier Wänden geben die Frauen den Ton an. Sie allein entscheiden, mit wem sie zusammenleben wollen und wichtiger noch, sie allein bestimmen darüber, ob und wann der Gefährte wieder gehen muss – benimmt er sich nicht wie gewünscht, wird er mitsamt seinen Habseligkeiten einfach vor die Tür gesetzt.

Frauen spielen auch als Priesterinnen eine wichtige Rolle und werden bei Beratungen hinzugezogen. Frauen haben Einfluss. Entscheidungen, die über die eigenen vier Wände hinausgehen, die das ganze Dorf betreffen, treffen allerdings in erster Linie Männer – alte Männer. Besonders machtvoll ist der Oronhô, der Ortspriester und Ortsvorsteher. Er ist maßgeblich für die Landverteilung zuständig, er bestimmt, wann Felder gerodet und abgeflämmt werden, er gibt das Startsignal für die Aussaat. Wichtige Entscheidungen spricht er mit dem »Chef« des Clans, der im Dorf das Sagen hat, ab. Oft bindet er auch den Führer des Dorfes, der die Verbindung zum Staat und anderen Institutionen herstellt, ein. Der Ältestenrat kontrolliert diese Entscheidungsträger. Er spielt vielleicht die wichtigste Rolle im Gesellschaftsgefüge des Dorfes. Den Ältesten gehören der Wald und die Parzellen auf den Feldern (die insgesamt aber Kollektiveigentum sind), sie bestimmen, wer sich dort auf welche Weise betätigen darf. Um in den Ältestenrat aufgenommen zu werden, muss man abwarten können, viel, sehr viel Geduld mitbringen. Der Einfluss des Einzelnen wächst nämlich schrittweise mit dem Alter. Das betrifft im Prinzip beide Geschlechter. Ob Mann oder Frau, für beide gilt der Grundsatz, dass man den Alten dienen muss, um selbst einmal an ihre Stelle treten zu können. Die Alten geben ihr Wissen und ihre Erfahrung an die Jungen weiter (und bestrafen sie, wenn es notwendig erscheint). Im Gegenzug erweisen die Jungen den Alten Respekt, sind gehorsam und versorgen sie mit Essen und anderen Gütern. Das Ziel der jungen Leute ist es somit, vom Produzenten zum Konsumenten aufzusteigen, Produkte, die man zuvor in harter Arbeit erwirtschaftet hat, irgendwann einmal selbst offeriert zu bekommen.

Der Weg ist für Männer deutlich länger und erfordert mehr Geduld als für die Frauen. Männer müssen acht Stufen erklettern, während bei Frauen eigentlich nur zwischen einer jungen Frau und einer Ehefrau deutlich unterschieden wird. Jede Stufe, die ein Mann (und eine Frau) hinter sich bringt, führt zu mehr Rechten und tendenziell zu einer verminderten körperlichen Belastung. Rituale führen jeweils von einem Level zum nächsten. Besonders wichtig – für Männer und Frauen gleichermaßen – ist der *Fanado*, der den Übergang vom Kind zum Erwachsenen markiert. Das Ritual wird getrennt nach Geschlechtern durchgeführt und mit großem Aufwand vorbereitet. Bei den Männern dauert das Ritual mehrere Wochen oder gar Monate und ist mit einem Aufenthalt außerhalb des Dorfes verbunden. Hier vermitteln Erwachsene den Jugendlichen die wichtigsten Wertvorstellungen und Verhaltensregeln der Gemeinschaft. Das Ritual endet mit der Beschneidung und Einritzungen im Gesicht. Laut einem Bericht der UNESCO, der Organisation der Vereinten Nationen für Bildung, Wissenschaft und Kultur (United Nations Educational, Scientific and Cultural Organization), können die ins Erwachsenenalter eingetretenen Männer nach ihrer Rückkehr zunächst ein normales Leben führen. Sie dürfen Beziehungen mit einer oder mehreren heiratsfähigen Frauen eingehen (wenn diese den Mann auswählen), Kinder haben und bei der Feldarbeit helfen. Allerdings dürfen sie weder mit ihrer/ihren Geliebten zusammenleben, noch haben sie Vaterschaftsansprüche.[18]

Der nächste Schritt auf dem Weg zu mehr Macht und Anerkennung ist vermutlich der schwerste: Wenn Männer das nächste Level erreichen wollen, müssen sie bis zu sechs Jahre abseits des Dorfes im Wald leben und wirtschaften – und dafür ihre Geliebte für immer verlassen. Jeder Kontakt zu Frauen ist ihnen in dieser Zeit untersagt, keine Gespräche, keine Beziehung, kein Sex, nichts. Anfänglich dürfen sie in dieser Zeit selbst die eigene Mutter nicht kontaktieren. Man kann sich leicht vorstellen, wie schwer die Trennung vor allem eng verbundenen Paaren fallen dürfte. Dies ist vielleicht ein Grund, warum etliche Männer diesen Schritt erst relativ spät wagen. Dem tragischen Schicksal kann man trickreich entkommen, wenn man sich in den Wald aufmacht, bevor man reif genug ist, mit einer Frau eine Beziehung einzugehen, wenn man die ersten Stufen also sehr früh in seinem Leben erklimmt. Die meisten Eltern scheuen sich allerdings, ihre Kinder diesen Weg gehen zu lassen, weil sie sie dafür noch für zu jung und ungenügend vorbereitet halten.[19] Der Sinn der gnadenlos anmutenden Tradition ist wohl in der kriegerischen Vergangenheit der Bijagos zu suchen. Über Jahrhunderte leisteten die Männer in dieser Zeit ihren Kriegsdienst ab, sie gingen auf Sklavenjagd oder wehrten sich gegen zudringliche Ausländer. Die definitive, unumkehrbare Trennung von der Geliebten sollte womöglich verhindern, dass es die Männer allzu sehr in ihr Dorf zurückzog.

Erst wenn die nächste Generation in den Wald aufbricht, um sich dem *Fanado* zu unterziehen, neigt sich die Isolation der Männer dem Ende zu. Sie unterweisen die Novizen und können danach endlich und endgültig ins Dorf zurückkehren. Zu ihrem Empfang gibt es ein dreitägiges Fest, wonach die ehemalige Geliebte ihrem »Ex« den Mann vorstellt, mit dem sie sich in seiner Abwesenheit zusammengetan hat. Sie hilft ihm, eine neue Frau zu finden. Käme das ursprüngliche Paar allen Regeln zum Trotz erneut zusammen, würde es ihren gemeinsamen Tod bedeuten. Eine zweite Partnerschaft ist also quasi Pflicht. Zur Belohnung wird der Rückkehrer nun von den Jugendlichen »hofiert«, end-

lich wird nun er mit ersten Geschenken bedacht, endlich erhält er ein Feld zur Bewirtschaftung und wird in den Ältestenrat aufgenommen. Es dauert aber noch weitere Jahre, bis der Mann endlich ans Ziel der langen Reise kommt, bis er zum Okotó, zum Weisen wird, der nun in alle Geheimnisse der Bijagos eingeweiht ist.

Heilige Plätze

Die meisten Bewohner:innen der Bijagos haben heute wie vor Hunderten von Jahren ein animistisch geprägtes Weltbild. Ähnlich wie bei den Nganasanen hoch im Norden wird das gesamte Leben der Bijagos von diesem Glaubenssystem bestimmt, Alltag und Glauben durchdringen einander, alles ist miteinander verbunden.

Traditionell ist für die Bijagos das gesamte Universum beseelt, nicht nur Menschen und andere Tiere, auch für uns unbelebt erscheinende Gegenstände sind im Besitz einer Seele. Die Bewohner:innen glauben, dass die Seelen der Toten in einem anderen Körper weiterleben. Der Tod ist für sie nur eine Art Schlaf, der so lange andauert, bis die Seele in einem neugeborenen Kind wieder eine Heimat findet. Es gibt Darstellungen, nach denen die Seelen der Verstorbenen von Insel zu Insel wandern, bis sie den »letzten Strand« erreichen, wo ein Schiff auf sie wartet, um sie in die andere Welt zu bringen – dort warten sie, bis es an der Zeit ist, in einem neuen Körper wiedergeboren zu werden.[20] Allerdings wird die Seele eines Toten nur dann neu belebt, wenn eine geschnitzte Statue die Erinnerung an die entsprechende Person wachhält.

Die Seele ist heimatverbunden, sie kehrt immer wieder an den Ort ihrer Geburt zurück. Die Seelen von Kindern, die vor der Initiation sterben, können diese Reise noch nicht durchführen. Sie wandern innerhalb des Ortes umher, sind dem Einfluss anderer Geister ausgesetzt und können für Ungemach sorgen. Nach ihrem Initiationsritual beschützen Frauen diese verlorenen Seelen.

Die Menschen glauben, dass die Geister der Ahnen eine große Macht über ihre lebenden Nachkommen haben. An Altären überall in den Häusern und im Dorf wird den Geistern gehuldigt. Das Wohlverhalten der Ahnen will erkauft sein. Um sie um etwas zu bitten, sie gnädig zu stimmen und Unheil vom Dorf fernzuhalten, opfert man ihnen Speisen oder Alkohol. Vielleicht sind sie dadurch sogar bereit, ganz persönliche Wünsche zu erfüllen. Der Journalist Franz Lerchenmüller war bei solch einem Zeremoniell dabei: »Der alte Augusto spuckt noch einmal einen Schluck Schnaps aus der Shampooflasche über den geschmückten Holzpflock, dann holt er das Hühnchen aus dem Korb, klemmt es mit seinen Zehen auf ein Brett und säbelt ihm den Kopf ab. Federn fliegen, Sand stiebt, panisch flattert das Tier und verspritzt sein Blut auf die Beine der Umsitzenden, ehe es endlich zuckend im Staub verendet. Viele Blutspritzer, viel Glück, erklärt Augusto: Ab sofort sind die Geister der Insel den Besuchern wohlgesinnt.«[21] Wer sich nicht an die Regeln hält, wer gegen gesellschaftliche Normen verstößt, wer sich gegen die Ordnung der Ahnen stellt und Tabus bricht, dem drohen Hunger und Krankheiten. Selbst ein Streit innerhalb der Gemeinschaft kann eine Naturkatastrophe heraufbeschwören. Leicht vorstellbar, dass viele Bijagos wie ihre Leidensgenossen weit im Norden in ständiger Angst leben, sich falsch verhalten zu haben.

Auch das Naturverständnis der Bijagos leitet sich aus dem animistischen Weltbild ab und ähnelt entsprechend dem der Völker im Norden. Auch wenn die Behandlung des Huhns zur Besänftigung der Geister etwas anderes nahelegt, so sollten Nichtmenschen (um das Wort von Philippe Descola wieder aufzunehmen) doch mit großem Respekt behandelt werden. Dem Ornithologen José Alves zufolge spielen neben Hühnern auch andere Vögel in Ritualen eine Rolle: Die Menschen verkleiden sich als Vögel, tragen Vogelmasken.[22] Gerne wüsste man mehr, leider laufen die Sitzungen streng geheim ab, wer Geheimnisse an unbefugte Personen weitergibt, muss mit schlimmen Folgen rechnen. Arnaldo da Silva berichtet, dass sein persönliches Verhältnis zu Vögeln in der Kindheit gespalten war. Nach der Schule musste er immer noch die Felder bewachen. Zu den wichtigsten Aufgaben gehörte es, Vögel, die sich dort gütlich tun wollten, zu verscheuchen. »Aber sie kamen immer wieder«, erzählt er. »Ich habe sie gehasst, ich hätte sie töten können!«[23]

Aspekte des Glaubens spielen auch bei der Aufteilung und Nutzung des Landes eine maßgebliche Rolle. Der Glaube ist im Spiel, wenn Dörfer sich untereinander abstimmen, welche Bereiche für welches Gemeinwesen reserviert werden, der Glaube bestimmt mit, in welchen Gebieten sich bestimmte Personen zu welcher Zeit aufhalten dürfen. Besondere Restriktionen gelten für Bereiche, die das Dorf für Rituale nutzt, für den *Fanado*, den Initiationsritus, zum Beispiel, für Seelenwanderungen, für Inthronisationen. Oft liegen diese als »Heilige Plätze« bezeichneten Orte am Meer, sie betreffen Buchten, Kaps oder ganze Inseln.

Jeder Heilige Platz wird von einem Familienclan, der eine besonders enge religiöse Verbindung zu ihm hat, betreut und bewacht. Die Orte sind mit einer Fülle unterschiedlicher Regeln und Tabus belegt. Einige Plätze sind zeitweise gesperrt, andere langfristig, einige dürfen nur Frauen betreten, andere sind Männern vorbehalten. Die Gebiete, in denen der *Fanado* durchgeführt wird, unterliegen den strengsten Restriktionen. Um die mit Tabus belegten Gebiete aufsuchen zu dürfen, muss man an den entsprechenden Ritualen teilgenommen haben. Wieder einmal gilt es, die Segnungen des Alters abzuwarten: Je älter man wird, je mehr Stufen man erklommen hat, umso mehr Gebiete darf man betreten. Das Alter erweitert also auch geografisch gesehen den Horizont.

Die Regeln beziehen sich nicht allein darauf, wer sich jeweils wann und wo aufhalten darf, sondern auch, was man dort tut. Heilige Plätze dürfen in der Regel nicht ackerbaulich genutzt werden, die Jagd, ob zu Wasser oder zu Lande, ist eingeschränkt oder verboten, auch auf Bestattungen ist zu verzichten. Es versteht sich von selbst, dass die Errichtung von festen Siedlungen ebenfalls einen schlimmen Tabubruch darstellen würde und den Zorn der Ahnen zur Folge hätte – mit unabsehbaren Folgen für alle.

Untersuchungen haben gezeigt, dass die Heiligen Plätze den höchsten Artenreichtum im gesamten Archipel aufweisen. Die bedeutsamsten Strände für Schildkröten gehören ebenso dazu wie die Küstenabschnitte der Flusspferde. An Heiligen Plätzen ist der Anteil von Jungfischen am größten, damit gehören die Bereiche zu den wichtigsten Kinderstuben des Archipels.[24] Heilige Plätze sind in gewisser Hinsicht also Naturschutzgebiete. Das kommt auch den Menschen zugute, helfen die Tabus doch, lebenswichtige Ressourcen für die Zukunft zu sichern.

Naturschutzstrategien

Der zunehmende Druck auf die Ressourcen, der in den 1980er-Jahren auch in Guinea-Bissau spürbar wurde, veranlasste staatliche Institutionen, nach Möglichkeiten zu suchen, die Küstenregionen des Landes besser zu schützen. Pierre Campredon, der zu dieser Zeit für die IUCN tätig war und diesen Prozess maßgeblich mitbestimmt hat, berichtet, dass dazu 1989/90 ein interdisziplinäres Team zusammengestellt wurde, das entlang der gesamten Küste die sozio-ökonomischen, biophysikalischen und institutionellen Rahmenbedingungen für eine nachhaltige Nutzung der Ressourcen erforschen sollte.[25] Man erstellte einen Fragenkatalog und führte Gespräche mit allen Bevölkerungsschichten. Dazu gab es Konsultationen mit der politischen Kaste, Entwicklungshelfer:innen und Unternehmen. Diese Beratungen und Befragungen fanden auch auf den Inseln der Bijagos statt und führten hier zu einer Vereinbarung, in der festgelegt wurde, auf welche Weise die einzelnen Bereiche der Inseln in Zukunft am besten zu nutzen wären (Landwirtschaft, Fischerei, Tourismus, Naturschutz). Diese Vereinbarungen dienten als Basis für die Ausweisung von Schutzgebieten. Die Einbindung Heiliger Plätze hat die Ausweisungen der Naturreservate deutlich erleichtert. In gewisser Weise waren Heilige Plätze ja bereits Schutzgebiete, mit Einschränkungen für die lokale Bevölkerung, gesperrt für Außenstehende. Und es waren jene Bereiche, die auch für Naturschützer:innen einen besonders hohen Stellenwert besaßen. So konnte es vergleichsweise leicht zu Übereinkünften kommen, die für beide Seiten akzeptabel waren.

Als Erstes entstand 1996 das Bolama Bijagós Biosphärenreservat. Dem Begriff »Biosphärenreservat« sind wir bereits auf der Taimyr-Halbinsel begegnet. Die Idee dazu stammt von der UNESCO. Sie hat die Maßgaben für das weltweite Netz der Reservate festgelegt, sie ist für die Anerkennung und Kontrolle zuständig. In Biosphärenreservaten wird der Versuch unternommen, den Schutz der biologischen Vielfalt mit dem Streben des Menschen nach wirtschaftlicher und sozialer Entwicklung in Einklang zu bringen. Laut UNESCO stellt das einen Paradigmenwechsel dar: Naturschutz soll nicht länger unter Ausschluss,

Abb. 7: Nationalpark »João Vieira Poilão«

sondern unter Einbeziehung des Menschen stattfinden. Es geht zwar nach wie vor um den Erhalt von Landschaften, Ökosystemen, Tier- und Pflanzenarten, der Mensch wird aber als handelnder Bestandteil in diesem System akzeptiert. Indem er die Ressourcen schonend und nachhaltig erwirtschaftet, kann der Mensch zum Erhalt der Artenvielfalt beitragen. Gleichzeitig sollen die Regionen »lebensfähig« bleiben, sie sollen neue Einkommens- und Beschäftigungschancen bieten, Identität ermöglichen. Ebenso wie Nationalparks sind auch Biosphärenreservate zumeist in drei Zonen aufgeteilt (Kernzone, Pflegezone, Entwicklungszone). Im Unterschied zu diesen muss in einem Biosphärenreservat aber nur ein kleiner Teil der Fläche unbeeinflusst durch menschliche Nutzungen sein (mindestens drei statt 75 Prozent). Auch die drei Nationalparks im deutschen Wattenmeer sind zusätzlich als Biosphärenreservate zertifiziert, dies wissen allerdings fast nur Eingeweihte – gegen allseits bekannte Auszeichnungen wie Nationalpark und Weltnaturerbe hat ein Biosphärenreservat bislang einfach keine Chance. Das mag auch an dem sperrigen Begriff liegen, der eher an ein Gefängnis denn an ein einträchtiges Zusammenleben von Mensch und Mitwelt denken lässt.

Das Bolama Bijagós Biosphärenreservat umfasst den gesamten Archipel. Für den Naturschutz bedeutsamer sind freilich die beiden Nationalparks, die innerhalb des Biosphärenreservates liegen und seit dem Jahr 2000 bestehen. Der Ilhas de Orango Nationalpark (27.000 Hektar) ist vor allem bekannt für seine Flusspferde, der Nationalpark João Vieira Poilão (49.500 Hektar) beherbergt die wichtigsten Brutgebiete für Schildkröten. Beide Parks haben auch für überwinternde Watvögel eine große Bedeutung. Die Betreuung der Schutzgebiete obliegt dem staatlichen Umweltinstitut Instituto da Biodiversidade e das Áreas Protegidas, kurz IBAP. Das Institut, 2005 gegründet, entwickelt, koordiniert und überwacht die meisten Maßnahmen, die für den Erhalt der Artenvielfalt auf den Bijagos (und in Guinea-Bissau insgesamt) von Belang sind.

Für den Schutz der Natur wird einiges getan. Einheimische erhalten eine Ausbildung als Ranger:in (was sicher auch zur Akzeptanz der Schutzmaßnahmen beiträgt), Radiostationen berichten über Aktuelles in den Nationalparks und dem Biosphärenreservat. Es gibt Fortbildungen, die der Ortsbevölkerung einen schonenderen Umgang mit den vorhandenen Ressourcen vermitteln. Frauen lernen, wie sie die Austern von den Wurzeln der Mangroven schneiden können, ohne die Pflanzen dabei allzu sehr zu beschädigen. Es wird demonstriert, wie man eine geschlossene Feuerstelle bauen kann, um beim Kochen der Austern nicht zu viel Feuerholz zu verbrauchen. In Zusammenarbeit mit dem Naturschutzverband WWF wurde zudem ein Versuch gestartet, zusammen mit den Kooperativen der Frauen Austernkulturen anzulegen, um ihnen den Gang in den mückenverseuchten Mangrovendschungel zu ersparen und ganz nebenbei noch die Ernteerträge zu erhöhen.[26] Gerne wird auch mit dem Orango Park Hotel geworben. Das Hotel, gegründet und geleitet von der spanischen NGO Associaçao Guiné Bissau Orango, erhält Unterstützung von IBAP wie auch der UNESCO. Oberstes Ziel der Einrichtung ist es, einen nachhaltigen Tourismus im Archipel zu implementieren. Das Hotel schafft Jobs, Gewinne werden reinvestiert, um die Infrastruktur in der Nachbarschaft zu verbessern. Der Bau von Brunnen für sauberes Wasser gehört ebenso dazu wie die Errichtung einer Krankenstation oder eines Kindergartens. Allerdings gibt es Gerüchte, über das Hotel würde Geld von Drogenhändlern gewaschen.[27] Um den Archipel in Zukunft noch besser vor dem Zugriff umweltbelastender wirtschaftlicher Interessen zu schützen, hat Guinea-Bissau 2012 bei der UNESCO beantragt, die Inselwelt als Kultur- und Naturwelterbe der Menschheit anzuerkennen. Der erste Antrag wurde abgelehnt, weil die Kriterien nicht ganz erfüllt waren. Nun versucht die Regierung, das Gebiet zumindest als Weltnaturerbe anzuerkennen. Die Umwelt, so erscheint es auf den ersten Blick, ist auf dem Bijagos-Archipel eigentlich ganz gut geschützt ...

Lizenz zum Fischen

Seit einiger Zeit nähern sich erneut fremde Schiffe den Inseln. Die Insassen sind aber nicht mehr auf der Suche nach Gold oder Sklaven, sie wollen andere Ressourcen, sie wollen Fisch. Die dicht vor den Inseln aufkreuzenden Boote kommen aus Guinea-Conacry und dem Senegal, den beiden Nachbarstaaten Guinea-Bissaus. Die Pirogen sind mit großen Außenbordern versehen, sie nähern sich schnell und sind ebenso schnell wieder verschwunden. Immer tiefer dringen die Boote in den Archipel vor, bis hinein in die Nationalparks. Um nicht ständig hin- und herfahren zu müssen, haben die Fischer auf einigen der Inseln permanente Siedlungen als Stützpunkte gegründet, die ersten bereits vor etwa 50 Jahren.

Die Schiffe kommen zwar ausschließlich aus den beiden Nachbarstaaten, an Bord befinden sich laut der Anthropologin Helen Cross aber Menschen aus vielen weiteren Ländern Afrikas: aus Ghana, Liberia, Mali, Sierra Leone. Einige Besatzungsmitglieder hat es sogar aus dem weit entfernten Nigeria hierhin verschlagen.[28] Cross hat diese Menschen und ihre Schicksale im Cabuno Camp, einer permanenten Siedlung auf Uno Island im Westen des Archipels, 2009 und 2010 genauer untersucht. Die Gemeinschaft im Camp setzte sich ihren Angaben nach aus nicht weniger als 17 Ethnien zusammen, bis auf eine Person waren alle Muslime. Für einige der Befragten war der Fischfang die erste berufliche Tätigkeit, der sie nachgingen, die meisten aber hatten vorher bereits etwas anderes gemacht: Sie hatten als Bauern, Hirten, Viehzüchter, Waldarbeiter, Jäger, Minenarbeiter, Boot- oder Taxifahrer, Autowäscher, Medizinmänner, Mechaniker oder Gepäckträger gearbeitet – eine Mischung unterschiedlichster Berufe.

Allen Siedlern war gemeinsam, dass sie prekären Verhältnissen entrinnen wollten: Armut, Perspektivlosigkeit, Terror oder Verfolgung. Während die Fischerei für die einen eine letzte Zuflucht auf einem langen Leidensweg darstellte, lockte andere die Aussicht auf ein besseres Einkommen. »Es begann, als ich sah, wie diese Leute vom Meer zurückkamen«, erzählte ein ehemaliger Viehzüchter der Anthropologin. »Sie waren fischen und sie hatten Geld, viel Geld.«[29]

Die Fischerei in den Gewässern Guinea-Bissaus steht prinzipiell jedem offen, auch Ausländer können hier fischen. Einzige Voraussetzung ist, dass man bei der entsprechenden Behörde eine Lizenz erworben hat. Da diese für Ausländer aber deutlich teurer ist als für Einheimische, sind viele der Migranten illegal im Archipel unterwegs.

Laut dem Umwelt- und Tourismusministerium von Guinea-Bissau beschränkt sich die Tätigkeit der Siedler keineswegs auf die Fischerei, vor allem in den Siedlungen werden zusätzlich eine Reihe anderer Ressourcen verbraucht. Die Migranten sägen Mangroven ab, um die gefangenen Fische über dem Feuer zu trocknen oder zu räuchern, sie fällen große Bäume, um neue Kanus zu bauen. Schildkröten und ihre Eier ergänzen den Speiseplan, genauso wie Vögel, darunter der Fischadler.[30] Viele Fischer machen dabei auch vor streng geschützten Gebieten nicht halt. Zunächst tolerierten Insulaner:innen wie Behörden die Fischercamps. Für die Einheimischen boten die Siedlungen anfangs auch durchaus Vorteile. Sie konnten dort Lebensmittel und andere Waren erstehen, junge Männer das Fischerhandwerk erlernen. Geschenke der Migranten an die Ältesten bekräftigten die freundschaftlichen Beziehungen immer aufs Neue.[31]

Als die Siedlungen im Laufe der Zeit allerdings langsam einen endgültigen Charakter annahmen und von immer mehr Menschen bevölkert wurden, wuchs der Widerstand gegen die Eindringlinge. Zunächst rief die Okkupation Umweltschützer:innen und Behörden auf den Plan. Helen Cross berichtet, dass Siedlungen von bewaffneten Mitgliedern

Abb. 8: Mit dem Boot unterwegs

des Fischereiministeriums aufgelöst und die Häuser, Geschäfte und Gerätschaften von ihnen niedergebrannt wurden. Letztendlich blieben diese Aktionen allerdings wirkungslos. Die Fischer bauten einfach andernorts einen neuen Stützpunkt auf.

Auch viele Bijagos änderten mit der Zeit ihre Einstellung zu den Neuankömmlingen. Die größte Sorge der Bewohner:innen war, dass die Migranten das Meer vor ihrer Haustür leer fischen könnten und die Natur zerstörten. Besondere Probleme gab es dort, wo Migranten auf Heiligen Plätzen siedelten. Die Abholzung des Waldes und der Mangroven erfüllte die Insulaner:innen mit wachsendem Zorn. Die Angst, dass auf diese Weise ihre rituell aufgeladenen Stätten zerstört werden könnten, führte auf Uno-Island im Jahr 2003 dazu, dass junge Männer der Bijagos das von Helen Cross untersuchte Cabuno Camp überfielen und zerstörten. Die Fischer flohen daraufhin zur nächstgelegenen Polizeistation und baten um Hilfe. Dieses Mal stellten sich die Behörden auf die Seite der Fischer und erklärten das Eingreifen der Einheimischen für rechtswidrig. Sie schickten die Migranten zurück und sorgten dafür, dass sie im Cabuno Camp bleiben konnten.[32] Die Reaktion der betroffenen Bijagos war gespalten. Während viele der Älteren zu beschwichtigen versuchten, brodelte es unter den jungen Leuten. »Sie [die Ältesten] sagten ›lasst die Leute am Strand in Ruhe‹, und so begannen die Probleme von Neuem«, ärgert sich einer der Jungen.[33] Selbst einige Alte waren vom Eingreifen des Staates enttäuscht. »Gemäß der Verwaltung müssen die Migranten bleiben«, meinte einer von ihnen gegenüber Helen Cross. »Aber dann gehen sie [die Staatsbeamten] jeden Monat dort hin, um Geld einzusammeln.« Es ist ein offenes Geheimnis, dass die diversen Inspektoren, Fischereioffiziere, Polizisten, Vertreter der Fischereigesellschaft und der Einwanderungsbehörde nicht so sehr darauf aus sind, illegale Machenschaften aufzudecken, sondern sich lieber für das Wegsehen bezahlen lassen. »Das Recht ist dort, wo das Geld ist«, fasst ein Insulaner die Situation zusammen.[34] Unabhängig davon haben die Einwanderer unterschiedliche Strategien entwickelt, um den Kontrollen zu begegnen. So haben sie ein breit gestreutes Netzwerk von Informanten aufgebaut (zum Beispiel vorbeifahrende Fischer und Händler). Eine bevorstehende Inspektion ist deshalb oft schon vor dem Eintreffen der Kontrolleure bekannt und lässt genug Zeit, um Boote in den Mangroven nahe der Camps zu verstecken und die Gerätschaften und erbeuteten Fische aus dem Blickfeld der Kontrolleure zu räumen.

Das illegale Fischen der Immigranten bedroht auch die Naturschutzgebiete. Die Behörden haben lediglich drei Boote (Stand 2018) zur Verfügung, um die Schutzbestimmungen in der weitläufigen Inselwelt zu überwachen. Die mangelhafte Kontrolle hat negative Auswirkungen auf den Zustand der Gebiete. Der Bestand von Haien und anderen Fischen geht zurück, Mangrovenbereiche – die Kinderstube vieler Tiere – werden zerstört.

So müssen die Insulaner:innen hilflos zusehen, wie ausländische Fischer sich mit ihren besser ausgerüsteten Booten immer wieder der Kontrolle der Behörden entziehen, sie erleben, wie diejenigen, die in den fischreichsten Gewässern illegal auf Beutezug gehen, ungestraft davonkommen, während alle, die sich an die Regeln halten, leer ausgehen. Dies hat den Naturschutz bei den Einheimischen in Verruf gebracht. Es kommt auch nicht gut an, dass Sportfischer in Schutzgebieten angeln dürfen und der überschüssige Fang vom Bootsbesitzer vermarktet werden darf. Es führt zu Unmut, dass die als Ausgleich für Einschränkungen in den Schutzgebieten zugesagten Zuwendungen bei den Insulaner:innen bis auf wenige Ausnahmen nicht angekommen sind. »Dies drückt sich nicht nur in einer starken Unzufriedenheit mit den beteiligten Organisationen aus, sondern führt in einigen Dörfern zu einer vollständigen Zurückweisung der Umweltschutzidee«, meint der Ethnologe Georg Klute.[35] Da passt es ins Bild, dass junge Leute des Dorfes Inhoda im Jahr 2009 mitten im Meeresschutzgebiet Reisfelder anlegten. Vermutlich als Reaktion auf die Unmutsbekundungen der Bevölkerung begann die Regierung damit, die Regeln 2013 neu zu verhandeln. Alle Gemeinden innerhalb der geschützten Bereiche wurden in diese Beratungen einbezogen. Die neuen Regelungen traten Anfang 2014 in Kraft. Zumindest an der Intensität der Gebietsüberwachung hat sich bislang aber kaum etwas geändert. Zwischen 2013 und September 2017 gab es einer Studie zufolge in ganz Guinea-Bissau (nicht nur im Archipel) lediglich 820 Bootskontrollen, das sind weniger als 200 Boote pro Jahr, eine nicht gerade imponierende Anzahl (bei 230 dieser Kontrollen wurden Regelverstöße geahndet).[36] Solange eine Präsenz des Staates auf solch wenige Einsätze beschränkt bleibt, solange die Armut fortbesteht und Menschen zu illegalem Handeln drängt, scheint eine grundlegende Besserung der Situation nicht in Sicht.

Und damit nicht genug. Weiter draußen auf dem Meer geraten mehr Schiffe ins Blickfeld. Es sind die bereits bekannten Trawler, die mit modernster Technik ausgestatteten Fischfabriken aus Europa und China. Wie in Mauretanien sind die Schiffe auf den Bijagos über Abkommen dazu berechtigt, in den Hoheitsgewässern von Guinea-Bissau die Fischbestände industriell auszubeuten. Von den 370.000 Tonnen Fisch, die 2017 in den Gewässern des Landes aus dem Meer geholt wurden, entfielen etwa 340.000 Tonnen auf internationale Flotten, ein nicht geringer Teil davon illegal![37] Und die Europäische Union mischt wieder

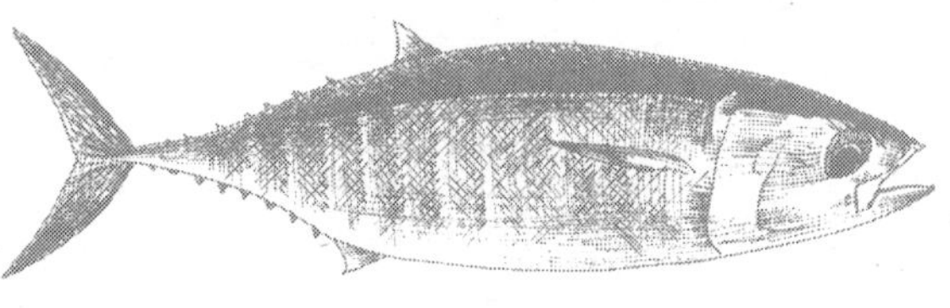

kräftig mit: In dem 2019 unterzeichneten partnerschaftlichen Fischereiabkommen zwischen der Europäischen Gemeinschaft und der Republik Guinea-Bissau lässt es sich die EU bei einer Laufzeit von fünf Jahren jährlich 15,6 Millionen Euro kosten, damit europäische Reeder auch hier »hochwertige« Fischarten sowie Garnelen und Kopffüßer (Kalmare zum Beispiel) fangen dürfen.[38] Das Abkommen sieht vor, dass vier Millionen Euro für die Unterstützung der Fischereiindustrie des Landes eingesetzt werden. Zu sehen ist davon allerdings noch nichts. In die Fischverarbeitung hat bislang einzig China investiert. In Guinea-Bissau wie in anderen westafrikanischen Staaten schießen in den letzten Jahren chinesische Fischmehlfabriken aus dem Boden, in denen der von den chinesischen Trawlern (oder Einheimischen) angelieferte Fisch für Aquafarmen in Norwegen oder China aufbereitet wird. Der Lachs bei uns auf dem Teller entpuppt sich so als wahrhaft internationaler Leckerbissen: eingeführt aus Norwegen, wo er mit Fisch aus Guinea-Bissau gemästet wird, den chinesische Trawler anlanden.

Für das Bijagos Archipel besonders bedrohlich ist der Umstand, dass einige skrupellose Reeder jetzt dazu übergegangen sind, von ihren Trawlern kleinere Boote direkt in die Schutzgebiete zu schicken, um dort illegal auf Fischfang zu gehen. Die ökonomisch besonders lukrativen Haie und Rochen stehen dabei ganz oben auf der Wunschliste. Offensichtlich erweisen sich chinesische Fangflotten in dieser Hinsicht als besonders skrupellos.[39] Die EU versucht immerhin, die Fischereikontrollen der afrikanischen Regierungen zu fördern. So wurden 2016 bei einer von der EU gesteuerten Kontrollaktion, an der auch Guinea-Bissau beteiligt war, 82 Schiffe überprüft, bei 14 Schiffen stellte man Verletzungen der Fischereibestimmungen fest.[40] Insgesamt wirken diese Versuche aber halbherzig und erreichen wenig.

Die Ausbeutung ihrer Ressourcen durch die ausländischen Fischer oder Reedereien hat für die auf den Bijagos lebenden Menschen spürbare Folgen. »Früher brauchten wir keinen Kühlschrank«, berichtet Arnaldo da Silva. Seine Eltern schickten ihn als Jugendlichen für das Abendessen einfach zum Fischen ans Meer, wo er in kurzer Zeit das Essen für die ganze Familie beisammen hatte. Das hat sich seiner Meinung nach in den letzten Jahren grundlegend geändert. Heute gäbe es manchmal selbst auf den Märkten überhaupt keinen frischen Fisch mehr zu kaufen. Fisch und Reis, das Nationalgericht der Bijagos, in Bubaque ist das offenbar keine Selbstverständlichkeit mehr.[41]

Ein Kommen und Gehen

Und wieder sind es Schiffe, die ein neues Kapitel in der Geschichte des Archipels ankündigen, und wieder sind Ausländer an Bord: Touristen, die von weither kommen, um im abgelegenen Inselparadies neuen Eindrücken und Erlebnissen hinterherzujagen. Bislang sind es hauptsächlich (französische) Sportangler, die, angelockt von der Aussicht, hier spektakuläre Fische fangen zu können, den Bijagos-Archipel besuchen, aber auch erste kleine Kreuzfahrten oder Bildungsreisen finden bereits statt. Viele Tourismusunternehmen haben mittlerweile erkannt, dass die Inselgruppe mit ihren fast menschenleeren Stränden und einer einzigartigen Natur ein echtes Juwel darstellt. Sogar das Fernsehen war schon da und hat kräftig die Werbetrommel gerührt.[42]

Neben der Tourismusbranche haben diverse ausländische NGOs die Inseln für sich entdeckt und wollen die Bewohner:innen nach ihren Vorstellungen fit machen für das 21. Jahrhundert. All diese Akteure nehmen allein durch ihre Anwesenheit und ihre Sichtweisen Einfluss auf die Kultur der Insulaner:innen. So kommen seit einigen Jahren immer mehr evangelikale Missionare, vor allem aus Brasilien, auf den Archipel, um die Menschen der Bijagos zum rechten Glauben zu bekehren. Ihre pädagogischen, medizinischen und materiellen Hilfsleistungen sowie die lebendig gestalteten Gottesdienste führen zu einer wachsenden Beliebtheit unter der Bevölkerung. Für manche Umweltexpert:innen und Wissenschaftler:innen stellt diese Missionierung inzwischen die größte Bedrohung für die Kultur und die Natur der Bijagos dar. Laut der Journalistin Ruth Maclean, die den Archipel 2018 besuchte, ermuntern die Missionare die Menschen dazu, die mit einem Tabu belegten Heiligen Plätze zu betreten, sie unterstützen die Privatisierung von Land und argumentieren damit gegen das traditionelle System der Solidarität in der dörflichen Gemeinschaft.[43] Der von den Bijagos stammende Baptistenpastor Jorge Ocosobo wehrt sich gegen diese Kritik. Er weiß von der Bedeutung der traditionellen Kultur für die Flora und Fauna der Inselgruppe und versichert Maclean, dass die Kirche die Heiligen Plätze respektiere. Wenig später erzählt er ihr jedoch von einem heiligen Baum, der auf Drängen von Missionaren gefällt wurde. Und schließlich erwähnt er noch einen Vorfall, der sich wenige Jahre zuvor ereignet hat. Der Staat hatte der Kirche ein Stück Land zur Verfügung gestellt, das seit alters als heiliges Land galt. Die traditionellen Priester wehrten sich gegen die Okkupation. Sie warnten davor, dass der erste, der das Land betreten würde und mit dem Bau der Kirche begänne, sterben würde. Als dann ausgerechnet jener Priester, der den Widerstand anführte, krank wurde und starb, kommentiert Ocosobo den Vorfall nicht ohne Genugtuung: »Ich sage nicht, dass wir ihn getötet haben – aber vielleicht ist unser Gott stärker als der ihre.«[44]

Eine womöglich noch stärkere Wirkung entfalten moderne Medien, die auch auf den Bijagos heute allgegenwärtig sind. Das Radio spielt dabei eine große Rolle, aber auch Smartphones schaffen eine Verbindung zur Welt »da draußen« – wenn es denn Empfang gibt. Vor allem junge Leute sind immer besser darüber informiert, was außerhalb ihrer Lebenswelt passiert. Das weitet den Horizont, eröffnet völlig neue Perspektiven.

Nach wie vor besteht unter den jungen Leuten der Bijagos eine große Heimatliebe und tiefe Verbindung zur umgebenden Natur. Aber es gibt mittlerweile auch junge Männer die erkennen, dass man sich nicht zwangsläufig jahrzehntelang gedulden muss, bis man zu Macht und Einfluss kommt. Angesichts der Meldungen aus dem Ausland wird vielen auf schmerzhafte Art und Weise ihre ökonomische, kulturelle und politische Bedeutungslosigkeit bewusst. So erzählte der Jugendliche Domingo Carlos da Silva aus Bijante dem Anthropologen Lorenzo I. Bordonaro in Bubaque, dem größten Ort auf den Bijagos, im Jahr 2009 von der unbefriedigenden Situation junger Leute. »Du musst all diese Stufen hinter dich bringen bis zur letzten Initiation, und wenn du dann fertig bist, bist du bereits zu alt. Du kannst dann nichts weiter machen, als die Jüngeren auszubeuten. Wir leiden unter dieser Situation. Junge Leute müssen weglaufen und in die Stadt ziehen, wo sie mit anderen

Abb. 9: Für viele junge Männer ist Europa ein Traumziel

Problemen konfrontiert werden. Aber sie treffen hier unterschiedliche Leute und fühlen den Rhythmus der Welt, wie er wirklich ist.«[45] Delito aus dem kleinen Dorf Ankamona berichtete: »Mein Vater wollte, dass ich bleibe. In den Dörfern leben sie wie Tiere. Mein Vater lebt wie ein Tier. Ja, die Leute leben wie Tiere. Ihr Denken ist rückwärtsgewandt. Hier in Bubaque, in Guinea-Bissau, liegen wir Jahrhunderte hinter Europa zurück, Jahrhunderte.«[46] Domingo Carlos und Delito haben ihre Dörfer verlassen. Sie sind keine Einzelfälle, viele Jugendliche lassen inzwischen ihre Heimat hinter sich. Erstes Ziel der Migranten sind die größeren Orte in der direkten Umgebung, Bubaque und Bolama vor allem. Hier hängt der soziale Status nicht mehr in gleicher Weise vom Alter ab, hier zählen vor allem Bildung und Geld. Beides bringen die Neuankömmlinge in der Regel aber nicht mit. Möchte ein Jugendlicher aus einem Dorf die Schule besuchen, ist er nämlich oft ganz auf sich allein gestellt, Unterstützung von den Eltern ist nicht unbedingt zu erwarten. Sie sehen dazu oft keine Notwendigkeit, spüren vielleicht auch, dass dadurch ihre Machtposition ins Wanken geraten könnte. Die meisten jungen Männer bleiben deshalb bereits an der ersten Station ihrer Reise zu einem freieren, selbstbestimmten Leben hängen. Selbst die Schifffahrt nach Bissau, der Hauptstadt des Landes, ist für viele zu teuer, von den Traumzielen in Europa ganz zu schweigen. Eine erfolgreiche Auswanderung Richtung Europa bleibt jedenfalls die absolute Ausnahme. So weiß Arnaldo da Silva, den es von den Bijagos nach Köln verschlug, von lediglich zwei anderen Familien in Deutschland, die ihre Wurzeln wie er auf dem Archipel haben.[47]

Wie Lorenzo I. Bordonaro berichtet, hat die angespannte Situation zwischen den Generationen immerhin zu einer leichten Lockerung der Gebräuche geführt. Die Länge von Ritualen wurde verkürzt und ihre Durchführung größtenteils in die Ferien verlegt. In der Phase, in der die Männer isoliert von der Gemeinschaft leben müssen, wird die Trennung lockerer gehandhabt oder ganz ignoriert. Bordonaro konnte allerdings auch beobachten, dass der *Fanado*, der Sprung vom Kind zum Erwachsenen, oft erst verspätet durchgeführt wird und dadurch »ganze Generationen von jungen Männern, die ihrem Status nach weiterhin als Kinder gelten, paralysiert werden«.[48]

Terra ranca

Nach wie vor ist Guinea-Bissau eines der ärmsten Länder der Welt. Es gibt zwar auch Ernährungsengpässe (eigentlich ist Guinea-Bissau ein fruchtbares Land), das Hauptproblem des Landes stellt jedoch die schwache Infrastruktur dar. Dazu gehört eine katastrophale ärztliche Versorgung, die zum Beispiel dazu führt, dass die Kindersterblichkeit hier so hoch ist wie in kaum einem anderen Land auf der Erde. Ein wichtiger Grund für die Stagnation sind die nach wie vor unsicheren politischen Verhältnisse. Seit Kurzem versucht es das Land aber mit einem Neustart. Unter der Überschrift »terra ranca« möchte die Regierung eine neue Perspektive für das Land entwickeln. Eigentlich aber ist es das bekannte Lied: Der Staat versucht von der Weltgemeinschaft neue Kredite zu ergattern und ausländische Investoren zu überreden,

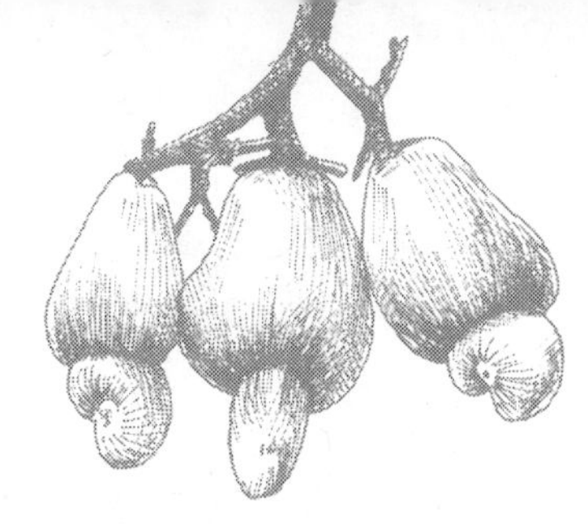

in die unterschiedlichen Wirtschaftszweige zu investieren. Das wichtigste Wirtschaftsprodukt in Guinea-Bissau ist Cashew. Cashewkerne machen 90 Prozent der Exporte des Staates aus. Das hat das Land anfällig gemacht für Kurseinbrüche. Ausgerechnet Cashew ist aber nun eines der Handelsgüter, in die Geldgeber neu und verstärkt investieren sollen. Dies birgt gleich mehrere Risiken: Zum einen gefährdet der Ausbau der Cashewproduktion die Grundversorgung – immer mehr Flächen, die für die Ernährung der einheimischen Bevölkerung von Bedeutung sind, weichen diesen *Cash Crops*. Schon jetzt muss das Land Reis, der früher sogar exportiert werden konnte, aus Drittländern einführen. Zum anderen geht die veränderte Nutzung der Flächen in der Regel mit einer Privatisierung des Landes einher. »Privatisiere oder stirb«, so lautet hier wie fast überall auf der Welt die Devise, mit der internationale Geldgeber Schuldnerstaaten wie Guinea-Bissau zu einem Verkauf von Grund und Boden drängen. Das veräußerte Land wird damit dem unmittelbaren Zugriff der Dorfgemeinschaften entzogen. Mit den Investitionen wird somit nicht nur die Versorgung der Bevölkerung infrage gestellt, sondern auch die traditionelle Gesellschaftsstruktur.

Das Hilfsprogramm liegt, kurz nachdem das erste Geld von der Weltgemeinschaft nach Guinea-Bissau überwiesen wurde, allerdings bereits wieder auf Eis. Nach bewährter Manier war es gleich wieder in den Taschen der Elite verschwunden. Dies wirft ein Licht auf das wahrscheinlich gravierendste Problem des Landes – die »Zusammenarbeit« zwischen der Elite vor Ort und ausländischen Geldgebern. Staaten oder Firmen bezahlen für den Zugriff auf Ressourcen (Fisch zum Beispiel), sie geben Kredite für Entwicklungsprojekte oder zahlen dafür, dass arme Länder wie Guinea-Bissau die in Europa gestrandeten Flüchtlinge zurück ins Land lassen. Vertraglich müsste das dafür gezahlte Geld eigentlich den Bürgerinnen und Bürgern des Landes zugutekommen, stattdessen landet es auf den Konten der herrschenden Klasse. Alle Beteiligten wissen von diesen Machenschaften, aber warum etwas daran ändern, wenn es doch zum eigenen Vorteil ist? Damit machen sich auch die Geldgeber schuldig.

Abb. 10: Marktszene mit Eimern und Stühlen aus Plastik im Angebot

Das Ausland beeinflusst die Wirtschaft des Landes noch auf eine andere fatale Weise. Wie andere Länder Afrikas auch, wird Guinea-Bissau überschwemmt von zum Teil hochsubventionierten Agrarprodukten aus den Industrieländern (China eingeschlossen). Gegen diese Billigimporte, von der Tomatenpaste über Milchpulver bis zum Hühnerschenkel, hat die heimische Wirtschaft keine Chance. Bei uns als Abfallprodukte ausrangiert, tragen die Importe in Guinea-Bissau und anderen Staaten Afrikas dazu bei, Teile der einheimischen Wirtschaft zu ruinieren. Auf der anderen Seite errichten die Industriestaaten nichttarifäre Handelsbarrieren (zum Beispiel über hohe Normen und Standards), um die heimische Wirtschaft vor konkurrierenden Produkten aus Afrika zu schützen.[49] Sieht so ein fairer Handel zwischen ungleichen Partnern aus? Guinea-Bissau kann sich gegen den verzerrten Wettbewerb kaum wehren, das Land ist hoch verschuldet und damit den Forderungen seiner Gläubiger, den Industriestaaten, nahezu schutzlos ausgeliefert. Ein geplantes Freihandelsabkommen der EU mit den westafrikanischen Staaten könnte die Situation noch verschärfen. So schreibt die nigerianische Menschenrechtsaktivistin Hafsat Abiola in einem Gastvortrag der *Zeit*: »Es verspricht kurzfristige Profite für europäische Konzerne und Beteiligungen für eine kleine afrikanische Elite. Mit den bekannten Folgen: steigende Ungleichheit in der Region, grassierende Armut, schwelende Konflikte.«[50]

Die Nichtregierungsorganisation Tiniguena (kreolisch für »Dieses Land gehört uns!«) beschreitet einen anderen Weg. Die in Guinea-Bissau beheimatete NGO wurde 1991 gegründet. Ihre Mission: die kulturellen und natürlichen Schätze des Landes für eine bessere Zukunft nutzen, das Umweltbewusstsein der Menschen schärfen und sie für eine nachhaltige Wirtschaftsweise gewinnen. Eine Veränderung von innen heraus also, ohne große Bevormundung durch ausländische Experten. Ausgangspunkt bei jedem Projekt ist für Tiniguena die traditionelle Kultur der Menschen vor Ort. Sie gilt es zu verstehen und zu respektieren. Darauf aufbauend entwickelt die NGO in enger Kooperation mit allen Beteiligten Maßnahmen, die sie in die Lage versetzen, ihre Ressourcen selbstverantwortlich und nachhaltig zu nutzen. Die Organisation möchte eine Zukunftsperspektive vermitteln, die es den Menschen ermöglicht, in einer globalisierten Welt zu bestehen.

Seit 1993 ist die NGO auf den Urok-Inseln im Bijagos-Archipel aktiv. Zusammen mit der lokalen Bevölkerung hat sie ein eigenes Schutzkonzept für diese Region entwickelt und, unterstützt von lokalen, regionalen und internationalen Gesellschaften und Institutionen (darunter natürlich auch IBAP als zuständiger Naturschutzinstanz), umgesetzt. Ein langwieriger, arbeitsintensiver Prozess. Fast drei Jahre dauerte allein die sogenannte »Konsultationsphase«, in der von allen Seiten Meinungen geäußert, Vorstellungen entwickelt und Informationen ausgetauscht wurden. »Einige Schutzgebiete werden per Dekret erstellt und entstehen über Nacht. Auf den Urok-Inseln haben wir uns die Zeit genommen, die wir brauchten«, erläutert Augusta Henriques, die das Projekt viele Jahre begleitet und geformt hat, das Vorgehen der NGO.[51]

Ein zentrales Anliegen von Tiniguena war und ist es, nicht nur alte Männer anzuhören und bestimmen zu lassen, sondern gleichberechtigt junge Leute und Frauen einzubinden – für die Organisation eine unabdingbare Voraussetzung, um eine langfristige Akzeptanz in der gesamten Bevölkerung zu erreichen. Am Ende des Prozesses stand ein ausgeklügeltes Schutzkonzept, eine Art »alternativer Nationalpark«, dessen Regeln alle tragen und unterstützen. Das offiziell als Urok-Islands Gemeinschafts-Meeresschutzgebiet bezeichnete Gebiet besitzt wie die Nationalparks drei Schutzzonen. Die Nutzung dieser Schutzzonen ist hier aber ganz auf die lokale Bevölkerung zugeschnitten.

Erste Untersuchungen scheinen zu belegen, dass die jahrelange Arbeit Früchte trägt. Die Fischbestände haben sich leicht erholt, die Lebensqualität der Bewohner:innen hat sich verbessert. »Wir haben den besten Aspekten der alten Traditionen neues Leben eingehaucht. Junge Leute schämen sich nicht länger ihrer Traditionen und erinnern sich daran, dass ihre Identität und ihre Einzigartigkeit in der Welt in ihrer Kultur wurzelt«,[52] gibt sich Augusta Henriques mit den Ergebnissen des Projektes zufrieden. Führt man sich die vielen illegalen Fischzüge ausländischer Fischer und Trawler vor Augen, erscheint ein langfristiger Erfolg dieses vorbildlichen Projektes ohne Mithilfe des Staates leider mehr als ungewiss. Nur wenn die gravierenden Verstöße gegen Auflagen auch geahndet werden, wird eine nachhaltige Nutzung der Ressourcen gelingen können – auch zum Vorteil von Knutt und Co.

Kapitel 6

Lagunen am Sandmeer

Walvis Bay und Sandwich Harbour/Namibia

Stelldichein der Weltenbummler

Sand! Sand so weit das Auge reicht. Sand, das ist der Stoff, aus dem die Namib ist. Eine Wüste wie bei der Banc d'Arguin, in diesem Fall aber auf der Südhalbkugel an der Küste Namibias gelegen, Tausende Kilometer von der Sahara und Mauretanien entfernt.

Ein 2.160 Kilometer langer Fluss, der sich seit Urzeiten durch den äußersten Süden Afrikas schlängelt, ist verantwortlich für diese Sandmassen. Auf seinem Weg Richtung Atlantik führt der Oranje Unmengen von Sedimenten mit sich und schwemmt sie an der Grenze zwischen den Staaten Südafrika und Namibia ins Meer, sagenhafte 25 bis 55 Millionen Tonnen jedes Jahr.[1] Im Meer verschiebt die Strömung den Sand nach Norden und lädt ihn an der Küste Namibias ab. Dort wird er zum Spielball des Süd- oder Südwestwindes, der ihn zu gigantischen, bis zu 300 Meter hohen Dünen auftürmt.

Die Namib zählt zu den wärmsten und lebensfeindlichsten Gegenden auf der Erde, mit Tagestemperaturen von bis zu 50 Grad (nachts kann das Thermometer dagegen bis auf den Gefrierpunkt zurückgehen). Regen fällt nur äußerst selten, mancherorts dauert es sogar Jahre bis zum nächsten Schauer. Für die Trockenheit sorgt der Benguelastrom, der kaltes Wasser aus der Antarktis bis zum Äquator führt. Das Wasser kühlt die darüberliegende Luft, sodass sich über dem Meer keine großen Regenwolken bilden und im Landesinneren abregnen können. Es reicht nur für Nebel, der morgens die Küste einhüllt und sich dann zum Mittag hin auflöst.

Wie im Wattenmeer oder an der Banc d'Arguin ist die Küste an der Namib ein ausgesprochen dynamischer Lebensraum. Alles hier ist in ständiger Bewegung: Sandbänke werden aufgeworfen, verlagern sich, verschwinden, Landzungen wachsen ins Meer hinein, ändern ihre Formen, verbreitern, verlängern, verkürzen sich. Da wo Nehrungen länger Bestand haben und weit genug ins Meer vordringen, entstehen in ihrem Windschatten Lagunen. Hier verringert sich die Strömung so weit, dass sich feineres Sediment ablagern kann, Wattflächen entstehen und damit ein potenzieller Lebensraum für Watvögel aller Art. Die ausgedehnteste Lagune befindet sich am Nordende der Namib, dort wo die Küste etwas nach Osten abknickt, bevor sie wieder nach Norden schwenkt. Die heute als Walvis Bay bezeichnete Bucht besteht schon seit wenigstens 3.000 Jahren. Zusammen mit der etwas weiter südlich gelegenen Lagune von Sandwich Harbour (deutlich jüngeren Datums) gehört Walvis Bay zu den bedeutendsten Küstenfeuchtgebieten im südlichen Afrika, ein Hafen für all jene Wat- und Wasservögel, die es bis in den Süden des Kontinents verschlagen hat.

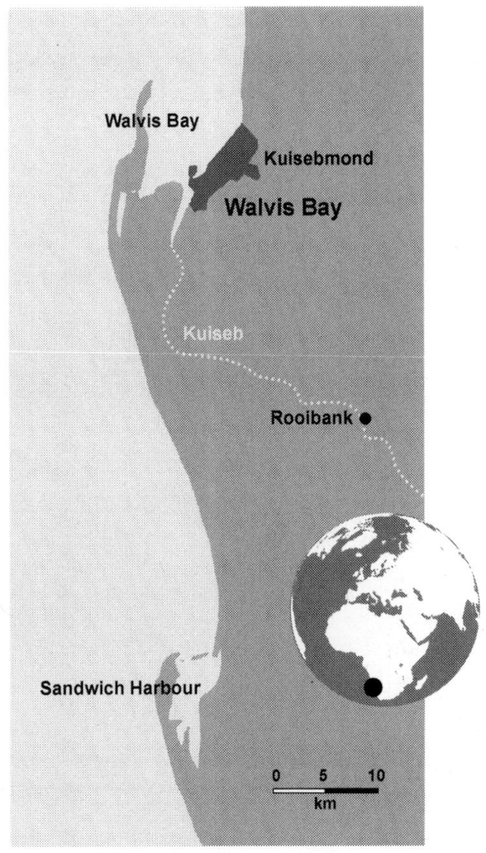

Abb. 1: Karte Walvis Bay

Flamingos prägen das Bild in der Bucht. Zwei Arten, der auch in Europa brütende Rosaflamingo sowie der vorrangig in Afrika verbreitete Zwergflamingo, teilen sich den Lebensraum. Im Winter halten sich bis zu 100.000 Vögel im Gebiet auf, ein wahres Mekka für Flamingoenthusiasten! Deutlich seltener, durch seine stattliche Gestalt und den prägnanten Schnabel aber gleichermaßen ins Auge fallend, ist der Rosapelikan. Dazu gesellen sich Kormorane, die vor allem direkt am Meer sehr zahlreich sind, fast 10.000 halten sich hier gleichzeitig auf, ebenfalls eine sehr beeindruckende Zahl![2]

In Anbetracht der Präsenz dieser auffallenden Erscheinungen gehen die vielen Watvögel, die ihnen in der Walvis Bay Gesellschaft leisten, fast unter, erst recht die wenigen Knutts, die der Weg von den Bijagos bis hierhin geführt hat. Maximal 1.800 Vögel konnten Ornithologen hier an einem Tag zählen, im Vergleich zu den Überwinterungsgebieten weiter im Norden eine geradezu klägliche Anzahl.[3] Und nicht alle der rastenden Vögel bleiben auch hier, eine ganze Reihe von ihnen zieht es noch ein Stück weiter gen Süden, bis hin zur Langebaan Lagoon in der Republik Südafrika. Einzelexemplare wurden gar auf Dyser Island vor der Südküste des Kontinents gesichtet, am Ende der Welt, wo weiter nach Süden bis hin zur Antarktis nichts mehr kommt als Wasser.

Was treibt die Vögel an, so weit in den Süden zu ziehen, sollten sie nicht alles daran setzen, eine solch lange Reise zu vermeiden? Die These von Wissenschaftler:innen: Es sind in erster Linie Vögel, die auf ihrem Zug bis hierhin kein für sie geeignetes Winterquartier gefunden haben, Vögel, die der Konkurrenzdruck in den nördlicher gelegenen Winterquartieren immer weiter in den Süden getrieben hat, so weit, bis sie in der Walvis Bay, bei Sandwich Harbour oder in der Langebaan Lagoon endlich eine Ausweichmöglichkeit finden. So gesehen, kann man diese Gebiete als Auffangbecken für »Verlierer« (Jungtiere vor allem) verstehen.

Der Umstand, dass neben Jungvögeln auch Altvögel in der Bucht auftauchen, zeigt, dass die Zugstrategie von *Canutus* selbst von Namibia aus funktionieren kann. Trotz einer erheblich längeren Zugstrecke muss es diesen Vögeln gelungen sein, Taimyr wieder gesund zu erreichen.

Leider ist über die Lebensweise des Knutts und anderer Watvögel in der Walvis Bay (und Langebaan) so gut wie nichts bekannt. Da die klimatischen Bedingungen mit der an der Banc d'Arguin vergleichbar scheinen, kann man wohl davon ausgehen, dass die Vögel auch hier gut mit Hitze und Trockenheit zurechtkommen. Sicher werden ebenso wie in Westafrika Muscheln die Hauptnahrung bilden – warum sollten die Vögel hier plötzlich ihre Vorlieben ändern, zumal eine ganze Palette von unterschiedlichen Arten zum Verzehr bereitsteht? Trotzdem wäre es von großem Interesse, die Nahrungspräferenzen in Walvis Bay mit der von der Banc d'Arguin oder den Bijagos vergleichen zu können. Vielleicht bringt ja eine Langzeitstudie, die seit 2017 die im Wattboden vorkommenden Lebewesen sowie die von ihnen profitierenden Vögel erfasst, etwas Licht ins Dunkel.[4] Durch regelmäßige Zählungen weiß man immerhin, dass Knutts (und einige andere arktische Arten) seit Beginn des 21. Jahrhunderts an der Walvis Bay wie im gesamten südlichen Afrika immer seltener geworden sind. Im Gegensatz zu den arktischen Arten sind die Bestände von Watvögeln, die wie der Rotband-Regenpfeifer aus der näheren Umgebung zum Überwintern in die Bucht kommen, stabil geblieben. Die Bedingungen an der Walvis Bay und den anderen Feuchtgebieten scheinen sich seit Beginn des neuen Jahrtausends also nicht groß verändert zu haben. Forscher:innnen schließen daraus, dass der Knutt die Gebiete im südlichen Afrika nicht länger als Ausweichstation benötigt. Fast alle Vögel scheinen nun bereits weiter nördlich satt zu werden. Ein Grund dafür dürfte sein, dass der Gesamtbestand der sibirischen Knutts rückläufig ist (Näheres zur Bestandsentwicklung siehe weiter unten).[5]

Während die Bucht für den Knutt nur ein Ausweichquartier darstellt, ist sie für andere arktische Watvögel zu einem zentralen Winterrastgebiet geworden. Der häufigste von ihnen, der Sichelstrandläufer, ist bereits aus Guinea-Bissau bekannt: Er brütet wie der Knutt auf Taimyr, ist aber auch etwas weiter westlich auf der Yamal-Halbinsel anzutreffen. An der Walvis Bay zählten Ornithologen schon über 44.000 Vögel, an der angrenzenden Lagune von Sandwich Harbour sogar mehr als 100.000. Bei der Winterzählung 2020 waren es insgesamt allerdings nur 40.000 Vögel.[6]

Aus Grönland oder dem Nordosten Kanadas stammen die meisten der hier überwinternden Sanderlinge. Der Tagesrekord bei Sandwich Harbour liegt bei erstaunlichen 50.800 Vögeln, an der Walvis Bay immerhin bei 15.169 (2020 insgesamt allerdings nur knapp 3.200).[7] Sanderlinge sind höchst flexible Weltenbummler, deren Zugstrategie sich individuell stark voneinander unterscheidet. So hat man festgestellt, dass Vögel aus dem gleichen grönländischen Brutgebiet sowohl im Wattenmeer wie auch an der Westküste Frankreichs, der Banc d'Arguin in Mauretanien oder eben hier im Süden Afrikas überwintern.

Bei einem Blick auf den unendlichen Ozean geraten weitere Gäste aus der Arktis ins Visier, Seevögel, Meister im Langstreckenflug wie Knutt, Sichelstrandläufer und Sanderling. Sie lockt allerdings nicht das Watt, sondern

Abb. 2: Küstenseeschwalbe

der kühle Benguelastrom in diese Gefilde. Wie auf den Bijagos führt die Strömung hier dazu, dass kaltes, nährstoffreiches Wasser von der Tiefe an die Wasseroberfläche dringt und eine massenhafte Vermehrung von Phytoplankton ermöglicht – dem Beginn der Nahrungspyramide, die über Zooplankton und Fische bis zu Fischfressern aller Art reicht. Besonders beeindruckend sind die Ansammlungen von Küstenseeschwalben: Sagenhafte 93.000 Vögel wurden in Walvis Bay bereits gezählt. Weltrekordler zu Besuch: Keine Vogelart kann mit einem derart langen Zugweg aufwarten wie dieser schnittige Vogel. Die Seeschwalben zieht es von hier aus noch weiter bis in die Küstengewässer der Antarktis. Manche machen vorher sogar noch eine kurze Stippvisite an die Westküste Australiens. Vögel, die in den Niederlanden mit Sendern versehen wurden, kamen dadurch auf eine reine Zugstrecke von bis zu 49.000 Kilometern im Jahr, mehr als einmal um die Erde.[8]

Überleben in der Wüste

Am Südende der Walvis Bay mündet der Kuiseb River in den Atlantik – ohne dass man davon allerdings etwas merken würde, in der Regel versickert das Wasser nämlich bereits vor dem Erreichen des Meeres. Nur alle paar Jahre, wenn es am Oberlauf des Flusses im Landesinneren Namibias außergewöhnlich stark regnet, kann er derart anschwellen, dass er es bis in den Ozean schafft. Er nimmt dann den Sand, der in der Zeit davor in sein Flussbett geweht worden ist, mit sich und verhindert dadurch, dass sich die Namib über den Fluss hinaus nach Norden ausbreiten kann.

Aber selbst wenn der Fluss kein Wasser führt, bleibt der Grundwasserspiegel bis zur Mündung doch so hoch, dass das kostbare Nass hier in Reichweite von Pflanzen gerät und die Vegetation im Flussbett entsprechend üppiger ausfällt als in der Umgebung. Auch Menschen erhalten so die Möglichkeit, an Trinkbares zu gelangen. Der Kuiseb ist mithin die Voraussetzung dafür, dass bereits vor mehr als 2.000 Jahren Menschen durch diese Gegend streiften. Die damaligen Küstenbewohner:innen waren vermutlich die Vorfahren der heute noch hier ansässigen ≠Aolin. Die Bezeichnung »≠Aolin« bedeutet in der traditionellen Sprache der Indigenen so viel wie »Menschen am äußersten Rand«, wobei das ≠-Zeichen am Anfang des Wortes für einen Klicklaut steht, der fester Bestandteil der Sprache dieser Volksgruppe ist. Heute ist der Name »Topnaar« für die Indigenen gebräuchlich.

Die Topnaar gehören weitläufig zum Volk der Nama, das hauptsächlich in Südafrika beheimatet war. Bekannter ist das Volk unter dem Namen »Hottentotten«, eine diskriminierende Namensgebung, die entweder niederländischen Ursprungs ist und »Stotterer« bedeutet, oder den Refrain eines Liedes nachahmt, das die Nama im 17. Jahrhundert zur Begrüßung der niederländischen Kolonisten sangen. Mit der Redewendung »Es geht zu wie bei den Hottentotten«, die auf ein unzivilisiertes und unordentliches Verhalten verweist, hat die Abwertung auch Eingang in die deutsche Sprache gefunden.

»Sie waren groß und sahen gut aus für Namaquas [Nama]«, beschrieb James Edward Alexander das Äußere der Topnaar – ebenfalls nicht ohne Wertung. Sie »trugen Pelzmützen, hübsche Mäntel aus Schakalfellen, elfenbeinfarbene Kugeln um den Hals, Trophäenringe aus Leder um das Handgelenk [...] und Sandalen an den Füßen. Sie waren kampfbereit, mit gebogenen Bögen, Köchern aus weichem Leder voller vergifteter Pfeile und Lanzen«.[9]

Abb. 3: Indigene Völker als Attraktion in zoologischen Gärten

Die Topnaar siedelten in kleinen Gruppen von 20 bis 100 Menschen einige Kilometer vom Meer entfernt entlang des Kuiseb, wechselten ihre Standorte aber immer wieder bis tief ins Binnenland. Befehligt wurden sie von einem Anführer, dessen Macht weitere Würdenträger wahrscheinlich stark eingrenzten.

Alexander war beeindruckt von der einzigartigen Konstruktion ihrer Behausungen, der das Gebäude stützenden Pfahlkonstruktion, dem mit Gras und Schilf bedeckten Dach und der »Veranda«, die offensichtlich verhindern sollte, dass der Westwind in die Hütten wehte. Innen sah es für ihn geräumig und durchaus komfortabel aus.[10]

Dass die Menschen hier am Rande der Namib überhaupt dauerhaft überleben konnten, verdankten sie neben dem Wasserzugang einer in vielerlei Hinsicht erstaunlichen Pflanze. Sie gehört zu den Kürbisgewächsen und kommt fast ausschließlich in der Namib vor. Sie trägt den wissenschaftlichen Namen *Acanthosicyos horridus* und wird von den Einheimischen »!Nara« genannt. Die Pflanze hat sich perfekt an die ungastlichen Bedingungen in der Wüste angepasst. Um an Wasser zu gelangen, haben die Gewächse tief reichende Pfahlwurzeln entwickelt. Bis zu 40 Meter lang können sie werden, sodass die !Nara bei der

Wasseraufnahme nicht allein auf Tröpfchen vertrauen muss, die der morgendliche Nebel morgens auf der Pflanze ablädt. Ihre Blätter sind zu Dornen verformt, was den Wasserverlust minimiert und ganz nebenbei vor hungrigen Pflanzenfressern schützt. Da der grüne Stängel bei der Photosynthese hilft, können die Pflanzen trotzdem ausreichend Energie gewinnen. Jede Pflanze bildet ein wirres Gestrüpp, das eine Fläche von nicht weniger als 1.500 Quadratmetern einnehmen kann. Das vielleicht Erstaunlichste und für die Menschen Entscheidende ist jedoch, dass es der Pflanze allen Unbilden zum Trotz gelingt, üppige essbare Früchte auszubilden, bis zu einem Kilogramm schwer und so groß wie ein Straußenei.

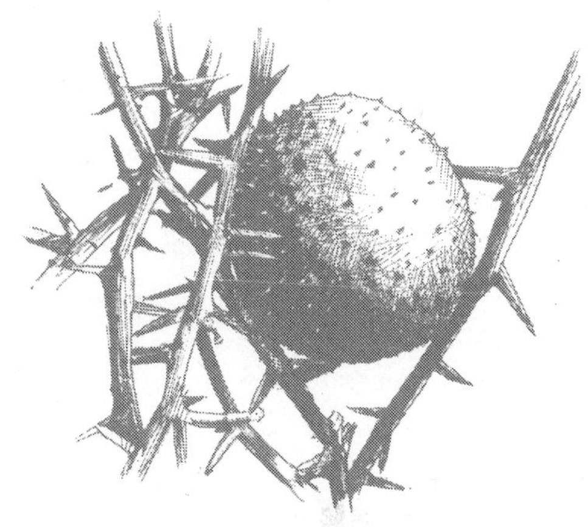

Schon vor 8.000 Jahren haben Menschen sich in der Wüste von den Früchten der !Nara ernährt. Geerntet wird von November bis Mai. Die abgetrennten Früchte werden geschält und dann für einige Stunden gekocht – rohe Früchte haben zwar einen angenehmen fruchtigen Geschmack, sind aber ungenießbar, da sie Bitterstoffe enthalten, die zu Bauchschmerzen führen. Verfärbt sich das kochende Fruchtfleisch tief orange, können die Kerne durch Sieben vom Fruchtfleisch getrennt werden. Sowohl Kerne wie Fruchtfleisch sind essbar, wobei die Kerne besonders nahrhaft sind. Sie enthalten viel Öl und viele Proteine, lassen sich roh oder geröstet wie Nüsse essen, manchmal werden sie gemahlen. Das gekochte Fruchtfleisch wird auf den Sand gegossen oder in Behältnissen für einige Tage an der Sonne getrocknet. Die derart haltbar gemachten Fladen lassen sich das ganze Jahr über verzehren.[11] Die Pflanze ist auch anderweitig einsetzbar: Das Öl der Nüsse wird als Sonnenschutz aufgetragen, ihre Wurzeln dienen als Heilmittel. Bis heute ist es nicht möglich, die !Nara zu züchten, sodass die Pflanze nicht angebaut werden kann. Zur Ernte wies die Stammesführung den Familien deshalb bestimmte Wildpflanzen zu.

Gingen die Vorräte der !Nara zur Neige, verlagerte sich der Aktionsraum der Menschen direkt an die Küste. Hier ernährten sie sich von einer ganzen Palette tierischer Nahrung. Aufgeschüttete Hügel wie an der Banc d'Arguin zeugen davon, dass Muscheln ein zentraler Bestandteil der Nahrung waren. Fischfang spielte ebenfalls eine Rolle, er blieb aber limitiert, weil die Menschen weder über Angelhaken und Schnüre, noch über nennenswerte Netze und schon gar nicht über Boote verfügten. Stattdessen wurden die Fische, (Stachelrochen, Sandhaie, Welse und Lachse vor allem) mit Holzspeeren harpuniert. Makrelen und Klippfische fischte man mit der bloßen Hand zwischen den Felsen aus dem Wasser.[12]

Vögeln rückte man mit Pfeil und Bogen und mit Unterstützung von Hunden zu Leibe. Knochenfunden zufolge erbeuteten die Jäger sowohl Vögel am Strand – Brillenpinguine, Kaptölpel, Sturmvögel oder Kormorane – wie auch Vögel in der Lagune, vor allem Rosapelikane und Flamingos. Das Sammeln von Eiern, insbesondere vom Strauß, ergänzte den Speiseplan.[13] Da die Topnaar über keine Stellnetze wie die Menschen im Wattenmeer verfügten, waren so flinke Vögel wie der Knutt vor den Nachstellungen ziemlich sicher.

Robben und Schildkröten bereicherten zusätzlich den Speiseplan. Bei Ebbe ließen sich mit Glück sogar Delfine fangen. Und ein wahres Fest war es, wenn ein Wal angeschwemmt wurde. Alles vom Wal wurde verwertet: das Fleisch und der Speck, die konserviert wurden, indem man sie im feuchten Sand vergrub oder in schmalen Streifen trocknete, der Tran zum Einreiben der Haut, um sich vor Sonne und Salzwasser zu schützen und die Walknochen, die bei der von Sir Alexander so bewunderten Pfahlkonstruktion beim Hüttenbau zum Einsatz kamen. Kein Wunder, dass die Fischer »gib mir den Wal« sangen, um das Meer zur Preisgabe dieser von ihnen so heiß begehrten Ressource zu bewegen.[14]

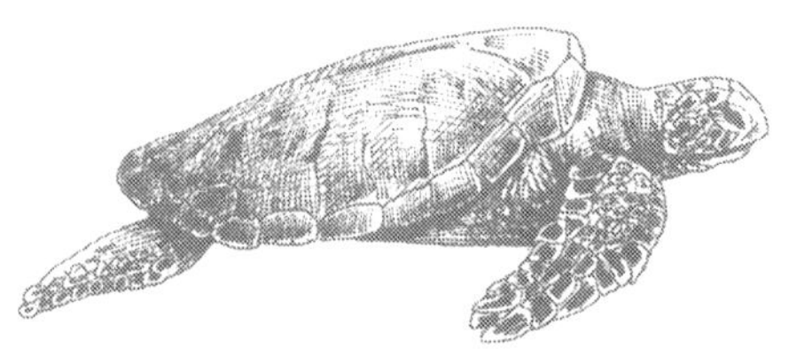

Vor etwa 1.000 Jahren lernten die Topnaar eine weitere wichtige Ressource zu nutzen, sie begannen Rinder, Schafe und Ziegen zu halten, wurden zu Viehzüchtern. Dieses zusätzliche Kapital sollte später beim

Kontakt mit Europäern noch eine gewichtige Rolle spielen. Interessant ist, dass sich im Zuge der Viehhaltung ähnlich wie bei den Imraguen in Mauretanien offenbar eine soziale Zweiteilung innerhalb der Gemeinschaft herausgebildet hat. Topnaar, die ihr Vieh verloren und dadurch gezwungen waren, zum Überleben Richtung Küste zu ziehen, galten als Menschen zweiter Klasse, Verarmte, auf die man als stolzer Viehhalter herabblicken konnte.

Die Umwelt der Topnaar war hart, die Ressourcen knapp, das Überleben immer aufs Neue bedroht. Leben in einer Welt des Mangels: Nicht von ungefähr soll das Teilen deshalb hier bis heute hoch im Kurs stehen. Das erinnert an »gib, wenn du hast«, die Überlebensformel der Nganasanen. Erfreuten sich entsprechend auch Tiere und Pflanzen einer ähnlich hohen Wertschätzung wie bei den weit entfernt lebenden Menschen im hohen Norden? Die Quellenlage dazu ist äußerst dürftig.[15] Für eine enge Verbundenheit von Mensch und Nichtmensch sprechen einige Elemente der traditionellen Glaubensvorstellungen der Nama (Topnaar). Das Volk teilte die Welt ursprünglich in Gut und Böse. Die Menschen glaubten an einen allumfassenden Gott, der gütig war und in der Lage, Bedrängten zu helfen, *Tsui//Goab*, der Gute. Er beschützte das Vieh, gab Kraft und hielt Krankheiten fern. Vor allem aber wurde er als Regenmacher geschätzt und verehrt. Noch 1870, die Topnaar hatten bereits weitgehend den christlichen Glauben angenommen, klang das nach, als Theophilus Hahn, Sohn des Missionars Johannes Samuel Hahn, mit einem Topnaar unterwegs war: »Wir beide schauten mit großer Freude zu den Wolken, mutmaßend, dass in einigen Stunden das ganze Land unter Wasser stehen würde. ›Ah‹, sagte er, ›hier kommt *Tsui//Goab* in altbewährter Manier, so wie er es in der Zeit meiner Großväter tat. Du wirst heute Regen sehen.‹«[16] Unterstützt wurde *Tsui//Goab* von *Heitsi-Eibib* (manchmal mit ihm gleichgesetzt), einem mit übernatürlichen Kräften gesegneten Ahnen, oft gestorben und immer wieder auferstanden, um neue Heldentaten zu vollbringen. Die Hilfe war höchst willkommen, schließlich gab es auch eine dunkle Seite, *IIGáuab* (Gaunab), den Bösen. Er war der Rächer, gefürchtet und gehasst von allen. Er sorgte zusammen mit den Geistern der Verstorbenen für Dürren, brachte Tod und Verderben. *Tsui-IIgoab* und *IIGáuab*, zwei Seiten einer Medaille, die in einem nie endenden Machtkampf verstrickt waren, und dabei doch schicksalhaft und unentrinnbar miteinander verbunden. Bei den Menschen und anderen Tieren war es ähnlich: Auch sie hatten eine gute und eine böse Seite, die ohne Unterlass miteinander im Clinch lagen. Menschen und Nichtmenschen unterschieden sich in dieser Hinsicht nicht voneinander, sie gehörten keinen unterschiedlichen Sphären an, sondern standen auf einer Stufe. Das erinnert tatsächlich an die animistischen Vorstellungen bei den Nganasanen und Bijagos, ebenso wie der Glaube der Nama, Götter oder Ahnen könnten in die Haut von Tieren (Löwen, Schakalen) schlüpfen.[17] Dazu gibt es einige Belege, die zeigen, dass bestimmten Tieren mit großem Respekt begegnet wurde. Wenn zum Beispiel in der Nacht ein Schakal laut heulte, musste man etwas Nahrung hinter sich werfen, um das Tier zu besänftigen und zu verhindern, dass es daheim Schaden anrichtete. Tauchte ein der Gottesanbeterin ähnliches Insekt in einer Behausung auf, hatte man ihm Ehre zu erweisen, keinesfalls durfte man es töten.

Auf der anderen Seite war der Mensch jedoch das einzige weltliche Wesen, das die im Inneren tobenden Kräfte beeinflussen und nutzen konnte, im Guten wie im Bösen – ein gefährliches, riskantes Unterfangen, konnte durch solche Eingriffe doch die Balance zwischen den beiden Kräften aus den Fugen geraten, mit negativen Auswirkungen auf die ganze Gesellschaft. Nur durch Gegenmaßnahmen ließ sich die göttliche Harmonie der miteinander ringenden Kräfte wieder herstellen.

Begegnungen

Im Jahr 1486, 30 Jahre nachdem Alvise de Cá da Mosto den Bijagos-Archipel entdeckt hatte, erreichten drei portugiesische Schiffe die Walvis Bay. Die kleine Flotte stand unter dem Kommando von Bartolomeu Diaz (1450–1500). Der Expeditionsleiter war in geheimer Mission unterwegs.

Beauftragt von seinem Landesherren, König Johann II. von Portugal, sollte er nun endlich den Seeweg zu den lukrativen Gewürzmärkten in Indien und China finden. Diaz ließ ein Versorgungsschiff als Sicherheit in der Bucht zurück und segelte mit den beiden anderen Karavellen weiter. Tatsächlich erreichte er mit seinen Schiffen die Südspitze des Kontinents, umrundete das Kap und setzte seinen Kurs Richtung Indien fort. Der Weg nach Asien war frei, ein Durchbruch! Welch ein Ärger, dass die Erkrankung seiner Mannschaft den Seefahrer dann allzu schnell zur Rückfahrt zwang.

Was die Besatzung des zurückgelassenen Versorgungsschiffes in der langen Zeit der Abwesenheit ihres Kommandanten in der Walvis Bay unternahm, ist leider nicht bekannt, die ganze Mission war zu solch großer Geheimhaltung verpflichtet, dass keine genaueren Aufzeichnungen zur Fahrt existieren. Blieben die wartenden Seeleute die ganze Zeit über an Bord, oder – wahrscheinlicher – erkundeten sie die Bucht und begegneten womöglich als erste Europäer den Topnaar? Zu schade, dass sich diese spannende Frage nicht mehr beantworten lässt. Verbürgt ist lediglich, dass bei der Rückkehr von Diaz nur vier Seeleute seines Versorgungsschiffes am Leben waren. Der Expeditionsleiter verließ die von ihm »Golf der Empfängnis der Heiligen Maria« getaufte Bucht und konnte seinem König nach der glücklichen Rückkehr 1488 berichten, dass er das Tor für einen Seeweg nach Indien aufgestoßen hatte. Vasco da Gama vollendete das Unternehmen zum Ausgang des Jahrhunderts, indem er als Erster bis an die Westküste Indiens vordrang.

Abb. 4: Karavelle von Bartolomeu Diaz

Anders als in Mauretanien oder den Bijagos zeigten die Portugiesen im Folgenden keinerlei Interesse mehr an der Westküste Südafrikas. Zu ungastlich und lebensfeindlich erschien ihnen der Küstenabschnitt, zu gefährlich der ständige Küstennebel. Wirklich geeignete Anlegestellen gab es hier ihrer Einschätzung nach auch nicht, also ließen sie den Küstenabschnitt links liegen und versuchten stattdessen, an der Ostküste Südafrikas Fuß zu fassen.

So dauerte es noch bis 1670, fast 200 Jahre, bis es zur ersten verbürgten Begegnung zwischen Europäern und den Topnaar kam. Dieses Mal war ein niederländisches Schiff beteiligt. Die Niederlande waren im Verlauf des 16. Jahrhunderts wie berichtet zu einer einflussreichen Seehandelsmacht aufgestiegen. Vor allem in Afrika und Asien konkurrierten nun niederländische Handelsgesellschaften mit Händlern aus Portugal und England. Auf der Suche nach Zwischenstationen, wo die Schiffe auf ihrem Weg zu den Märkten in Asien mit Wasser, frischem Gemüse und Frischfleisch beladen werden konnten, fiel die Wahl der Niederländer auf das von den Portugiesen mit Missachtung gestrafte Südende Afrikas. 1652 machten sie mit der Gründung von Kapstadt am Kap der Guten Hoffnung Nägel mit Köpfen. Von hier ausgehend streckte man nun die Fühler nach weiteren geeigneten Zwischenstationen aus. Und so ging denn das Segelschiff *Grundel* 1670 in Sandwich Harbour, nur wenige Kilometer von der Walvis Bay entfernt, vor Anker. Zu dieser Zeit mündete der Kuiseb, wenn er denn genug Wasser führte, noch hier in den Atlantik. Es gab entsprechend Wasser und vielleicht ja sogar Handelspartner, schließlich gerieten am Ufer fünf Einheimische und ein Hund in das Blickfeld der Seefahrer. Leider erwiesen sich die Menschen als wenig gastfreundlich. Sie weigerten sich nicht nur, dem Schiff näher zu kommen, schlimmer noch, sie empfanden die Ankömmlinge offenbar als Bedrohung, holten Verstärkung und griffen die am Strand gelandeten Europäer mit Bögen, Speeren und Steinen an. Als die einzige Muskete ihren Dienst versagte, blieb den Niederländern keine andere Wahl, als sich ins Beiboot zu flüchten und so den bis ins Wasser nachsetzenden Einheimischen zu entkommen. Nicht gerade verheißungsvoll, dieser erste Kontakt!

Die zweite Begegnung verlief zunächst deutlich friedlicher: 1677 erreichte die *Boode* die Bucht. In weiser Voraussicht ruderten die Niederländer mit zwei voll bemannten und bewaffneten Booten an Land und trafen dort auf eine wesentlich freundlicher gestimmte Gemeinschaft. Die Europäer durften die mit Walknochen gestützten Hütten der

Indigenen besuchen, aus wassergefüllten Straußeneierschalen trinken und getrocknetes Robbenfleisch zu sich nehmen. Als die derart ermutigten Niederländer aber einen Tauschhandel mit dem Vieh der Topnaar in Gang setzen wollten, griffen die Einheimischen zu den Waffen, verwundeten einige Seeleute und vertrieben die Eindringlinge ein zweites Mal aus ihrer Heimat. Ein wirkungsvoller Schlag, beendete er doch für fast ein Jahrhundert jeden Versuch eines Europäers, hier erneut an Land zu gehen.

Walfänger und Kuhdiebe

Aus gutem Grund hatte der portugiesische Seefahrer Duarte Pacheco Pereira den Golf der Empfängnis der Heiligen Maria zu Beginn des 16. Jahrhunderts in »Bahia das Baleas«, die Bucht der Wale (Walvis Bay), umgetauft. Ihm war aufgefallen, dass es in der Gegend geradezu vor Walen wimmelte. Es gab Buckelwale und Finnwale, Schwert- und Pottwale, vor allem aber große Ansammlungen von Südkapern, die sich hier bis tief in die Bucht vorwagten. Niederländische Walfangschiffe versuchten ab Anfang des 18. Jahrhunderts daraus Profit zu schlagen, allerdings mit so mäßigem Erfolg, dass das Unternehmen relativ schnell wieder aufgegeben wurde. Es waren dann um 1770 herum Amerikaner, die den wahren Wert des Küstenabschnittes erkannten und konsequent damit begannen, die Walbestände auszubeuten. Immer mehr Schiffe erschienen in der Bucht, zum Höhepunkt am Ende des Jahrhunderts drängelten sich hier während der Jagdsaison (Mai bis September) bisweilen bis zu 40 Walfangschoner. Die meisten Schiffe blieben für Wochen oder gar Monate. Dies war möglich, weil die Südkaper, anfangs die wichtigste

Beute, direkt in die Bucht kamen oder zumindest dicht vor der Küste entlangzogen. So konnten die Beiboote die Wale direkt von der Bucht aus ansteuern. Wenn viele Schiffe vor Anker lagen, führte das zuweilen zu einem regelrechten Wettrudern zwischen den konkurrierenden Besatzungen.

Die Walfänger benötigten Wasser und frischen Proviant, und nun gelang es, mit den Topnaar einen friedlichen Kontakt aufzubauen und den Handel in Gang zu bringen. Schon bald waren die Einheimischen derart erpicht auf einen Warenaustausch, dass sie Kieferknochen von Walen zu Seezeichen auftürmten, um die Seefahrer in die Bucht zu locken.[18] Geholfen haben könnten ihnen dabei auch die großen Ansammlungen von Pelikanen und Flamingos, die manch ein Walfänger auf den ersten Blick für Häuser hielt.[19]

Die Seefahrer waren vor allem an Vieh interessiert, das von den Topnaar gut verborgen im Binnenland gehalten wurde, vermutlich, weil dort die besten Weidegründe lagen, vielleicht aber auch, um es vor den Fremden zu schützen. Jedenfalls trieben die Einheimischen immer nur so viele Tiere an die Küste, wie sie verkaufen wollten. Das Vieh wurde vor allem gegen Tabak eingetauscht. »Tabak ist ihr Abgott. Wer viel Tabak hat, ist nach ihren Begriffen der reichste und glücklichste Mensch auf Erden«, hielt der deutsche Missionar Friedrich Kolbe 1848 fest.[20] Auch Perlen standen hoch im Kurs, in geringerem Umfang kamen Besteck und andere Metallwaren als Tauschgüter dazu. Anfänglich waren nur Männer am Handel beteiligt, Frauen bekamen die Seeleute nicht zu Gesicht – sicher eine weise, wohlbedachte Vorsichtsmaßnahme.

1840 lebten etwa 600 bis 750 Topnaar im Bereich der Walvis Bay.[21] Zu dieser Zeit hatte der Walfang seinen Höhepunkt bereits überschritten, dafür tauchten Schiffe mit anderer Zielrichtung in der Bucht auf. Man hatte gerade entdeckt, dass der Kot von Seevögeln, Kormoranen insbesondere, ein hervorragendes Düngemittel darstellte. Überall machten sich Kaufleute daraufhin auf die Suche nach diesem Guano und wurden unter anderem vor der Küste Namibias auf den Angra Pequena Islands fündig. Ein regelrechter »Kotrausch« begann. So ankerten nun auch Guano-Schiffe in der Bucht und hielten den Handel mit Vieh am Laufen. Aus dieser Zeit stammen die ersten Berichte über sexuelle Kontakte von Seeleuten mit Topnaarfrauen. Offenbar hatten die Topnaar ihre Zurückhaltung in Bezug auf ihre Frauen mittlerweile gelockert oder ganz aufgegeben. »Die Greuel der Unzucht, die von dieser rohen Klasse Menschen […] an verheirateten und unverheirateten Frauen ausgeübt werden, sind nicht zu beschreiben; ich jedenfalls wage nicht niederzuschreiben, was die Männer uns selbst erzählt haben«, hielt der Deutsche Carl Hugo Hahn angewidert fest, als er 1844 Walvis Bay besuchte.[22] Was hatte die Topnaar dazu veranlasst, ihre Frauen an die Bucht zu lassen? War es der auch beim weiblichen Geschlecht äußerst beliebte Tabak, der die Frauen dazu verführte, »alle Scham beiseite zu setzen« und sich zu verkaufen?[23] Oder waren andere Gründe dafür ausschlaggebend? Sicher ist, dass sich die Topnaar genau zu dieser Zeit einer wachsenden Bedrohung aus dem Landesinneren erwehren mussten. Die Gefahr kam aus dem Südosten und ging von Jonker Afrikaner, dem Stammesführer der Orlam, aus. Die Orlam sind aus der Verbindung niederländischer Buren mit Nama-Frauen hervorgegangen. Jonker stammte aus dem

Abb. 5: Thomas Baines, Walvis Bay im Jahr 1861 von See aus

heutigen Südafrika, wo er von klein auf mit den dort ansässigen Europäern in Kontakt stand. Kaum zum Stammeshäuptling aufgestiegen, startete er Raubzüge, bei denen er Vieh erbeutete und es gegen Feuerwaffen und Alkohol eintauschte. Hoch zu Ross und mit Gewehren ausgestattet, verliefen die gewaltsamen Streifzüge durchweg erfolgreich, was dem sogenannten »Kaptein« einen beträchtlichen Zulauf an Gefolgsleuten bescherte. Bald wurde es Jonker im heimatlichen Südafrika zu eng, er expandierte ins südliche Namibia. Auf die Topnaar trafen Jonkers Männer wohl erstmals um 1837. Jonker okkupierte das Land, verschleppte das Vieh der Topnaar (vor allem Rinder) und zwang sie, die von ihm erbeuteten Tiere zu hüten oder anderen seiner Befehle Folge zu leisten.

Die prekäre Lage verschärfte sich, als der Kaptein 1843 eine Straße von Windhoek, seiner neuen Machtzentrale, nach Walvis Bay bauen ließ und die Rinderherden, die fortan von dort Richtung Meer getrieben wurden, die Weidegründe der Topnaar verwüsteten. Für Jonker spielte das natürlich keine Rolle, ihm ging es einzig darum, mit den Viehherden Geschäfte zu machen. Der Bau der Straße sollte dazu beitragen, Walvis Bay zu einem bedeutsamen Handelsplatz zu machen. Tatsächlich tauchten 1844 die ersten Handelskaufleute auf und ließen sich hier häuslich nieder.

Ihrer Rinder beraubt und zu Frondiensten verpflichtet, verarmten die Topnaar, nur Ziegen, Schafe und Hühner blieben ihnen. Um weiter überleben zu können, sahen sich einige von ihnen nun gezwungen, in die Dienste der neuen Siedler (auch Orlam waren darunter) in Walvis Bay zu treten und sich dort womöglich auch zu prostituieren.

Bekehrungen und Verheerungen

Im Jahr 1828 wurde die Rheinische Missionsgemeinschaft gegründet, eine von mehreren deutschen Gesellschaften, die es deutschen Missionaren ermöglichen wollten, einen persönlichen Beitrag zur Bekehrung der Heiden rund um den Globus zu leisten. Bereits 1829 nahm die Missionsgemeinschaft ihre Tätigkeit im Kapland, dem heutigen Südafrika, auf und unterstützte die bereits vor Ort befindlichen Missionare bei ihren Bekehrungsversuchen. Fast zwangsläufig gerieten die Missionare dabei in den Machtbereich von Jonker Afrikaner. Spätestens als sich die Gemeinschaft ins heutige Namibia ausdehnen wollte, musste man sich mit dem Kaptein arrangieren. Jonker hatte zwar längst den christlichen Glauben angenommen, führte nach Ansicht der Missionare aber ein alles andere als gottesfürchtiges Leben. »Das Kriegsleben, die Herrschsucht, die Wollust, die Trunksucht waren die starken Seile, die der Satan zu einem Netz gedreht hatte, um die Seele des jungen vielversprechenden Häuptlings zu fangen«, heißt es dazu bei Ludwig von Rohden, dem »Hofberichterstatter« der Missionsgemeinschaft.[24] Trotzdem blieben die Missionare im Gespräch und rangen dem Herrscher für die Gesellschaft akzeptable Vereinbarungen ab. Die mit der Erlaubnis Jonkers in Namibia und südlich davon eingerichteten Missionsstationen wollten versorgt sein. Dies geschah lange von Kapstadt aus, was aber sehr mühsam war und mit Ochsenkarren viele Monate dauern konnte. Als Walvis Bay sich anschickte, zum Handelsstützpunkt aufzusteigen, kam von Seiten der Missionsgesellschaft die Idee auf, die Stationen fortan über Walvis Bay zu beliefern. Also fragte man bei Jonker nach, ob die Gesellschaft in der Nähe von Walvis Bay eine Missionsstation als Stützpunkt errichten dürfte. Als dieser seine Erlaubnis erteilt hatte, konnte mit Heinrich Scheppmann (zusammen mit seinem Assistenten Johannes Rath) 1845 der erste Missionar in Walvis Bay von Bord gehen und nach einem geeigneten Standort für die neue Mission Ausschau halten. Da es ihm nicht gestattet war, den Stützpunkt direkt an der Bucht zu gründen (vermutlich, weil die ansässigen Händler befürchteten, er könnte ihren einträglichen Handel mit Spirituosen vereiteln), siedelte der Geistliche etwas weiter im Landesinneren in Rooibank am Kuiseb, mitten im Stammesgebiet der Topnaar. Ein trefflicher Platz, konnte man von dort doch nicht nur Waren ins Hinterland weiterleiten, sondern gleichzeitig verirrte Seelen retten – mit Erfolg, wie es scheint, denn »die Gemüther der Leute fingen bald an ihm geneigt zu werden, hier und da fingen Etliche an zu beten, bald zeigte sich eine Erweckung auf der Station«.[25] Bereits 1846 wurde der erste Topnaar getauft, immer mehr folgten. Die schnellen Erfolge dürften wohl auch darauf zurückzuführen sein, dass

Abb. 6: Altes Missionshaus in Rooibank am Kuiseb

die Menschen unter ihrer Notlage litten. Von Jonker drangsaliert und um ihre Viehbestände gebracht, erhofften sie sich vermutlich Linderung und Schutz von den frommen Ankömmlingen.

Nach dem frühzeitigen Tod von Scheppmann im Jahr 1847 übernahmen andere Missionare seine Arbeit. Anfänglich fielen ihre Bemühungen, eine funktionierende Station aufzubauen, ein ums andere Mal ihrer Naivität und den unsicheren politischen Verhältnissen zum Opfer. So wurden Teile der Siedlung samt der neu errichteten Kapelle davongespült, weil die Missionare nicht bedacht hatten, dass der Kuiseb hin und wieder zum reißenden Strom wird. Immer wieder verloren sie rettungsbedürftige Seelen, weil Jonker sie für Dienste abzog oder marodierende Trupps plündernd und mordend durch die Gegend zogen. Und auch mit der Gottestreue war das so eine Sache: »Es ist keine Mustergemeinde«, musste Chronist Rohden einräumen, »vielmehr steht es mit den Getauften meist so schwach und jämmerlich, daß man immer auf ihren Rückfall ins Heidenthum sich gefaßt halten muß.«[26] Trotz all dieser Widrigkeiten blieb die Station bestehen und trug ihren

Teil dazu bei, dass deutsche Missionare im Land dauerhaft Fuß fassen konnten. Wie sich herausstellen sollte, waren die Missionare aber nur die Vorboten, die Wegbereiter, für eine großflächige Besiedlung des Landes durch Bürger und Bürgerinnen des neu entstandenen Deutschen Kaiserreiches.

Seit den gescheiterten Kolonialbestrebungen von Friedrich Wilhelm von Brandenburg zwischen 1680 und 1721 hatte sich kein deutscher Staat mehr in Übersee engagiert, nur Einzelpersonen oder Handelskaufhäuser - zum Teil durchaus einflussreich - sorgten noch für eine deutsche Präsenz außerhalb Europas. Das wundert nicht, war Deutschland doch bis zur Reichsgründung 1871 ein Flickenteppich aus Kleinstaaten. Mit dem Zusammenschluss zum Deutschen Kaiserreich begann sich der Wind zu drehen. Erste Stimmen wurden laut, die ein Engagement Deutschlands in Übersee forderten. »Sollten Kaiser und Reich, sollten Reichskanzler, Bundesrath und Reichstag nicht auch daran denken, das Ihrige zu thun, um dem neuen Reiche ein Stück der alten Handelsmacht wieder zu gewinnen und ihm, wenn auch verspätet, zu colonialem Besitz, dessen es zu seinem ökonomischen Bestande auf die Dauer gar nicht entrathen kann, zu verhelfen?«, fragte 1879 Friedrich Fabri, wohl nicht ganz zufällig Vorsitzender der Rheinischen Missionsgemeinschaft, in seiner Streitschrift *Bedarf Deutschland der Kolonien?* und beantwortete die Frage im Anschluss gleich selbst mit einem klaren Ja.[27] Etwas überraschend blieben religiöse Erwägungen dabei völlig außen vor, Fabri führte ausschließlich wirtschaftliche, soziale und machtpolitische Argumente ins Feld.

Die Forderungen von Fabri und anderen wurden immer populärer, sie trafen einen Nerv. Das Kaiserreich sollte, so dachten nun viele, endlich den ihr als aufstrebende Großmacht zustehenden Platz in der Weltgemeinschaft einnehmen, und dazu gehörte ganz selbstverständlich der Besitz von Kolonien. Kolonialvereine wie die Gesellschaft für deutsche Kolonisation oder Der Deutsche Kolonialverein wurden gegründet, um der Politik Beine zu machen.

Der Bremer Tabakhändler Adolf Lüderitz (1834–1886) beließ es nicht bei Worten, er nahm 1883 das Heft des Handelns in die Hand und schuf Tatsachen. Lüderitz hatte bei einem Blick auf die Landkarte festgestellt, dass es im Südwesten Afrikas noch ein Gebiet ohne verbriefte Gebietsansprüche irgendeiner Kolonialmacht gab. Die vom Tabakhändler ausgewählten Gebiete südlich von Walvis Bay gehörten zu dieser Zeit zum Stammesbesitz der Nama. Um die Flächen käuflich zu erwerben, trat Lüderitz über seinen Partner, den ebenfalls in Bremen ansässigen jungen Kaufmann Heinrich Vogelsang (1862–1914), mit dem zuständigen Stammeshäuptling »Chief« Joseph Frederiks von Bethanien in Verhandlungen. Tatsächlich gelang es dem jungen Mann, Frederiks einen Küstenstreifen von fünf Meilen abzuschwatzen – für 100 Pfund in Gold und 200 Gewehre. Um für wenig Geld an deutlich mehr Land zu kommen, versuchte Vogelsang, die Nama bei einer zweiten Verhandlungsrunde hinters Licht zu führen. Er ersetzte das Wort »Meile« im Vertrag durch den Begriff »geografische Meile«, eine Maßeinheit, die den Nama nicht geläufig war. Während eine Meile einer Länge von 1,6 Kilometern entspricht, ist eine geografische Meile 7,4 Kilometer lang. Der Coup gelang und so verleibten sich die beiden Kaufleute trotz vieler Proteste, die aufkamen, nachdem der Schwindel aufgeflogen war, das Sechsfache des ihnen eigentlich zugesprochenen Landes ein.

Abb. 7: Adolf Lüderitz

Um seinen Besitz abzusichern, bat Lüderitz bei dem damaligen Reichskanzler Bismarck (1815–1898) um Schutz. Bismarck war für koloniale Abenteuer eigentlich nicht zu haben. Nachdem die britische Regierung, die die Niederlande längst als starke Macht im Süden Afrikas abgelöst hatte, als Reaktion auf die in unmittelbarer Nachbarschaft getätigten Ankäufe des Deutschen das Gebiet plötzlich für sich selbst beanspruchte, sah sich der Kanzler am 24. April 1884 aber doch gezwungen, den angeforderten Schutz zu gewähren und die Besitzungen zu Schutzgebieten des Kaiserreichs zu erklären. Der Anfang zur Bildung einer deutschen Kolonie im Südwesten Afrikas war gemacht.

Walvis Bay fiel allerdings an die Briten. Der Handelsstützpunkt war 1878, gerade noch rechtzeitig vor dem Beginn der deutschen Kolonialbestrebungen, von den Engländern offiziell ihrem Kolonialreich zugeschlagen worden. Nach der Annexion ganz Namibias durch das Deutsche Kaiserreich lebte ein Teil der Topnaar deshalb fortan unter britischer, ein anderer unter deutscher Herrschaft.

In den folgenden Jahren sorgte das Kaiserreich dafür, dass immer mehr Siedler und Siedlerinnen ins Land strömten und die dort ansässigen Herero und Nama Stück für Stück verdrängten (die Topnaar waren davon allerdings nicht direkt betroffen, wahrscheinlich, weil ihr Land für die Ankömmlinge alles andere als attraktiv war). Viele von der Okkupation heimgesuchten Einheimischen verloren ihr Eigentum, und als Seuchen die verbliebenen Viehbestände stark dezimierten, waren sie gezwungen, bei den Deutschen nach Arbeit zu suchen. Dort wurden sie oft behandelt wie Vieh, galten als rechtlose Bedienstete und Sklavenarbeiter.[28]

Abb. 8: Lothar von Trotha

Die Verarmung und die schlechte Behandlung durch die neuen Herren führten zu immer heftigeren Streitigkeiten und bewaffneten Auseinandersetzungen. Der Widerstand gipfelte schließlich im gemeinsamen Aufstand der Herero und Nama von 1904 bis 1908 (die Topnaar am Kuiseb waren daran offenbar nicht direkt beteiligt). »Die Herero sind nicht mehr Deutsche Untertanen«, ließ Generalleutnant Lothar von Trotha (1848–1920), Gouverneur der Kolonie, verlauten und gab damit unmissverständlich die Marschrichtung für die Behandlung der Aufständischen vor. »Innerhalb der Deutschen Grenze wird jeder Herero mit oder ohne Gewehr, mit oder ohne Vieh erschossen, ich nehme keine Weiber und keine Kinder mehr auf, treibe sie zu ihrem Volke zurück oder lasse auch auf sie schießen.« Und an anderer Stelle erklärte er: »Ich glaube, dass die Nation [der Herero und Nama] als solche vernichtet werden muß.«[29] Und so nahm seinen Lauf, was heute gemeinhin als erster Völkermord im 20. Jahrhundert bezeichnet wird, Massaker und Gräueltaten, denen bis zu 80.000 Herero und 20.000 Nama zum Opfer fielen. Die Überlebenden schickte man in damals schon sogenannte »Konzentrationslager«, wo unmenschliche Zustände herrschten. Misshandlungen waren an der Tagesordnung, die Frauen wurden vergewaltigt und mussten teilweise sogar die Schädel der Toten abkratzen.[30]

Und was machten die Missionare, die Vorboten der Kolonialisierung? Pfarrer Ludwig von Rohden hatte in seiner *Geschichte der Rheinischen Missionsgemeinschaft* 1858 das frühere imperiale Vorgehen der Niederländer am Kap noch scharf kritisiert: »Die Art, wie Sie das machten, ist überall so ziemlich dieselbe gewesen. Erst thaten Sie mit den erstaunten und arglosen Bewohnern der fremden Länder gar freundlich, schenkten ihnen Korallen und Flitterwerk und schöne Spielsachen; dann setzten Sie sich an einem passenden Platze fest, dann forderten Sie von den Einwohnern allerlei Dienste, und wenn sie nicht gehorchen wollten, so redeten Sie hart mit ihnen durch Flinten und Kanonen, darauf setzten Sie die eingeborenen Fürsten ab und machten sich selbst zu Herrschern, und endlich beraubten Sie die neuen Unterthanen ihrer Güter und ihrer Freiheit und machten sie zu ihren Leibeigenen und Sklaven.«[31] Nun mussten die Missionare feststellen, dass auch in Deutsch-Südwest »die Art, wie Sie das machten, so ziemlich dieselbe« war – nur mit Deutschen als Tätern. Dadurch befanden sich die Seelsorger in der Zwickmühle: Einerseits waren sie angewidert vom Vorgehen mancher Siedler, prangerten auch immer wieder die Vergehen der Schutztruppe an, andererseits fühlten sie sich dem Heimatland eng verbunden und waren auf das Wohlwollen der Kolonialbeamten angewiesen. Als sich schließlich Siedler beschwerten, die Missionare würden mit ihren Ansichten von Gleichheit und Brüderlichkeit den Herero und Nama gefährliche Flausen in den Kopf setzen, sah sich der damalige Reichskanzler Fürst Bernhard von Bülow (1849–1929) 1904 gezwungen, deutliche Worte zu finden. Der Platz der Missionare könne in diesem Kampf nur an der Seite ihrer Landsleute sein, ließ er verlautbaren, sie sollten also bitte ihre neutrale Haltung aufgeben und auf weitere Anklagen verzichten. Die Gescholtenen knickten daraufhin zum größten Teil ein und verlegten sich stattdessen darauf, mäßigend auf die Aufständischen einzuwirken.[32]

Kurz nach Beginn des Ersten Weltkriegs, nach nur 31 Jahren, musste das Kaiserreich die Kolonie bereits wieder aufgeben. Trotz des Verlustes konnten viele Deutschstämmige aber bleiben und im Grunde so weitermachen wie zuvor. Heute leben noch 14.000 Menschen mit Deutsch als Muttersprache im Land, eine verschwindend kleine Minderheit bei einer Gesamtbevölkerung von 2,5 Millionen – aber nach wie vor mit großem Einfluss in Politik und Wirtschaft.

Der deutsche Staat tut sich bis heute schwer mit der Aufarbeitung der Verbrechen an den Herero und Nama. Erst im Mai 2021, nach jahrelangen Verhandlungen mit der Regierung Namibias, bekannte sich die Bundesregierung in einem Versöhnungsabkommen zu der besonderen historischen und moralischen Schuld Deutschlands. Sie erkannte die damaligen Gräuel als Völkermord an und bat um Entschuldigung für die Vergehen. Verbunden mit der Entschuldigung sind Investitionen von 1,1 Milliarden Euro, die die Bundesregierung als »Geste der Anerkennung des unermesslichen Leids, das den Opfern zugefügt wurde«,[33] in den nächsten 30 Jahren in Hilfsprojekte für die Herero und Nama investieren will.

Die Verhandlungen dauerten so lange, weil die Bundesregierung zwar bereit war, Geld zu stiften, aber unbedingt einen justiziablen Anspruch der Betroffenen auf finanzielle Entschädigung verhindern wollte, eine Entschuldigung ohne rechtliche Konsequenzen. Das führte bei den betroffenen Herero und Nama zu großem Unmut. Dabei fühlten sie sich aber nicht nur von der deutschen, sondern auch von der eigenen Regierung verraten. Die sieht das Verbrechen an den Herero und Nama nämlich als nationale Angelegenheit und ließ die selbstgewählten Vertreter:innen der beiden Volksgruppen bei den Verhandlungen deshalb außen vor. Die Regierung will allein entscheiden, wohin das Geld fließt – am besten natürlich, davon darf man wohl ausgehen, in die klamme Staatskasse.

Verödet und ganz ohne Nutzen?

Nach dem Ende der deutschen Kolonialherrschaft übernahm der Völkerbund (1919) das Mandat über Namibia und übertrug es an die Verwaltung der neugegründeten Südafrikanischen Union (einer Zusammenlegung der vier Kolonien Natal, Transvaal, Oranjefluss-Kolonie und Kapkolonie). Die Union, später Republik Südafrika, sollte dieses Mandat trotz erheblicher Widerstände der Staatengemeinschaft bis 1990 ausüben. 1922 schlug die südafrikanische Administration Walvis Bay eigenmächtig dem Mandatsgebiet zu und trennte den Ort damit von Großbritannien.

Die kleine Ansiedlung an der Bucht, im deutschen Kolonial-Lexikon von 1920 (aus verletztem Stolz?) noch als »völlig verödet« und »ganz ohne Nutzen für das deutsche Volk« beschrieben,[34] entwickelte sich: Der Handel kam in Schwung, der Hafen wurde ausgebaut, die Fischerei gewann an Bedeutung und löste den nicht länger lohnenden Walfang ab. Man legte Straßen an, baute Lagerhäuser und verlegte eine Eisenbahnlinie nach Swakopmund. 1931 war der Ort so weit angewachsen, dass er die Stadtrechte erhielt.

Wie in der gesamten Südafrikanischen Union, so wurde auch in ihrem Mandatsgebiet eine Politik der strikten Rassentrennung eingeführt, mit starken Benachteiligungen und vielen Restriktionen für die schwarze Bevölkerungsmehrheit: eine ungleiche Einkommensverteilung, schlechtere Bildung, eingeschränkte Gesundheitsversorgung. Schwarz und Weiß lebten fortan in strikt getrennten Wohngebieten. Wenig überraschend gab es von Seiten der verbliebenen deutschen Siedler kaum Widerstand gegen diese Maßnahmen, sie hatten es vorher schließlich nicht viel anders gehandhabt.

Nach dem Ende des Zweiten Weltkriegs baute die Regierung die Politik der »getrennten Entwicklung« weiter aus und institutionalisierte sie. Kritik der Vereinten Nationen an dieser Politik und wiederholte Aufforderungen, Namibia in die Unabhängigkeit zu entlassen, wurden von Südafrika ignoriert, was dazu führte, dass die UNO dem Land 1966 das völkerrechtliche Mandat über Namibia entzog. Sanktionen folgten. Dessen ungeachtet entwickelte sich die Wirtschaft in Walvis Bay beständig weiter. 1964 legte man am Südostende der Bucht Salinen für die Salzgewinnung an. Jedes Jahr werden dem Meer hier seitdem bis zu 750.000 Tonnen Salz abgerungen. Die Anlage der Salinen war ein gravierender Eingriff ins ursprüngliche Landschaftsgefüge, für einige Vogelarten erwies sich der neu entstandene Lebensraum aber als durchaus attraktiv. So überwintert fast die Hälfte aller afrikanischen Schwarzhalstaucher in den Salinen, Flamingos nutzen die Flächen ebenso wie einige Watvogelarten.

Nicht in allen Bereichen entwickelte sich die Wirtschaft von Walvis Bay allerdings in die gewünschte Richtung. So ging der Fischfang ab Ende der 1970er-Jahre deutlich zurück – eine Folge der illegalen Besetzung Namibias durch Südafrika, die es internationalen Fischfangflotten ermöglichte, im »rechtlosen Raum« hemmungslos die Bestände leerzufischen.

1960 gründete sich die Südwestafrikanische Volksorganisation, kurz SWAPO. Sie rief zum Krieg gegen die südafrikanische Besetzung von Namibia auf und trug ihren Teil dazu bei, dass die südafrikanische Regierung 1978 schließlich dem internationalen Druck nachgab und eine Unabhängigkeit Namibias in Aussicht stellte. Bis es so weit war, vergingen allerdings noch etliche Jahre, erst im November 1989 fanden die ersten freien Wahlen in Namibia statt (bei der die SWAPO mit 41 von 72 Parlamentssitzen die Mehrheit errang). Die neue Verfassung trat schließlich am 21. März 1990 in Kraft und besiegelte endgültig die Unabhängigkeit des Landes.

Walvis Bay wollten die Südafrikaner allerdings nicht so ohne Weiteres hergeben. Die Stadt war dem Regime wirtschaftlich einfach zu wichtig. Es beharrte auf einem Sonderstatus und hielt die Stadt weiterhin besetzt.

Der Journalist Casey C. Kelso besuchte den Ort 1992 und zeichnete ein düsteres Bild von den damaligen Zuständen in der Stadt.[35] Während in Südafrika die Liberalisierung langsam voranschritt, konnte man die Apartheid in Walvis Bay noch in ihrer Reinform erleben. Walvis Bay als letzte Bastion eingefleischter Rassisten. Immer noch bestimmte einzig die weiße Minderheit über die Geschicke der Stadt. Weiße und Schwarze lebten weiterhin strikt getrennt. Jeden Tag nach Arbeitsschluss ging es für die Schwarzen von den Fabriken oder Hafenanlagen im Zentrum, wo sie für die Weißen arbeiteten, zurück in den trostlosen Vorort Kuisebmond. Etwa 10.000 Menschen lebten hier. Kein Schild wies einem Autofahrer den Weg dorthin. Den Journalisten erinnerte der Ortsteil an einen Gefängnisblock oder an ein Konzentrationslager. Schwarze, die Walvis Bay verließen, mussten bei ihrer Rückkehr Grenzschutzbeamten Papiere vorlegen, um wieder hereingelassen zu werden. Reine Schikane. Geradezu schockiert reagierte der Journalist, als er mit Paul van Staden, einem weißhäutigen Arzt ins Gespräch kam. »Man kann keine menschlichen [sprich: weißen] Siedler nehmen und sie mit nichtmenschlichen Individuen zusammenwerfen und erwarten, dass sie eine gemeinsame Nation aufbauen«, tat van Staden dem Reporter kund. »Die Amerikaner haben das Richtige getan. Sie haben sie [die Indianer] ausgelöscht.« Als die Frau des Arztes beschwichtigend einzugreifen versuchte und meinte, die Schwarzen würden eben anders erzogen werden, sie wären nicht gebildet und zivilisiert, fiel er ihr mit den Worten »Sie sind keine Menschen, so ist das«, ins Wort.[36]

Erst 1994, zwei Jahre nach dem Besuch von Kelso, nach dem endgültigen Ende der Apartheid in Südafrika, war endlich auch in Walvis Bay der Spuk vorbei, der Ort gehörte nun zur Republik Namibia. »Apartheid ist nicht etwas, das an einem Tag stirbt, es dauert Jahrzehnte«,[37] hatte der Gewerkschaftler George Gavanga von der Namibia Food and Allied Workers Union dem Reporter noch mit auf den Weg gegeben und tatsächlich sind Vorurteile und Rassenhass bei den Ewiggestrigen im Land immer noch sehr lebendig, auch unter den Deutschstämmigen, wie der Korrespondent Bartholomäus Grill bei einer Stippvisite im Land vor einigen Jahren feststellen musste. Es sieht gerade nicht so aus, als würden Jahrzehnte ausreichen, den Rassenhass in Namibia zu begraben ...[38]

Boomtown

Heute ist Walvis Bay dabei, sich zum Dreh- und Angelpunkt des Handels für das gesamte südwestliche Afrika zu entwickeln. Der Hafen profitiert dabei vor allem davon, dass er die kürzeste Import- und Ex-

Abb. 9: Walvis Bay

portroute für die Binnenstaaten Botswana und Zimbabwe bildet. Selbst für einige Regionen in der Republik Südafrika liegt Walvis Bay für das Ex- und Importgeschäft am günstigsten.

Um die steigende Anzahl an Gütern abfertigen zu können, wurde in der Bucht kürzlich eine 40 Hektar große Insel aufgeschüttet und mit dem Hafen verbunden. 750.000 Container können allein hier jetzt pro Jahr umgeschlagen werden. Auch für Touristen ist auf der Insel gesorgt, einige Anlegeplätze wurden extra für Kreuzfahrtschiffe konzipiert. Und es soll weitergehen: Nun ist eine Ausbreitung des Hafenbereichs am nördlichen Stadtrand geplant, in der Bucht selbst steht einfach kein Platz mehr für eine weitere Vergrößerung zur Verfügung. Der Nordhafen soll bei einer Kailänge von zehn Kilometern Platz für dreißig Schiffe bieten. Ein Terminal wird für Kohle aus dem benachbarten Botswana reserviert – etwa 100 Millionen Tonnen beabsichtigt man hier bald jedes Jahr umzuschlagen. Angrenzend an den Hafen sollen Öl- und Gasdepots entstehen, dazu ein großer Industriepark in unmittelbarer Umgebung.[39] Zudem rücken jetzt neu errichtete Wohngebäude im Süden den Vögeln in der Bucht immer mehr zu Leibe. Auch die Salzgewinnung wird weiter ausgebaut. Keine Frage: Die Stadt mit einer Einwohnerzahl von mittlerweile 52.000 (Stand 2020)[40] boomt.

In keiner anderen Region entlang des Zugweges der Unterart *Ca-nutus* grenzt ein Rastgebiet so eng und unmittelbar an einen ähnlich intensiv vom Menschen genutzten Wirtschaftsraum wie an der Walvis Bay. Verständlicherweise wächst da unter Umweltschützer:innen die Sorge, dass sich die fortlaufende Expansion mit der Zeit negativ auf die Tier- und Pflanzenwelt der Küstengewässer auswirken wird, sowohl auf die marine Lebenswelt wie auch auf die vielen Vögel in der Lagune.

Weit größere Folgen könnten allerdings die Eingriffe in das Wasserregiment des Kuiseb-Flusses haben. So wurde 1967 eine Umleitungsmauer gebaut, die Wavis Bay vor dem sporadisch auftretenden Hochwasser des Kuiseb schützen soll. Gleichzeitig wird dem Fluss immer mehr Grundwasser für die Versorgung des Ortes entzogen. Zusammen mit klimatischen Veränderungen hat das dazu geführt, dass heute überhaupt kein Wasser mehr in die Bucht gelangt. Infolgedessen haben die Treibsande nun freie Bahn. Dünen werden nicht mehr wie früher alle paar Jahre vom Fluss dem Erdboden gleichgemacht, sondern können praktisch ungestört auf Bucht und Ort zuwandern. Damit der Treibsand die Wohngebäude und Industrieanlagen nicht unter sich begräbt, bedarf es mittlerweile großer und kostspieliger Schutzmaßnahmen.[41] Der Sand wandert nicht nur Richtung Stadt, sondern wird auch in die Wattgebiete getragen. Wenn niemand etwas dagegen unternimmt, droht die Lagune demnächst zumindest in Teilbereichen auszutrocknen.

Zu Gast im eigenen Land

Schon in der deutschen Kolonialzeit hatte man damit begonnen, Teile der Region um Walvis Bay unter Naturschutz zu stellen. Den Anfang machte die Proklamation der Bucht zum Wildreservat Nr. 3 am 1. April 1907. Das Schutzgebiet begann südlich der britischen Enklave Walvis Bay und umfasste große Bereiche der Namib, darunter den Unterlauf des Kuiseb und die Küste bei Sandwich Harbour. »Allgemeine menschliche Aktivitäten« waren im Reservat verboten – ohne Ausnahme, was die hier weiterhin lebenden Topnaar zumindest auf dem Papier mit einem Schlag zu Gesetzlosen machte. Eine Enteignung, ohne die Betroffenen auch nur zu konsultieren, man hatte sie bei der Ausweisung wohl schlicht vergessen. Erst in Gesetzesänderungen im Jahr 1909 erinnerte man sich der Ureinwohner:innen. Man gewährte ihnen nun ein stark eingeschränktes Aufenthaltsrecht, sie waren geduldet. Rein formell war ihnen aber weiterhin ein freier Aufenthalt im Schutzgebiet untersagt. Und dabei blieb es. Mit den Regierungen von Südafrika und später dann Namibia erfuhr das Schutzgebiet zwar immer wieder Veränderungen, die Indigenen blieben aber, wie die Anthropologin Katrín Magnúsdóttir es ausdrückt, »zu Gast im eigenen Land«.[42]

Heute gehört der gesamte Siedlungsraum der Topnaar zum Namib-Skelettküste-Nationalpark, dem größten Schutzgebiet in Namibia und dem achtgrößten der Erde. Auch die Lagune von Walvis Bay ist nun Bestandteil dieses gewaltigen Schutzgebietes. Offiziell gibt es bis heute aber immer noch keine rechtliche Grundlage, die es den Topnaar gestattet, sich frei im Park zu bewegen.

Abb. 10: Siedlung der Topnaar inmitten der Namib

Die im Gebiet verbliebenen Topnaar leben hauptsächlich im unteren Kuiseb-Tal. Ähnlich wie früher wohnen die Menschen in Siedlungen mit zumeist nur fünf bis 25 Einwohner:innen.[43]

Die !Nara-Pflanze ist nach wie vor von großer Bedeutung, nicht nur als Ressource, sondern auch als identitätsstiftender Bestandteil der Kultur. Früher hatten Familien einen exklusiven Zugang zu bestimmten Pflanzen, sie allein durften die Früchte dieser Pflanzen ernten, ohne dass sie Besitzer:innen des Landes waren. Da nicht mehr alle Familien von diesen Zuweisungen Gebrauch machen, hat sich ein freier Zugang eingebürgert, was sowohl innerhalb der Topnaar-Gemeinde wie auch zwischen den Topnaar und außenstehenden Nutzern zu Konflikten geführt hat.

Die Muttersprache der Topnaar ist weiterhin Nama, vor allem jüngere Leute beherrschen aber auch die Amtssprache Englisch. Zumindest bis vor Kurzem gab es aber nur wenige Bildungseinrichtungen: Die nächste Schule ist vor allem für Kinder, die weiter im Binnenland wohnen, oft kaum zu erreichen. Das Bildungsniveau ist entsprechend niedrig, sicher auch, weil die Topnaar das nötige Schulgeld oft nicht aufbringen können. Statt zur Schule zu gehen, hüten die Kinder dann das Vieh oder helfen bei anderen Dingen des Alltags. Bezahlte Arbeit gibt es kaum, viele Indigene sind gezwungen, sich mit Gelegenheitsjobs durchzuschlagen. Topnaar, die in Walvis Bay Arbeit gefunden haben, unterstützen oft ihre auf dem Lande lebende Verwandtschaft, die sich im Gegenzug um das Vieh der »Spender« kümmert. Für einige Familien sind Renten, die alte Menschen erhalten, die einzige regelmäßige Einkommensquelle und für das Überleben des gesamten Haushaltes zum Teil von entscheidender Bedeutung.

Mittlerweile wird aber einiges getan, um den Indigenen ein menschenwürdiges Dasein in der Wüste zu ermöglichen. So hat der Staat speziell für die Topnaar einige lukrative Konzessionen ausgeschrieben.

Von den Erlösen dieser Konzessionen soll die ganze Gemeinschaft profitieren. So ermöglichte es eine vom Staat ausgegebene Fischereikonzession, in den Fischereisektor einzusteigen, eine Tourismuskonzession erlaubte es, Reisen in das Gebiet zu organisieren und durchzuführen (einige Topnaar haben dazu eine Ausbildung als Reiseleiter:innen absolviert, dazu gibt es zwei Campingplätze), eine Wildtierkonzession war eine Gelegenheit, um über die Trophäenjagd Einkommen für die Gemeinschaft zu generieren.

An der prekären Situation in den Gemeinden haben die Konzessionen bislang aber nur wenig geändert. Erstaunlicherweise wird der Nationalpark, der den Menschen doch einige Einschränkungen auferlegt, nicht für diese Misere verantwortlich gemacht. Das ist jedenfalls das Resultat einer Befragung, die Katrín Magnúsdóttir aus Island 2009 unter den Topnaar durchführte. Die meisten der von der Anthropologin interviewten Menschen waren zufrieden, im Nationalpark zu leben. Sie fühlten sich nicht über die Maßen eingeschränkt. »Ich denke, die Idee, in einem Park zu leben, ist eine wirklich gute Idee«, bekam sie zu hören und von anderer Seite: »Solange wir in Harmonie mit den Tieren leben können und solange wir in Kontakt mit den Naturschützern bleiben, die sich auch um den Erhalt der Umwelt sorgen, solange es Verständnis und einen Meinungsaustausch zwischen uns gibt, bin ich glücklich in einem Park zu leben.«[44] Einige der Befragten wussten nicht einmal, dass sie in einem Nationalpark zu Hause waren, und das, obwohl sie seit vielen Jahren innerhalb seiner Grenzen lebten.

Schuld an der Krise war nach Meinung der Befragten vielmehr die *Traditional Authority,* die aus einem »Chief« und fünf Gemeinderäten bestehende lokale Obrigkeit. Dieses Gremium hat die Zentralregierung als Verbindungsorgan zwischen dem Staat und den etwa 2.000 Gemeindemitgliedern der Topnaar ins Leben gerufen. Der Rat stellt eine Art Wiederbelebung der traditionellen Stammesstrukturen dar. Alle drei Jahre wird er neu gewählt, das Wahlprozedere wird allerdings nicht immer befolgt. Langjähriger Führer der Topnaar war Chief Seth Kooitjie. Über alle Altersgrenzen hinweg waren sich die Gemeindemitglieder einig, dass Kooitjie und sein Gemeinderat nicht genug für die Gemeinde taten. Es gäbe keine Kommunikation und Zusammenarbeit zwischen den Community-Mitgliedern und der traditionellen Autorität, hieß es.[45] Die Gemeindemitglieder wollten und wollen mehr Transparenz und mehr Austausch, sie möchten bei der Entscheidungsfindung beteiligt sein, angehört und ernst genommen werden. Wichtige Beschlüsse, so der Vorwurf, würden nur im kleinen Kreis mit Anhängern der Führungsmannschaft besprochen – zum eigenen Vorteil und auf Kosten der Gemeinschaft. Als beispielsweise die Fischereikonzession vergeben wurde, nutzten Chief Kooitjie und seine Mitstreiter die Gelegenheit, um ohne Rücksprache mit der Gemeinde flugs das dafür erforderliche Fischereiunternehmen zu gründen und sich die Konzession zu sichern. Die Posten im Unternehmen wurden untereinander aufgeteilt. Kritik begegneten der Chief und seine Führungsriege, indem sie die Schuld an der schlechten sozialen Lage anderen in die Schuhe schoben. Die anderen, das waren die Regierungsvertreter, die bezichtigt wurden, viel zu wenig für die Topnaar zu tun und die verhinderten, dass versprochenes Geld bei der Gemeinschaft ankam. Die anderen, das waren ebenso die internen Kritiker, die faul und phlegmatisch und undankbar waren. Ließ sich der Protest der eigenen Leute auf diese Weise nicht eindämmen, machte der Gemeinderat die Gegner mundtot, indem er sie gegeneinander ausspielte.[46] Abwiegeln, verunglimpfen, aufhetzen, sattsam bekannte Methoden, die eigene Macht zu sichern – bei Kooitjie zumindest hat das funktioniert, er hatte seinen Posten über viele Jahre bis zu seinem Tod im Jahr 2019 inne.

Kapitel 7

Schicksalhaft verbunden

Verbindungen zum Ersten: der Knutt

Seit es das Wattenmeer gibt, fliegen Knutts aus den arktischen Brutgebieten hierher, um ihre Energievorräte aufzufüllen, seit dieser Zeit fliegen sie vom Wattenmeer weiter in die Winterquartiere im Süden.

Was empfindet man, wenn man sein Leben an drei geografisch und klimatisch ganz unterschiedlichen Orten verbringt, jedes Jahr aufs Neue, ein Leben lang? Gibt es einen Ort, der heraussticht, einen, der so etwas wie ein Zuhause ist? Ist es die Arktis, wo man geboren wurde und seinen Nachwuchs großzieht? Oder ist es das Rastgebiet, in dem man sich fast genauso lange aufhält und das nach einer anstrengenden Reise mit einem Überfluss an Fressbarem punkten kann? Oder ist es das Winterquartier, wo man die längste Zeit des Jahres verbringt? Ganz abgesehen davon, dass dem Knutt solche Überlegungen vermutlich nicht durch den Kopf gehen dürften, sind sie für ihn letztendlich auch ohne Belang. Alle Orte sind für sein Leben von gleicher Bedeutung, auf keinen von ihnen kann er verzichten. Ohne die Arktis, an deren Bedingungen er sich im Unterschied zu den meisten anderen Vogelarten perfekt angepasst hat, könnte er seinen Nachwuchs nur schwerlich großziehen, ohne das Winterquartier mit der auf ihn zugeschnittenen Nahrung würde er die kalte Jahreszeit nicht überstehen. Und erst das »Schlaraffenland« Wattenmeer ermöglicht es ihm, diese beiden so weit voneinander entfernten Orte miteinander zu verknüpfen. Der Knutt handelt global, er ist ein echter Weltbürger.

Die enge Vernetzung der Gebiete macht den Knutt verletzlich. Wenn es in nur einer dieser Welten ein Problem gibt, wirkt sich dies auf sein gesamtes Leben aus. Es kann bereits im Winterquartier beginnen. Stehen den Vögeln auf der Banc d'Arguin zum Beispiel weniger der leicht verdaulichen Venusmuscheln zur Verfügung als üblich, sind die meisten Vögel nicht mehr in der Lage, rechtzeitig vor ihrem Abflug Richtung Wattenmeer genug Vorräte aufzubauen. Das hat zur Folge, dass sie von der Banc d'Arguin entweder mit einem geringerem Fettdepot oder mit Verspätung starten müssen. Das Untergewicht zwingt die rechtzeitig gestarteten Vögel mit großer Wahrscheinlichkeit, die Reise zwischendurch zwecks dringend benötigter Nahrungsaufnahme zu unterbrechen. Ebenso wie bei den verspätet gestarteten Vögeln verschiebt sich ihre Ankunft im Wattenmeer dadurch nach hinten. Um den Zeitverlust wieder aufzuholen, müssen sie hier mehr oder schneller als gewöhnlich an Gewicht zulegen – eine echte Herausforderung! Wahrscheinlicher ist, dass sie auch vom Wattenmeer verspätet oder mit Untergewicht aufbrechen und geschwächt oder zeitverzögert im Brutgebiet ankommen. Das verringert die Chancen, dort effizient und erfolgreich den Nachwuchs großzuziehen. Damit tragen die Vögel das im Winterquartier eingehandelte Problem bis ins Brutgebiet. Der Zustand im Winterquartier entscheidet also mit, wie die Brutaussichten für den Knutt sind. Dieser sogenannte »Carry-over-Effekt« kann ebenso im Wattenmeer seinen Anfang nehmen, beispielsweise, wenn Kälte oder Stürme eine geregelte Nahrungsaufnahme erschweren oder unmöglich machen.

Abb. 1: Brutgebiet (Taimyr)

Abb. 2: Rastgebiet (Wattenmeer)

Abb. 3: Winterquartier (Banc d'Arguin)

Knutts verbinden Lebensräume, die einzelnen Unterarten leben aber strikt voneinander getrennt. Sie brüten in abgegrenzten Gebieten und ziehen von dort aus in weit auseinanderliegende Winterquartiere. Glaubt man Wissenschaftler:innen, die mithilfe der Analyse von mitochondrialer DNA (Erbgut des Knutts in den Mitochondrien) versucht haben, die Ausbildung

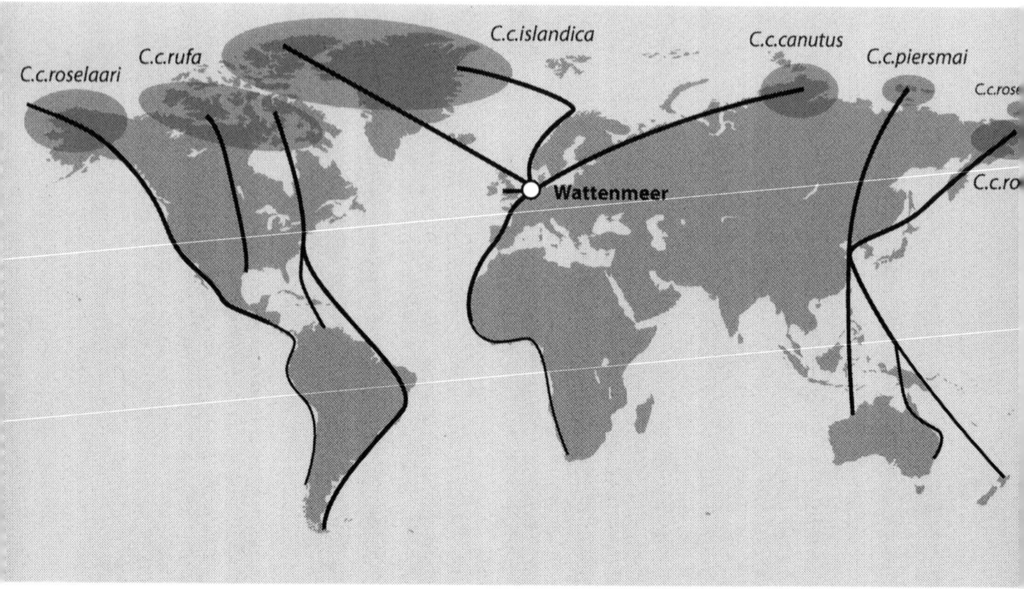

Abb. 4: Unterarten des Knutts und ihre wichtigsten Zugrouten (Frühjahr)

und Ausbreitung der einzelnen Knuttpopulationen nachzuzeichnen, so gab es gegen Ende der letzten Eiszeit vor ungefähr 18.000 bis 20.000 Jahren lediglich zwei weit entfernt liegende Brutgebiete.[1] Die eine Population brütete den Analysen zufolge im äußersten Nordosten Sibiriens (dem heutigen Tschukotka/Tschukschen-Halbinsel). Zum Überwintern zogen diese Vögel nach Südostasien. Die andere Population brütete im westlichen Sibirien, etwas südlich des heutigen Brutgebietes der Unterart *Canutus*. Von dort ging es zum Überwintern über Südosteuropa nach Westafrika – dahin, wo viele Knutts heute noch überwintern. Als das Eis weiter zurückwich, vergrößerte sich die baumlose Tundra, sodass der Knutt seinen Lebensraum langsam ausdehnen konnte. Die östliche Population besiedelte von der Tschukschen-Halbinsel aus zunächst Alaska, dann die Neusibirischen Inseln. Die Taimyr-Population verlagerte ihr Brutgebiet nach Norden, ohne dabei groß zu expandieren. Die Expansion auf dem amerikanischen Kontinent hielt dagegen an, was schließlich zur Bildung der Unterart *Rufa* und zum Schluss zu der von *Islandica* im Nordosten Kanadas und auf Grönland führte.

Mit der Bildung der Unterarten entwickelten sich auch die sehr unterschiedlichen Zugrouten – und zum Teil stark abweichende Zugstrategien. Die beiden im Wattenmeer rastenden Unterarten *Canutus* und *Islandica* sind ein gutes Beispiel dafür. Wie bereits weiter oben beschrieben, fliegen beide Unterarten aus der Arktis bis zum Wattenmeer. Während die *Canutus*-Vögel nach Afrika weiterziehen, bleiben die *Islandica*-Vögel in Westeuropa. Hier müssen sie im Unterschied zu ihren sibirischen Artgenossen mit harten Witterungsbedingungen zurechtkommen und damit rechnen, dass sich Muscheln, ihre bevorzugte Beute, unerreichbar in den Wattboden zurückziehen. Auf dem Rückweg ins Brutgebiet haben es die Vögel dann aber leichter als ihre in Afrika überwinternden Verwandten. Zum einen ist die Strecke zum Brutgebiet für sie deutlich kürzer, zum anderen können sie auf dem Weg dorthin sogar noch einmal zwischenlanden: In Nordnorwegen (Richtung Grönland/Kanada) und Island (Richtung Kanada) warten noch einmal ausgedehnte Wattflächen auf einen Besuch. Das nötige Fettpolster für den zweiten Teil der Reise und die anstrengende Brutsaison können sie dort anlegen. Entsprechend entspannt gehen sie die Nahrungssuche bei uns im Wattenmeer an. Sie suchen dazu am liebsten den nördlichen Bereich des schleswig-holsteinischen Wattenmeeres auf. Die sibirischen Artgenossen bevorzugen dagegen den weiter südlich gelegenen Bereich in Dithmarschen – eine gute Wahl, schließlich sind dort die leicht verdaulichen Baltischen Plattmuscheln besonders häufig. Warum nutzen dann nicht auch die »Amerikaner« diesen offensichtlich besonders profitablen Wattbereich? Steckt womöglich Großmut hinter der Entscheidung? Wohl eher nicht. Der wahre Grund dürfte sein, dass Plattmuscheln sich noch bis spät im Frühjahr tief im Wattboden verkriechen und solange kaum zu erreichen sind. Erst im Mai, wenn die *Canutus*-Vögel aus dem Süden eintreffen, kommen sie dichter an die Wattoberfläche. Dann sind die meisten der *Islandica*-Vögel aber bereits weiter Richtung Brutgebiet unterwegs. Interessanterweise drängt es die Knutts in den letzten Jahren allgemein verstärkt in den Norden nach Dänemark (Frühjahr und Herbst zusammengenommen). Im Jahr 2019 lagen die Rastzahlen dort erstmals über denen in Schleswig-Holstein. Ein Zeichen für veränderte Nahrungsbedingungen?[2]

Nur auf dem Zug begegnen sich manche der Knutt-Populationen, neben den Unterarten *Canutus* und *Islandica* vor allem die Unterarten *Piersmai* und *Rogersi* an der Nordostküste Chinas. Schon nach kurzer Zeit, wenn die Vögel genug Vorräte für den Weiterflug aufgebaut haben, trennen sich aber auch dort wieder die Wege. Auf dem Heimweg führt ihr unglaublicher Orientierungssinn jede Unterart punktgenau zurück ins angestammte Brutgebiet.

Was aber passiert, wenn ein Vogel doch einmal auf Abwege gerät und bei einer benachbarten Population landet? Das droht zum Beispiel Vögeln der Unterarten *Rogersi* und *Roselaari*. Sie brüten zwar in unterschiedlichen Erdteilen, die eine (*Rogersi*) auf der Tschukschen-Halbinsel in Asien, die andere (*Roselaari*) in Alaska, Amerika. Sie sind dabei aber nur durch die 80 Kilometer schmale Beringstraße voneinander getrennt. Außerdem haben die »Amerikaner« nördlich von der Tschukschen-Halbinsel einen »Außenposten« auf der russischen Wrangelinsel eingerichtet. Die Vögel der beiden Unterarten brüten also quasi vis-a-vis. Da kann man auf dem Rückweg vom Winterquartier durchaus mal aus der Bahn geraten und bei den Nachbarn landen, vor allem als junger, unerfahrener Knutt. Was, wenn einer dieser Vögel im fremden Terrain einen Partner findet und die beiden erfolgreich brüten? Wohin wird dann ihr Nachwuchs ziehen, Richtung Australien und Neuseeland wie *Rogersi* oder Richtung Mexiko und die Karibik wie *Roselaari?* Der Ornithologe Andreas Helbig hat das bei einer anderen Vogelart, der Mönchsgrasmücke, untersucht.[3] Auch wenn dieser Singvogel wenig gemein hat mit dem Knutt, lässt sich seine Zugstrategie doch mit der des Watvogels vergleichen. So ist bekannt, dass Mönchsgrasmücken, die in Süddeutschland brüten, im Herbst in südwestlicher Richtung abziehen, Vögel aus dem nahegelegenen Ostösterreich dagegen in südöstlicher Richtung. Der Wissenschaftler kreuzte die Vögel aus den beiden Gebieten und stellte fest, dass die Nachkommen aus diesen »Mischehen« einen Mittelweg wählten, sie flogen nach Süden. Der Kreuzungsversuch macht deutlich, dass die Richtungsinformation zumindest bei Mönchsgrasmücken angeboren ist und von einer Generation zur

nächsten weitervererbt wird. Der Zugweg wird den Vögeln sozusagen in die Wiege gelegt – was im Falle einer Kreuzung zu einer »gemittelten« neuen Zugrichtung führt. Auch der Knutt muss einer instinktiv vorgegebenen Zugrichtung folgen. Wie sonst können die Jungvögel, auf sich allein gestellt, den richtigen Weg finden? Würde eine Kreuzung von *Rogersi* und *Roselaari* zu einem ähnlichen Ergebnis führen wie bei der Mönchsgrasmücke, hätte das für den Nachwuchs fatale Folgen: Es würde ihn auf den offenen Pazifik treiben, hinaus ins Nirgendwo. Selbst wenn ein Vogel das Glück hätte, in der unendlichen Weite des Ozeans zufällig auf eine Insel zu stoßen, bräuchte er dort perfekte Nahrungsbedingungen, um genug Vorräte für einen erfolgreichen Rückflug anzusammeln. Unmöglich ist das nicht, wie Pfuhlschnepfen der Unterart *Baueri* beweisen. Diese Vögel brüten in Alaska und ziehen jeden Herbst quer über den Stillen Ozean bis nach Neuseeland, wo sie dann ausgedehnte, nahrungsreiche Wattflächen vorfinden. Das ist eine Strecke von mehr als 11.000 Kilometern, die die Vögel – gezwungenermaßen – im Nonstopflug zurücklegen! Rein theoretisch könnte es somit auch einen von der Tschukschen-Halbinsel unbeirrt nach Süden ziehenden Knutt nach Neuseeland verschlagen. Eine derartige Zugroute hat sich zumindest bis heute aber nicht ausgebildet.

Nicht alle Knutts scheinen übrigens starr auf eine bestimmte Zugrichtung fixiert zu sein. So wurde ein in Nordnorwegen auf der Zugroute von *Islandica* befindlicher Altvogel von Ornithologen später im Süden Kanadas auf der Route der Unterart *Rufa* wiederentdeckt, und umgekehrt fand sich ein dort gefangener Vogel später auf Island, der Route von *Islandica*, ein.[4] Für die Entstehung neuer Brutgebiete oder Zugrouten bedarf es solcher »Pioniere«, Vögel, die vorgegebene Pfade verlassen und ins Unbekannte vorstoßen. Wie man kürzlich festgestellt hat, können Knutts ihre Routen nicht nur im Laufe des Lebens ändern, sondern scheinen sogar in der Lage, das Timing des Zugablaufs und die Mauser den veränderten Umständen anzupassen.

Wenn sich die Knutt-Populationen allerdings weiterhin konsequent aus dem Wege gehen, werden sie sich irgendwann vermutlich genetisch so weit auseinanderentwickelt haben, dass sie eigene Arten bilden und sich untereinander nicht mehr erfolgreich fortpflanzen können. Erfolgreiche Mischehen wären dann endgültig Geschichte. Während die Unterarten des Knutts also augenscheinlich immer weiter auseinanderdriften, verläuft die Entwicklung bei den Menschen seit einiger Zeit genau anders herum.

Verbindungen zum Zweiten: die Menschen

Vor etwa 50.000 bis 60.000 Jahren begann der moderne *Homo sapiens* von Afrika aus fast die gesamte Erde zu besiedeln. Bevor er vor etwa 40.000 Jahren Europa erreichte, hatte er bereits weite Teile Asiens und Australiens besiedelt, Amerika folgte vor etwa 20.000 Jahren. Die Besiedlung der arktischen Gebiete nahm der Mensch schließlich nach dem Ende der letzten Eiszeit in Angriff.

Überall, wo der Mensch hinkam und sich dauerhaft niederließ, passte er sich den zum Teil sehr unterschiedlichen Gegebenheiten an, was wie beschrieben zur Bildung von ganz eigenen Kulturen führte. Wenngleich sich weltweit bereits erstaunlich früh ein weitverzweigtes Handelsnetz zwischen einzelnen Regionen entwickelte und es nicht unüblich war, sein Glück fernab der Heimat zu suchen, so lebten die meisten Stämme und Völker entlang des Zugweges vom Knutt bis Mitte des 15. Jahrhunderts doch noch weitgehend getrennt voneinander. Die Imraguen in Mauretanien kannten Europäer möglicherweise bereits vom Hörensagen, über Berichte vorbeiziehender Händler, die mit Karawanen aus dem Süden zur Mittelmeerküste unterwegs waren. Schwerer vorstellbar dagegen, dass die Bewohner:innen der Bijagos bis zu diesem Zeitpunkt von irgendeinem Volk entlang des Zugweges gehört hatten, geschweige denn die Nganasanen hoch im Norden oder die Topnaar tief im Süden.

Mit Heinrich dem Seefahrer begann sich das grundlegend zu ändern. Der Adlige stammte aus dem Königreich Portugal. Er wurde 1394 in Porto geboren und starb 1460 in Sagres an der Algarve. Zeit seines Lebens war er getrieben vom Wunsch, den Einflussbereich Portugals auf bis dahin noch unentdeckte Länder auszudehnen. Zwar hatte es schon vor dem Erscheinen Heinrichs erste Entdeckungsfahrten unter portugiesischer Leitung gegeben, erst der Prinz ging diese Unternehmen jedoch professionell, zielgerichtet und mit einem erheblichen finanziellen Aufwand an. Die von Heinrich organisierten Fahrten markieren den Beginn der sogenannten europäischen Expansion, einer Entwicklung, die die Beziehungen der Menschen auf dem Erdball nachhaltig verändern sollte.

Ausschlaggebend für den Beginn der Eroberungen waren wirtschaftliche Interessen, allen voran die Erschließung neuer Märkte in Asien. Auch die Suche nach Gold spielte eine gewichtige Rolle. Dazu waren die Eroberer beseelt von dem Wunsch, den christlichen Glauben überall in der Welt weiterzuverbreiten. Heinrich selbst nahm an diesen Reisen nicht teil, er wurde aber nicht müde, Seefahrer für seine Unternehmungen zu begeistern und sie mit den nötigen finanziellen Mitteln auszustatten, er war sowohl Initiator wie auch Mäzen. Vor Heinrich endeten die Entdeckungsfahrten spätestens am Kap Nun an der Südwestküste Marokkos. Südlich davon, so meinte man, begann das gefürchtete *Mare tenebroso*, das Meer der Finsternis, eine glühende Zone, in der kein Mensch auf Dauer leben konnte, flach und gefährlich für die Schifffahrt. 1416 überwanden die ersten Portugiesen endlich diese psychologische Barriere. Nachdem sie auch das südlich davon gelegene Kap Bojador, ein vermeintlich noch größeres Hindernis, umrundet hatten, war der Bann gebrochen: Bereits 1442 oder 1443 erreichten Gonçalo de Sintra sowie Nuno Tristão die Insel Arguin und damit die Imraguen. In gewisser Weise wirkte die Insel wie ein »Brandbeschleuniger«, verhieß der dort vorgefundene Handelsstützpunkt doch auch weiter südlich lukrative Geschäfte. Nur wenige Jahre später sichtete Alvise da Cá da Mosto die Bijagos. 1486 erreichten die Portugiesen schließlich die Südspitze Afrikas, von wo aus der Weg frei war Richtung Osten nach Indien und China, den Traumzielen der damaligen Handlungsreisenden.

Abb. 5: Heinrich, der Seefahrer

Der Handel über den Seeweg, den die Portugiesen mit ihren Fahrten in Gang brachten und den sie in der ersten Zeit vollständig kontrollierten, war sicherer und kostengünstiger als der traditionelle Weg über die Seidenstraße. Der Warenfluss verschob sich so zugunsten Portugals. Andere Nationen versuchten daraufhin, auf anderen Wegen eine Verbindung zu den lukrativen Märkten in Asien herzustellen. Columbus probierte es im Auftrag der spanischen Krone in Richtung Westen, erfolglos, wie sich herausstellte. Immerhin hatte er Amerika als »Trostpreis« für die spanischen Regenten im Gepäck. England und die aufstrebende Seefahrernation der Niederlande versuchten es über den Norden. Allerdings stießen die Entdecker hier schnell an ihre Grenzen. Am weitesten in den arktischen Osten schaffte es eine Polarexpedition unter Leitung des Niederländers Willem Barents (1550–1597). Die Schiffe gelangten bis zur Karasee, die weiter östlich an die Taimyr-Halbinsel grenzt. Zu starker Eisgang stoppte aber eine Weiterfahrt: Auf dem Seeweg war die Halbinsel mit den dort lebenden Nganasanen bis auf Weiteres nicht zu erreichen. Stattdessen waren es *Promyschlenniki*, russische Pelztierjäger und Händler, die kurze Zeit später auf der Suche nach neuen Jagdgründen und Handelspartnern als Erste auf das Volk der Nganasanen stießen.

Abb. 6: Eine Karavelle wird beladen

Spätestens seit der ersten Begegnung der Niederländer mit den Topnaar waren alle Menschen entlang der Zugroute des Knutts zumindest indirekt miteinander verbunden. Indirekt deshalb, weil die Kontakte über lange Zeit einseitig von Europa ausgingen. Europa war das »Epizentrum«. Es streckte seine Fühler aus, nahm Kontakt auf zu den Menschen an der »Peripherie« und versuchte, sie unter Kontrolle zu bringen. Wie von Ludwig von Rohden in Bezug auf Namibia bereits eindringlich beschrieben, lief es fast überall nach dem gleichen Muster ab: Zuerst gab es mehr oder weniger partnerschaftliche Handelsbeziehungen, dann nutzten die Europäer ihre wachsende militärische Überlegenheit und die Macht des Geldes, um den betroffenen Völkern ein auf Ausbeutung ihrer Reichtümer ausgerichtetes System aufzuzwingen. Man setzte Institutionen zur Verwaltung der einverleibten Gebiete ein und rekrutierte oder zwang die Indigenen als billige Arbeitskräfte zum Abbau ihrer eigenen Ressourcen.

Dies geschah in der Regel ohne große Skrupel. Die Invasoren waren beseelt von einem rassistisch durchtränkten Gefühl der Überlegenheit. Man war fest davon überzeugt, dass die Menschen auf der Erde getrennten Abstammungslinien entstammten. Das hatte nicht nur zu unterschiedlichen äußeren Merkmalen wie Hautfarbe oder Körperform geführt, sondern auch zu unterschiedlichen geistigen Fähigkeiten. Die Ansicht, dass manche Völker intelligenter und weiter entwickelt waren als andere, wurde von fast allen abendländischen Eindringlingen geteilt, genauso wie die Überzeugung, dass die westliche, weiße Zivilisa-

Abb. 7: Satirische Darstellung der »Hottentotten« (Nama) als menschenfressende Wilde

tion hierbei ganz klar die Spitzenposition einnahm. Sie schien ihnen am leistungsfähigsten und mit dem größten geistigen und kulturellen Potenzial ausgestattet zu sein. Manch ein europäischer Eroberer empfand die Ureinwohner:innen angesichts der eigenen Überlegenheit als derart zurückgeblieben und kulturlos, dass er ihnen das Menschsein glatt absprach und sie (wie die Nama/Topnaar) stattdessen für affengleiche Wesen hielt.[5] Auch die ersten Missionare, die auf Grönland im 18. Jahrhundert damit begannen, die Inuit zu christianisieren, fragten sich ernsthaft, ob sie wilden Tieren nicht näher stünden als Menschen.[6]

Als die Wissenschaft im Laufe des 19. Jahrhunderts die unterschiedlichen Kulturen des Menschen langsam zum Forschungsobjekt erhob, schien sich die hervorgehobene Position des Abendlandes immer wieder auf wundersame Weise zu bestätigen. Erst der aus Minden in Westfalen stammende Franz Boas (1858–1942), Begründer der modernen Anthropologie, räumte mit den rassistisch geprägten Vorstellungen der abendländischen Forschungsgemeinde auf. Wie viele seiner Kollegen und Kolleginnen hatte auch Boas anfangs neben Aufzeichnungen zur kulturellen Praxis die Schädel von Indigenen vermessen, ihre Körpermerkmale studiert und darüber nach natürlichen Unterschieden zwischen den Völkern gesucht. Im Gegensatz zu den meisten anderen Forscher:innen kam er dabei allerdings zu dem Ergebnis, dass sich die einzelnen Gesellschaften nicht klar voneinander abgrenzen ließen, und schon gar nicht war darüber auf ihre geistigen Fähigkeiten zu schließen. Menschen, folgerte er, sind von Natur aus gleich. Die unterschiedliche Bewertung und Einstufung von fremden Gesellschaften war Boas zufolge lediglich eine Folge der kulturell getönten Brille der Forschenden. So schrieb er in *Mind of Primitive Man* (Deutsche Ausgabe: *Das Geschöpf des sechsten Tages*): »Die Erkenntnis fällt uns gewiß nicht ganz leicht, daß der Wert, den wir unserer eigenen Kultur beimessen, darauf zurückzuführen ist, daß wir an dieser Kul-

Abb. 8: Franz Boas

tur teilhaben und daß sie unser Denken und Tun seit unserer Geburt bestimmt hat. Sicherlich kann man sich jedoch vorstellen, daß es andere Kulturen geben kann, die vielleicht auf anderen Traditionen und einem anderen Gleichgewicht von Gefühl und Vernunft beruhen, die aber deswegen keinen geringeren Wert haben als unsere eigene, wenn es vielleicht auch unmöglich ist, ihren Wert voll zu erkennen, ohne unter deren Einfluß aufgewachsen zu sein.«[7]

In der Wissenschaft haben sich die Ansichten von Boas und seinen Schüler:innen mittlerweile weitestgehend durchgesetzt. Es besteht Konsens, dass es keine genetisch fixierten Ursachen für unterschiedliche Kulturpraktiken gibt, dass keine Kultur einer anderen von sich aus überlegen ist. Leider ist diese Einsicht außerhalb der Forschungsgemeinde beileibe noch nicht bei allen und überall eingesickert. Man braucht nicht weit zu schauen, um festzustellen, dass rassistische Denkweisen und Vorurteile sich nach wie vor bester Gesundheit erfreuen. Dabei bietet es wenig Trost, dass wir im Westen den Rassismus nicht für uns allein gepachtet haben, dass alle Menschen und Kulturen sich mit solchen Tendenzen auseinandersetzen müssen. Kein Mensch kann sich davon vollständig freimachen, unentrinnbar, genetisch tief im Inneren verankert, trennen wir alle automatisch und reflexartig zwischen »uns« und »den anderen«. Die Einordnung ist emotional und verläuft zumeist unbewusst. Selbst bei kaum wahrnehmbaren, belanglosen Merkmalen, wird in Windeseile eine Wertung vorgenommen, teilen wir entgegenkommende Menschen in potenzielle Freunde oder Gegner ein.

Nicht nur die Invasoren, auch die Unterdrückten, hatten somit ihre Vorurteile, als sich die Gruppen begegneten, sicher betrachteten sie die Sitten und Gebräuche der Neuankömmlinge zunächst ebenso mit Argwohn, waren von der Überlegenheit ihrer eigenen Kultur überzeugt. Die westlichen Eroberer besaßen im »Wettstreit« der Kulturen bald allerdings einen entscheidenden Vorteil: Sie hatten die Mittel, ihre Vorstellungen durchzusetzen, immer aggressiver und dominanter, so lange und so nachhaltig, bis die Unterdrückten so weit waren, sich selbst für minderwertig zu halten.

Heute versuchen indigene Völker überall auf der Welt, ihre eigene Kultur wiederzubeleben und den wirtschaftlichen wie kulturellen Übergriffen der Industrienationen zu entkommen. Am Prinzip der Ungleichheit zwischen den beiden Seiten hat sich bislang aber wenig bis nichts geändert, in einigen Bereichen tritt sie sogar krasser hervor als früher. Ausgestattet mit der Macht des Geldes, mit Schulden als Druckmittel und gestützt von einer kleinen Elite in den »Entwicklungsländern« entwickeln sich die Gesellschaften im reichen Norden weiterhin auf Kosten eines Großteils der Weltbevölkerung. »Eine Ironie der Globalisierung besteht darin«, schreibt der afrikanische Literaturwissenschaftler und Autor Ngũgĩ wa Thiong'o, »dass der Globus mittels der Informationstechnik zum Dorf schrumpft, sich die Teilungen aber trotzdem verschärft haben.«[8]

Verbindungen zum Dritten: der Knutt und die Menschen

Es ist gar nicht so einfach, einen Knutt zu Gesicht zu bekommen. In der Tundra ist er so gut getarnt, dass man schon über ihn stolpern muss (es sei denn, er legt bei der Balz seine Zurückhaltung ab und kreist gut wahrnehmbar am Himmel). Im Wattenmeer und in den Winterquartieren stochert er bei Ebbe für Fußgänger:innen fast unerreichbar im Schlick herum, bei Flut zieht er sich auf abgelegene Sandbänke zurück und fliegt schon aus großer Distanz vor den Menschen davon. Vielleicht liegt es an dieser zurückgezogenen Lebensweise, dass der Knutt keine großen Spuren im kollektiven Bewusstsein der Menschen hinterlassen hat. Der Knutt drängt sich nicht auf. Er ist wohl auch einfach zu klein und zu unspektakulär, um wie der Kranich das Logo einer Fluglinie zu schmücken oder wie der Weißstorch für die Auslieferung von Kindern zuständig zu sein. Die größte Bekanntheit dürfte er noch bei den Jägern im Wattenmeer besessen haben, die ihn als beliebte Speise aus den Netzen holten.

Der Knutt kann Begegnungen mit dem Menschen zwar gut vermeiden, das schützt ihn aber nicht vor den Eingriffen, die der *Homo sapiens* im gemeinsam genutzten Lebensraum vornimmt. Das Wattenmeer und die angrenzende Nordsee zum Beispiel sind stark vom Menschen genutzte Wirtschaftsräume. Schifffahrt, Fischerei, Tourismus, Offshore-

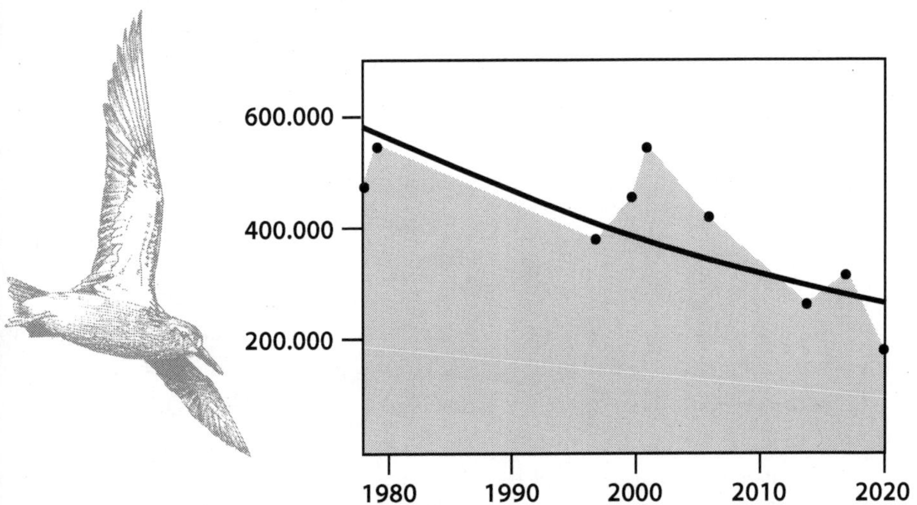

Abb. 9: Bestandsentwicklung der gesamten sibirischen Population (Unterart Canutus) des Knutts; Jahre mit Zählungen (Punkte) und gemittelter Trend (Linie)

Windparks, Küstenschutzanlagen, Verunreinigungen – all das führt zu Veränderungen des Lebensraumes, die sich negativ auf den Knuttbestand auswirken können. Die Nahrungsräume und Ruheplätze des Knutts wirken durch die Nationalparks allerdings recht gut geschützt. Auch alle wichtigen Winterquartiere stehen unter Naturschutz, und in den Brutgebieten dürften sich die Eingriffe des Menschen schon durch die geringe Siedlungsdichte in Grenzen halten. Trotzdem ist der Bestand der *Canutus*-Vögel seit den 1980er-Jahren stark rückläufig.[9] So wurden zum Beispiel auf der Banc d' Arguin 1980 noch 366.000 Knutts gezählt, 2017 waren es 201.000, 2020 dann lediglich 130.369.[10] Insgesamt hat sich der Bestand der Unterart in den letzten Jahrzehnten etwa halbiert. Über die genauen Ursachen wird in Fachkreisen noch diskutiert (siehe weiter unten). Für andere Unterarten ist die Lage zum Teil sogar noch dramatischer.

Moonbird fliegt nicht mehr

B95 ist der wohl berühmteste Knutt auf der Welt. Der Vogel gehört der Unterart *Rufa* an, deren Brutplätze in der kanadischen Arktis südwestlich von denen *Islandicas* liegen. B95 wurde im Winter 1995 in Feuerland von Beringern als Altvogel gefangen, er muss zu diesem Zeitpunkt entsprechend bereits mindestens eineinhalb Jahre alt gewesen sein. Er bekam einen Farbring mit der gut ablesbaren Nummer B95 ums Bein gelegt, sodass es möglich war, ihn mit einem Fernglas oder Spektiv zu erkennen. Seitdem wurde er an verschiedenen Stellen immer wieder beobachtet, einmal sogar wieder gefangen (er war in sehr guter körperlicher Verfassung). Die letzte Beobachtung stammt aus dem Jahr 2014. Da war B95 mindestens 21 Jahre alt – ein stolzes Alter für einen Knutt. Zur Berühmtheit wurde er über Phillip Hoose, der ihm in seinem Buch *Moonbird: A Year on the Wind with the Great Survivor B95* ein Denkmal setzte.[11] Den Spitznamen »Moonbird« erhielt der Vogel, weil er in den 21 Jahren, die er mindestens gelebt hat, eine Strecke von Minimum 640.000 Kilometern zurückgelegt haben muss, eine Entfernung, die ihn locker zum Mond gebracht hätte (Entfernung 380.000 Kilometer).

Jedes Jahr folgen die Vögel der Unterart *Rufa* dem gleichen Zugablauf: Im Spätsommer geht es vom kanadischen Brutgebiet (nach einem kurzen Zwischenstopp im Südosten des Landes) quer über den Atlantik in den Nordosten Brasiliens und von dort weiter bis an die Südspitze Südamerikas, zur Tierra del Fuego (Feuerland), wo die Vögel den Winter verbringen.

Im Frühjahr fliegen die Knutts (schrittweise oder im Direktflug) in umgekehrter Richtung den amerikanischen Kontinent hinauf bis zur Delaware Bay in den USA. Hier wird noch einmal ordentlich aufgetankt, bevor dann das Brutgebiet in der Arktis angesteuert wird. In der Delaware Bay warten besondere Leckerbissen auf die Vögel: die Eier von Pfeilschwanzkrebsen (*Limulus polyphemus*). Die Krebse sind lebende Fossilien, sie existierten bereits im Ordovizium vor mehr als 450 Millionen Jahren (noch vor den Dinosauriern und weit vor den ersten Menschen). Normalerweise leben die Krebse auf dem Meeresboden. Zur Paarungszeit im Mai kommen sie jedoch ans Ufer und legen dort im Sand ihre Eier ab – viele, sehr viele Eier (ein Weibchen kann bis zu 80.000 Eier produzieren). Die Eier sind zwar winzig, dafür aber sehr nahrhaft und stehen in solchen Massen zur Verfügung, dass die Knutts ihr Gewicht in der Delaware Bay

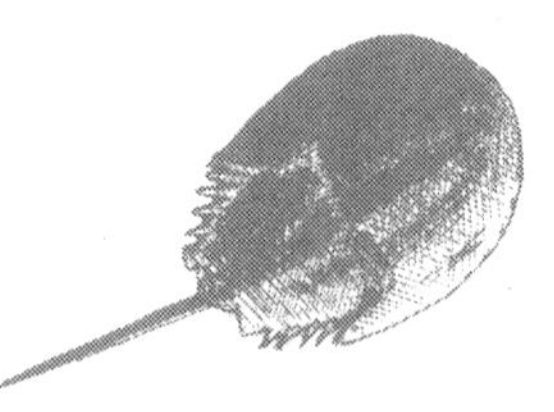

Abb. 10: Knutt an der Delaware Bay mit Pfeilschwanzkrebs

in der Rekordzeit von nur zwei Wochen verdoppeln können. An keinem Ort weit und breit gibt es ein ähnlich üppiges Nahrungsangebot, die Knutts sind auf diesen Standort angewiesen, bis zu 80 Prozent aller *Rufa*-Vögel rasten hier. Leider ist es nicht nur der Knutt, der an Pfeilschwanzkrebsen interessiert ist, auch der Mensch nutzt sie nach Kräften. Der Knutt hat es auf die Eier abgesehen, für die Menschen zählen dagegen die ausgewachsenen Tiere. Traditionell werden sie von den Fischern als Köder benutzt: Man wirft die gefangenen Tiere einfach ins Wasser und lockt damit Aale und Muscheln an. Zusätzlich kommen die Krebse in der biochemischen Industrie zum Einsatz.

Ab den 1990er-Jahren schnellten die Fangzahlen der Fischer derart in die Höhe, dass der Bestand der Pfeilschwanzkrebse einbrach. Stürme wie der Hurrikan Sandy 2012 taten ihr Übriges, indem sie einen Großteil des Strandes und damit einen Großteil der »Brutplätze« an der Delaware Bay davonspülten. Weniger Krebse gleich weniger Eier, weniger Eier gleich weniger Knuttnahrung, weniger Knuttnahrung gleich verminderte Kondition, verminderte Kondition gleich geringerer Bruterfolg. Die Folge dieser Wirkungskette wurde im wichtigsten Winterquartier auf der Tierra del Fuego augenfällig: Der Bestand der Unterart ging dort von 50.000 im Jahr 2000 auf 10.000 bis maximal 14.000 in den nächsten beiden Jahrzehnten zurück (11.800 im Jahr 2020).[12] Dies entspricht einem Rückgang von gut 75 Prozent. Und Schuld an dieser Entwicklung, darüber herrscht unter Forscher:innen weitgehend Einigkeit, sind die veränderten Bedingungen in der Delaware Bay. Mittlerweile bemüht man sich zwar, die Situation dort zu verbessern – niedrigere Fangquoten für die Krebse (im Bundesstaat New Jersey, zu der die Bucht gehört, ist der Fang ganz ausgesetzt), Instandsetzung und Schutz des Strandes, bislang aber ohne durchschlagenden Erfolg.

Ähnlich düster sieht es für die Unterarten *Piersmai* und *Rogersi* aus. Beide Unterarten rasten während des Frühjahrszuges an der Bohai Bay in China. In den letzten Jahren entstanden dort auf riesigen eingedeichten Wattgebieten ausgedehnte Industriekomplexe, Wohngebiete und Fischteiche. Man schätzt, dass in ganz China in kurzer Zeit mehr als 60 Prozent aller natürlichen Küstenabschnitte auf diese oder ähnliche Weise verloren gegangen sind. Damit sind auch viele der für Watvögel so wichtigen Wattbereiche für immer verschwunden. Als Folge dieser Maßnahmen gingen laut der Naturschutzorganisation Birdlife International die Bestände der beiden Unterarten des Knutts im Laufe der letzten paar Jahre um mehr als 60 Prozent zurück.[13] Nun scheint zum Glück langsam ein Umdenken einzusetzen: Entlang des Gelben Meeres südlich der Bohai Bay hat der Staat im Juli 2019 bedeutsame Wattbereiche als UNESCO-Welterbe ausgewiesen, bis 2022 sollen 14 weitere Bereiche am Golf von Bohai folgen – ein Hoffnungsschimmer.

Eines machen diese Beispiele auf drastische Weise deutlich: Wenn man den Knutt und seine Artgenossen erfolgreich schützen will, müssen alle seine Lebensstationen in gleicher Weise geschützt werden, weltweit, international. Der Schutz wird so zu einer globalen Aufgabe.

Nationalparks als Exportschlager

Zum Weltbild, das die Invasoren aus dem Abendland anderen Kulturen überstülpen wollten, gehörte spätestens ab Beginn des 20. Jahrhunderts auch der Naturschutz. Die einzigartige Tier- und Pflanzenwelt, die Wissenschaftler:innen aus dem Norden vor allem im Laufe des 18. und 19. Jahrhunderts überall auf der Welt entdeckt hatten, war ein Schatz, der unbedingt vor Eingriffen des Menschen bewahrt werden musste. Serengeti darf nicht sterben – Naturschützer:innen als die neuen Missionare.

Augenfälligster Ausdruck der in Gang gesetzten Schutzkampagnen sind die vielen Nationalparks, die im Laufe des 20. Jahrhunderts überall auf der Welt entstanden sind.

Wie bereits weiter oben dargelegt, sind Nationalparks großflächige natürliche oder naturnahe Gebiete, die einerseits vor menschlichen Eingriffen bewahrt, auf der anderen Seite aber gleichzeitig für ein interessiertes Publikum zugänglich gemacht werden sollen. Die International Union for Conservation of Nature and Natural Resources (IUCN), die heute die Ausweisung von Nationalparks steuert und koordiniert, verlangt für die Anerkennung eines Nationalparks, dass die Natur grundsätzlich auf 75 Prozent der Fläche sich selbst überlassen wird, ohne menschliche Eingriffe. Ausnahmen sind gestattet, wenn dadurch die Artenvielfalt zu steigern ist oder seltenere Arten besser geschützt werden können.[14]

Die Nationalparkidee stammt ursprünglich aus den Vereinigten Staaten. John Muir (1838–1914) trieb sie maßgeblich voran. Auf sein Betreiben hin entstand 1864 mit dem Yosemite-Nationalpark das erste Schutzgebiet dieser Art (allerdings wurde das Gebiet erst 1906 in das Nationalparksystem der USA eingegliedert, sodass der 1872 gegründete Yellowstone-Nationalpark streng genommen am Anfang steht). In seinem Buch *Our National Parks* sprach Muir hoffnungsfroh von den Menschen, die nun begonnen hätten, sich von den »betäubenden Lastern« der Industrialisierung und der »Apathie des Luxus« zu befreien, sich nun aufmachten in die unverfälschte Natur der Nationalparks, um dort die

Abb. 11: John Muir

Quelle des Lebens zu finden.[15] Der Gegensatz von Mensch und Natur wird in diesen Äußerungen mit großem Nachdruck hervorgehoben – zerstörerische Kultur auf der einen, heilsame Natur auf der anderen Seite. Der Nationalpark wird so zum Zufluchtsort einer gestressten Zivilisation hochstilisiert: Hier kann man durchatmen und zur Ruhe kommen, bevor es in den zermürbenden Alltag zurückgeht. Daran hat sich im Grunde bis zum heutigen Tag nichts geändert. Noch heute wird mit der Ausweisung von Nationalparks in erster Linie versucht, ein Stück Natur vor dem Zugriff einer als schädlich empfundenen menschlichen Kultivierung zu retten und diesen Naturausschnitt zivilisierten Menschen zugänglich zu machen. In Europa entstanden die ersten Nationalparks 1909 in Schweden (unter anderem der Sarek Nationalpark), in Afrika gilt der Nationalpark Virunga in der Demokratischen Republik Kongo, eingerichtet 1925, als ältestes Schutzgebiet dieser Art. Mehr als 2.200 Nationalparks gibt es derweil in 120 unterschiedlichen Ländern, ein echter Exportschlager, Mission erfüllt!

Schon bei der Einrichtung der ersten Nationalparks gab es allerdings ein Problem, das danach immer wieder auftreten sollte: Es wohnten in der Regel bereits Menschen dort, zum Teil seit Hunderten, ja Tausenden von Jahren. Das passte natürlich nicht ins Schutzkonzept, Menschen sollten ja gerade außen vor bleiben. Für dieses Problem konnte es nur eine Lösung geben: Diese Menschen mussten umgesiedelt werden, zur Not mit Gewalt. So geschehen sowohl im Yosemite-Nationalpark, wo man die Miwok-Indianer nach erbitterten Auseinandersetzungen von ihrem Land vertrieb, wie auch im Yellowstone-Nationalpark, wo die dort seit langer Zeit ansässigen Shoshonen ihr Land verlassen mussten. Beispiele, die Schule machten. Bis weit ins 20. Jahrhundert hinein wurde die Umsiedlung der indigenen Bevölkerung zur gängigen Praxis bei der Einrichtung von Nationalparks. Man schätzt, dass auf diese Weise fast 20 Millionen Menschen aus ihrer Heimat vertrieben wurden, davon allein 14 Millionen in Afrika.[16]

An Stelle der Ureinwohner:innen kamen der Nationalparkidee folgend nun Massen zivilisationsgeschädigter Touristen in die Schutzgebiete – unter kontrollierten Bedingungen versteht sich, die natürlichen Naturabläufe durften ja nicht gestört werden. Ein überaus lohnendes Geschäft, von dem in der Regel aber nicht die (umgesiedelten) Indigenen, sondern staatliche Institutionen, ausländische Tourismusunternehmen und Naturschutzorganisationen profitierten.

Heute gilt der Grundsatz, dass keine Menschen mehr von ihrem Land vertrieben werden, um Platz für eine unberührte Natur zu schaffen (es gibt allerdings noch Ausnahmen). Man geht nun bei der Bildung von Nationalparks stärker auf die Bedürfnisse der Ortsansässigen ein und versucht, zu einvernehmlichen Lösungen zu kommen, zum Beispiel, indem die Betroffenen vom Nationalpark finanziell profitieren. Wie der Nationalpark Banc d'Arguin oder die Nationalparks an der Nordseeküste zeigen, ist und bleibt die Ausweisung und Weiterentwicklung von Nationalparks aber ein sehr schwieriges, konfliktreiches Unterfangen, und in den seltensten Fällen dürfte es wohl zu Vereinbarungen kommen, die für alle Beteiligten in gleicher Weise akzeptabel sind.

Naturschutz 2.0

Der internationale Naturschutz beschränkt sich längst nicht mehr auf die Ausweisung von Nationalparks, er unterliegt mittlerweile einer weit umfassenderen, von der gesamten Weltgemeinschaft getragenen Naturschutzstrategie. Der dieser Strategie zugrundeliegende Plan wurde ab den 70er-Jahren des vergangenen Jahrhunderts von westlichen Umweltschutzverbänden und anderen Nichtregierungsorganisationen entwickelt, dann von der sogenannten Brundtland-Kommission (benannt nach der ehemaligen norwegischen Ministerpräsidentin Gro Harlem Brundtland) aufgegriffen und im Bericht *Our Common Future* (Unsere gemeinsame Zukunft) 1987 zu einem umfassenden Leitbild ausgestaltet. »Die Frage ist heute nicht mehr, ob Naturschutz eine gute Idee ist«, kann man dort lesen, »sondern vielmehr, wie er im nationalen Interesse und mit den verfügbaren Mitteln in jedem Land verwirklicht werden kann.«[17] In der *Convention on Biological Diversity* (Übereinkommen über die biologische Vielfalt), die auf der Konferenz der Vereinten Nationen für Umwelt und Entwicklung in Rio de Janeiro 1992 ausgehandelt wurde, bekam das Leitbild schließlich eine völkerrechtlich verbindliche Form. 196 Vertragsparteien haben das Abkommen mittlerweile ratifiziert, darunter alle Staaten entlang des Zugweges vom Knutt (zumindest der Unterart *Canutus*).

Die Biodiversität, die Artenvielfalt auf der Erde, gehört zu den Schlüsselbegriffen im Abkommen. Aktuell sind ungefähr 1,8 bis 1,9 Millionen Tier- und Pflanzenarten bekannt (knapp 1,4 Millionen Tierarten, 350.000 Pflanzen und Algen sowie 140.000 Pilze[18]). Man geht allerdings davon aus, dass bei Weitem noch nicht alle auf der Erde vorkommenden Arten entdeckt oder als solche beschrieben worden sind. Insgesamt muss man wohl eher mit acht bis neun Millionen unterschiedlichen Arten rechnen.[19]

Der Erhalt der Artenvielfalt, dem sich die Staaten im Abkommen von Rio verschrieben haben, ist kein Selbstzweck, kein Luxus oder Spleen von Naturliebhaber:innen. Von der Biodiversität hängt unser aller Zukunft ab. Schließlich liefern Pflanzen und Tiere uns die für das Überleben nötige Energie, sie bilden unsere Nahrungsgrundlage. Und keine Pflanze, kein Tier, selbst wenn sie vom Menschen gezüchtet oder gehalten werden, existiert für sich allein, sie alle sind Bestandteile in einem weitverzweigten Beziehungsgeflecht. Jedes Element trägt in diesem Netzwerk auf seine Weise zum Funktionieren des gesamten Systems bei. Alles hängt zusammen, selbst der Verlust einer unbedeutend erscheinenden Art kann einen Einfluss auf das Gefüge haben und dazu beitragen, es zu destabilisieren – mit Folgen auch für uns Menschen. So müssen Obst und Gemüse eigentlich von Insekten bestäubt werden, um sich fortpflanzen zu können und damit für uns als Ressource dauerhaft zur Verfügung zu stehen. Fallen diese Bestäuber weg, bekommen wir ein Problem. Artenschutz bedeutet somit letztendlich immer auch, die Lebensgrundlagen für uns Menschen zu erhalten, Artenschutz ist Menschenschutz. »Die biologischen Ressourcen stellen ein Kapitalgut dar, das großes Potenzial für die Erbringung nachhaltiger Vorteile in sich birgt. Es bedarf sofortigen und entschlossenen Handelns, um Gene, Arten und Ökosysteme im Sinne einer nachhaltigen Bewirtschaftung und Nutzung der biologischen Ressourcen zu erhalten und zu bewahren«, heißt es passend dazu in der *Agenda 21*, einem Teil der Übereinkunft von Rio.[20]

Die Unterzeichnerstaaten des Abkommens verpflichten sich, neue Strategien, Aktionspläne oder Aktionsprogramme zum Erhalt der biologischen Vielfalt und zur nachhaltigen Nutzung der biologischen Ressourcen zu entwickeln. Auch Deutschland hat den Vertrag ratifiziert und muss sich von nun an den Erhalt der Artenvielfalt auf seine Fahnen schreiben. So heißt es in einem Kabinettsbeschluss der Bundesregierung aus dem Jahr 2007: »Auch für die biologische Vielfalt gilt das Vorsorgeprinzip. Um die Entwicklungsmöglichkeiten zukünftiger Generationen zu gewährleisten, müssen möglichst alle Arten in ihrer genetischen Vielfalt und in der Vielfalt ihrer Lebensräume erhalten werden, auch wenn ihre jeweiligen Funktionen im Naturhaushalt und ihr Nutzen für die Menschen in allen Details heute noch nicht erkannt sind.«[21] Das ist beruhigend: Auch wenn er für den Menschen möglicherweise keinen oder nur einen sehr geringen Nutzwert besitzt, kann der Knutt ab jetzt davon ausgehen, von der Bundesregierung geschützt zu werden.

Spätestens seit der Unterzeichnung der Übereinkunft steht der Erhalt der Artenvielfalt überall auf der Welt im Zentrum der Schutzbemühungen. Dem Schutz von Zugvögeln widmete sich die Weltgemeinschaft allerdings schon deutlich früher. Weltenbummler wie der Knutt lieferten die Argumente: Nur wenn überall auf ihren Reisestationen Schutzmaßnahmen ergriffen werden, kann man die Bestände dieser Vögel wirklich sichern. Bereits 1971 trat die sogenannte »Ramsar-Konvention« in Kraft – ein für Watvögel wie den Knutt besonders wichtiges Übereinkommen, wurde es doch speziell zum Schutz von Feuchtgebieten, die Wasser- und Watvögeln als Lebensraum dienen, eingerichtet. 169 Länder haben das Abkommen unterzeichnet (Stand 2018).[22] Noch wichtiger ist vielleicht die 1979 in Bonn unterzeichnete *Convention on the Conservation of Migratory Species of Wild Animals* (Übereinkommen zur Erhaltung wandernder wild lebender Tierarten), ein Umweltprogramm der Vereinten Nationen. Für die im Wattenmeer rastenden Knutts besonders relevant ist ein weiterer Vertrag, das *African-Eurasian Migratory Waterbird Agreement* (Afrikanisch-Eurasisches Wasservogelabkommen, kurz AEWA), das 1998 in Kraft trat. In diesem Abkommen werden alle Wat- und Wasservögel behandelt, die von Europa und Asien nach Afrika ziehen, darunter natürlich der Knutt. Innerhalb der

Abb. 12: Junger Knutt in der Bretagne. In Frankreich darf die Art noch gejagt werden

EU schützt schließlich die Richtlinie 2009/147/EG des Europäischen Parlaments und des Rates über die Erhaltung der wild lebenden Vogelarten den Knutt, indem es eine Bejagung verbietet. Allerdings haben Dänemark und Frankreich für sich Sonderregelungen durchgesetzt, die einen Abschuss erlauben. Da die Jagd auf Knutts in Dänemark zurzeit ausgesetzt ist, bleibt Frankreich das einzige europäische Land, in dem sich der Knutt vor Gewehren in Acht nehmen muss. Die Abschusszahlen lagen hier für die Saison 2013/2014 immerhin bei 6.741 Vögeln, sie sind zum Glück aber rückläufig.[23] So viel scheint sicher: Für den Knutt und seine Verwandten wird zumindest auf dem Papier einiges getan ...

Das am häufigsten praktizierte Verfahren, die Artenvielfalt zu bewahren, besteht darin, als natürlich oder naturnah eingestufte Landschaften vor menschlichem Zugriff zu bewahren. »Zurück zur Natur«, lautet die Devise, oder »Natur Natur sein lassen«. Einen Sinn ergibt diese Strategie allerdings nur, wenn man dem westlich geprägten Naturverständnis entsprechend klar zwischen Mensch und Natur unterscheidet: Auf der einen Seite die ursprüngliche, die »reine« Natur, auf der anderen Seite der Mensch, ein potenzieller Störfaktor, der in der Lage und oft genug auch Willens ist, die Umwelt nach seinen Vorstellungen zu verändern und zu zerstören. Dem Naturschutz kommt dann die Aufgabe zu, den Menschen aus dem Spiel zu nehmen und damit für den nötigen Ausgleich zu sorgen.

Doch wer entscheidet eigentlich, was natürlich, naturnah oder ursprünglich ist? Hier erhält der Naturschutz Unterstützung von den Naturwissenschaften, allen voran der Ökologie, laut Duden der »Wissenschaft von den Wechselbeziehungen zwischen den Lebewesen und ihrer Umwelt«, der »Lehre vom Haushalt der Natur«.[24] Die Forscher und Forscherinnen dieser Fachrichtung untersuchen, vergleichen und bewerten Lebensräume, sie studieren die vielfältigen Beziehungen und Abhängigkeiten. Die durch die Wissenschaft bereitgestellten Daten, Fakten und Bewertungen bilden mittlerweile weltweit die wohl wichtigste Grundlage für Schutzbemühungen. Der Logik des »Naturschutz-Regimes« folgend, stehen Lebensräume, die vom Menschen nicht oder kaum beeinflusst sind, im Zentrum des Interesses. Sie gelten als intakt, bilden den Idealzustand, den es zu erhalten gilt. Gemäß der Verträge von Rio erhöht sich der Wert eines Gebietes, wenn dieser Idealzustand mit einer besonders hohen Artenvielfalt verbunden ist. Anders ausgedrückt: Je größer die Biodiversität, desto höher die Schutzwürdigkeit eines Lebensraumes. In diesem Zusammenhang können sogar vom Menschen stärker beeinflusste Lebensräume größere Beachtung finden, Streuobstwiesen oder Trockenrasen zum Beispiel, die ohne menschliche Eingriffe vielerorts nach kurzer Zeit wieder verschwinden würden, aber eine hohe Artenvielfalt aufweisen. Der Wert eines Gebietes steigt weiter, wenn die vielen dort festgestellten Tier- und Pflanzenarten zusätzlich in besonders hoher Anzahl vorkommen – das Wattenmeer mit seinen zwölf Millionen Rastvögeln ist ein gutes Beispiel dafür. Und sollte es gar nur wenige Standorte auf der Erde geben, die Ähnliches zu bieten haben, bekommt der Schutz des Lebensraumes die höchste Priorität.

Manchmal werden Lebensräume auch nur deshalb unter Schutz gestellt, weil man ganz bestimmte Tier- oder Pflanzenarten vor menschlichen Störungen bewahren möchte. Eine Art gerät besonders in den Fokus von Naturschützer:innen, wenn sie insgesamt sehr selten ist oder ihr Bestand gerade stark abnimmt. Allerdings geschieht solch eine Auswahl nicht allein nach wissenschaftlichen Kriterien. Allseits bekannte und beliebte Lebewesen geraten deutlich leichter ins Rampenlicht als unscheinbare »Schattenwesen«. Ein Kranich oder ein Seeadler ist da allein durch seinen Bekanntheitsgrad dem Knutt gegenüber klar im Vorteil.

Um einschätzen zu können, wie häufig oder bedroht eine Art ist, braucht es Belege. Überall auf der Welt sind dazu Menschen unterwegs, um zu zählen, zu schätzen und zu rechnen. Es gibt eine Vielzahl von Programmen, Initiativen und Projekten, unzählige Organisationen, Institutionen, Vereine und Privatleute, die an solchen »Volkszählungen« beteiligt sind. Auf diese Weise versucht man, auch einen Überblick über die Bestandsentwicklung des Knutts zu bekommen. Das ist bei dieser Art eigentlich nur in den Winterquartieren möglich: In den Brutgebieten verteilen sich die Knutts allzu sehr in der Fläche, und in den Rastgebieten verhindert der hohe Durchlauf von Vögeln eine exakte Ermittlung des Gesamtbestandes. Im Winterquartier dagegen treten die Vögel massiert auf und haben ihren Zug eingestellt. Um den Bestand der in Europa durchziehenden Unterart *Canutus* in Gänze erfassen zu können, müssen Vogelkundler:innen an allen flachen, tideabhängigen Küsten von Mitteleuropa bis herunter nach Südafrika möglichst zeitgleich unterwegs sein. Sie müssen die Knutts aus den großen Watvogelschwärmen heraussieben und ihre Anzahl genau protokollieren. Eine Mammutaufgabe, die in der Praxis so gar nicht durchzuführen ist, erst recht nicht in Afrika, wo eine relativ geringe Anzahl gut ausgestatteter Beobachter:innen ein riesiges Areal abzudecken hat. Man denke nur an den Bijagos-Archipel mit seinen vielen Inseln, die zeitgleich jeweils von einem Zähler/einer Zählerin besucht werden müssten. Um trotzdem einigermaßen verlässliche Zahlen zu erhalten, werden Zählungen in zuvor festgelegten repräsentativen Arealen auf das Gesamtgebiet hochgerechnet. Je nach Auswertungsmethode kann das zu sehr unterschiedlichen Resultaten führen. Für *Canutus* soll der Gesamtbestand zwischen 260.000 und 275.000 Individuen (Stand 2020) liegen.[25]

Nicht alle in einem Lebensraum vorkommenden Tier- und Pflanzenarten gelten als gleichermaßen schützenswert. Auch hier gilt das Prinzip »geschützt wird, was natürlich ist«. Arten, die »immer schon« in einem Lebensraum zu finden waren, wird in der Regel ein höherer Wert beigemessen als Neubürgern, vor allem, wenn sie vom Menschen eingeschleppt worden sind (*Neobiota*). Seine Eingriffe in den Naturhaushalt gelten als unnatürlich, sie stören das ursprünglich so gut funktionierende Gleichgewicht. In der Tat können von Menschen eingeführte Tiere und Pflanzen Lebensräume in kürzester Zeit vollkommen »umkrempeln«. So bedeckt die Kartoffel-Rose (*Rosa rugosa*), die eigentlich in Ostasien zu Hause ist, nachdem sie 1907 erstmals im Wattenmeer eingeschleppt wurde, heute weite Dünenbereiche auf den Nordseeinseln – zu Lasten der dort ursprünglich heimischen Arten. Die Rose ist beileibe nicht die einzige Neubürgerin, die mithilfe des Menschen in das Wattenmeer gelangt ist. Selbst Sandklaff- und Amerikanische Schwertmuscheln, geradezu »klassische« Wattbewohner, kamen über den Menschen hierher, die Sandklaffmuschel wohl bereits vor 1.000 Jahren mithilfe der Wikinger, die die Muscheln im Ballastsand ihrer Schiffe aus Amerika nach Europa brachten.[26] Manche Vogelart ist auf den Inseln von durch Menschen eingeschleppte Neulinge bedroht: So machen ausgesetzte Igel und verwilderte Hauskatzen bei ihren nächtlichen Streifzügen Jagd auf die Eier und Küken von Wiesenbrutvögeln wie Uferschnepfe und Kiebitz und gefährden den Fortbestand dieser ohnehin schon bedrohten Verwandten des Knutts.

Abb. 13: Kiebitz

So berechtigt und nachvollziehbar die Abneigung gegenüber »gebietsfremden« Arten erscheinen mag, man vergisst dabei nur allzu leicht, dass Lebensräume nie ganz stabil, sondern in ständigem Wandel begriffen sind. Der von vielen Naturschützer:innen postulierte »Idealzustand« eines Lebensraumes kann deshalb nicht mehr als eine Momentaufnahme sein. Immer wieder kommt oder geschieht Neues, greift etwas in das System ein, beeinflusst, verändert es, und Neubürger gehören ganz natürlich dazu. »Das Trugbild vom Gleichgewicht wird hier zur Falle«, meint der Ökologe Josef H. Reichholf. »Es legt allzu schnell fest, wie die Natur sein soll, und degradiert sie damit zum Freilichtmuseum, das alsbald Zerfallserscheinungen zeigen wird, wenn es sich selbst nicht mehr verändern und erneuern kann.«[27] Spätestens aber wenn der Mensch fremde, von weit her stammende Arten einführt, Arten, die von sich aus nie bei uns aufgetaucht wären, gilt das Erscheinen von Neubürgern als unnatürlicher und damit zu bekämpfender Vorgang. Wer konsequent einen vom Menschen unbeeinflussten Naturzustand bewahren möchte, müsste allerdings neben der erwähnten Kartoffelrose auch die flächendeckend auftretenden Sandklaff- und Schwertmuscheln aus dem Wattenmeerbereich entfernen. Das ist natürlich unmöglich. Und der Einfluss des Menschen beschränkt sich ja keineswegs auf eingeführte Arten, das Erscheinungsbild ganzer Landschaften geht auf seine Eingriffe zurück. Schon seit Tausenden von Jahren prägen die Jagd, die Landwirtschaft und der Handel die Welt um uns herum. Kaum ein Lebensraum ist davon verschont geblieben. Das Wattenmeer belegt dies eindrücklich: Seit der Mensch hier die ersten Warften aufgeschüttet hat und domestizierte Tiere in den Salzwiesen zu weiden begannen, änderte sich das Bild der Landschaft. Deiche, Buhnen und andere Küstenschutzbauwerke veränderten die ursprüngliche Dynamik des Lebensraumes, Schifffahrt und Tourismus taten ein Übriges. Abschnitte, die sich völlig losgelöst von menschlichem Tun entwickeln, sind heute nur noch in einigen Teilbereichen zu finden.

In Anbetracht der lange zurückreichenden Eingriffe des Menschen plädieren einige Forscher:innen dafür, Naturschutz anders zu denken. So schreibt Nicole Boivin, Direktorin am Max-Planck-Institut für Menschheitsgeschichte an der Universität Oxford: »Wenn wir genauer wissen wollen, wie wir am besten unsere Umwelt schützen und Arten erhalten können, müssen wir unsere Perspektive ändern. Vielleicht sollten wir mehr darüber nachdenken, wie wir saubere Luft und frisches Wasser für künftige Generationen sichern können, als darüber, wie wir die Erde in einen ursprünglichen Zustand zurückführen können. Dafür haben die Menschen einfach zu lange das Ökosystem geprägt.«[28] Was darf der Mensch, wo und wie muss die Umwelt vor ihm geschützt werden, welche Eingriffe kann man tolerieren, welche gilt es zu verhindern, das sind Fragen, die letztendlich unsere Einstellung zur Mitwelt betreffen und sich nicht im rein naturwissenschaftlichen Diskurs beantworten lassen.

Der Knutt, so viel scheint sicher, wäre sicher ein großer Fürsprecher des aktuellen Naturschutz-Regimes – er profitiert ganz eindeutig von den Schutzmaßnahmen. Da, wo seine Lebensräume vor menschlichen Einflüssen geschützt sind, kann er weitgehend ungestört seinen Nachwuchs großziehen, auf Nahrungssuche gehen oder sich einfach nur erholen.

Von Umweltheiligen und Naturzerstörern

Den Schwund der Artenvielfalt und den Rückgang vieler Tier- und Pflanzenarten haben Schutzgebiete wie Nationalparks bislang leider nicht aufhalten können, im Gegenteil: Laut einem Bericht des UN-Umweltprogramms (UNEP) aus dem Jahr 2019 steigt die Rate der vom Aussterben bedrohten Lebewesen global weiter an. Sie liegt derzeit rund 1.000-mal höher, als dies ohne menschliche Einflüsse der Fall wäre. Bis zu 50.000 Tier- und Pflanzenarten verschwinden jedes Jahr endgültig von der Erde.[29] Die Wirbeltier-Populationen (worunter natürlich auch Vögel fallen) sind dem Bericht zufolge zwischen 1970 und 2014 im Schnitt um etwa 60 Prozent zurückgegangen, bei den Wirbellosen, die unter anderem Insekten beinhalten, sind es zwischen 25 und 42 Prozent. 25 Prozent aller Säugetiere sind unmittelbar und akut gefährdet, 14 Prozent aller Vögel vom Aussterben bedroht.[30] Selbst in Regionen, die über diverse Maßnahmen eigentlich gut geschützt sind, lässt sich nach wie vor ein negativer Trend feststellen, insbesondere in Feuchtgebieten, den bevorzugten Lebensräumen der meisten Watvögel und des Knutts. Vor dem Hintergrund dieser Entwicklung erscheinen Nationalparks als letzte Oasen in einer Wüste der Umwälzung und Zerstörung.[31]

Und daran gibt es keinen Zweifel: Es ist der ausufernde Zugriff des *Homo sapiens* auf die Umwelt, dem immer mehr Arten zum Opfer fallen. So unterlagen noch vor einem Jahrhundert nur 15 Prozent der Landoberfläche menschlichen Einflüssen (Siedlungen, Ackerland,

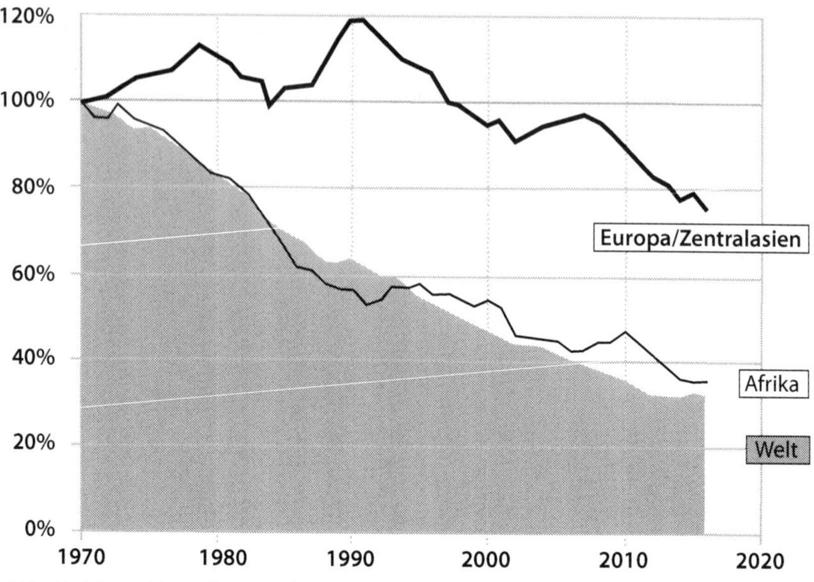

Abb. 14: Entwicklung der Populationsgrößen von Wirbeltieren laut dem »Living Planet Index«, ausgehend vom Jahr 1970

Industrie und Bergbau), heute sind es mehr als 70 Prozent (ohne Antarktis).[32] Wälder wurden und werden in großem Maßstab gerodet, Rohstoffe ohne Rücksicht auf die Umwelt ausgebeutet. Täler werden geflutet, Feuchtgebiete trocken gelegt, landwirtschaftlich nutzbare Flächen ausgeräumt, überdüngt und mit Pestiziden getränkt. Hauptverantwortlich für die zunehmende Landnutzung ist der exorbitante Bevölkerungsanstieg, der seit Anfang des 19. Jahrhunderts immer mehr an Fahrt aufgenommen hat. Mittlerweile bevölkern nahezu acht Milliarden Menschen den Planeten, demnächst werden es vermutlich neun oder zehn Milliarden sein. All diese Menschen brauchen Energie zum Überleben. Immer mehr Land gerät so fast zwangsläufig unter menschlichen Einfluss. Mächtig befeuert wird diese Entwicklung durch einen steigenden Lebensstandard und damit einhergehenden veränderten Konsumgewohnheiten, einer stark wachsenden Vorliebe für Fleisch vor allem, die besonders in den Industrieländern des Nordens zu beobachten ist. Ein Großteil der weltweit landwirtschaftlich genutzten Fläche dient mittlerweile allein der Viehhaltung und Futtermittelherstellung.

Glaubt man der EU-Biodiversitätsstrategie für 2030 – mehr Raum für die Natur in unserem Leben, so hat man das Problem zumindest in der Europäischen Union mittlerweile erkannt und ist willens, »die Umkehr des Biodiversitätsverlusts mit Ehrgeiz zu verfolgen«.[33] Zu diesem Zweck sollen laut der EU-Kommission »mindestens 30 Prozent der Landfläche und 30 Prozent der Meere in der Union geschützt werden. Dies entspricht einem Plus von mindestens vier Prozent der Land- und 19 Prozent der Meeresgebiete im Vergleich zu heute«.[34] Wie dieser Schutz in der Praxis dann genau aussehen und durchgesetzt werden soll, bleibt allerdings abzuwarten.

Aber können Reservate wirklich helfen, wenn der Mensch außerhalb davon alles andere als pfleglich mit der Umwelt umgeht? Selbst in der EU ist man sich bewusst, dass es mit dem Schutz einzelner Gebiete nicht getan ist. Auch auf den bewirtschafteten Flächen muss etwas passieren. Mindestens 25 Prozent der Agrarflächen innerhalb der Union sollen deshalb für den Erhalt der Biodiversität bis 2030 ökologisch/biologisch bewirtschaftet werden.[35] Sicher ein Schritt in die richtige Richtung. Angesichts einer mächtigen, ganz auf eine industriell ausgerichtete Landwirtschaft setzenden Agrarlobby darf man allerdings bezweifeln, dass dieser Plan auch wirklich zum Nutzen der Artenvielfalt umgesetzt wird.

Erneut und dringender denn je stellt sich die Frage, ob die westlich geprägte Naturschutzstrategie überhaupt in der Lage ist, die Biodiversität auf der Erde zu bewahren. Mit dem Aufkommen und Erstarken von Umweltschutzbewegungen in den 1970er- und 1980er-Jahren und der damit einhergehenden Kritik an dem auf Ausbeutung und Wachstum beruhenden Wirtschaftssystem der Industrienationen gerieten mehr und mehr indigene Völker als Gegenentwurf zu »unserem« Umgang mit der Umwelt in den Fokus. Lange Zeit als tierische, primitive Barbaren verschrien, erhielten die Indigenen nun den Status von »Umweltheiligen«.[36] Im Gegensatz zu uns in den Industriestaaten würden sie rücksichtsvoll und schonend wirtschaften, hieß es. Nachhaltigkeit war und ist dabei der alles beherrschende Kernbegriff. Der Duden definiert Nachhaltigkeit allgemein als »längere Zeit anhaltende Wirkung«, in ökologischer Hinsicht ist es ein »Prinzip, nach dem nicht mehr verbraucht werden darf, als jeweils nachwachsen, sich regenerieren, künftig wieder bereitgestellt werden kann«.[37] Nachhaltiges Wirtschaften als zentraler Ansatz zur Lösung unserer Umweltprobleme und indigene Völker, so die weit verbreitete Meinung, zeigen, wie das möglich ist. Schon Middendorff schwärmte von den Vollkommenheiten der Nganasanen, »die in ihrer Art durch tausendjährige Verbesserung entwickelt wurden«. Auch den Imraguen in Mauretanien, den Bijagos in Guinea-Bissau und den Topnaar in Namibia ist es gelungen, ein System zu entwickeln, das zumindest über einige Jahrhunderte hinweg als umweltschonend und nachhaltig gelten kann. Erst der Zugriff des Westens scheint dieses System ins Wanken gebracht zu haben.

Sind Indigene also womöglich besser darin, die Umwelt zu schützen als wir, sind sie die wahren Naturschützer:innen? Im Grunde ist allein diese Frage schon unzulässig. Sie gründet auf einem Begriff von Natur, der im Weltbild manch einer indigenen Gesellschaft gar keinen Platz hat. Naturschutz? Was sagt dieser Begriff Menschen, die noch heute einem animistischen Naturverständnis folgen, Menschen, die anders als wir nicht zwischen sich und der umgebenden Natur trennen, in deren Leben sich Natur und Gesellschaft auf das Engste durchdringen und voneinander abhängig sind? Muss ihnen das Naturschutz-Regime nicht reichlich merkwürdig vorkommen? Wie schützt man etwas, dessen Bestandteil man ist? Da Nichtmenschen für viele dieser Indigenen auf der gleichen Stufe stehen wie sie selbst, könnten sich ebenso gut ein Wolf, ein Bär oder ein Knutt Gedanken zum Naturschutz machen. Eine Einschätzung des Umgangs der Indigenen mit der Natur ist überdies bereits deshalb mit äußerster Vorsicht zu betrachten, weil unser Blick auf ihre Handlungen zwangsläufig durch unseren eigenen kulturellen Hintergrund beeinflusst wird.

Lässt man sich trotzdem auf diese Fragestellung ein und schaut sich etwas genauer an, wie Völker mit ihrer Mitwelt umgehen, so muss man konstatieren, dass sich die Menschen anfangs überall auf der Welt offenbar nur wenig Gedanken über die Artenvielfalt machten. Fast in allen Gegenden, wo sie aufkreuzten, setzten die Immigranten vor allem größeren jagdbaren Tieren hart zu. Auch wenn andere Faktoren ebenfalls eine Rolle gespielt haben dürften, ist es sicher kein Zufall, dass

Abb. 15: Imaginäre Darstellung der Jagd auf Moas in Neuseeland

im Zeitraum zwischen 50.000 und 10.000 Jahren vor heute, also zu jener Zeit, als die Menschen sich über den gesamten Globus ausbreiteten, rund zwei Drittel aller damals lebenden Großtierarten verschwanden.[38] Auf einigen Südseeinseln hatten die Menschen schon innerhalb kürzester Zeit nach ihrer Ankunft mehr als die Hälfte aller dort heimischen Vogelarten ausgerottet, die flugunfähigen Moas auf Neuseeland mancherorts offenbar bereits nach nur fünf Jahren.[39] Solange es unberührte Gegenden gab, die neu besiedelt werden konnten, gab es bei einer Verknappung der jagdbaren Ressourcen oder einem steigenden Bevölkerungsdruck immer noch die Option weiterzuziehen. Als schließlich alle bewohnbaren Gegenden besiedelt waren, kein weiteres Vordringen mehr möglich war, mussten sich aber selbst die letzten Pioniere den vorherrschenden Bedingungen stellen und nach langfristigen, nachhaltigen Lösungen für das Überleben suchen.

Dies gelang bei Weitem nicht überall. Ein ungebremster Ressourcenverbrauch, die Zerstörung von Lebensräumen, Überbevölkerung und Umweltverschmutzungen führten immer wieder zum Zusammenbruch hochentwickelter Kulturen. So wurden in vielen Weltregionen schon sehr früh die vor Leben wimmelnden Wälder gerodet sowie weite Landstriche durch eine allzu intensive Beweidung geschädigt, beides mit fatalen Folgen für die dort ansässigen Menschen. Oft waren die Systeme einfach nicht weit genug in die Zukunft ausgerichtet, vernachlässigten wichtige Störfaktoren, waren nicht flexibel genug.[40] Änderten sich die äußeren Bedingungen, nahm zum Beispiel die Bevölkerung stark zu, blieb für einige Zeit der Regen aus oder kam es zu länger anhaltenden Kälteperioden, gerieten viele Gesellschaften schnell an ihre Grenzen und kollabierten. So ging die Welt der Wikinger auf Grönland aller Wahrscheinlichkeit nach unter, weil sie nicht in der Lage waren, ein wirklich nachhaltiges, auf wechselnde Bedingungen ausgerichtetes, Wirtschaftssystem zu etablieren. Die direkt nebenan lebenden Inuit waren dagegen flexibel genug, um vor Ort zu überleben. Werden die Bedingungen allerdings allzu hart, muss selbst die flexibelste Gesellschaft die Segel streichen. Keine Kultur ist wirklich »sicher«.

Auch wenn viele Kulturen gescheitert sind, zeigen die Beispiele der Nganasanen, Imraguen, Bijagos und Topnaar doch auf eindringliche Art und Weise, dass ein nachhaltiges, die Artenvielfalt bewahrendes Wirtschaften selbst unter extremen Bedingungen möglich ist. Aber muss hinter einem nachhaltigen Handeln zwangsläufig auch ein entsprechendes Denken stecken? Nur dann kann man indigene Völker streng genommen wirklich als die besseren Naturschützer:innen bezeichnen. Hier allgemeingültige Aussagen zu treffen, ist allerdings fast unmöglich. Immerhin fällt auf, dass viele indigene Völker ihre nachhaltige Wirtschaftsweise unmittelbar nach der Kontaktaufnahme mit einer fremden Kultur (insbesondere der europäischen) in relativ kurzer Zeit eingeschränkt oder ganz aufgegeben haben. So waren zum Beispiel die Inuit und Indianer im Norden Amerikas – verständlicherweise – derart angezogen von all den neuen aufregenden Handelswaren, die ihnen von den abendländischen Händlern offeriert wurden, dass sie sich schnell dazu verführen ließen, immer mehr Tierfelle oder Fleisch gegen Werkzeuge, Gewehre (die eine Jagd deutlich erleichterten) oder Ähnliches einzutauschen. Als Folge davon gingen die Bestände von Karibus, Bibern oder anderen Tieren vielerorts stark zurück, das ökologische Gleichgewicht geriet aus den Fugen. Als besonders effektives Lockmittel erwies sich der Verkauf von Alkohol, der viele der Indigenen in die Abhängigkeit trieb und sie zwang, die Jagd auf Kosten der Nachhaltigkeit zu intensivieren[41] – oft genug der Beginn eines fatalen tiefgreifenden Kulturwandels. Auch die Imraguen in Mauretanien stellten ihren Fischfang schnell um, als sie mitbekamen, dass sich ihre Lebenssituation mit der Jagd auf Haie stark verbessern ließ – und destabilisierten damit das Ökosystem. Und hätte Alexander von Middendorff wohl noch die perfekt auf die Verhältnisse angepasste Lebensweise der Nganasanen studieren können, wenn es von russischer Seite nicht verboten gewesen wäre, ihnen Gewehre zu verkaufen?

Ganz offensichtlich werden also altbewährte nachhaltige Verhaltensweisen von Indigenen schnell über Bord geworfen, wenn eine Innovation Vorteile verspricht. Daran ist nichts Besonderes, kommt dieses Verhaltensmuster doch reichlich bekannt vor. Wir sehen es ebenso bei uns in den Industrienationen, in Deutschland, in der heimischen Industrie, der Landwirtschaft, bei uns selbst – ein allgemeingültiges Muster menschlichen Verhaltens. Angesichts aufregender Vorteile fällt es oft schwer, Geduld zu bewahren und eine Innovation kritisch zu überprüfen, bevor sie umfänglich eingesetzt wird. Ohne Vorerfahrungen ist eine verlässliche Zukunftsprognose zudem oft auch kaum möglich, das gilt heute wie damals. Hätten die Inuit und Indianer ihr Jagdverhalten geändert, wären sie vorab in der Lage gewesen, die Folgen ihres Handelns abzusehen? Solange die Vorteile für den Einzelnen überwiegen, fällt eine Rückbesinnung oft selbst dann schwer, wenn die Nachteile längst zu erkennen sind. Wenn es um den eigenen Vorteil geht, verlieren die dagegen stehenden Regeln schnell an Kraft und Einfluss. Nur zu gerne geben wir unseren Wünschen nach und erteilen der ökologischen Vernunft eine Absage. Gerade vor dem Hintergrund existenzieller Bedrohungen hat das kurzfristige Überleben eine höhere Dringlichkeit als nachhaltiges Denken. Das geschieht jeden Tag überall auf der Welt, unzählige Male, so oft und so lange, bis wir den Konsequenzen unseres Handelns nicht mehr entkommen können.

Auch wenn traditionelle Gesellschaften genauso anfällig für fragwürdige Innovationen scheinen wie die Bevölkerungen in den Industrienationen, so schmälert dieses nicht die Anpassungsleistungen, die viele von ihnen im Laufe ihrer Geschichte entwickelt haben. Ihr Umgang mit der Umwelt, ihre detaillierten Kenntnisse der Flora und Fauna, ihre tiefen Einblicke in ökologische Zusammenhänge, ihr Verhältnis zur Natur, können Perspektiven aufzeigen, wie wir alle in Zukunft besser wirtschaften können. Schon deshalb sollte man sich ihre Umweltstrategien genau anschauen und die von den »Traditionalisten« unter ihnen vorgebrachte Mahnung, achtsamer und respektvoller mit der Mitwelt umzugehen, als Weckruf begreifen.

Neue Wege des Naturschutzes?

Es wird immer deutlicher, dass der aktuell praktizierte Naturschutz nicht (mehr) ausreicht, um die Biodiversität auf der Erde zu erhalten. Neue Konzepte und Strategien sind gefragt. Ein in den letzten Jahren viel diskutierter Ansatz sieht die Lösung darin, Nichtmenschen und ganze Ökosysteme nicht länger rein menschlichen Interessen zu unterwerfen, sondern ihnen einen einklagbaren Eigenwert beizumessen.[42] Nichtmenschen und Ökosysteme als Rechtspersonen. Der Knutt wäre damit nicht länger menschlicher Willkür (von der Zerstörung seiner Lebensgrundlagen oder einer Bejagung auf der einen und umfassenden Schutzmaßnahmen auf der anderen Seite) ausgeliefert, sondern könnte bei einer Bedrohungslage mithilfe menschlicher Anwälte juristischen Beistand suchen und sein »Recht auf Leben« vor Gericht einklagen. Ecuador in Südamerika gilt in diesem Zusammenhang als Vorreiter. In Artikel 71 der Landesverfassung wird »der Natur« das Recht zugesprochen zu existieren, ihren Lebenszyklus, ihre Funktionen, ihre Struktur und ihre evolutionären Prozesse zu erhalten und zu pflegen. Indigenes Wissen war für die Entwicklung dieses sozioökologischen Konzeptes von großer Bedeutung.[43] Über das Verbandsklagerecht können Naturschutz- und Umweltverbände die Rechte der Natur auch in Deutschland vor Gericht bringen, allerdings nur in eingeschränktem Maße und – leider – oft vergeblich. Solange unsere Mitwelt weiterhin vor allem in Verwertungszusammenhängen gesehen wird und die Trennung von Mensch und Natur im Alltag fortbesteht, erscheint eine Gleichstellung von Nichtmenschen (als eine Art Animismus 2.0) in der Gesetzgebung bei uns als wenig realistisch.[44] Zu bedenken ist dabei zudem, dass diese Rechtsprechung eine rein menschliche Setzung ist. In der Natur als Gesamtheit gibt es kein Recht aufs Überleben. Für einen Löwen spielt es keine Rolle, ob seine Beute zu einer vom Aussterben bedrohten Art gehört oder nicht, eine Mücke wird das Stechen nicht sein lassen, nur weil sie dadurch möglicherweise todbringende Erreger überträgt. Eine harmonische Welt, in der alle friedlich miteinander auskommen, wird auch die beste Rechtsprechung nicht erreichen können.

Vielversprechender erscheint da ein Ansatz, wie ihn zum Beispiel der Anthropologe Philippe Descola propagiert. Nach Descola sollten die traditionellen Verbindungen zwischen den Menschen und ihrer Umwelt in die Schutzbemühungen einbezogen werden, inklusive der damit verbundenen menschlichen Mythen und rituellen Handlungen. Es ist ein Konzept, das berücksichtigt, dass »Pflanzen, Berge, Tiere, Orte, Gottheiten und eine Unzahl weiterer Wesenheiten untrennbar miteinander vermischt und in ständiger Interaktion sind«.[45] Ein Konzept also, das Mensch, Kultur und Umwelt als Einheit begreift und daraus gezielt Schutzkonzepte ableitet.

Die Forderungen Descolas korrespondieren in mancherlei Hinsicht mit den Leitlinien, die von der UNESCO für die Einrichtung von Biosphärenreservaten entwickelt wurden und die zum Beispiel in Guinea-Bissau bereits erprobt werden. Wie weiter oben dargelegt, handelt es sich dabei um ein Naturschutzkonzept, das den Menschen ausdrücklich einbezieht. Der Mensch als verantwortungsvoller Akteur innerhalb des Netzwerkes der Natur, der die Ressourcen vor Ort schonend und nachhaltig bewirtschaftet. Dies sichert das menschliche Überleben und trägt gleichzeitig zum Erhalt der Artenvielfalt bei. In gewisser Weise sind Biosphärenreservate Versuchslabore, in denen untersucht wird, wie ein stabiles Zusammenleben zwischen den Menschen und ihrer Mitwelt in Zukunft aussehen könnte. Die Einwohner:innen der ausgewählten Regionen dürften sich mit diesem Konzept eher anfreunden können als mit der Nationalparkidee. Natürlich versucht man auch in Nationalparks, die Bedürfnisse der Menschen mit denen des Naturschutzes in Einklang zu bringen. Während die Nationalparkideologie aber der

Trennung von Mensch und Natur zumindest tendenziell immer noch Vorschub leistet, bietet die Idee des Biosphärenreservates eher die Möglichkeit, auch andere, verbindende Sichtweisen von Natur einzubringen und umzusetzen (wobei zu bedenken ist, dass die beiden Naturschutzkonzepte in der Regel auf unterschiedliche Lebensräume zugeschnitten sind). Nicht umsonst gelang es auf den Bijagos bei der Ausweisung des Biosphärenreservates vergleichsweise leicht, die Interessen der Einheimischen mit dem Schutz ihrer Mitwelt in Einklang zu bringen (gravierende Probleme gab es erst in Folge der mangelhaften Überwachung des Übereinkommens). Wie dieses Beispiel übrigens auch zeigt, müssen sich die unterschiedlichen Naturschutzkonzepte keineswegs ausschließen, sie können durchaus gemeinsam gedacht und umgesetzt werden. Schließlich sind die beiden im Archipel liegenden Nationalparks integraler Teil des Biosphärenreservates. Gleiches gilt wie erwähnt für die Nationalparks Niedersächsisches, Hamburgisches und Schleswig-Holsteinisches Wattenmeer.

727 Biosphärenreservate existieren mittlerweile weltweit in 131 Staaten (Stand 2021). Höchste Priorität genießen sie allerdings noch nicht, zumindest nicht in Deutschland. Oder wer könnte auch nur einen kleinen Teil der immerhin 16 in Deutschland ausgewiesenen Reservate aufzählen?

Kapitel 8

Rückkehr in eine veränderte Welt

Wenn die »innere Uhr« nachgeht

Im März meldet sich die »innere Uhr« und erinnert den Knutt daran, dass er nun mit den Vorbereitungen für den Rückflug ins Brutgebiet beginnen muss. Dieser »Weckruf« ist genetisch verankert. Experimentell lässt sich nachweisen, dass die dadurch ausgelöste Zugunruhe ganz unabhängig von äußeren Einflüssen einsetzt. Die Veränderung der Tageslänge hilft den Vögeln dabei, mögliche Ungenauigkeiten ihres inneren Zeitmessers mit den realen Jahreszeiten zu synchronisieren. Das gelingt selbst in Äquatornähe, wo die Verschiebungen bei nur wenigen Minuten pro Woche liegen.

Ab jetzt läuft in den Winterquartieren in Afrika alles wieder nach dem bekannten Muster ab: erst fressen und nochmals fressen, zwischendurch kurz ausruhen und dann, unmittelbar vor dem Abflug, innere Organe zurückentwickeln und damit unnötigen Ballast »abwerfen«. Ende April/Anfang Mai starten die Vögel von der Banc d'Arguin (Bijagos etwas eher) in Richtung Wattenmeer, mit der Option, bei schlechtem Wetter in Frankreich kurz zwischenzulanden und aufzutanken.

Im Wattenmeer angekommen, wiederholt sich die »Fressorgie«, bis es Ende Mai/Anfang Juni weitergeht ins Brutgebiet. Wenn die Knutts dann fahrplanmäßig Taimyr erreichen, sieht die Welt dort nun aber meist deutlich anders aus als vorgesehen: Immer öfter liegt bereits kein Schnee mehr, und das Summen der Mücken erfüllt die Luft. Alles hat sich mittlerweile nach vorne verschoben, die Schneeschmelze, das Auftreten der Insekten. Schuld daran ist ein Wandel im Klimaregime. In den letzten Jahrzehnten ist es immer wärmer geworden, sodass der Frühling in der Arktis mittlerweile deutlich zeitiger beginnt als noch vor 30 Jahren. Forscher:innen aus Kanada, den Vereinigten Staaten, Dänemark und Deutschland, die den Beginn der Blüte von 14 arktischen Pflanzenarten untersucht haben, kommen auf eine mittlere Verfrühung von 20 Tagen innerhalb der letzten 20 Jahre. Für Grönland ergab sich sogar eine Verschiebung von 26 Tagen innerhalb des letzten Jahrzehnts![1] Entsprechend hat sich auch der Höhepunkt des Insektenvorkommens Stück für Stück nach vorne verschoben. Die Knutts sind aber nach wie vor an ihren hauptsächlich genetisch gesteuerten Zeitplan gebunden und erreichen das Brutgebiet entsprechend immer noch etwa zur selben Zeit. Wie sollen sie in Afrika oder später in Europa auch wissen, dass der Frühling Tausende von Kilometern entfernt bereits im Anmarsch ist? Durch die genetisch angelegte Steuerung kommen die Knutts deshalb immer öfter zu spät im Brutgebiet an, was zur Folge hat, dass für den Nachwuchs nach dem Schlüpfen nur noch relativ wenig Nahrung zur Verfügung steht.

Ein internationales Forscherteam hat herausgefunden, dass die Jungvögel durch den Nahrungsmangel nicht mehr die volle Körpergröße der Erwachsenen erreichen und kürzere Schnäbel ausbilden.[2] Das ist im Brutgebiet noch kein großes Problem, Insekten lassen sich mit einem kürzeren Schnabel ebenso gut erwischen wie mit einem normal gewachsenen. Spätestens im Winterquartier aber, auf der Banc d'Arguin, wo die Vögel um eine begrenzte Nahrung kämpfen müssen, wird der kürzere Schnabel zum Problem. Die Vögel können die tiefer im Boden befindlichen Muscheln nicht mehr erreichen. Sie bekommen nur die kleineren, dichter unter der Oberfläche liegenden Exemplare. Vor allem die Mondmuscheln *Loripes* liegen jetzt außerhalb der Reichweite,

Abb. 1: Junger Knutt auf dem Weg gen Süden

was zwar verhindert, dass sich die Vögel vergiften, ihnen andererseits aber den Zugang zu dieser häufig vorkommenden Ressource verbaut. Ein Rückgriff auf die gut verdauliche, aber seltene Venusmuschel *Dosinia* ist oft auch keine echte Option, da sie für ihre kräftigeren Artgenossen als Ausgleich zu *Loripes* von großer Bedeutung und entsprechend begehrt ist. In ihrer Not greifen die Vögel dann verstärkt auf pflanzliche Nahrung zurück, was ihrer allgemeinen Fitness nicht gerade zuträglich ist. Folglich ist die Sterblichkeit bei den kurzschnäbligen jungen Vögeln merklich höher als bei voll entwickelten Altvögeln. Männliche Jungvögel trifft es dabei besonders hart. Sie sind von Natur aus etwas kleiner und kurzschnäbliger als die Weibchen und bekommen als Erste Probleme. Untersuchungen auf Taimyr haben ergeben, dass dort auf ein Männchen mittlerweile zwei Weibchen kommen.[3] Da der Knutt sich nur mit einem Partner verbindet, muss dieses Missverhältnis der Geschlechter zwangsläufig negative Auswirkungen auf die Entwicklung der Population haben. Zu allem Unglück schlüpfen in heißen Jahren auch noch überproportional viele Weibchen, genau anders herum als es derzeit sinnvoll wäre! Viel spricht dafür, dass der Klimawandel auf Taimyr und die damit verbundenen Schwierigkeiten, den Nachwuchs großzuziehen, in erster Linie für den dramatischen Bestandsrückgang der sibirischen Knutts verantwortlich ist.

Schuld an diesem Klimawandel, daran lässt der Weltklimarat, das Intergovernmental Panel on Climate Change (IPCC), keinerlei Zweifel, ist der Mensch. »Es ist eindeutig, dass der Einfluss des Menschen die Atmosphäre, den Ozean und die Landflächen erwärmt hat. Das Ausmaß der jüngsten Veränderungen im gesamten Klimasystem und der gegenwärtige Zustand vieler Aspekte des Klimasystems sind seit vielen Jahrhunderten bis Jahrtausenden beispiellos«, heißt es im 6. Sachstandbericht des Ausschusses aus dem Jahr 2021.[4] Der Weltklimarat wurde 1988 vom Umweltprogramm der Vereinten Nationen (UNEP) und der Weltorganisation für Meteorologie (WMO) ins Leben gerufen. Die Aufgabe dieses »kosmopolitischen Weltparlaments der (Klima) Wissenschaft«[5] ist es, politische Entscheidungsträger objektiv und umfassend über den Klimawandel zu informieren. Forschungsergebnisse von Hunderten von Wissenschaftler:innen werden zu diesem Zweck gesammelt, gebündelt und zusammengefasst. Um die Glaubwürdigkeit der einlaufenden Berichte zu garantieren, holt sich der Klimarat zusätzlich Expertisen von weiteren Hunderten von Wissenschaftler:innen ein. Wahrhaftig eine Mammutaufgabe! Im Jahr 2007 erhielt die Organisation für ihre Arbeit den Friedensnobelpreis. Wenn bei der Flut von Einschätzungen und Kommentaren zum Klimawandel etwas als gesichert und glaubwürdig gelten darf, dann die Ergebnisse und Einschätzungen des IPCC.

Die Beweise, dass ein globaler Klimawandel im Gange ist und der übermäßige Ausstoß fossiler Brennstoffe durch den Menschen dafür verantwortlich ist, sind derart erdrückend, dass ihn mittlerweile kein ernsthafter Wissenschaftler und keine ernsthafte Wissenschaftlerin mehr infrage stellt.

Der Wandel beginnt im hohen Norden

Die Arktis ist der Hotspot des Klimawandels, und in kaum einer Region scheint er schneller voranzuschreiten als auf der Taimyr-Halbinsel. Laut einem aktuellen Klimabericht des russischen Wetterdienstes Roshydro-

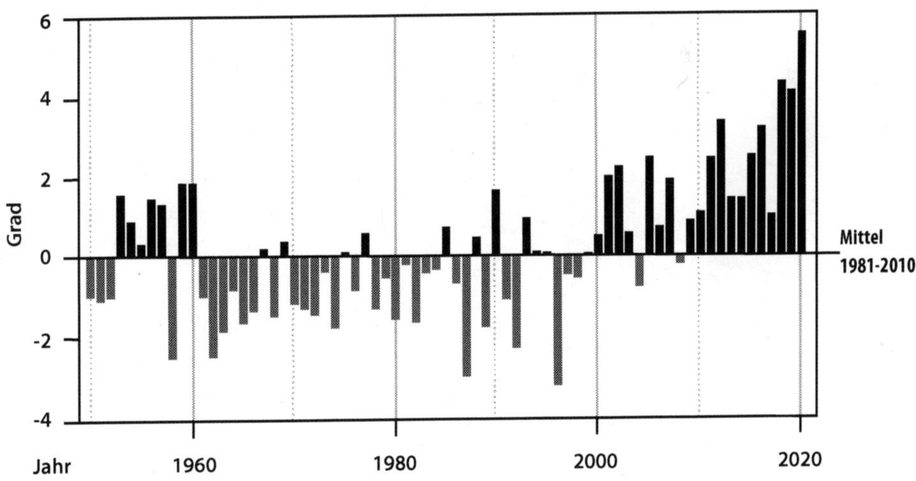

Abb. 2: Entwicklung der arktischen Temperaturen im Juni gemessen am Mittel der Peroide 1981-2010

met hat sich die Region im Zeitraum von 1976 bis 2020 pro Jahrzehnt um durchschnittlich 1,2 Grad erwärmt (Berechnungen zur Arktis insgesamt kommen auf eine Erwärmung von 0,75 Grad im letzten Jahrzehnt), sodass die Durchschnittstemperatur auf Taymyr mittlerweile um sagenhafte fünf Grad höher liegt als in den 1970er-Jahren.[6] Damit läuft der Temperaturanstieg in der Arktis um ein Mehrfaches schneller ab als in gemäßigten Breiten oder den Subtropen. Die Erwärmung begann, in der zweiten Hälfte der 1990er an Fahrt aufzunehmen, besonders in den Monaten April und Juni. Mit der Temperaturerhöhung gehen immer trockenere Sommer einher, die großflächige Brände zur Folge haben und zu einem Sinken des Wasserstandes in Flüssen und anderen Feuchtgebieten führen.

Besonders besorgniserregend ist das durch den Temperaturanstieg verursachte Auftauen der Permafrostböden (der Böden, die unter der obersten Bodenschicht das ganze Jahr über gefroren sind). Ein Viertel aller Böden auf der Nordhalbkugel gehören zur Permafrostzone, sämtliche Brutareale des Knutts zählen dazu. Bedingt durch den Klimawandel taut der Permafrostboden nun zunehmend auf. Das Abtauen kann fatale Folgen haben: Die im Boden verborgene organische Substanz beginnt, im aufgetauten Boden Treibhausgase freizugeben, und zwar in einem Maß, das die weltweite Klimaerwärmung noch weiter antreiben wird. Vor Ort verändert der aufgetaute Boden das Landschaftsbild. Vermehrt kommt es zu Absackungen und zu Erdrutschen, Krater entstehen. Der freigelegte nackte Boden ist dann ein idealer Platz für Samen von Neusiedlern, die sich

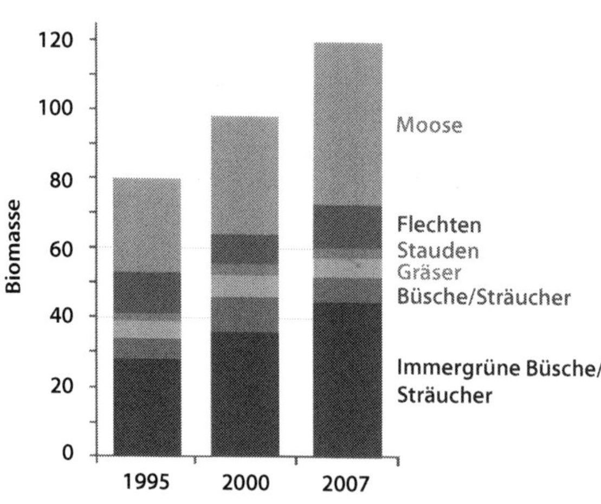

Abb. 3: Vegetationsentwicklung auf Ellesmere Island in der Arktis im Nordosten Kanadas zwischen 1995 und 2007

im wärmeren Klima nun behaupten können. Büsche und Sträucher übernehmen langsam das Regiment, die Baumgrenze verschiebt sich Stück für Stück nach Norden. Die Tundra schrumpft. Schlechte Aussichten für »klassische« Arktisbewohner wie den Knutt. Er besiedelt nur die völlig baumfreien, spärlich bewachsenen Bereiche der Tundra. Gebiete mit einer höheren Vegetation überlässt er anderen. In vielen Regionen auf der Welt verändert sich der Pflanzenbewuchs klimabedingt und führt dazu, dass sich die Vegetationszonen insgesamt langsam polwärts verschieben. Während Tiere und Pflanzen weiter südlich diese Verschiebung einfach mitgehen, ist das für echte Arktisspezialisten keine Option – weiter nördlich gibt es keine größeren Landmassen mehr, auf die sie ausweichen könnten. Wasser oder Eis, das ist alles, was noch kommt. So muss der Knutt mitansehen, wie sein bevorzugter Lebensraum immer mehr zusammenschrumpft und irgendwann womöglich ganz verschwindet. Zum Nahrungsmangel kommt Lebensraumverlust. In den letzten Jahren reagieren Knutts auf die Veränderungen, indem sie vermehrt auf höhergelegene Bereiche in den Bergen ausweichen, dorthin, wo die Vegetation weiterhin spärlich ist und der Frühling später und damit zur »richtigen« Zeit beginnt.[7] Spätestens, wenn der Temperaturanstieg die Vögel bis auf die Gipfel getrieben hat, kommt diese Strategie aber an ihre Grenzen. Vögel, die ihren alten Brutplätzen treu bleiben, werden sich dazu verstärkt mit Tierarten, die von Süden auftauchen und sich im veränderten Lebensraum zu Hause fühlen, konfrontiert sehen. Die Einwanderung neuer Tier- und Pflanzenarten zeigt aber auf der anderen Seite, dass der Klimawandel keineswegs nur negative Auswirkungen hat, es gibt Gewinner und Verlierer. So kann der Rotfuchs seinen Lebensraum dem Klimawandel sei Dank nun immer weiter nach Norden ausdehnen. Dies geht allerdings auf Kosten der hier ursprünglich lebenden Polarfüchse, die gegen ihre größeren Verwandten keine Chance haben und aus ihren Revieren vertrieben werden.

Zur Verschiebung des Frühjahrs und dem Lebensraumverlust kommen möglicherweise weitere problematische Veränderungen auf den Knutt zu. Da wäre zum Beispiel die jüngste Entwicklung bei den Lemmingen: Mancherorts ist der für das Leben in der Tundra so bedeutsame Dreijahreszyklus der kleinen Nager zusammengebrochen. Bedingt vermutlich durch eine vom Klimawandel verursachte unvorteilhafte Schneebedeckung im Winter und Frühjahr, gibt es in der Arktis weniger oder gar keine Jahre mehr, in denen Lemminge in Massen vorkommen. Vielerorts nimmt die Anzahl der Lemminge ab. Da der Polarfuchs und andere Beutegreifer in schlechten Lemmingjahren auf die Eier und Küken von Vögeln zurückzugreifen pflegen, müsste der Bestandsrückgang der Lemminge sich entsprechend negativ auf den Fortpflanzungserfolg des Knutts und anderer arktischer Watvögel auswirken. Untersuchungsergebnisse aus Nordostgrönland widersprechen allerdings dieser These. Hier sind bislang nur die Bestände der Räuber, nicht aber die der Opfer, zurückgegangen. Vor allem absolute »Lemmingspezialisten« wie Schnee-Eule und Wiesel bringen kaum noch Junge durch.[8]

Auch die weltgrößte Rentierpopulation auf Taimyr leidet unter dem Klimawandel. Durch die steigenden Temperaturen fällt der Niederschlag nun zunehmend in Form von Regen, der im Frühjahr oder Herbst auf den Böden gefriert und die Pflanzen mit einem Eispanzer umschließt.

Abb. 4: Rentierherde auf der Taimyr-Halbinsel

Schnee können die Tiere mit ihren Hufen wegscharren und so an die pflanzliche Nahrung gelangen, eine Eisschicht verhindert dies. Ein großes Problem für die Tiere ist zudem, dass das Eis auf den Fließgewässern, die sie auf ihrer Wanderung gen Norden im Frühjahr überqueren müssen, nun deutlich früher aufbricht als noch vor ein paar Jahren. Eine Überquerung durchs Wasser ist anstrengender und riskanter, vor allem für die frisch geborenen Kälber, die leicht ertrinken. Obwohl die Tiere inzwischen bereits frühzeitiger aufbrechen, erscheinen sie oft trotzdem später im Sommerdomizil. Forscher:innen gehen davon aus, dass nicht nur die illegale Jagd, sondern auch der Klimawandel für den Einbruch der Rentierbestände verantwortlich ist. Die frühere Öffnung der Flüsse im Frühjahr und die immer spätere Eisbildung im Herbst haben dazu geführt, dass einige Herden ihre Wanderroute verlegt haben. Denis Terebik aus Volochanka, einem der Orte mit einem hohen Anteil von Nganasanen, kann das bestätigen: »Der Zeitpunkt und die Wanderrouten sowie die Anzahl der wilden Rentiere haben sich wirklich verändert.«[9] Die Jagd sei dadurch schwieriger geworden, meint er, man müsse länger nach den Tieren suchen. »Ich kann nicht sagen, dass es unsere Ernährung radikal verändert hat, aber es hat alles komplizierter gemacht.« Terebik befürchtet, dass Fleisch aus den Läden in Zukunft diese für die Indigenen so wichtige Nahrungsquelle ersetzen muss. Aber vielleicht stehen stattdessen ja bald Elche, die wie Braunbär, Zobel und Bisamratte immer weiter gen Norden vordringen, auf dem Speisezettel ... Nicht nur der Knutt, auch die Nganasanen müssen sich also bereits heute mit den Folgen des Klimawandels auseinandersetzen.

Bevorzugte Entwicklungszone

Den Boden unter den Füßen verlieren, das dürfte das Erste sein, woran die Menschen im hohen Norden denken, wenn sie auf den Klimawandel angesprochen werden, ganz wörtlich, konkret, denn ihre Häuser verlieren zunehmend an Halt. Der auftauende Permafrostboden hat den knochenharten Untergrund vielerorts in Morast verwandelt. Gebäude versacken darin, Stromleitungen kippen, Pipelines brechen, die Landepisten von Flughäfen springen auf.

Wie verheerend die Folgen des Abtauens der Böden sein können, verdeutlicht ein Unglück, das sich Ende Mai 2020 nördlich von Norilsk ereignete: Aus einem leckgeschlagenen Tank traten dort 21.000 Liter Dieselöl aus. Offensichtlich war das Fundament der Anlage durch den auftauenden Permafrostboden abgesackt, was zu Rissen im Tank geführt hatte. Das Öl lief ungehindert in die Tundra und kontaminierte dort eine Fläche von nicht weniger als 180.000 Quadratkilometern, eine der schlimmsten Ölkatastrophen in der Geschichte der Arktis. Zeitweise waren 700 Mitarbeiter, 270 Fahrzeuge, elf Schiffe und drei Hubschrauber im Einsatz, um die Folgen der Katastrophe in Grenzen zu halten.[10] Schätzungen zufolge werden bis 2050 etwa 20 Prozent der gewerblichen und industriellen Strukturen und 54 Prozent der Wohngebäude in Russland vom Auftauen des Bodens betroffen sein. Im Gegensatz zu Ländern wie Norwegen und Dänemark (Grönland), die bereits Anfang der 2010er-Jahre Pläne zur Anpassung an den Klimawandel erstellt haben, gibt es von russischer Seite bislang noch kein entsprechendes Strategiepapier.[11]

Die Klimaerwärmung muss aber keineswegs für alle Menschen hoch im Norden negative Folgen haben, sie kann ebenso gut eine Chance darstellen. Die größten Nutznießer der Klimaerwärmung werden aller Voraussicht nach allerdings nicht die Einheimischen, sondern Reedereien und Bergbaugesellschaften sein, Konzerne, die tatkräftig dabei mitgeholfen haben, den Klimawandel auf der Erde richtig in Schwung zu bringen.

Für die Schifffahrt könnte sich der 29. August 2008 als Meilenstein erweisen. An diesem Tag waren erstmals sowohl die Nordost- wie auch die Nordwestpassage eisfrei. Das heißt, an diesem Tag hätte ein Schiff erstmals ohne Hindernisse eine Fahrt rund um den Nordpol durchführen können. Und die weiteren Aussichten sind prächtig: Schon in 20 bis 30 Jahren könnte die gesamte Arktis im Sommer eisfrei sein. Für Reedereien eine große Chance, verkürzt eine Passage über den Norden die Fahrt zwischen Europa und Fernost doch beträchtlich.

Für Russland hat der Ausbau der Frachtschifffahrt in der Arktis schon jetzt höchste Priorität. »Wir werden die Nordostpassage weiter entwickeln, die Schifffahrt in der Arktis sichern und die wichtigsten Entwicklungszonen für die industrielle Erschließung der Region bilden. Natürlich werden in der Zukunft erhebliche Anstrengungen erforderlich sein, um die Anbindung dieser einzigartigen Region zu erreichen und ihr kolossales Wirtschaftspotenzial zu realisieren«, skizziert etwa Dmitri Medwedew, Ministerpräsident des Landes, die Absichten Moskaus.[12] Ein Teil des Planes sieht vor, die Passage für den internationalen Schiffsverkehr zu öffnen und durch Gebühren Einkünfte für den

Staat zu generieren. Noch sind die Frachtgebühren allerdings derart hoch, dass sich eine Durchquerung kaum rechnet (für die Durchfahrt mit einem Containerschiff ergeben sich Gebühren in Millionenhöhe).[13] Wichtiger für Russland ist zunächst aber auch der Ausbau der eigenen Flotte. Ziel der Bemühungen ist es, die gewaltigen Bodenschatzreserven der Region mit Frachtern nach Asien oder Europa zu verschiffen. Bis zu 80 Millionen Tonnen pro Jahr will die Regierung in Zukunft über den nördlichen Seeweg transportieren.[4] Dazu werden vermehrt Schiffe gebaut, die auch mit komplizierteren Eisverhältnissen gut zurechtkommen. Die *Eduard Toll* schrieb hierbei Geschichte: Der Besatzung des Flüssiggastankers gelang es im Januar 2018, das Schiff ohne Begleitung eines Eisbrechers von der Yamal-Halbinsel westlich von Taimyr bis nach Frankreich zu lenken und dabei bis zu 1,8 Meter dicke Eisbarrieren zu überwinden – niemals zuvor war einem Frachtschiff solch eine Fahrt im Winter gelungen.[15] Ob sich die Pläne Russlands angesichts des Krieges in der Ukraine und den damit verbundenen Wirtschaftssanktionen westlicher Staaten wirklich umsetzen lassen, bleibt abzuwarten.

Bei der Ausbeutung der Bodenschätze soll der Taimyr-Halbinsel in Zukunft eine besondere Rolle zukommen. 40 verschiedene Sorten von Mineralien liegen dort im Boden verborgen, Nickel und Platin vor allem, aber auch Öl und Erdgas, Braun- und Steinkohle. Die Lagerstätten scheinen so reichhaltig zu sein, dass die Regierung Taimyr zu den fünf wichtigsten Rohstoffregionen Russlands rechnet. Ein riesiges Potenzial – und die Jagd auf die Schätze ist in vollem Gange. Auf Betreiben von Norilsk Nickel hat die Halbinsel jetzt den Status einer »bevorzugten Entwicklungszone« erhalten, mit besonders günstigen Bedingungen für Investoren und Wirtschaftsplaner.[16]

Bislang beschränkte sich der Abbau auf der Halbinsel fast ganz auf die Gegend um Norilsk, der Klimawandel macht es nun möglich, die Bodenschätze auch deutlich weiter im Norden abzubauen. So hat die Minengesellschaft VostokCoal in der Nähe von Dikson, einem kleinen Ort im äußersten Nordwesten der Halbinsel, damit begonnen, ein riesiges Kohlevorkommen auszubeuten. Für die kleine Gemeinde an der arktischen Karasee könnte dies einer Wiedergeburt gleichkommen. Dikson entstand ab 1915 rund um den ersten russischen Radiosender in der

Arktis. Ihr goldenes Zeitalter erlebte die Gemeinde in den 1980er-Jahren, als der damalige Präsident Michail Gorbatschow (1931–2022) die Frachtschifffahrt über die Nordostpassage vorantrieb und dem Hafen von Dikson dabei eine wichtige Rolle zuwies. Zu dieser Zeit lebten etwa 5.000 Menschen im Ort. Nach dem Zusammenbruch der Sowjetunion versiegte der Seehandel, die Wohnblocks verfielen und die Einwohnerzahl sank auf etwa 500 im Jahr 2015. Die Gemeinde fiel in einen eiskalten Dornröschenschlaf. Jetzt möchte VostokCoal die Kohle von hier in alle Welt verschiffen. Zwei neue Hafenanlagen werden dazu gerade fertiggestellt. Laut Projektleiter Aleksandr Isaeyev könnten bis zu 20.000 neue Arbeitsplätze in der Region entstehen. Der Plan des Unternehmens sieht vor, den Ort für die Ansiedlung der Arbeiter:innen und ihrer Angehörigen auszubauen. Das erste Gebäude, die Firmenzentrale, steht bereits. Dikson, so verspricht es der Manager vollmundig, wird die »Hauptstadt der Arktis« werden.[17] Dass Teile der Kohleflöze in der Pufferzone eines nahegelegenen Naturschutzgebietes liegen und eine Förderung von Bodenschätzen deshalb gesetzlich verboten ist, war kein Hindernis: Man verkleinerte von staatlicher Seite einfach die Zone, sodass die Kohle jetzt in direkter Nachbarschaft des Schutzgebietes gefördert wird und Kohlestaub die Böden im Reservat kontaminiert. Auch illegale Machenschaften des Unternehmens rund um den Abbau und damit verbundene Strafzahlungen in Millionenhöhe konnten das Projekt nicht stoppen.

Abb. 5: Dikson im Jahr 1991

Insgesamt sollen im Jahr 2030 bis zu 50 Millionen Tonnen Kohle, Öl und Flüssiggas von der russischen Arktis nach Europa und Asien geliefert werden.[18] Welch bittere Ironie des Schicksals: Ausgerechnet die Region, in der der Klimawandel so weit fortgeschritten ist wie kaum sonst auf der Erde, beherbergt eine der weltweit größten Reserven der für diesen Wandel verantwortlichen fossilen Brennstoffe, Ressourcen, die hier erst dank des Klimawandels überhaupt erschlossen werden können – und die in Zukunft dafür Sorge tragen, ihn noch weiter zu beschleunigen.

Nicht nur der Naturschutz, auch die Belange der in Russland lebenden Ureinwohner:innen spielen bei all diesen Unternehmungen – wenn überhaupt – nur eine untergeordnete Rolle. Überall dort, wo Unternehmen sich ansiedeln wollen, müssen die Einheimischen um ihr angestammtes Land fürchten. Auf dem Papier garantiert der Staat den indigenen Völkern Russlands zwar, dass sie auf dem Land ihrer Ahnen weiterhin ihrem traditionellen Lebensstil nachgehen können, das zählt aber wenig, wenn (vor allem große) Firmen für diese Gebiete Schürflizenzen erwerben wollen.

Dazu wächst bei der Ortsbevölkerung die Angst, dass es in den Fördergebieten durch niedrige oder fehlende Sicherheitsstandards zu gravierenden Umweltverschmutzungen kommen könnte. Wie berechtigt solche Befürchtungen sind, zeigte sich bei der Aufarbeitung der Ölkatastrophe, die sich 2020 bei Norilsk ereignete. Es stellte sich heraus, dass die betroffene Anlage schlecht gewartet war. Der Zustand des Permafrostbodens unterhalb des eingesackten Tanks war nie untersucht worden, der Katastrophenschutz lief viel zu spät an, das Unglück wurde allzu lange geheim gehalten. Dazu mangelte es an der nötigen Infrastruktur, um die erforderlichen Hilfsaktionen effektiv durchführen zu können. Von wirklicher Einsicht oder Verantwortungsbewusstsein bei dem dafür verantwortlichen Unternehmen, Norilsk-Nickel, keine Spur: Noch während die schlimmsten Folgen der Ölkatastrophe beseitigt wurden, pumpte der Konzern etwas abseits davon schwermetallhaltiges Abwasser aus einem Rückhaltebecken ungefiltert in die Tundra. Das Becken sei kurz vor dem Überlaufen gewesen, verteidigte sich das Unternehmen, eine Ausnahmesituation. Die Umweltschützerin Elena Sakirko, die geholfen hat, den neuerlichen Skandal aufzudecken, sieht das ganz anders: »An der Stelle, wo das Abwasser in den Wald abgelassen wurde, stehen lauter tote Bäume, manche gelb-orange gefärbt. Da wächst nichts mehr. Und tiefer im Wald haben wir mehrere größere übelriechende Tümpel gefunden. Die haben das nicht zum ersten Mal gemacht.«[19]

Wissenschaftler:innen von der Sibirischen Föderalen Universität in Krasnojarsk sehen die effektivste Lösung für die mit der Industrialisierung verbundenen Verwerfungen innerhalb der indigenen Gesellschaften darin, sie einfach am »Boom« zu beteiligen. Das könnten zum Beispiel Serviceleistungen der Einheimischen sein, eine Versorgung der Unternehmen mit Fleisch aus der Jagd oder der Rentierzucht etwa. Oder die Betroffenen bekommen finanzielle Unterstützung über zusätzliche Abgaben der Firmen. Freimütig räumen die Autor:innen der Studie ein, dass beide Lösungsvorschläge mit Problemen verbunden sein dürften. Wie sollen die Einheimischen beispielsweise das nötige Wild liefern, wenn die Umgebung der Jäger von den Firmen gerade zerstört wird? Außerdem müsste das ungewohnte Fleisch den aus dem Süden des Landes stammenden Angestellten der Unternehmen erst einmal schmackhaft gemacht werden. Geldgeschenke von Seiten der Unternehmen sehen die Autor:innen ebenfalls kritisch: Die Indigenen könnten ihre traditionelle Lebensweise und ihre altbewährten ökonomischen Fähigkeiten endgültig einbüßen, heißt es.[20] Ob jüngste Pläne der Bezirksregierung (Region Krasnojarsk), traditionelle Naturschutzgebiete zu schaffen, damit die Indigenen ihren ursprünglichen Lebensstil dort aufrechterhalten können, wirklich eine richtungsweisende Lösung der Probleme darstellen und ob sie auch wirtschaftlichem Druck standhalten werden, wird die Zukunft zeigen.

Zusammenfassend lässt sich festhalten, dass der Klimawandel in der Arktis das Leben der Nganasanen auf jeden Fall nachhaltig verändern wird. Die Erwärmung wird ein Überleben sicher nicht unmöglich machen, im Gegenteil, die höheren Temperaturen könnten im Alltag manches sogar erleichtern. Bedroht scheint jedoch die ohnehin schon angegriffene traditionelle Lebensweise der Indigenen. Altbewährte Jagdtechniken als Angelpunkte ihrer Kultur müssen die Indigenen aufgeben oder verändern, die sich abzeichnende Industrialisierung der Region wird ihren herkömmlichen Lebensstil weiter und verstärkt unter Druck setzen, unabhängig davon, ob die Menschen am Aufschwung teilhaben oder davon weiter an den Rand gedrängt werden.

Der Knutt seinerseits wird langfristig mit Lebensraumverlust und möglicherweise einem stärkeren Feinddruck zu kämpfen haben, kurzfristig geht es für ihn darum, die mangelhafte Synchronisierung zwischen Ankunft und Insektenhöhepunkt zu verbessern. Die Frage ist, ob der Knutt in der Lage sein wird, das genetische Programm, das seinen Jahresrhythmus maßgeblich steuert, so schnell zu modifizieren, dass er in Zukunft rechtzeitig, das heißt früher, im Brutgebiet ankommt (immerhin kann sich die DNA schon im Laufe eines individuellen Lebens leicht verändern). Ein großes Problem ist dabei, dass der Temperaturanstieg in der Arktis viel schneller abläuft als bei uns oder im Westen Afrikas. Zwischen dem Frühlingsbeginn im Süden und dem Frühlingsbeginn auf Taimyr liegt immer weniger Zeit – ein *Mismatch*. Um rechtzeitig in der Arktis zu sein, müssten die Vögel nun den Frühlingsverlauf in Afrika und im Wattenmeer zunehmend vom Anlegen der Fettreserven entkoppeln. Aber ist es überhaupt möglich, »vor der Zeit« auf das nötige Gewicht zu kommen? Finden die Vögel zeitiger im Jahr auf der Banc d' Arguin ausreichend Mond- und Venusmuscheln vor, sind später bei uns im Wattenmeer bereits genügend der begehrten Plattmuscheln erreichbar? Nicht nur die innere Uhr, auch die unterschiedliche Geschwindigkeit des Klimawandels auf den verschiedenen Breitengraden könnte also eine frühere Ankunft der Knutts in der Arktis verhindern.

Zumindest für die Banc d'Arguin gibt es noch keine greifbaren Belege für eine Vorverlegung des Abfluges. So waren Anfang Mai 2021, dem Zeitpunkt, an dem die Knutts das Gebiet seit jeher verlassen, immer noch sämtliche Vögel vor Ort, während viele andere Watvögel bereits den Zug gen Norden angetreten hatten. Kein gutes Zeichen! Immerhin: im französischen Rastgebiet auf dem Weg ins Wattenmeer erscheinen Knutts mittlerweile wohl jedes Jahr im Durchschnitt einen Viertel Tag früher als zuvor. Aber selbst, wenn sie dadurch nun auch im Brutgebiet sechs Stunden pro Jahr früher ankommen sollten, würde das nicht alles wieder ins Lot bringen, da die Schneeschmelze auf Taimyr sich mindestens doppelt so schnell nach vorne verschiebt. Der Knutt würde also selbst dann immer weiter ins Hintertreffen geraten. Wenn er nicht an Tempo zulegt, wird er den Wettlauf mit der Zeit verlieren.[21]

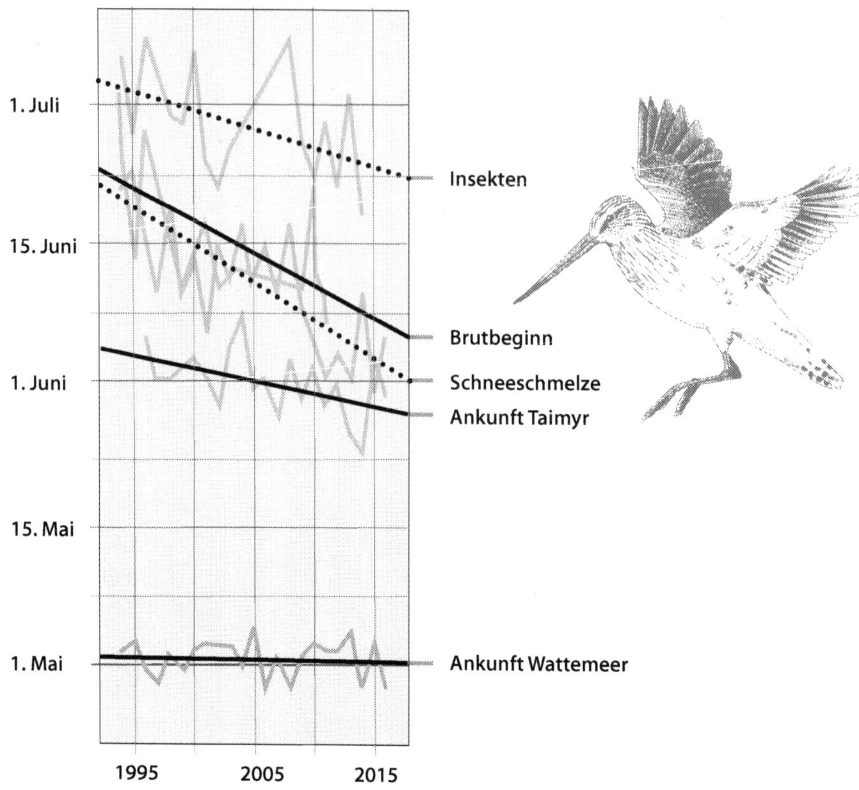

Abb. 6: Pfuhlschnepfe und Frühjahrsverschiebung: Verschiebung des Insektenvorkommens und der Schneeschmelze auf Taimyr, Ankunft der Pfuhlschnepfe im Wattenmeer und auf Taimyr, Brutbeginn Taimyr; hellgraue Linien: jährliche Schwankungen; gepunktete Linien: langjährige Tendenz auf Taimyr; dunkle Linien: langjährige Tendenz bei der Pfuhlschnepfe

Interessant ist ein Vergleich mit einer verwandten, in Bezug auf den Klimawandel besonders gut erforschten Art, der Pfuhlschnepfe. Die Schnepfe (Unterart *Taymyrensis*) brütet wie der Knutt auf der Taimyr-Halbinsel. Ebenso wie er überwintert sie auf der Banc d'Arguin in Mauretanien, rastet im Wattenmeer und legt die Etappe zwischen Wattenmeer und dem Brutgebiet meist im Nonstopflug zurück. Forschungen haben ergeben, dass die Vögel nach wie vor etwa zur gleichen Zeit im Wattenmeer erscheinen.[22] Die innere Uhr gibt ihnen im Winterquartier offenbar immer noch zum gleichen Zeitpunkt das Signal zum Aufbruch. Als würden sie im Wattenmeer plötzlich etwas von den Veränderungen in der Arktis spüren, beschleunigen sie ab hier nun aber die Abläufe. Sie rasten kürzer, versuchen ihr Fettdepot schneller aufzufüllen, fliegen eher weiter und erscheinen so früher im Brutgebiet, mit im Schnitt sechs Stunden pro Jahr aber immer noch zu spät. Um weitere Zeit aufzuholen, beginnen die Vögel deshalb nach der Ankunft zusätzlich schneller mit der Brut. So können sie tatsächlich mit dem Klimawandel einigermaßen Schritt halten. Eine gelungene Anpassung? Vor allem ein äußerst riskantes Unterfangen. Die ganze Strategie kann nämlich nur funktionieren, wenn es der Pfuhlschnepfe trotz einer knapper bemessenen Zeit im Rastgebiet Wattenmeer gelingt, die notwendigen Fettvorräte aufzubauen. Sind die Bedingungen nicht optimal, gibt es zum Beispiel kaum Würmer (ihre Hauptnahrung) zu fressen, laufen die Vögel Gefahr, von hier aus mit Untergewicht loszufliegen. Forscher:innen haben errechnet, dass es für die größeren Weibchen selbst bei besten Bedingungen physiologisch kaum möglich ist, das nötige Depot in so kurzer Zeit anzulegen, sie starten wohl auf jeden Fall mit zu wenig Fett auf den Knochen. Das rächt sich spätestens im Brutgebiet. Die Vögel kommen geschwächt an und sind für die anstrengende Brut weniger gut gerüstet. Die prekäre Situation verschärft sich weiter, indem die Vögel, statt sich wie zuvor zumindest etwas Zeit zu nehmen, um wieder aufzutanken, sofort ins Brutgeschäft einsteigen. Wahrhaft schlechte Voraussetzungen für einen erfolgreichen Ausgang des Unternehmens Fortpflanzung. Und der Klimawandel schreitet voran, die Pfuhlschnepfen müssten ihre Rastzeit im Wattenmeer also immer weiter verkürzen, immer schneller weiterfliegen, mit einem immer größeren Risiko, nicht genug Vorräte dabei zu haben. Auf Dauer erscheint solch eine Überlebensstrategie zum Scheitern verurteilt.

Für den Knutt dürfte eine Verkürzung der Rastzeit im Wattenmeer schon jetzt keine echte Option darstellen. Wie erwähnt, ist er gezwungen, bei der Nahrungsaufnahme immer wieder längere Pausen einzulegen, um die schwerverdaulichen Muscheln im Magen zu verarbeiten. Er kann seine Nahrungsaufnahme somit sicher nicht so weit ausdehnen wie die Pfuhlschnepfe, die sich mit leichter verdaulichen Würmern versorgt, er unterliegt strengeren Grenzen. Welche Zugstrategie die beiden

Arten in Zukunft auch wählen, das Wattenmeer wird dabei eine zentrale Rolle spielen – und was passiert, wenn der Klimawandel auch hier negative Folgen für die Vögel bereithält?

Unter Wasser

Oberflächlich betrachtet, ist im Wattenmeer bislang recht wenig vom Klimawandel zu spüren. Seit Beginn der Wetteraufzeichnungen an der deutschen Küste im Jahr 1881 sind die Lufttemperaturen hier zwar bereits um 2,4 Grad im Sommer und zwei Grad im Winter gestiegen, Folgen scheint das aber noch kaum zu haben.[23] Urlauber:innen freuen sich über die zunehmende Wärme, auch das Wasser ist nicht mehr ganz so kalt (rund um Helgoland ist die Temperatur seit 1962 um 1,67 Grad gestiegen). Bei genauerer Betrachtung stellt sich allerdings heraus, dass dieser »moderate« Anstieg der Temperaturen bereits einen erheblichen Einfluss auf die Lebensgemeinschaften im Wattenmeer und der angrenzenden Nordsee ausübt. So können Meeresbewohner, denen es hier bislang zu kalt war, nun plötzlich überleben. Insgesamt zählten Wissenschaftler:innen in den letzten Jahrzehnten über 50 Neubürger in der Nordsee, darunter die Streifenbarbe, einen mediterranen Fisch, der jetzt zunehmend besser mit den Verhältnissen hier klarkommt.[24] Allerdings hat es nicht alle von ihnen wegen des wärmeren Klimas in die Nordsee verschlagen, viele hatte der Mensch im Gepäck. Bislang haben die Neulinge zum Glück noch keine einheimische Art völlig verdrängt.

Für die Knutts dürfte sich hauptsächlich der mit dem Klimawandel verbundene Anstieg des Meeresspiegels negativ auswirken. Laut IPCC wird das Meer durch die Eis- und Gletscherschmelze in der Arktis in den nächsten Jahrzehnten überall auf der Welt deutlich ansteigen. In einigen Teilen der Erde hat die Schmelze bereits ganze Inseln verschlungen. Auch in der Nordsee steigt der Pegel, bislang allerdings vor allem als Folge natürlicher Vorgänge (Langzeitfolge des Rückzuges der

Abb. 7: Überflutete Salzwiese auf der Insel Baltrum

Eismassen nach dem Ende der letzten Eiszeit). Da jede Flut Sedimente mit sich führt und ablagert, können Watt und Salzwiesen mit diesem Anstieg Schritt halten. Seit den 1960er-Jahren lässt sich lokal eine leichte Beschleunigung des Anstiegs feststellen, die vielleicht schon auf menschliche Einflüsse zurückgeführt werden kann, insgesamt ist eine klar darauf zurückzuführende Anhebung aber noch nicht zu verzeichnen. Doch das wird sich laut IPCC in den nächsten Jahrzehnten mit Sicherheit ändern. Wie stark und – fast noch bedeutungsvoller – wie schnell der Meeresspiegel in Zukunft steigen wird, hängt vom zukünftigen Ausmaß des Temperaturanstiegs ab, und dieser wiederum davon, wie viele klimaschädigende Emissionen wir weiterhin in die Atmosphäre blasen.

Um den Menschen eine Vorstellung davon zu geben, wie hoch die Temperaturen und, damit direkt verbunden, der Meeresspiegel abhängig von unserem Verhalten in Zukunft voraussichtlich steigen werden, haben Wissenschaftler:innen im Auftrag des IPCC Szenarien entwickelt. Diese Szenarien sind keine echten Prognosen, sondern Projektionen, die Konsequenzen unterschiedlichen menschlichen Handelns vor Augen führen wollen. Was passiert zum Beispiel, wenn es gelingt, die Emissionen schnell auf null zu senken oder sogar CO_2 aus der Atmosphäre zu entfernen, was, wenn die Menschen überall auf der Welt einfach so weitermachen wie bisher und die Emissionen in ungeahnte Höhen schnellen? Zwischen diesen beiden Extremen liegen die Projektionen. Im schlimmsten Fall würde sich die Erde bis 2100 durchschnittlich um fast fünf Grad aufheizen, bei maximalen Anstrengungen könnte der Wert vielleicht noch unter die Zwei-Grad-Marke rutschen.

Das Ministerium für Energiewende, Landwirtschaft, Umwelt und ländliche Räume des Landes Schleswig-Holstein hat auf der Basis zweier älterer Szenarien bereits 2014 Berechnungen angestellt, welche Auswirkungen unterschiedliche Temperaturanstiege auf das Wattenmeer haben könnten.[25] Das erste, mittlere Szenario (RCP 4.5) basiert auf der Annahme, dass zeitnah bedeutende globale Maßnahmen zum Schutz des Klimas ergriffen werden. Laut IPCC würde die Lufttemperatur in Deutschland bis 2100 dann um etwa 1,8 Grad (was schon überholt scheint) im Verhältnis zum vorindustriellen Stand steigen, der Meeresspiegelanstieg betrüge 0,2 bis 0,5 Meter. Im zweiten, dem Worst-Case-Szenario (RCP 8.5), werden in nächster Zeit keine nennenswerten Anstrengungen zum Klimaschutz unternommen. In diesem Fall stiege die Temperatur bei uns bis 2100 um 3,7 Grad, der Meeresspiegelanstieg betrüge vorsichtig geschätzt etwa 0,8 Meter.

Die Studie des Ministeriums kommt zu dem Ergebnis, dass im gemäßigten Szenario der Druck auf die Küsten zwar wachsen würde, der Anstieg des Meeresspiegels aber so langsam vonstattenginge, dass sowohl Watt wie auch Salzwiesen zumindest anfänglich weiter mit dem Meer in die Höhe wachsen könnten. Für den Knutt und andere Wattspezialisten würde sich in diesem Fall erst einmal nicht allzu viel ändern. Ganz anders das Bild bei dem Worst-Case-Szenario: Watt und Salzwiesen könnten das Tempo des Anstiegs dann schon sehr bald nicht mehr mitgehen. Da Deiche eine Verlagerung der beiden Lebensräume ins höhergelegene Landesinnere verhindern, würden beide Lebensräume großflächig verschwinden – mit dramatischen Konsequenzen für den Knutt und seine Verwandten. Zusammen mit Wattgebieten in England und Frankreich, die aber ebenfalls weiträumig verschwinden würden, stellt das Wattenmeer für die Vögel die einzige Möglichkeit dar, während des Zuges aufzutanken. Sie können nirgendwohin ausweichen und müssten sich entsprechend auf einem deutlich zusammengeschrumpften Areal zusammenraufen. Ein erhöhter Konkurrenzdruck und als Folge davon ein Einbruch der Bestände erscheint bei diesem Szenario als unausweichlich.

Der Verlust von Wattflächen und Salzwiesen durch einen schnellen Anstieg des Meeresspiegels sowie die damit verbundene Überflutung von Dünen und Sandplaten, kann auch die Menschen an der Küste nicht kaltlassen. Schließlich bremsen die der Küste vorgelagerten Inseln und Sandbänke ebenso wie das Watt und die Salzwiesen die Gewalt der heranrollenden Wellen. Sie sind als Ergänzung zu den von Menschen geschaffenen Bauwerken für den Küstenschutz von immenser Bedeutung. Der Erhalt dieser Lebensräume hat also nicht nur in Bezug auf den Knutt und andere Vögel höchste Priorität. »Die Prognosen [...] werden vom NLWKN sehr ernst genommen«, heißt es dazu beim Niedersächsischen Landesbetrieb für Wasserwirtschaft, Küsten- und Naturschutz, der für den Küstenschutz zuständigen Behörde in Nieder-

Abb. 8: Sandtransport zur Wiederherstellung des Strandes auf der Insel Wangerooge

sachsen. »Schon jetzt wird bei Deicherhöhungen und Deichneubauten grundsätzlich ein Anstieg des mittleren Tidehochwassers von 50 Zentimetern in den nächsten 100 Jahren eingeplant. Massivbauwerke wie Sperrwerke, Siele und Schutzmauern werden heute schon so gegründet, dass sie nachträglich um bis zu einen Meter nachgerüstet werden können; auch die Deiche können jederzeit erhöht werden.«[26]

Um den Verlust von Sand, Watt und Salzwiesen einzudämmen, bedarf es allerdings anderer Maßnahmen. So wird auf Inseln, die bereits heute partiell stark unter Druck stehen (zum Beispiel Sylt, Wangerooge, Langeoog), von See her Sand an die neuralgischen Bereiche gepumpt oder von riesigen Lastern dorthin verfrachtet. Wer hier tätig ist, hat einen sicheren Arbeitsplatz, denn in der Regel wird der frische Sand nach kurzer Zeit vom Wasser bereits wieder davongeschwemmt. Sollte das Worst-Case-Szenario eintreten, dürfte dieser »sanfte« Küstenschutz nicht mehr nur vereinzelt, sondern großflächig zum Einsatz kommen. Ob die Sandaufspülungen dann tatsächlich ausreichen werden, die den Deichen vorgelagerten Flächen zu erhalten, ist zweifelhaft.

Es gibt schon Gedankenspiele, die Nordsee zum Schutz der Küsten vom Atlantik abzutrennen. Ein Damm zwischen Frankreich und England sowie ein Damm zwischen Schottland und Norwegen wären dafür nötig. Laut einer Studie der Wissenschaftler Sjoerd Groeskamp vom Koninklijk Nederlands Instituut voor Onderzoek der Zee (NIOZ) und Joakim Kjellsson vom Helmholtz-Zentrum für Ozeanforschung Kiel (Geomar) wäre das rein technisch machbar und ab einem Anstieg des Meeresspiegels um 1,5 Meter auch kostengünstiger als andere Küstenschutzmaßnahmen. Zwar wollen die Autoren mit dieser Studie lediglich auf die Dimension der Bedrohung hinweisen, solch eine Lösung überhaupt in Betracht zu ziehen, macht aber schon sprachlos.[27]

Deutlich vernünftiger und Erfolg versprechender erscheinen dagegen Pläne, sich in Zukunft mit der Natur zu »verständigen«, statt weiter auf Konfrontation zu setzen. Dem Wasser soll wieder der Platz zugestanden werden, den es für sich beansprucht. So könnten beispielsweise einzelne Deiche geöffnet oder abgeflacht werden, um das bei Sturmfluten auf die Küste drückende Wasser in das Landesinnere zu leiten und damit für Entlastung zu sorgen. Eine zweite Deichlinie würde das

Binnenland schützen. Derartige Operationen lassen sich realistischerweise allerdings zunächst nur in dünn besiedelten Bereichen umsetzen, am besten dort, wo aus älterer Zeit bereits eine zweite Deichlinie (die verstärkt werden müsste) vorhanden ist. Ein durchaus erwünschter Nebeneffekt derartiger Maßnahmen: Die vom Meer mitgeführten Sedimente könnten sich hinter den geöffneten oder geschleiften Deichen ablagern und so zur Bildung neuer Salzwiesen und anderer wertvoller Lebensräume beitragen.

Ziemlich heiß

Deutschland und die anderen Anrainerstaaten an der Nordsee verfügen über die nötige Infrastruktur sowie die nötigen finanziellen und technischen Mittel, um die erforderlichen Anpassungen an den Klimawandel vielleicht tatsächlich umzusetzen. In den Ländern Afrikas, in

Abb. 9: Mangroven auf den Bijagos als Schutzwall vor Sturmfluten

Mauretanien, Guinea-Bissau und Namibia, sieht es dagegen weniger gut aus. Selbst wenn noch keine genaueren Berechnungen dazu vorliegen, wird das Meer auch an den Küsten dieser Länder ansteigen, vielleicht sogar noch stärker als bei uns. Es gibt dort kaum schützende Deiche oder Dämme, das Meer kann die Küsten ungehindert angreifen (sofern nicht Mangrovenwälder einen gewissen Schutz vor den hereindrückenden Wassermassen bieten). Das ist kein Zukunftsszenario, sondern ist bereits Realität, auf der Banc d'Arguin zum Beispiel. Bedroht sind hier insbesondere die Siedlungen der Imraguen. Sie liegen direkt an der Küste und müssen immer wieder vor dem Meer zurückweichen. Darüber hinaus hat das Meer einige der Küste vorgelagerte Inseln, darunter wichtige Brutplätze für Seevögel, unter sich begraben. Auch die für das Ökosystem so bedeutsamen Seegraswiesen – Kinderstube vieler Fische – scheinen aufgrund des Klimawandels langsam zurückzugehen. Der Rückgang des Seegrases dürfte für den Knutt allerdings eher von Vorteil sein, schließlich könnte sich dadurch der Anteil der für ihn überlebenswichtigen *Dosinia*-Muscheln erhöhen.

Für Westafrika wird ein Temperaturanstieg von drei bis sechs Grad bis Ende des Jahrhunderts (im Vergleich zum Ende des 20. Jahrhunderts) vorhergesagt, eine lebensbedrohende Erhitzung, die sowohl Menschen wie Nichtmenschen betrifft.[28] Ab welcher Temperatur Lebewesen an ihre Grenzen kommen, hängt nicht nur von der Sonneneinstrahlung, sondern auch von der Luftfeuchtigkeit und den herrschenden Windverhältnissen ab. Bei einer Luftfeuchtigkeit von 70 Prozent, die für Deutschland typisch ist, liegt die Belastungsgrenze für Menschen bei einer Temperatur von 40 Grad, bei 100 Prozent Luftfeuchtigkeit reichen schon 32 Grad. Heute leben bereits 30 Prozent der Weltbevölkerung in Gebieten, wo lebensbedrohliche Werte an mindestens 20 Tagen im Jahr erreicht oder überschritten werden.[29] Vögel sind mit einer Körpertemperatur von etwa 41 Grad deutlich hitzetoleranter. Der Knutt wird mit steigenden Temperaturen deshalb deutlich besser zurechtkommen als der Mensch, sein Überleben wird nicht in gleicher Weise bedroht sein. Wichtiger für ihn ist die Frage, wie Muscheln, seine Hauptnahrung, mit den steigenden Temperaturen zurechtkommen. Sie können Hitze an der Banc d'Arguin zwar besser vertragen als ihre Verwandten weiter nördlich im Wattenmeer, reagieren aber deutlich empfindlicher auf Abweichungen. Ein starker Anstieg der Temperaturen könnte sie deshalb schnell an ihre Grenzen bringen. Sollten sich die Nahrungsbedingungen durch einen Rückgang der Schalentiere verschlechtern, wird es für den Knutt kaum noch möglich sein, früher als zuvor seine Fettreserven aufzufüllen und damit zeitiger Richtung Wattenmeer und Taimyr aufzubrechen.[30]

In Namibia scheint das veränderte Klimaregime neben erhöhten Temperaturen zu einer Verlängerung der Trockenzeit zu führen. Das ist ein riesiges Problem in einer Region, in der es jetzt bereits sehr trocken ist. Die mit dem Klimawandel einhergehende Erwärmung des Meeres könnte zu weiteren, vielleicht noch gravierenderen Umwälzungen führen: Alle paar Jahre kommt es an der Küste Namibias – ganz natürlich – zu einer Umkehrung der Strömungsverhältnisse, ein Phänomen, das vor allem von der Westküste Südamerikas bekannt ist und dort »El Niño« genannt wird. In Afrika dringt in diesen Phasen warmes, nahrungsarmes Wasser aus den Tropen weit in den Süden vor und führt dort zu einem Massensterben von Fischen, mit dramatischen Folgen für alle, die von diesen Tieren leben, Fischer, Meeressäuger und Seevögel. Bei einer weiter anhaltenden Erwärmung des Meeres wächst die Gefahr, dass die »Benguela El Niños« häufiger und verstärkt auftreten. Das würde nicht nur das marine Ökosystem verändern, sondern das gesamte Klima in der Region.[31]

Egal wohin man schaut, überall entlang des Zugweges vom Knutt wird der Klimawandel zu großen Veränderungen führen, mit teilweise verheerenden Auswirkungen für die derzeit hier lebenden Menschen und Nichtmenschen. In der Arktis ist dies am deutlichsten zu spüren. Der Temperaturanstieg führt dort zu einer deutlichen Verschiebung des Frühjahres und zu Verschiebungen in der Vegetation. Er ermöglicht es Konzernen, in bislang vor dem Zugriff geschützten Regionen Ressourcen auszubeuten. Die Erschließung der hier lagernden fossilen Brennstoffe wird die Erwärmung der Atmosphäre noch weiter anheizen, verstärkt durch den im Zuge der Erwärmung auftauenden Permafrostboden, der große Mengen des klimaschädlichen Methans freisetzt. Gletscher, Eiskappen und das Meereis schmelzen dadurch mit zunehmender Geschwindigkeit und sorgen für einen Meeresspiegelanstieg überall auf der Erde. An den flachen Küsten, die der Knutt mit Vorliebe aufsucht, droht der Anstieg, große Teile der Watt- und Salzwiesenflächen unter sich zu begraben. Für das Überleben der auf diese Flächen angewiesenen Vögel wäre das fatal. Auch für die Menschen würde sich die Lage dramatisch zuspitzen. Erhebliche Schutzmaßnahmen wären zum Überleben erforderlich. In Afrika, wo eine entsprechende Infrastruktur für eine Umsetzung notwendiger Anpassungen fehlt oder wo Maßnahmen durch Korruption vereitelt werden, wären die Folgen aller Wahrscheinlichkeit nach noch gravierender als bei uns im Wattenmeer.

So viel scheint klar: Wenn wir Menschen den CO_2-Ausstoß nicht drastisch und schnell senken und andere das Klima verändernde Eingriffe stoppen, ist das Überleben vom Knutt wie von Millionen von Menschen akut gefährdet. Schnell handeln also, um das Schlimmste noch abzuwenden. Aber ist der Mensch, sind wir, dazu überhaupt in der Lage?

Steigerungswahnsinn

Mit der Ausweisung von Schutzgebieten allein ist dem Klimawandel nicht beizukommen. Auch wenn viele Schutzgebiete über Kohlenstoffspeicherung einen gewissen Beitrag zum Klimaschutz leisten, wiegt dieses die steigenden CO_2-Emissionen bei Weitem nicht auf. Selbst in den am besten geschützten arktischen Brutgebieten des Knutts werden die Temperaturen weiter in die Höhe klettern, auch der Nationalpark Wattenmeer wird von einem Anstieg des Meeresspiegels betroffen sein. Der Klimawandel ist eben kein lokal begrenztes, sondern ein globales Phänomen. Überall muss etwas geschehen, nicht nur dort, wo eine vom Menschen unberührte Natur bedroht ist. Vor allem da, wo sie entstanden sind, muss man die Probleme angehen, in den Städten, den Industrieparks, auf den landwirtschaftlich intensiv genutzten Flächen, bei uns zu Hause. Erst wenn wir den Wert und die Bedeutung unserer unmittelbaren Umgebung wahrnehmen und entsprechend handeln, können auch andere Gebiete profitieren.

Die unmittelbare Umgebung also, das Zuhause. Man braucht nur die Augen zu öffnen und sich in den eigenen vier Wänden umsehen, um zu erkennen, wo die Ursachen für den dramatischen Klimawandel liegen, wie das alles geschehen konnte. Dort der Schrank voller Kleidungsstücke, die wir ständig neu kaufen, aber nur kurz tragen, hier die hoch technisierte Küche mit einem Kühlschrank voller Lebensmittel, die, durch Plastik geschützt, aus nahe gelegenen Gewächshäusern oder Farmen in Übersee stammen. Auf dem Wohnzimmertisch das Flugticket für die nächste Fernreise, daneben der Schlüssel für das Auto, mit dem wir unser schweres Gepäck zum Flughafen-Terminal bringen ... Kein Zweifel, unsere auf Konsum und Selbstverwirklichung ausgerichtete Lebensweise ist in erster Linie dafür verantwortlich, dass so viele schädliche Gase in die Atmosphäre gelangen und die Temperaturen steigen. Wohlstand als entscheidender Motor des Klimawandels. Dabei tragen wir, die Konsumenten in den reichen Staaten des Nordens, die Hauptverantwortung. Unablässig wird uns suggeriert, allein der ungehemmte Konsum von Waren und Dienstleistungen mache glücklich, wir müssten weitermachen damit, dürften nicht innehalten, müssten weiter konsumieren, immer Neues, immer schneller, immer mehr. Das ist es, was den Kapitalismus, ein auf immerwährendes Wachstum basierendes Wirtschaftsmodell, antreibt und am Leben hält – mit uns als seinen willigen Untertanen.

Die Steigerungslogik des Kapitalismus bestimmt mittlerweile überall auf der Welt die Wirtschaftsweise und das Leben der Menschen. Dahinter verbirgt sich weit mehr als nur ein Wirtschaftsmodell, es ist eine Weltanschauung, eine Art Religion, mit dem freien Markt als gottgleichem »Wesen«. Folgt man dieser Ideologie, degradiert sie den Menschen zu einem egoistischen Nutzenmaximierer[32], dem es nur darum geht, seine individuellen Wünsche und Vorlieben bestmöglich zu befriedigen. Das damit verbundene Weltbild beruft sich auf aufklärerische Vordenker wie Thomas Hobbes (1588–1679) oder David Hume (1711–1776). »Jede Verbindung mit anderen wird somit des Nutzens oder des Ansehens wegen eingegangen, das heißt, aus Liebe zu sich selbst und nicht aus Liebe zu denjenigen, mit denen man sich zusammenschließt«, umschrieb beispielsweise Thomas Hobbes seine Sicht auf die Natur des

Menschen, speziell auf die Wirtschaft bezogen an anderer Stelle: »Ist es eines Geschäfts wegen geschehen, so ist ein jeder nicht auf seinen jeweiligen Geschäftspartner bedacht, sondern auf seinen Gewinn.«[33] Egoistisch zu handeln, muss nicht schädlich sein, argumentieren die Vertreter:innen des klassischen kapitalistischen Wirtschaftsmodells, im Gegenteil, die durch Konkurrenz entstandenen Produkte und die darüber angehäuften Reichtümer führen zwangsläufig zu einem größerem Wohlstand aller.

Um das Jahr 2000 herum machten sich endlich einige Anthropologen auf den Weg, das diesem Wirtschaftsmodell zugrunde liegende Bild vom Menschen auf seinen Wahrheitsgehalt hin zu überprüfen. Sie wollten wissen, ob wir Menschen wirklich alle Egoisten sind. Dazu reisten sie in verschiedene Weltregionen, besuchten unterschiedliche Kulturen, sprachen mit Jägern, Sammlern, Bauern und Nomaden. Und tatsächlich, sie wurden fündig, allerdings erst, nachdem sie die Untersuchung auf eine weitere Gruppe, die Primaten, ausgedehnt hatten: Schimpansen, so die Erkenntnis, sind tatsächlich Egoisten. »Die ganze theoretische Arbeit war also nicht umsonst, wir haben sie nur auf die falsche Gattung bezogen«, fassten David Sloan Wilson und Joseph Heinrich ihre Forschungsergebnisse voller Sarkasmus zusammen.[34] Die Menschen erwiesen sich bei ihren Studien – zumindest innerhalb der Gruppe, der sie sich zugehörig fühlten – durchgängig als soziale Lebewesen, fähig und darauf gepolt, mit anderen zu kooperieren, zu teilen und sich zu solidarisieren.

Pionieren der Wirtschaftslehre wie Adam Smith (1723–1790), Autor von *Wohlstand der Nationen*, war das noch bewusst: »Mag man den Menschen für noch so egoistisch halten, es liegen doch offenbar gewisse Prinzipien in seiner Natur, die dazu bestimmen, an dem Schicksal anderer Anteil zu nehmen, und die ihm selbst die Glückseligkeit dieser anderen zum Bedürfnis machen, obgleich er keinen anderen Vorteil daraus zieht, als das Vergnügen, Zeuge davon zu sein«, hielt er 1759 fest.[35] Diese Sicht auf die Menschen wurde von Ökonomen aber immer weiter zurückgedrängt, bis sie aus der Wirtschaftslehre fast vollständig eliminiert war. Ein Grund war sicher, dass Empathie und Solidarität sich kaum in mathematische Formeln integrieren lassen.

Das kapitalistische, neoliberale Menschenbild wird heute leider von vielen Menschen geteilt. Und je länger wir daran glauben, je mehr uns eingebläut wird, dass wir dazu verdammt sind, allein egoistischen Antrieben zu folgen, desto mehr entfernen wir uns von der sozialen Komponente unserer Natur und mutieren tatsächlich zum *Homo oeconomicus*, dem allein dem Markt und dem eigenen Vorteil unterworfenen Menschen. Vielen, vor allem im industrialisierten Westen, hat dieses System enorme Vorteile und einen unglaublichen Wohlstand beschert. Von den »Propheten« des Wachstums und des freien Marktes (der sich in der Praxis übrigens keineswegs als so frei erweist, wie vorgepredigt wird, sondern auf einem Fundament aus Protektion und Gewalt ruht) war aber sicher nicht vorgesehen, dass dieses System Nebenfolgen im Gepäck hat, Kollateralschäden, die in ihrer Gesamtheit eine düstere Zukunft heraufbeschwören. Es ist nicht allein der Klimawandel, der zu größter Sorge Anlass gibt, etliche andere Folgeerscheinungen sind nicht weniger bedrohlich. Neben dem grassierenden Artensterben nimmt die hemmungslose Ausschlachtung der Ressourcen (die eng mit dem Artensterben verbunden ist) dabei einen zentralen Platz ein. Die Ausbeutung läuft in der Regel so lange weiter, bis die Vorräte restlos ausgeschöpft sind. Bodenschätze wie Öl, Gas und die unterschiedlichsten Erze sind davon betroffen, die Rohstoffe Holz, Sand und Wasser, aber auch Pflanzen, Wild- oder Haustiere – und der Mensch selbst. Von der menschlichen Ausbeutung zeugen prekäre Arbeitsverhältnisse in den westlichen Industrienationen und Hungerlöhne in sogenannten »unterentwickelten« Ländern, in den Ländern, wo billig für uns produziert wird.

Mit der Ausbeutung und Verwertung der Ressourcen gehen Umweltverschmutzungen einher, die nicht nur das Klima anheizen, sondern auch massiv Grund und Boden schädigen. Manche Regionen haben die Eingriffe in nahezu unbewohnbare Orte verwandelt. Der Industriestandort Norilsk, in dem man an manchen Tagen kaum noch atmen kann, ist nur ein Beispiel von vielen. Trotz Umweltskandalen und Artenschwund merken wir bei uns zu Hause kaum etwas von den Verheerungen, und das ist kein Wunder, lagern wir die schlimmsten Folgen unseres Handelns doch in Länder aus, die arm oder korrupt genug sind, diese Last für uns zu übernehmen, die nicht nur bereit sind, ohne Rücksicht auf ihre Umwelt für uns zu produzieren, sondern den durch unseren Konsum anfallenden Müll gleich noch mit zu entsorgen.

Große Sprengkraft hat auch eine weitere Nebenfolge des kapitalistischen Wirtschaftens – die geradezu groteske Kapitalakkumulation in den Händen Weniger. Während eine kleine Elite immer reicher wird, stagniert oder schrumpft der Lebensstandard der großen Masse. Die soziale Schere klafft immer weiter auseinander, nicht nur innerhalb eines Landes, sondern auch zwischen den Staaten. So zählt das einkommensschwächste Zehntel der Bevölkerung in Norwegen, einem der reichsten Länder der Erde, global betrachtet noch zu den wohlhabendsten zehn Prozent.

Wir verlieren zunehmend die Kontrolle. Die Kollateralschäden unseres Wirtschaftens drohen, alle Fortschritte zunichte zu machen. Dies liegt nicht nur an den Nebenfolgen an sich, sondern auch an der Geschwindigkeit, mit der sie über uns hereinbrechen. Der vor einigen Jahren verstorbene Soziologe Ulrich Beck sprach in diesem Zusammenhang von einer Metamorphose der Welt: »Diese alles erfassende, keiner Absicht, keiner Ideologie folgende Metamorphose, die Zugriff auf das alltägliche Leben der Menschheit gewinnt, greift nahezu unaufhaltsam um sich, und zwar mit enormer Beschleunigung, die die bestehenden Möglichkeiten, sie theoretisch zu begreifen und handelnd in sie einzugreifen, beständig überfordert.«[36] Die Flut an Neuerungen überrollt uns, bevor wir in der Lage sind, ihre Auswirkungen auch nur zu erahnen.

Zeit, innezuhalten und nach Lösungen aus diesem lebensbedrohenden Dilemma zu suchen. Viele meinen, mit einer Modifikation des bestehenden Systems hin zu einer *Green Economy*, einem »grünen Wachstum«, sei es bereits getan. Intelligent wachsen, heißt die Devise, die sich die Bundesregierung, die EU, die UNO sowie einige Umweltorganisationen auf ihre Fahnen geschrieben haben. »Eine gesunde Natur tut uns gut und hält uns gesund. Nur eine gesunde Natur kann dem Klimawandel und Epidemien trotzen. Eine gesunde Natur ist der Kern unserer Wachstumsstrategie, des europäischen Grünen Deals, […] denn wir wollen unserem Planeten ökologisch nichts mehr schuldig bleiben«, verkündete zum Beispiel Ursula von der Leyen, Präsidentin der Europäischen Kommission, im Jahr 2020 vollmundig.[37] Der Gedanke hinter diesem Modell: Ressourcenverbrauch und Wachstum entkoppeln. Die Wirtschaft darf weiter wachsen, die dafür nötigen Ressourcen werden aber nachhaltig, ökologisch und sozial verträglich erwirtschaftet. Man ersetzt die fossilen Energieträger einfach durch erneuerbare Energien, steigert die Effizienz im Verbrauch der Ressourcen (inklusive der menschlichen Arbeitskraft) und recycelt die begrenzten kostbaren Rohstoffe. Um weiterhin ein Wirtschaftswachstum zu gewährleisten, wird der Fokus fortan vor allem auf Digitalisierung und den Ausbau von Dienstleistungen gelegt. Der Motor für die Umsetzung dieses *New Green Deal* ist, wie könnte es anders sein, der Kapitalismus selbst. Der freie Markt soll richten, was er angerichtet hat. Seine auf Konkurrenz basierende Innovationskraft wird die für den Wandel nötigen Werkzeuge hervorbringen, Effizienzsteigerungen, bahnbrechende Erfindungen, smarte technische Lösungen. Mit dieser Strategie vertrauen die Verfechter:innen des grünen Wachstums auf etwas, das meistenteils noch gar nicht existiert – und womöglich nie existieren wird. Ein wahrhaft riskantes Unterfangen! Das Verlockende an dieser Vorgehensweise: Für uns Menschen in den Industrienationen kann dadurch im Grunde alles beim Alten bleiben. Wandel ohne sich groß zu verändern, Anpassung ohne allzu schmerzhafte Einschränkungen, das klingt doch wunderbar, aber ist es auch realistisch?

Es gibt gute Gründe an der Umsetzbarkeit dieser Vision zu zweifeln.[38] Ganz abgesehen davon, dass auch ein grünes Wachstum in einer Welt begrenzter Ressourcen irgendwann an seine Grenzen stoßen muss, erscheint ein Erfolg dieses Modells selbst auf kurze Sicht mehr als zweifelhaft. Das beginnt bereits bei einem der Kernprojekte, der sogenannten Energiewende. Das von der EU-Kommission vorgegebene Ziel lautet, bis spätestens 2055 fossile Energieträger vollständig durch erneuerbare Energien zu ersetzen und damit klimaneutral zu werden. Laut Umweltbundesamt deckten erneuerbare Energien im Jahr 2020 gut 19 Prozent des deutschen Endenergieverbrauchs (Biomasse, Windenergie, Fotovoltaik, Wasserkraft, Erdwärme). 45,4 Prozent des Stroms werden mittlerweile über erneuerbare Energien erzeugt, ein beachtli-

Abb.10: Blick von der Elbmündung auf die Küste von Dithmarschen

cher Anteil, gerade wenn man bedenkt, dass vor allem Windkraftwerke noch nicht besonders effizient sind und die Speicherung der erzeugten Energie weiterhin ein Problem darstellt.[39] Das Ziel, in wenigen Jahren ganz auf erneuerbare Energie zurückgreifen zu können, erscheint angesichts dieser Zahlen nicht ganz unrealistisch. Problematisch wird es allerdings, wenn man die exponentielle Steigerung des Strombedarfs mitberechnet. Bereits im Jahr 2030 werden wir mindestens 20 Prozent mehr Strom benötigen als im Jahr 2020, bis 2050 dürfte sich der Bedarf sogar verdreifachen.[40] Schließlich sollen bald E-Mobile unsere Straßen beherrschen (deren Herstellung zurzeit noch mehr CO_2 verursacht als der Bau von Autos mit Verbrennungsmotoren, sie müssen entsprechend erst eine gewisse Strecke zurückgelegt haben, um im Vergleich zu diesen besser abzuschneiden) und Rechenzentren mit Hochleistungscomputern die Digitalisierung vorantreiben. Erneuerbare Energien müssen die Wärmeversorgung gewährleisten, ebenso die Herstellung von Wasserstoff, der zukünftig als Ersatz für Öl, Kohle und Erdgas bei industriellen Produktionsprozessen vonnöten sein wird. Eine gigantische Aufgabe, die nicht nur für die Wirtschaft, sondern auch in Hinblick auf die Umwelt Folgen haben wird. Wind- und Solaranlagen brauchen nämlich, ebenso wie Äcker zur Erzeugung von Biomasse, viel Platz. Wer an die

deutsche Nordseeküste reist, kann sehen, was das regional bedeuteten kann. Nicht mehr Kuhweiden oder Weizenfelder, sondern Windkraftanlagen und Maisfelder (für Biogas oder Futtermittel) prägen vielerorts das Landschaftsbild. Das derart belegte Land (rein flächenmäßig betrachtet bis heute noch ein relativ geringer Teil der Landesfläche) steht nicht mehr für die Produktion von Lebensmitteln, als Rückzugsgebiet seltener Tiere und Pflanzen oder als Erholungsgebiet gestresster Städter zur Verfügung. Der wachsende Flächenbedarf führt schon heute zu Verteilungskämpfen, wobei die »Frontlinie« pikanterweise oft und zunehmend zwischen Klima- und Naturschutz verläuft. Von der einen Seite wird die Notwendigkeit eines massiven Ausbaus regenerativer Energie betont[41], auf der anderen Seite wächst die Sorge, dass dies auf Kosten der Artenvielfalt gehen wird (so fallen zum Beispiel jedes Jahr Tausende von Greifvögeln und Fledermäusen den Rotorblättern von Windkraftanlagen zum Opfer[42]). Um diesem Dilemma bei uns zu entgehen, geraten nun nach bewährtem Rezept wieder Drittstaaten als Produzenten »unserer« sauberen Energie in den Fokus des Interesses.

Aus Drittstaaten importieren wir auch die meisten der für den Bau neuer Windkraftanlagen notwendigen Rohstoffe wie Kupfer, Kobalt, Lithium, Nickel oder Seltene Erden (aus dem Kongo oder Chile zum

Beispiel). Der Abbau dort geschieht oft unter miserablen Arbeitsbedingungen und führt zu gravierenden Umweltschäden. Um die 67 Tonnen Kupfer zu gewinnen, die in einer mittelgroßen Windradturbine stecken, müssen zum Beispiel fast 50.000 Tonnen Untergrund bewegt werden.[43] Die bei der Förderung und Aufbereitung der Rohstoffe anfallenden giftigen Rückstände landen größtenteils in offenen Auffangbecken oder Stauseen, wo sie eine ständige Bedrohung für die Gesundheit der vor Ort lebenden Menschen und Nichtmenschen darstellen. Saubere Energie bei uns im Tausch gegen zerstörte Landschaften anderswo. Kaum thematisiert wird zudem die Freisetzung von zum Teil erheblichen Mengen von CO_2 bei der Produktion dieser Rohstoffe.

Angesichts der Umweltprobleme, die mit einem zunehmenden Flächenverbrauch verbunden sind, und einer absehbaren Verknappung und Verteuerung der für den Bau von Anlagen benötigten Rohstoffe, ist es fraglich, ob erneuerbare Energien fossile Energieträger schon bald eins zu eins ersetzen können. Es mag mit der Zeit deutlich effizientere und umweltfreundlichere Ansätze (inklusive Recycling) bei der Erzeugung und Nutzung regenerativer Energien geben, wenig aber spricht dafür, dass wir diese Lösungen in der Kürze der Zeit, die uns bleibt, um den Klimawandel zumindest noch etwas abzuschwächen, finden und umsetzen können. So rechnet Climate Transparency im *Brown to Green* Report vor, dass die zwanzig wichtigsten Industrie- und Schwellenländer, darunter Deutschland, ihren CO_2-Verbrauch bis 2030 um mindestens 45 Prozent im Vergleich zu 2010 reduzieren müssen. Nur so lässt sich der weltweite Temperaturanstieg auf 1,5 Grad begrenzen und unter der als »Kipppunkt« geltenden 2-Gradmarke halten.[44] Wenig Zeit für bahnbrechende Erfindungen, um das Versprechen des *New Green Deal* einzulösen!

Bezeichnend, dass der erste sich aufdrängende Lösungsansatz für die meisten unserer Umweltprobleme (nicht nur in Bezug auf den Klimawandel) von den Vertreter:innen des grünen Wachstums kaum thematisiert wird: einsparen, statt weiter zu wachsen. Weniger statt mehr. Weniger produzieren und damit weniger verbrauchen, weniger mit dem Auto fahren, weniger fliegen, weniger Kleidung kaufen, weniger Fleisch essen, weniger wegschmeißen. Wende durch Maßhalten. Maßhalten, damit die Wirkung von zukunftsweisenden Innovationen zur Verbesserung der Nachhaltigkeit nicht durch einen steigenden Konsum wieder aufgehoben oder stark abgebremst wird. So laufen Erfolge beim Recycling von Kunststoffen immer noch vielfach ins Leere, weil gleichzeitig immer mehr Plastik produziert und verbraucht wird. »Mehr als 60 Jahre lang hat uns die Wirtschaftslehre beigebracht, dass Wachstum ein Indikator für Fortschritt ist und dass es aussieht wie eine stetig ansteigende Linie. Doch im neuen Jahrhundert brauchen wir eine völlig andere Art und eine andere Richtung des Fortschritts«, schreibt die Ökonomin Kate Raworth.[45] Immer mehr Menschen erkennen wie sie, dass es mit einer Modifikation des vorherrschenden Wirtschaftssystems nicht getan ist. Das System als solches ist das Problem. Um die Klimakrise abzuschwächen und die selbstmörderische Umweltzerstörung zu stoppen, bedarf es eines echten Umbruchs. Überall auf der Welt suchen engagierte Bürger:innen, Institutionen und Unternehmen nun nach zukunftsweisenden, ökologisch wie sozial verträglichen Strategien als Alternativen zur Ausbeutung der Ressourcen und dem immerwährenden Wachstum. Es gibt unzählige Ideen und Konzepte, Projekte und Aktionen, die vielleicht dazu beitragen können, eine gerechtere, auf Nachhaltigkeit beruhende Welt jenseits des bestehenden Wirtschaftssystems aufzubauen (dazu kommen Bemühungen, Wälder und Moore wiederherzustellen, unverzichtbare Maßnahmen, um die Klimaerwärmung zumindest etwas abzumildern). Die Initiativen reichen von eng begrenzten lokalen Aktivitäten bis hin zu umfassenden alternativen Wirtschaftsmodellen wie der Postwachstumsökonomie (Degrowth-Initiative), der Gemeinwohlökonomie oder der Donut-Ökonomie.[46] So gut gemeint und vielversprechend viele dieser Ansätze und Ideen sein mögen, insgesamt haben sie noch keine große Durchschlagskraft entfalten können. Die Kritiker:innen des herrschenden Systems können noch so sehr die tiefen Widersprüche des Systems aufdecken, ihm pathologische Züge attestieren oder die katastrophalen Folgen vor Augen führen, sie können noch so viele Alternativlösungen vorschlagen und versuchen umzusetzen, das überhitzte kapitalistische Wirtschaftssystem, die »Megamaschine«[47] zeigt sich davon bislang weitgehend unbeeindruckt und läuft weiter wie zuvor. Getrieben von einflussreichen, global operierenden Unternehmen, deren Geschäftsmodell unter einer Reduzierung von Emissionen leiden würde, bleiben die Bemühungen der Regierungen der meisten Staaten weiterhin unzulänglich, halbherzig oder gar verlogen. Das auf der Klimakonferenz in Paris im Jahr 2015 ausgegebene Ziel, den Temperaturanstieg auf 1,5 Grad Celsius über dem vorindustriellen Niveau zu begrenzen, wird vor diesem Hintergrund mit Sicherheit nicht erreicht. Für die Klimaforscher Stefan Rahmstorf und Hans Joachim Schellnhuber erscheint selbst eine Begrenzung auf nicht mehr als zwei Grad heute schon kaum mehr realistisch.[48] Eine Erhöhung um zwei Grad, bereits dies wäre eine Temperatur, die es seit mindestens 100.000 Jahren auf der Erde nicht mehr gegeben hat. Zu dieser Zeit streiften zwar schon Menschen als Jäger und Sammler durch die Gegend, ihre Anzahl war aber lokal begrenzt und insgesamt sehr überschaubar. Heute bevölkern dagegen acht Milliarden Menschen den Planeten. Sie haben mit Ausnahme der Antarktis alle Kontinente erobert, sind in die unterschiedlichsten Lebensräume vorgedrungen, drängen sich in Städten oder Megacitys zusammen. Im Gegensatz zu früher wird es heute somit kaum noch Ausweichmöglichkeiten geben, sollte ein Lebensraum durch Hitze oder einen Anstieg des Meeresspiegels für Menschen unbewohnbar werden. Dies allein sollte eigentlich schon Grund genug sein, alles erdenklich Mögliche zu tun, um einen weiteren Temperaturanstieg auf der Erde zu verhindern.

Der menschliche Faktor

Wo der Staat und die mit ihm verbundenen Institutionen Beruhigungspillen verteilen, falsche Versprechungen machen oder gar nichts tun, ist der Einzelne gefragt. Letztendlich wird das ganze System schließlich von Menschen getragen. Jedes Individuum kann, indem es sein Leben ändert, den Konsum einschränkt und damit weniger CO_2 verbraucht, zum Klimaschutz beitragen. Zwar sind laut einer aktuellen Umfrage der Bertelsmann Stiftung (2021) 72 Prozent der Befragten der Meinung, »dass wir für die Bewältigung des Klimawandels tiefgreifende gesellschaftliche und soziale Veränderungen brauchen«, wenn es allerdings darum geht, selbst etwas dafür zu tun, nimmt die Zustimmung deutlich ab und in der Praxis ändert sich so gut wie nichts.[49]

Warum ist das so, warum fällt es so schwer, eine Lebensweise umzustellen, die mit größter Wahrscheinlichkeit fatale Folgen für uns und die nachfolgenden Generationen haben wird? Warum versuchen wir uns nicht ernsthaft an einer nachhaltigeren Zukunft?

Vor ein paar Jahren erregte eine Studie Aufmerksamkeit, die den Nachweis erbrachte, dass die Wähler:innen der Grünen im Vergleich zu anderen Wählergruppen am häufigsten in Flugzeuge steigen und damit mehr CO_2 verbrauchen als die anderen.[50] Untersuchungen zum Reiseverhalten von Abgeordneten der Grünen stützten diesen, empirisch allerdings nur schlecht abgesicherten Befund.[51] Einige mögen die Ergebnisse dazu veranlasst haben, sich voll Schadenfreude zurückzulehnen und von eigenen Anstrengungen zum Klimaschutz nun gänzlich abzusehen. Aber statt sich darüber zu echauffieren, sollte man lieber fragen, warum selbst Menschen, die sich der Umweltproblematik bewusst sind, die es doch eigentlich besser wissen sollten, ihre guten Vorsätze im Alltag über Bord werfen. Eines machen die Studien auf jeden Fall deutlich: An mangelnder Bildung oder fehlendem Wissen allein kann es nicht liegen, dass so wenige Menschen ihr Konsumverhalten ändern. Andere Kräfte müssen unser Umweltverhalten mit beeinflussen.

Die erste Begründung für unseren umweltschädigenden Lebenswandel klingt banal: Wir konsumieren so viel, weil wir es können. Erwiesenermaßen gehören die Wählerinnen und Wähler der Grünen im Schnitt zu den Gebildeteren und ökonomisch besser Gestellten in unserer Gesellschaft, und wie nachgewiesen wurde, steigt der Ressourcenverbrauch mit zunehmendem Wohlstand und besserer Bildung. Man kann es sich leisten, ein großes Auto zu fahren, mit dem Flugzeug in den Urlaub zu fliegen, in größeren Häusern mit höherem Energieverbrauch zu wohnen – und man tut es.[52] Viele Wähler:innen der Grünen machen mit anderen Worten genau das, was die meisten in ihrer Position ebenfalls tun. Natürlich können sie auf der anderen Seite auch viel mehr in den Klimaschutz investieren, für eine gute Dämmung ihrer Häuser sorgen, Elektromobile kaufen, Ökostrom beziehen oder ihr Geld für Klimaprojekte spenden. Unter dem Strich ist ein hoher CO_2-Fußabdruck aber das Privileg der Reichen. Weder deutsche Sozialhilfeempfänger, noch in der Abgeschiedenheit der Tundra lebende Nganasanen oder Fischer der Imraguen an der Küste Mauretaniens, wären in der Lage, ein ähnlich hohes Emissionsniveau zu erreichen. Das belegt auch eindrücklich eine Oxfam-Studie: Demnach sind die reichsten zehn Prozent der Weltbevölkerung (bezogen auf den Zeitraum zwischen 1990 und 2015) für mehr als die Hälfte des weltweiten CO_2-Ausstoßes verantwortlich. Allein das reichste Prozent setzte in diesem Zeitraum 15 Prozent aller Emissionen frei.[53]

Die meisten von uns sind zudem in einem Milieu aufgewachsen, in dem wir darauf geeicht werden, viel zu verbrauchen. Wir haben uns auf diesen Lebensstil eingestellt, haben es »immer schon« so gemacht, es ist schlicht normal. Um aus dieser Norm auszubrechen, müssten wir unsere Gewohnheiten umstellen und das fällt bekanntermaßen äußerst schwer. Routinen zu entwickeln, gehört zu unserer Natur. Oft genug wiederholt sind sie derart fest in unserem Gehirn verankert, dass sie nur mit größter Willensanstrengung aufzulösen sind. Das ergibt prinzipiell durchaus Sinn: Gewohnheiten geben dem Leben eine klare Struktur, sie funktionieren ohne großes Nachdenken und kosten uns entsprechend wenig Energie. Sobald eine Umstellung angezeigt ist, erweisen sich die Routinen jedoch als nicht zu unterschätzender Bremsklotz. Besonders schwer fällt eine Verhaltensänderung, wenn sie mit Einschränkungen verbunden ist. Einschränkung klingt nach Abstieg. Das gilt umso mehr, wenn im Freundeskreis alle so weitermachen wie bisher. Wir vergleichen uns (wie Menschen überall auf der Welt) schließlich ständig mit unseren Mitmenschen und sind tunlichst darauf bedacht, unsere Stellung innerhalb der Gesellschaft zu halten oder, wenn möglich, zu verbessern. Besitz und Konsumverhalten spielen dabei nach wie vor eine zentrale Rolle. Wer an diesem Spiel nicht teilnehmen möchte, gerät schnell ins Abseits. So gilt es, mitzuschwimmen im konsumorientierten Wettrüsten um Anerkennung, immer weiter, ohne Ende. Und der Vergleich mit Besserbetuchten beschränkt sich heute keineswegs mehr auf die Verhältnisse innerhalb einer Gesellschaft, er ist global geworden. Junge Nganasanen, Inuit, Imraguen, Bijagos oder Topnaar wissen gut Bescheid über den Lebensstandard in den Industrienationen und wer könnte es ihnen verdenken, dass auch sie dorthin streben? Ein Hoffnungsschimmer vielleicht, dass eine neue, aufstrebende Elite in den Industrienationen nicht mehr in gleichem Maße auf materielle Statussymbole setzt, sondern sich eher durch Kultur und Bildung von der Mittelschicht abgrenzt. Dazu zählt auch ein größeres Umweltbewusstsein. Man kauft verstärkt Bioprodukte aus regionaler Erzeugung, achtet auf Fairtrade, hat das Tierwohl im Auge, fährt elektrisch.[54]

Hinderlich für ein nachhaltiges Handeln kann sich auch auswirken, dass wir in einer Gesellschaft leben, in der Freiheit und Selbstverwirklichung fast so etwas wie ein heiliger Gral sind. In einem Zeitalter, das der Ausformung der eigenen Persönlichkeit höchste Priorität beimisst, in dem die »Selbstperformance« zum Grundstein des persönlichen Erfolges erhoben wird, müssen wir alles, was wir uns vornehmen oder wovon wir träumen, auch erreichen können. Viele meinen sogar, darauf ein unverbrüchliches Recht zu haben. Die mit dieser Einstellung verbundenen Wünsche (oft durch das Statusdenken beeinflusst) verdrängen oft die Sorge um das Klima. Reisen spielen in diesem Zusammenhang eine besondere Rolle. Sie stellen in der heutigen Gesellschaft eine zentrale identitätsstiftende Beschäftigung dar.[55]

Abb. 11: Reisen in ferne, unerforschte Regionen als identitätsstiftende Beschäftigung

Eine weitere hemmende Rolle spielen gesellschaftliche Rahmenbedingungen, Pfadabhängigkeiten, wie der Philosoph und Soziologe Felix Ekardt sie nennt. »Die gewachsene westliche Lebens- und Arbeitsweise macht es für mich als einzelnen Bürger oder einzelnes Unternehmen zumindest kurzfristig wesentlich leichter, im gängigen Zivilisations- und Wirtschaftsmodell zu verbleiben, als aus diesem auszubrechen. Die bisherigen technischen Geräte, Häuser und Autos sind aktuell nun einmal vorhanden«, schreibt er dazu in seinem Buch *Wir können uns ändern.*[56] Auch Gutgewillte stoßen angesichts von Pfadabhängigkeiten immer wieder an ihre Grenzen. Arbeitnehmer:innen zum Beispiel, die sich in den großen Ballungsräumen keinen Wohnraum mehr leisten können und deshalb auf dem Land leben müssen, sind angesichts eines mangelhaften Nahverkehrsnetzes oft auf ein Auto als Fortbewegungsmittel angewiesen.

Nicht unterschätzen sollte man zudem, dass die meisten Menschen in Deutschland den Klimawandel trotz anhaltender Dürren und verheerender Überschwemmungen immer noch als ein weit entferntes Phänomen erleben, als eine diffuse, schleichend näher kommende Bedrohung, die mit den eigenen Erfahrungen nur schwer zu verbinden ist und damit notwendige Verhaltensänderungen verhindert. »Selbst wenn es uns gelingt zu denken, dass etwas eine Bedrohung ist, sind wir weniger reaktiv als wenn wir die Bedrohung fühlen«, ist der US-amerikanische Professor für Umweltwissenschaften Dale Jamieson überzeugt.[57]

Und dann gibt es da natürlich noch die uns angeborene Bequemlichkeit. Ein klimaschädliches Verhalten erscheint oft einfacher als ein nachhaltiges, es führt schneller zum Ziel, ist kraftsparender, effizienter, mit weniger Nachdenken verbunden. In diese Falle gerät jeder einmal.

All diese Beweggründe zeigen, dass die mannigfaltigen Fallstricke, die überall im Alltag auf uns lauern, oft viel wirkmächtiger sind als unser Wissen und der Wunsch, etwas gegen den Klimawandel und die anderen Nebenfolgen unseres Wirtschaftens zu unternehmen. »Die Menschen befinden sich in einem Konflikt«, meint der Psychologe Stephan Grünewald. »Sie wollen die Umwelt schonen, aber Plastiktüten sind ja so praktisch. Und deshalb wünschen die Menschen sich Verbote, damit sie sich nicht selbst disziplinieren müssen.«[58] Also doch der Staat? Dafür plädiert jedenfalls Michael Kopatz vom Wuppertal Institut.[59] Nicht das vorbildliche Verhalten des Einzelnen, auch nicht groß angelegte Kampagnen und schon gar nicht moralische Appelle sind für ihn zielführend, sondern nur eine vom Staat vorgenommene Veränderung der Rahmenbedingungen. Nur über neue Regeln, veränderte Standards, Obergrenzen und Limits lassen sich ihm zufolge die Unzulänglichkeiten der menschlichen Psyche umschiffen. Erst wenn es sich lohnt umzudenken, wenn es bequemer ist, wenn alle gezwungen sind, sich zu verändern, kommen die nötigen Veränderungen in Gang. Wie gesehen ist die Politik dazu bislang nicht wirklich in der Lage. Allzu mutlos zeigt sich die politische Kaste, allzu eng sind ihre Verbindungen zur Wirtschaft, zu sehr verbreitet ihr Glaube an das Heilsversprechen des ewigen Wachstums. Um wirklich etwas zu bewegen, bedarf es deshalb des Engagements von Bürgerinnen und Bürgern. Widerstand leisten, Druck ausüben, für Kopatz ist das wichtiger als sein Leben nachhaltig zu gestalten. »Kämpfe nicht für deinen Garten, kämpfe für alle Gärten! Du bist für den Klimaschutz und handelst nicht danach? Das geht allen so. Deswegen musst du die Verhältnisse ändern!«, heißt es im zweiten seiner zehn Gebote zur Ökoerlösung.[60] Die Fridays-for-Future-Bewegung scheint zu belegen, dass Druck von der Straße tatsächlich etwas bewirken kann. Zu umfangreichen, zukunftsweisenden Regelungen und Maßnahmen von Seiten der Politik hat der Protest bislang freilich noch nicht geführt. Das verweist auf das vielleicht größte Problem im Kampf gegen den Klimawandel: die Zeitdimension. Auf der einen Seite das enge Zeitfenster, das uns für Veränderungen noch zur Verfügung steht, auf der anderen Seite eine komplexe Gesellschaft mit einer derartigen Fülle von divergierenden Sachzwängen, Routinen, Denkansätzen und Lösungsvorschlägen, dass sich wirksame Maßnahmen nur in kleinen Schritten umsetzen lassen und es entsprechend langsam vorangeht. Ähnlich wie beim Knutt und der Pfuhlschnepfe gibt es zwar schon gewisse Anpassungen, sie sind aber unzureichend, greifen viel zu kurz. Im Moment sieht es so aus, als kämen auch wir zu spät. Dies führt bei all denen, die sich der Dringlichkeit des Handelns bewusst sind und für die nötigen Veränderungen kämpfen, zu Frustrationen, Wut und – im schlimmsten Fall – zu Resignation oder Gewalt. Der einzige Ausweg aus dieser misslichen Lage scheint in der Einsicht zu bestehen, dass wir alle den Einsatz weiter erhöhen müssen. »Wir sind dazu aufgerufen, zu revoltieren. Diese Revolte muss in unseren Köpfen stattfinden, in unseren Herzen, in lokalen Gemeinschaften und quer durch das Land und die Kontinente. Sie braucht und bedeutet kulturelle Aktivitäten, intellektuellen Wandel, politisches Handeln, alles«, so der Philosoph und Wachstumskritiker Rupert Read.[61]

Und nun gemeinsam

Eine Betrachtung der Menschen entlang des Zugweges vom Knutt macht deutlich: Wir sind enger miteinander verbunden denn je. Selbst die scheinbar isoliert und weitab des Weltgeschehens lebenden Nganasanen, Imraguen oder Bijagos sind mittlerweile fast vollständig in das globale, kapitalistisch ausgerichtete System integriert und bekommen die Folgen des ungezügelten Wachstums am eigenen Leib zu spüren. Ob wir wollen oder nicht, wir sitzen alle im vielzitierten selben Boot. »Mehr als zu jeder anderen Zeit stehen wir, die menschlichen Bewohner des Planeten Erde, vor einem Entweder-Oder«, schrieb der im Jahr 2017 verstorbene Soziologe Zygmunt Bauman zu den Herausforderungen des Klimawandels und der Globalisierung. »Entweder wir reichen einander die Hände – oder wir schaufeln einander Gräber.«[62] Endlich zu einem gemeinsamen Handeln kommen, darum geht es, und Bauman wusste genau, wie schwer diese Aufgabe zu bewältigen sein wird. Der Zwang, global vereint zu operieren, alte Gewissheiten aufzugeben, das ist eben nicht nur eine politische, sondern auch eine psychologische Herausforderung. Dies gilt nicht nur in Bezug auf die persönlichen Fallstricke, die überall auf uns lauern. Vielleicht noch entscheidender ist, dass wir darauf geprägt sind, uns in Gruppen zusammenzufinden und von anderen Gruppen abzusetzen. Tief einprogrammiert ist die Unterscheidung zwischen »uns« auf der einen und »denen« auf der anderen Seite. Die Evolution hat uns nicht darauf vorbereitet, Weltbürger zu sein, sie hat uns zu Gruppenmitgliedern geformt. Um diese »Wir/Sie-Bindungen« aufzulösen, Vorurteile abzubauen und Empathie gegenüber Fremden zu entwickeln, bedarf es großer intellektueller Anstrengungen.[63] Das scheint zu einer Zeit, in der sich Ängste ausbreiten und die eigene Zukunft als zunehmend gefährdet wahrgenommen wird, leider besonders schwer zu fallen. Der Wunsch, sich zusammen mit einer Gruppe gegen andere abzuschotten und so den herannahenden Gefahren die Stirn zu bieten, wächst offensichtlich mit der Kraft der Bedrohung. Und wo die Zukunft Furcht auslöst, wird die Vergangenheit zur Verheißung. Zurück zur guten alten Zeit, heißt die Devise, zurück in eine Zeit, in der man noch in Sicherheit leben und über sein Leben selbst bestimmen konnte, Retrotopia statt Utopia.[64] Populisten nutzen diese Sehnsucht aus und versprechen eine bessere Zukunft im Rückgriff auf die Vergangenheit. In Retrotopia gibt es keinen Klimawandel, es kann, darf ihn nicht geben, sonst müsste man ja den sicheren Hafen der Vergangenheit hinter sich lassen und Segel setzen. Also wird der Klimawandel gerade von Rechtspopulisten geleugnet oder verharmlost.

Aber auch wenn die Scharlatane aus Retrotopia uns etwas anderes vorgaukeln, es bleibt dabei: Der Zerstörung unserer Lebensgrundlagen, dem real existierenden Klimawandel, ist nur über gemeinsames Handeln zu begegnen. Dies kann allerdings nur dann gelingen, wenn sich alle Akteure auf Augenhöhe begegnen. Die krasse Ungleichheit – eine der vielen Nebenfolgen des Kapitalismus/Neoliberalismus – die gerade fast überall auf der Welt zunimmt, erschwert diesen Schritt entscheidend. Solange die Eliten unverhältnismäßig mehr konsumieren als die Masse der Gesellschaft, solange sie ungleich mehr giftige Emissionen in die Atmosphäre blasen dürfen und ihr verschwenderisches Verhalten andere dazu veranlasst, ihnen nachzueifern, erscheint ein gemeinsames Handeln als unrealistisch. Die Unterschiede zwischen Arm und Reich müssen schrumpfen, und dafür müssen die »oberen Zehntausend« deutlich mehr zurückstecken als der Rest der Gesellschaft. Das gilt natürlich auch zwischen Staaten, es gilt auch für »uns«, die wir in einem der reichsten Staaten der Erde leben. Selbst wenn es von nun an möglich wäre, auf die gleiche Weise, aber nachhaltig und CO_2-neutral weiterzuleben, wäre es damit nicht getan. Wer eine gerechtere Welt möchte, muss allen Menschen die Möglichkeit eröffnen, den eigenen Lebensstandard zu erreichen – für das derzeitige Level in den Industrieländern fehlen auf der Welt aber schlicht die Ressourcen. Wer also mehr Gerechtigkeit möchte, der muss sich bewegen und abgeben, daran führt kein Weg vorbei. Das muss keineswegs auf Kosten der Lebensqualität gehen, meinen zum Beispiel die Philosophen Robert und Edward Sikelsky: »Wir haben Grund glücklich zu sein, wenn wir die guten Dinge des Lebens besitzen: Gesundheit, Respekt, Freundschaft, Muße. Ohne diese Dinge glücklich zu sein, bedeutet einem Trugbild zu erliegen.«[65] In den Besitz dieser »Glücksbringer« zu kommen, erfordert zwar eine materielle Grundsicherheit, aber sicher keine nur auf Konsum ausgerichtete Lebensweise, im Gegenteil. Weniger Zeit in den Konsum zu investieren, das schafft oft erst die für ein glückliches Leben notwendigen Freiräume. Mehr Zeit haben für die Mitmenschen, für Hobbys, für das Ausruhen, Nachdenken. »Die fetten Jahre sind vorbei« kann so gesehen auch als frohe Botschaft verstanden werden, wie der Soziologe Harald Welzer meint.[66] Wäre es nur nicht so schwer, etwas Gewohntes wieder aufzugeben ...

Eine weitere »Wir/Sie-Bindung« gehört ebenfalls dringend auf den Prüfstand: die Trennung von Mensch und Natur. Diese tief im abendländischen Denken verankerte Abspaltung war maßgeblich dafür verantwortlich, dass die Umwelt zum seelenlosen Warenlager und Experimentierfeld degradiert wurde. Sie hat entscheidend dazu beigetragen, dass wir uns heute mit zunehmenden Umweltzerstörungen und steigenden Temperaturen konfrontiert sehen. Wie bereits an früherer Stelle dargelegt, ist die bei uns zur »unumstößlichen Gewissheit geronnene« Trennung von Mensch und Natur (Natur und Kultur) nur eine von vielen Möglichkeiten, die uns umgebene Welt zu verstehen.[67] Vor dem Hintergrund neuer biologischer Forschungsergebnisse erscheinen althergebrachte animistische Vorstellungen, wonach Menschen und Nichtmenschen sich nur durch ihre äußere Hülle grundlegend voneinander unterscheiden, nicht weiter hergeholt als die Überzeugung, zwischen ihnen bestünde ein wesentlicher, nicht nur gradueller Unterschied.

Gefragt ist heute eine Sicht, die Menschen und Nichtmenschen zusammenführt, statt sie weiter voneinander zu trennen. Das muss den Knutt noch nicht zu unserem Bruder, Cousin oder Enkel, machen, aber doch zu einem weit entfernten Verwandten mit den gleichen Ahnen.

Wir sollten endlich anerkennen, dass wir mit allem, was uns ausmacht, ein integraler Bestandteil in einem System mit unendlich vielen Akteuren und »Kräften« sind, einem System, in dem alles auf unüberschaubar komplexe Weise miteinander verknüpft und aufeinander bezogen ist. Die Natur als ein fließendes Beziehungs- und Handlungsgefüge, das die Erde in beständiger Bewegung hält und in das der Mensch vollständig und unentrinnbar verwoben ist. Wir sind in diesem Geflecht zum wirkmächtigsten aller tierischen Akteure geworden. Unsere Eingriffe haben eine Reaktionskette ungeahnten Ausmaßes in Gang gesetzt, mit gehäuft auftretenden Wetterextremen, Überschwemmungen, Trockenphasen und – vor allem – mit immer weiter ansteigenden Temperaturen als Quittung. Vor diesem Hintergrund erhält der in vielen animistisch geprägten Gesellschaften eingeforderte Respekt gegenüber der Mitwelt und mehr noch ihre Angst vor den Folgen einer Missachtung dieser Maßgabe, plötzlich eine ungeahnte, beunruhigende Aktualität. Diese Angst, das spüren wir nun langsam am eigenen Leib, ist begründet.

Solange die Natur das »Andere« bleibt, wird es schwerlich vorangehen. Wir sind Natur. Erst wenn wir wirklich begreifen, dass eine von Achtung, Augenmaß und Demut geprägte Interaktion mit der Mitwelt uns selbst dient, erst wenn wir akzeptieren, dass die Biosphäre den Rahmen für unser Handeln setzt und nicht umgekehrt, erst wenn wir mit anderen Worten von unserem selbst errichteten Sockel herabsteigen, kann ein echter Wandel einsetzen.

Von zentraler Bedeutung ist dabei, dass wir uns jetzt nicht allein auf die Verringerung unseres CO_2-Ausstoßes konzentrieren, sondern auch und in gleicher Weise die anderen Nebenfolgen unseres wirtschaftlichen Handelns in den Blick nehmen. Windkraftanlagen und Biomais tragen schließlich ebenso wenig zum Erhalt der Artenvielfalt bei wie der Abbau der für die »Energiewende« wichtigen Rohstoffe – im Gegenteil. Sie leisten auch keinerlei Beitrag zur Beseitigung der sozialen Ungleichheit. Wenn wir in Bezug auf unsere Mitwelt nicht schnell grundsätzlich umdenken, wird die Welt für viele, wenn nicht für alle von uns, zu einem ungemütlichen Ort werden. Und immer weniger nichtmenschliche Akteure werden uns dabei Gesellschaft leisten. Für den Knutt, der bislang so hervorragend mit einem Leben zwischen Tundra und Tropen zurechtgekommen ist, wird es auf der Erde bereits jetzt kritisch. Ebenso wie viele andere Nichtmenschen sieht er sich vor Probleme gestellt, die er von sich aus womöglich nicht mehr lösen kann. Und was wäre das für eine Welt, in der im Wattenmeer an einem lauen Abend im Frühjahr oder Spätsommer keine Knuttschwärme mehr in den Himmel steigen, waghalsige Flugmanöver vollführen, kurz noch einmal näher kommen und dann beständig an Höhe gewinnend am Horizont verschwinden?

Danksagung

Ohne die Unterstützung vieler Personen hätte ich dieses Buch nicht fertigstellen können. Mein besonderer Dank gilt Martin Diekmann, Jochen Dierschke und Mathias Heckroth, die sich die Mühe gemacht haben, mein Manuskript durchzulesen und mit wertvollen Tipps zu versehen. Bei Gregor Scheiffarth und Jutta Leyrer bedanke ich mich für die Überprüfung meiner Angaben zum Knutt. Auch zum Nationalpark auf der Banc d'Arguin und zum Leben der Imraguen haben sie wichtige Informationen beigesteuert. Der Ornithologe Tom Noah und die Linguistin Beáta Wagner-Nagy von der Universität Hamburg haben mir aus erster Hand viel über die Taimyr-Halbinsel und das Leben der Nganasanen vermitteln können. Die Angaben von Boubacar Baldé und Ricardo da Silva zu ihrem Geburtsland Guinea-Bissau und den Bijagos-Archipel haben mir sehr geholfen, diesen Teil der Welt besser zu verstehen. Gregor Scheiffarth, Jochen Dierschke und Tom Noah waren so freundlich, mir Fotos für das Buch zur Verfügung zu stellen. Mein ganz besonderer Dank gilt der Umweltsiftung Weser Ems, die mein Buch finanziell unterstützt hat. Ein herzliches Dankeschön geht an meine Lektoren Maike Braun und Clemens Hermann vom Oekom-Verlag für die Unterstützung bei der Umsetzung des Buchprojektes. Vielen Dank auch an Isolde Wrazidlo für ihre Begeisterung und Motivation. Vor allem aber möchte ich mich bei Doris Bergs bedanken, die nicht nur die Textkorrektur vorgenommen, sondern mich die ganze Zeit mit viel Geduld begleitet und unterstützt hat.

Bildnachweis

1. Ein Schwarm fliegt auf

Titelfoto: Reno Lottmann
Abb. 1: Reno Lottmann
Abb. 2: Alexander von Humboldt: Selbstportrait in Paris, 1814; https://de.m.wikipedia.org/wiki/Datei:Alexander_von_Humboldt-selfportrait.jpg
Abb. 3: AGAMI, Adobe Stock/Foto

2. Auf den Spuren Alexander von Middendorffs – Überleben in der Arktis

Titelfoto: Tom Noah
Abb. 1: Russische Akademie der Wissenschaften, https://de.wikipedia.org/wiki/Alexander_Theodor_von_Middendorff
Abb. 2: Aus: Middendorff, Alexander Theodor von (1853): Reise in den äussersten Norden und Osten Sibiriens; Band 2, Theil 2, Säugethiere, Vögel und Amphibien
Abb. 3: Reno Lottmann
Abb. 4 bis 6: Tom Noah
Abb. 7: Peter Prokosch/Grid Arendal; https://www.grida.no/resources/1540
Abb. 8: Nach: Tulp, I.: The arctic pulse. Time of breeding in long-distance migrant shorebirds, 2007
Abb. 9: Multimedia Art Museum, Moskau, https://commons.wikimedia.org/wiki/File:Ngasani.jpg
Abb. 10: Aus: Aubyn Bernard Rochford Trevor Battye (1895): Ice-Bound on Kolguev. A chapter in the exploration of Arctic Europe, to which is added a record of the natural history of the island, Seite 313, https://commons.wikimedia.org/wiki/Category:Ice-Bound_on_Kolguev_(1895)_by_TREVOR-BATTYE#/media/File:TB(1895)_p313_DRIVING_THE_GEESE.jpg
Abb. 11: Ivan Vasilyevich Simakov: Plakat 5. Jahrestag der Oktoberrevolution und IV. Kongress der Kommunistischen Internationale, 1922; Wikipedia commons
Abb. 12: Tom Noah
Abb. 13: nordroden, Adobe Stock/Foto

3. Im Rhythmus der Gezeiten

Titelfoto: Reno Lottmann
Abb. 1 bis 5: Reno Lottmann
Abb. 6: Kupferstich „Deichbruch“ von Winterstein 1661 https://de.wikipedia.org/wiki/Datei:Deichbruch_Winterstein_1661.jpg
Abb. 7: Aus: Familien-Bibliothek der deutschen Classiker, Band 85, Hildburghausen & Amsterdam 1844; https://commons.wikimedia.org/wiki/File:Bildnis_Georg_Christoph_Lichtenberg.pdf?uselang=de
Abb. 8: Paul Scharphuis: Nordseebad Borkum. Promenadenkonzert, 1921; wikimedia, commons, http://www.zeno.org - Zenodot Verlagsgesellschaft mbH

Abb. 9: Aus: George Dawson Rowley: Ornithological miscellany, Volume II, London 1877, S.372; Biodiversity Heritage Library
Abb. 10: Reno Lottmann
Abb. 11: Imaginäre Wiedergabe von Jacques de Vaucansons Entenautomaten, in Scientific American, 1899; https://de.wikipedia.org/wiki/Datei:Digesting_Duck.jpg
Abb. 12: Reno Lottmann
Abb. 13: Aus: De arte venandi cum avibus (Über die Kunst, mit Vögeln zu jagen), sog. Manfred-Handschrift (Biblioteca Vaticana, Pal. lat 1071, fol. 1v), spätes 13. Jahrhundert; https://commons.wikimedia.org/wiki/File:Frederick_II_and_eagle.jpg
Abb. 14: Frans Hals (1582/1583–1666); https://commons.wikimedia.org/wikiFile:Frans_Hals_-_Portret_van_Ren%C3%A9_Descartes.jpg
Abb. 15: Friedrich Eduard Eichens (1804–1877), aus: „Meyers Enzyklopädie", 1906 https://commons.wikimedia.org/wiki/File:Novalis.jpg?uselang=de
Abb. 16: Carl Spitzweg: Der Sonntagsspaziergang, 1841; https://de.wikipedia.org/wiki/Datei:Carl_Spitzweg_-_Sonntagsspaziergang.jpg
Abb. 17: André Gill: Karikatur von Charles Darwin als Affe, Cover von La Petite Lune, n° 10, 1878, Bibliothèque nationale de France; https://commons.wikimedia.org/wiki/File:Darwin_as_monkey_on_La_Petite_Lune.jpg
Abb. 18 und 19: Reno Lottmann

4. Wasser, Watt und Wüste

Titelfoto: Gregor Scheiffarth
Abb. 1: Théodore Géricault: Das Floß der Medusa, 1819, Louvre; https://commons.wikimedia.org/wiki/File:Floss_der_medusa.jpg
Abb. 2 und 3: Reno Lottmann
Abb. 4: Gregor Scheiffarth
Abb. 5: Jochen Dierschke
Abb. 6: https://commons.wikimedia.org/wiki/File:Marca_de_Impressor_de_Valentim_Fernandes.png
Abb. 7: https://de.wikipedia.org/wiki/Datei: Maat_und_Matrose_der_kurbrandenburgischen_Marine_um_1675.jpg
Abb. 8: https://de.wikipedia.org/wiki/Datei:Fort_of_Arguin_1721.jpg
Abb. 9: Gregor Scheiffarth
Abb. 10: Jochen Dierschke
Abb. 11 und 12: Gregor Scheiffarth

5. Überwintern unter Palmen

Titelfoto: Anton Ivanov Photo, Adobe Stock/Foto
Abb. 1: Reno Lottmann
Abb. 2: Gregor Scheiffarth
Abb. 3: Zeichnung um 1500; https://commons.wikimedia.org/wiki/File:Karavelle.png
Abb. 4 bis 10: Gregor Scheiffarth

6. Lagunen am Sandmeer

Titelfoto: Cisek Ciesielski, Adobe Stock/Foto
Abb. 1 und 2: Reno Lottmann
Abb. 3: Henri Sicard and Farradesche (Lithographen): Poster für jardin zoologique d' acclimatation, circa 1870;; https://commons.wikimedia.org/wiki/File:Jardin_d%27Acclimatation_Hottentots.jpg
Abb. 4: Aus: Livro de Lisuarte de Abreu, 1563; https://commons.wikimedia.org/wiki/File:Livro_de_Listuarte_de_Abreu.jpg?uselang=de
Abb. 5: Thomas Baines: Walvis Bay 1861; Iziko William Fehr Collection; https://commons.wikimedia.org/wiki/File:Thomas_Baines-Walvis_Bay-0621.jpg
Abb. 6: Aus: Francois, Hugo von: Nama und Damara. Deutsch-Süd-West-Afrika, Magdeburg, 1896, S.19; https://commons.wikimedia.org/wiki/File:Nama_und_Damara_pg019_Missionshaus_in_Rooibank.jpg
Abb. 7: Aus: Hans Schinz: Deutsch-Südwest-Afrika, Oldenburg/Leipzig 1891; Bundesarchiv Bild 105-DSWA0133, Deutsch-Süd-Westafrika, Adolf Lüderitz.jpg; https://commons.wikimedia.org/wiki/File:AdolfL%C3%BCderitz-2.jpg
Abb. 8: Baetz, Trier, 1904; https://commons.wikimedia.org/wiki/File:Generalleutnant_Lothar_von_Trotha,_1904.jpg
Abb. 9: maxbaer, Adobe Stock/Foto
Abb. 10: anni 94, Adobe Stock/Foto

7. Schicksalhaft verbunden

Titelfoto: Reno Lottmann
Abb. 1: Tom Noah
Abb. 2: Reno Lottmann
Abb. 3.: Gregor Scheiffarth
Abb. 4: Reno Lottmann
Abb. 5: Nuno Gonçalves (1425–): Saint Vincent Panels, dritte Tafel https://commons.wikimedia.org/wiki/File:Henry_the_Navigator1.jpg
Abb. 6: Anonymous, circa 1450-1475: Ausstattung der Argo, Hercules und Jason beim Schachspielen; Bodleian Library. University of OxfordSource https://i.pinimg.com/originals/69/8c/08/698c08128349fffa43dada3237ba79b8.jpg
Abb. 7: George Cruikshank (1792–1878); https://commons.wikimedia.org/wiki/File:Cruikshank_All_among_the_Hottentots_capering_to_shore_1820.jpg
Abb. 8: Franz Boas 1915; Canadian Museum of History https://commons.wikimedia.org/wiki/File:FranzBoas.jpg
Abb. 9: Nach: van Roomen M. et al.: East Atlantic Flyway Assessment 2020: The status of coastal waterbird populations and their sites. Wadden Sea Flyway Initiative p/a CWSS, Wilhelmshaven, Germany, Wetlands International, Wageningen, The Netherlands, BirdLife International, Cambridge, United Kingdom, 2022, S. 200
Abb. 10: rayhennessy, Adobe Stock/Foto
Abb. 11: Orlando Rouland, 1917: John Muir; https://commons.wikimedia.org/wiki/File:John_Muir_by_Orlando_Rouland,_1917.jpg

Abb. 12 und 13: Reno Lottmann

Abb. 14: Nach: World Wildlife Fund (WWF) und Zoological Society of London: Livingplanetindex, 2020; http://stats.livingplanetindex.org/

Abb. 15: Joseph Smit, in: H. N. Hutchinson: Extinct Monsters, Plate XXIII, 1896; https://commons.wikimedia.org/wiki/File:Hunting_Moa.jpg

8. Rückkehr in eine veränderte Welt

Titelfoto: Tom Noah (Taimyr)

Abb. 1: Reno Lottmann

Abb. 2: Nach: Copernicus; https://climate.copernicus.eu/esotc/2020/heat-siberia Quelle: ERA5, C3S/ECMWF.

Abb. 3: Hugo Ahlenius/Grid-Arendal, CAFF; https://www.grida.no/resources/6260

Abb. 4: Tom Noah

Abb. 5: Peter Prokosch/Grid Arendal; https://www.grida.no/resources/2680

Abb. 6: Nach: Eldar Rakhimberdiev et al.: Fuelling conditions at staging sites can mitigate Arctic warming effects in a migratory bird; Nature Communications (2018) 9:4263; DOI: 10.1038/s41467-018-06673-5 | www.nature.com/naturecommunications 1

Abb. 7 und 8: Reno Lottmann

Abb. 9: Gregor Scheiffarth

Abb. 10 und 11: Reno Lottmann

Abschlusfoto: Reno Lottmann

Illustrationen

Reno Lottmann

Quellen

Eingangszitat:

Sjón: Das Gleißen der Nacht, Frankfurt am Main, 2011, S. 17

1. Ein Schwarm fliegt auf

1 Lagerlöf, Selma: Wunderbare Reise des kleinen Nils Holgersson mit den Wildgänsen; Kap.1: Der Junge/Sonntag, 20. März;
The Project Gutenberg 2010; http://www.gutenberg.org/3/1/1/1/31114/
2 Ebd., Kap. 9: Karlskrona /Samstag, 2. April
3 Ebd., Kap. 54: Bei Holger Nilssons/Donnerstag, 8. November
4 Humboldt, Alexander von: Das Buch der Begegnungen, München 2018, S.223
5 Humboldt, Alexander von: Kosmos – Entwurf einer physischen Weltbeschreibung, Bd. 1, Stuttgart und Tübingen 1845, S. 34
6 Duden: https://www.duden.de/rechtschreibung/waten
7 Lagerlöf, Selma: Wunderbare Reise des kleinen Nils Holgersson mit den Wildgänsen; Kap. 55: Der Abschied von den Wildgänsen/Mittwoch, 9. November
The Project Gutenberg 2010; http://www.gutenberg.org/3/1/1/1/31114/

2. Auf den Spuren Alexander von Middendorffs – Überleben in der Arktis

1 Blasius, R.: Nachruf zum Tod von Alexander Theodor von Middendorff, gestorben 16. Jänner 1894; Ornithologisches Jahrbuch für das palaearktisehe Faunengebiet, Jahrgang V., November–December 1894. Heft 6, S. 226
2 Middendorff, Alexander von: Reise in den äussersten Norden und Osten Sibiriens während der Jahre 1843 und 1844 mit Allerhöchster Genehmigung auf Veranstaltung der Kaiserlichen Akademie der Wissenschaften zu St. Petersburg ausgeführt und in Verbindung mit vielen Gelehrten; Erster Band Theil 1, Einleitung, 1848, Seite XXX
2 Ebd., S. XLI
3 Ebd., S. XLIII
4. Middendorff, Alexander von: Reise in den äussersten Norden und Osten Sibiriens – Auf Schlitten, Boot und Rentierrücken, Wiesbaden 2013, S. 83 f
5. Nowak, Eugeniusz / Pavlov, Boris: Kommentierte Artenliste der Wirbeltiere (*Vertebrata*) der Halbinsel Taimyr; in: Bergmann, Hans-Heiner / Prokosch, Peter: Faunistik und Naturschutz auf Taimyr. Expeditionen 1989–1991. Corax, Band 16, Sonderheft, S. 226
6 Weiß, Marlene: Für Rudolph wird es eng; http://www.sueddeutsche.de/wissen/tierschutz-fuer-rudolph-wird-es-eng-1.3292742; Dezember 2016
7 Middendorff, Alexander von: Reise in den äussersten Norden und Osten Sibiriens, Band 4, Theil 2, Übersicht der Natur Nord- und Ost-Sibiriens, S. 1125
8 Ebd., S.1206–1207
9 Middendorff, Alexander von: Reise in den äussersten Norden und Osten Sibiriens, Band 2, Theil 2, Säugethiere, Vögel und Amphibien, 1853, S. 209
10 Ebd., S. 209

11 Ebd., S. 219 f
12 Munro, Margaret: Birds packing high-tech gear help scientists understand the migratory mysteries and dangerous life of the red knot; The Globe and Mail 22.4. 2018; https://www.theglobeandmail.com/canada/article-birds-packing-high-tech-gear-help-scientists-understand-the-migratory/
13 Nach: van de Kam, Jan et al.: Shorebirds - an illustrated behavioural ecology; 2004, S. 231
14 Jochen Dierschke, mdl.
15 Reneerkens, Jeroen Willem Hendrik: Functional aspects of seasonal variation in preen wax composition of sandpipers (*Scolopacidae*); Proefschrift Rijksuniversiteit Groningen 2007, S. 113 ff.
16 Hjort, Christian: Taimyr – Dit gässen sträcker; in: Vår fagelvärld 4/2003, S. 10
17 Tomkovich, P. S. et al.: Brood attendance by female Red Knots. Wader Study 125(1), 2017, S. 33–38.
18 Middendorff, Alexander von: Reise in den äussersten Norden und Osten Sibiriens, Band 4, Theil 2, Übersicht der Natur Nord- und Ost-Sibiriens, S. 1209
19 The Peoples of the Red Book; 2008; https://www.eki.ee/books/redbook/nganasans.shtml
20 Middendorff, Alexander von: Reise in den äussersten Norden und Osten Sibiriens, Band 4, Theil 2, Übersicht der Natur Nord- und Ost-Sibiriens, S. 1429
21 Middendorff, Alexander von: Reise in den äussersten Norden und Osten Sibiriens – Auf Schlitten, Boot und Rentierrücken, Wiesbaden 2013, S. 100
22 Ebd., S. 115 f
23 Descola, Philippe: Relativer Universalismus; Anthropologie und kulturelle Diversität – für eine politische Ökologie; Lettre 112, Frühjahr 2016, S. 109 f
24 Labanauskas, I. / Katzschmann, M.: Nganasanen Nganasanskaá folíklornaá hrestomatiá : Ein Nachtrag zur Chrestomathia Nganasanica Kazis http://www.nganasanica.de/labfolkread.pdf I. Labanauskas / Michael Katzschmann http://www.nganasanica.de/labfolkread, S. 22 ff
25 Müller, Klaus E.: Schamanismus; München 1997 (2001), S. 17
26 Middendorff, Alexander von: Reise in den äussersten Norden und Osten Sibiriens, Band 4, Theil 2, Übersicht der Natur Nord- und Ost-Sibiriens, S. 1456
27 Labanauskas, I. / Katzschmann, M.: NganasanenNganasanskaá folíklornaá hrestomatiá : Ein Nachtrag zur Chrestomathia Nganasanica Kazis http://www.nganasanica.de/labfolkread.pdf I. Labanauskas / Michael Katzschmann http://www.nganasanica.de/labfolkread, pdf I, S. 168
28 Descola, Philippe: Jenseits von Natur und Kultur; Berlin 2011, S. 491
29 The Incantations of Tubyaku Kosterkin; https://www.folklore.ee/folklore/vol2/tubinc.htm
30 The Peoples of the Red Book; 2008; https://www.eki.ee/books/redbook/nganasans.shtml
31 Nowak, Eugeniusz: Jagdaktivitäten in der Vergangenheit und heute als Einflußfaktor auf Gänsepopulationen und andere Vögel Nordsibiriens, Corax 16, 1995, S. 149
32 Ertz, Simon: Zwangsarbeit in Norilsk. Ein atypischer, idealtypischer Lagerkom-

plex; S. Osteuropa, Vol. 57, No. 6, Das Lager schreiben: Varlam Šalamov und die Aufarbeitung des Gulag, 2007, S. 295

33 Mihailova, Natalia: Indigenous People of the Russian North: Let Those People Go; 2013/11/27.

34 Ziker, John P. :
- Land Use and Social Change among the Dolgan and Nganasan of Northern Siberia; Senri Ethnological Studies 58 University of Alaska, Fairbanks 2001
- Land Use and Economic Change among the Dolgan and the Nganasan, in: Erich Kasten (Hrsg..): People and the Land. Pathways in Post-Soviet Siberia, Berlin 2002, S. 207–224
- Changing Gender Roles and Economies in Taimyr; Department of Anthropology, Boise State University; Anthropology of East Europe Review 28(2) Fall 2010
- Sharing, Subsistence, and Social Norms in Northern Siberia; in: Ensminger, J. / Henrich, J.u.: Experimenting with Social Norms, New York 2014 Chapter 13

35 Ziker, John P.: Land Use and Economic Change among the Dolgan and the Nganasan, in: Kasten, Erich (Hrsg.): People and the Land. Pathways in Post-Soviet Siberia., Berlin 2002, S. 214

36 Szeverèny, Sándor / Wagner-Nagy, Beáta: Visiting the Nganasans in Ust-Avam, in: Ethnic and Linguistic Context of Identity: Finno-Ugric Minorities. S. 385–404, Uralica Helsingiensia 5. Helsinki 2011; sowie: Beáta Wagner-Nagy mdl.

37 Ebd., S. 401

38 Tom Noah, mdl.

39 Kirko,Vladimir I. et al.: Quality of Life Evaluation by the Indigenous Population of the Arctic North of the Krasnoyarsk Territory (Krai) Based on Khatanga Rural Population; Journal of Siberian Federal University. Humanities & Social Sciences 10 (2018, 11) S. 1547–1571; http://elib.sfu-kras.ru/bitstream/handle/2311/90263/Kirko.pdf?sequence=1&isAllowed=y

40 Ebd.

41 Koptseva, Natalia: The current economic situation in Taymyr (the Siberian Arctic) and the prospects of indigenous peoples' traditional economy; Economic Annals-XXI (2015), 9-10, S. 96

42 Gruzdeva, Anna: A man of the city and tundra: A day in the life of Alyu, a Nganasan; 2016; https://www.rbth.com/travel/destinations/siberia/2016/12/28/a-man-of-the-city-and-tundra-a-day-in-the-life-of-alyu-a-nganasan_670246

43 Koptseva, Natalia P. / Kirko, Vladimir I.: Post-Soviet practice of preserving ethnocultural identity of indigenous peoples of the North and Siberia in Krasno yarsk Region of the Russian Federation; Life Science Journal 2014;11(7), S. 183

44 Leisiö, Larisa, in: Mihailova, Natalia: Indigenous People of the Russian North, Let Those People Go, 2013/11/27

45 Beáta Wagner-Nagy, mdl.

46 http://www.indigenous.ru/modules.php?name=Content&pa=showpage&pid=151

47 Prokosch, Peter: Idee und Planung des Großen Arktis-Reservates, in: Bergmann, Hans-Heiner / Prokosch, Peter: Faunistik und Naturschutz auf Taimyr. Expeditionen 1989–1991. Corax, Band 16, Sonderheft, S. 208

48 Triebe, Benjamin: Wenn der Mensch eines Tages mit diesem Planeten fertig ist,

wird die Welt vielleicht überall aussehen wie Norilsk, Neue Züricher Zeitung 16.06.2017; https://www.nzz.ch/wirtschaft/verseuchtes-schwerindustrie-zentrum-norilsk-lebt-von-hoffnung-ld.1301192

49 Ebd.

50 Ebd.

51 Siberian Times: How poaching is ‚killing off' the world's largest reindeer herd on Taimyr Peninsula, 2017; Siberian Times: Shocking new evidence of ‚mass murder' of famous reindeer population, 14 April 2017

52 WWF: Wild reindeer in Russia facing extinction, 24. September 2019; https://arcticwwf.org/newsroom/stories/taimyr-russia/

3. Im Rhythmus der Gezeiten

1 Kaiser Friedrich II.: Über die Kunst mit Vögeln zu jagen, übers. und hrsg. von Carl Arnold Willemsen, Frankfurt am Main 1964, S. 47

2 Südbeck, Peter: Zugvogelschutz im Wattenmeer, in: Südbeck, Peter / Bairlein, Franz / Lottmann, Reno: Zugvögel im Wattenmeer, Wilhelmshaven 2018, S. 220

3 Leyrer, Jutta: Being at the right time at the right place: interpreting the annual life cycle of Afro-Siberian red knots. PhD Thesis, University of Groningen, Groningen, The Netherlands, 2011, S. 142

4 Kleefstra R. et al.: Trends of Migratory and Wintering Waterbirds in the Wadden Sea 1987/1988–2019/2020., Wilhelmshaven 2022, S. 30

5 Leyrer, Jutta: Knutt-Story – auf die Energie kommt es an, in: Südbeck, Peter / Bairlein, Franz / Lottmann, Reno: Zugvögel im Wattenmeer, Wilhelmshaven 2018, S. 49

6 Naumann, Johann Andreas: Johann Andreas Naumann' s Naturgeschichte der Vögel Deutschlands, nach eigenen Erfahrungen, Siebenter Theil, Leipzig 1834, S. 385

7 U.a.: Piersma, Theunis / van Gils, Jan A.: A Body-centred Integration of Ecology, Physiology and Behaviour, Oxford, New York 2011, sowie : Piersma, Theunis et al.: Scale and intensity of intertidal habitat use by knots *Calidris canutus* in the Western Wadden Sea in relation to food, friends and foes; Netherlands Journal of Sea Research 31 Volume 31, Issue 4, December 1993, S. 331–357

8 Witte, Sterre: 24 years of red knot numbers in relation with their prey in the Western Wadden Sea, Utrecht 2019, S. 17 f

9 Bijleveld, A. I.: Untying the knot: Mechanistically understanding the inter actions between social foragers and their prey. University of Groningen 2015, S. 152 f

10 Oudman, Thomas: Red knot habits: an optimal foraging perspective on inter tidal life at Banc d'Arguin, Mauritania. PhD thesis, University of Groningen, Groningen,the Netherlands 2017, S. 129

11 Ersoy, S. et al.: Exploration speed in captivity predicts foraging tactics and diet in free-living red knots. Journal of Animal Ecology, 2021, 00, 1–11, https://doi.org/10.1111/1365-2656.13632, S. 6 ff

12 Bijleveld, A. I.: Untying the knot: Mechanistically understanding the interactions between social foragers and their prey. University of Groningen 2015, S. 123 ff

13 Ebd., S. 126

14 Reise, Karsten: Naturgeschichte Wattenmeer, in: Von Amtsgärten und Vogelkojen; Beiträge zum Göttinger Umwelthistorischen Kolloquium 2011–2012, Universitätsverlag Göttingen 2014, S. 99 f

15 Plinius: Historia naturalis XVI, 2–4, zitiert nach: Niederhöfer, Kai: Archäologische Fundstellen im ostfriesischen Wattenmeer; Rahden/Westf. 2016, S. 53

16 Segschneider, Martin / Siegmüller, Annette / Jöns, Hauke: Frühe Netzwerke – Kommunikation und Austausch im 1. Jahrtausend; in: Niedersächsisches Institut für historische Küstenforschung (Hrsg.): 80 Jahre Küstenforschung in Wilhelmshaven - NIhK, Wilhelmshaven 2018, S. 11 f

17 Bojanowski, Axel: Klimadaten erklären Niedergang von Hochkulturen; Spiegel online: 21.04.2013; https://www.spiegel.de/wissenschaft/natur/temperatur-daten-klima-der-vergangenen-2000-jahre-fuer-alle-kontinente-a-895356.html.

18 Bungenstock, Friederike / Karle, Martina / Krabath, Stefan: Den Fluten ausgesetzt – Entwicklung des Meeresspiegels und des Küstenschutzes; in: Niedersächsisches Institut für historische Küstenforschung (Hrsg.): 80 Jahre Küstenforschung in Wilhelmshaven - NIhK, Wilhelmshaven 2018, S. 20

19 Rehbein, Franz: Das Leben eines Landarbeiters. Hamburg 1985, S. 162 f Permalink: http://www.zeno.org/nid/20003826295

20 Behrends, Reiner, zitiert nach: Beckmann, Oliver: Die Akzeptanz des Nationalparks Niedersächsisches Wattenmeer bei der einheimischen Bevölkerung, Frankfurt a. Main 2003, S. 181

21 Nach Richter, Dieter: Das Meer – Geschichte der ältesten Landschaft; Berlin 2014, S. 148

22 Lichtenberg, Georg Christoph: Warum hat Deutschland noch kein grosses öffentliches Seebad? Göttinger Taschen Calender, 1793

23 Sell, Dieter: Eine kurze Geschichte des Badeurlaubs; DW 2016; https://www.dw.com/de/eine-kurze-geschichte-des-badeurlaubs/a-19465965 .

24 Zitiert nach: Canzler, Gerhard: Baltrum – Die Geschichte der Nordseeinsel, Aurich 1986, bearbeitet von Günter Tjards (2006/2007), unveröffentlicht

25 Industrie- und Handelskammer für Ostfriesland und Papenburg: Pos https://www.ihkemden.de/blob/emdihk24/standortpolitik/downloads/2351002/001f647fb9f92f2f5f1de9c41f9ef080/Tourismus_auf_den_Ostfriesischen_Inseln-data.pdf

26 Nationalpark Wattenmeer: 2. Gästebefragung Weltnaturerbe Wattenmeer und nachhaltiger Tourismus 2017, https://www.nationalpark-wattenmeer.de/sites/default/files/media/pdf/gaestebefragung-wattenmeer-2017-zusammenfassung.pdf

27 Droste Hülshoff, Ferdinand Baron: Die Vogelwelt der Nordseeinsel Borkum, Münster 1869, (Nachdruck Leer 1974), S. VII

28 Ebd., S. 212

29 Naumann, Johann Andreas: Johann Andreas Naumann´s Naturgeschichte der Vögel Deutschlands, nach eigenen Erfahrungen, Siebenter Theil, Leipzig 1834, S. 390

30 Brehms Tierleben, Bd.19, Hamburg 1927, S. 102

31 Naumann, Johann Andreas: Johann Andreas Naumann´s Naturgeschichte der Vögel Deutschlands, nach eigenen Erfahrungen, Siebenter Theil, Leipzig 1834, S. 390

32 Droste Hülshoff, Ferdinand Baron: Enten- und Strandvogelfang in Stellnetzen, Journal f. Ornithologie, 1869, S. 280

33 Ebd., S. 280
34 Descartes, René: Abhandlung über die Methode, seine Vernunft gut zu gebrauchen und die Wahrheit in den Wissenschaften zu suchen, 1637, zitiert nach: Hollweg, Arnd: Lebensgrund in Gott: Erkennen im Glauben und Erkennen in den Wissenschaften, Berlin 2015, S. 50
35 Descartes, René: Abhandlung über die Methode des richtigen Vernunftgebrauchs, V. Ordnung der untersuchten physikalischen Probleme, 1637
36 Descola, Philippe: Relativer Universalismus, Anthropologie und kulturelle Diversität – für eine politische Ökologie, Lettre 112, Frühjahr 2016, S. 107–112
37 Zitiert nach: Eberle, Mathias: Individuum und Landschaft. Gießen 1984, S. 41
38 1.Mose, 1,27-29, https://www.bibleserver.com/text/LUT/1.Mose1
39 Augustinus: Vom Gottesstaat, 11. Buch, Kap. 22: Alles in der Welt ist an seinem Platze gut, 413 bis 426
40 Zitiert nach: Allemeyer, Marie Luisa : Kein Land ohne Deich, Göttingen 2006, S. 305
41 Hiob 36,33; https://www.bibleserver.com/text/NLB/Hiob36Prozent2C33
42 Zitiert nach: Schiemann, Gregor (Hrsg.): Was ist Natur? Klassische Texte zur Naturphilosophie, München 1996, S. 80
43 3. Mose, 28.22; https://www.bibleserver.com/text/LUT/3.Mose26
44 Megenberg, Conradus de: Das Buch der Natur: die erste Naturgeschichte in deutscher Sprache, bearbeitet von Hugo Schulz, Greifswald 1897, S. 170
45 Ebd., S. 142 f
46 Petrarca, zitiert nach: Goldstein, Jürgen: Die Entdeckung der Natur, Berlin 2013, S. 38
47 Nach: Kann, Christoph : Zeichen – Ordnung – Gesetz: zum Naturverständnis in der mittelalterlichen Philosophie; in: Dilg, Peter (Hrsg.): Natur im Mittelalter, Berlin 2003, S. 38
48 Menzel, Michael: Die Jagd als Naturkunst. Zum Falkenbuch Kaiser Friedrichs II, in: Fansa, Mamoun: Von der Kunst mit Vögeln zu jagen, Das Falkenbuch Friedrichs II. Kulturgeschichte und Ornithologie, Oldenburg 2008, S. 50–61
49 Swammerdam, Jan: Bybel der Natuure (Bibel der Natur), 1737/38, deutsch 1752; zitiert nach: Goldstein, Jürgen: Die Entdeckung der Natur, Berlin 2013, S. 53
50 Descartes, René, 1637, zitiert nach: Heiland, Stefan: Naturverständnis, Darmstadt 1992, S. 36
51 Zitiert nach: Jakubowski-Tiessen, Manfred: Vom Umgang mit dem Meer – Sturmfluten und Deichbau als mentale Herausforderung; in: Fischer, Ludwig / Reise, Karsten, (Hrsg..): Küstenmentalität und Klimawandel, München 2011, S. 55
52 Zitiert nach: Allemeyer, Marie Luisa : Kein Land ohne Deich; Göttingen 2006, S. 381
53 Zitiert nach: Heiland, Stefan: Naturverständnis, Darmstadt 1992, S. 49
54 Zitiert nach: Wulf, Andrea: Humboldt und die Erfindung der Natur, München 2015, S. 59
55 Novalis (Friedrich von Hardenberg): Die Natur, in: Die Lehrlinge zu Sais, 1799 https://gutenberg.spiegel.de/buch/die-lehrlinge-zu-sais-5233/1
56 Ebd.
57 Ebd.
58 https://www.zgedichte.de/gedichte/heinrich-seidel/im-herbst.html

59 https://nddg.de/gedicht/11668-Am+Morgen-Danckelmann.html
60 Berg, Bengt: Mein Freund der Regenpfeifer; Berlin 1935, S. 66
61 Ebd.: S. 89
62 Illustrerad Tidning für Kvinnan och hemmet (IDUN) Nr. 46 (1609) A. 30: De Årg. November 1917 (Ernst Högman) Rezension E. H–N
63 Berg, Bengt: Mein Freund der Regenpfeifer; Berlin 1935, S. 136
64 Rosa, Hartmut: Resonanz, Berlin 2016, S. 469 ff.
65 de Montaigne, Michel: Essais neben des Verfassers Leben nach der Ausgabe von Pierre Coste; Zweiter Theil II, Buch XII, Zürich 1992; zitiert nach: Linnemann, Manuela (Hrsg.): Brüder, Bestien, Automaten, Erlangen 2000, S. 53 f
66 de La mettrie, Julien Offray: Der Mensch als Maschine, 1748, dt. Nachdruck: Nürnberg 1985, S. 45
67 Safina, Carl: Die Intelligenz der Tiere, München 2017, S. 32
68 Ebd., S. 53
69 Roth, Gerhard: Über den Menschen, Berlin 2021, S. 42
70 Ebd., S. 291
71 Dennett, Daniel C.: Von den Bakterien zu Bach – und zurück; Berlin 2018, S. 369 ff; sowie: Rimbaud, Arthur: Brief an Georges Izambard, zitiert nach: Theweleit, Klaus: Warum Cortes wirklich siegte, Berlin 2020, S. 370; siehe auch: Nørretranders, Tor: Spüre die Welt, Hamburg 1994, S. 418
72 Coccia, Emanuele: Metamorphosen, München 2021, S. 108
73 Übersetzt nach : Beston, Henry: The Outermost House: A Year of Life On The Great Beach of Cape Cod; https://www.goodreads.com/work/quotes/308220-the-outermost-house-a-year-of-life-on-the-great-beach-of-cape-cod
74 Droste Hülshoff, Ferdinand Baron: Die Vogelwelt der Nordseeinsel Borkum, Münster 1869, (Nachdruck Leer 1974), S. X
75 Ebd., S. X f
76 Ebd., S. 351 f
77 Nach: Nitzschke, Hans: Heimatforschung und Naturschutz; in: Nitzschke, Hans (Hrsg.): Das Otto-Leege-Buch, Aurich 1971, S. 82
78 Brunsen, Hanna: Die Entstehung des Nationalparks Niedersächsisches Wattenmeer, Recherchen im Rahmen eines Praktikums bei der Nationalpark-verwaltung Niedersächsisches Wattenmeer, 2012; sowie: Ahl, Selma: Die Geschichte des Nationalparks Niedersächsisches Wattenmeer Materialsammlung und Recherche, Teil II, 2013
79 Ziemek, Hans-Peter / Frohn, Hans-Werner: Das Ehrenamt und seine Bedeutung für die Gründung des Nationalparks im schleswig-holsteinischen Wattenmeer – Ergebnisse eines Zeitzeugenprojektes, in: Tagungsband Mit uns für das Watt! Ehrenamtliche und der Schutz des Wattenmeers, 2015, S. 40
80 Gesetz über den Nationalpark Niedersächsisches Wattenmeer (NWattNPG) vom 11. Juli 2001, § 2 Schutzzweck; Ni-Voris 2001
81 IUCN: https://www.google.com/search?channel=trow2&client=firefox-bd&q=englisch-deutsch
82 Heyken, Jen, in: Beckmann, Oliver: Die Akzeptanz des Nationalparks Niedersächsisches Wattenmeer bei der einheimischen Bevölkerung, Frankfurt a. Main 2003, S. 316

83 Beckmann, Oliver: Die Akzeptanz des Nationalparks Niedersächsisches Wattenmeer bei der einheimischen Bevölkerung, Frankfurt a. Main 2003, S. 318 f
84 Zitiert nach: Ahl, Selma: Die Geschichte des Nationalparks Niedersächsisches Wattenmeer, Materialsammlung und Recherche, Teil II, 15. November 2013
85 Heyken, Jens, 2017, mdl.
86 Wikipedia; https://de.wikipedia.org/wiki/UNESCO-Welterbe
87 Wollesen, Anja / Staub, Sarah: Die touristische Relevanz der deutschen UNESCO-Welterbestätten und Nationalparks bei der Destinationswahl, Fachhochschule Westküste und inspektour GmbH, 2017

4. Wasser, Watt und Wüste

1 https://de.wikipedia.org/wiki/Kiaone-Inseln
2 Fernandes, Valentin: Valentin Ferdinand´s Beschreibung der Westküste Afrika´s vom Senegal bis zur Serl´a Leoa, im Auszuge dargestellt von Friedrick Kunstmann, 1856, S. 65
3 Puigaudeau, Odette du: Barfuß durch Mauretanien, München 2006, S. 48
4 Leyrer, Jutta:. Being at the right time at the right place: interpreting the annual life cycle of Afro-Siberian red knots. PhD Thesis, University of Groningen, Groningen, the Netherlands. 2011, S. 141
5 Zwarts, Leo et al.: Why do waders reach high feeding densities on the intertidal flats of the Banc´d'Arguin, Mauritania? Ardea 78, 1990: 39-52, S. 41 f.
6 Klaassen, Marcel: Wader energetics; in: Ens, Bruno J. et al.: Report of the Dutch-Mauritanian project Banc d'Arguin 1985–1986, 1989, S. 200
7 Vall, Mohamed Ahmedou Salema et al.: Seasonal changes in mollusc abundance in a tropical intertidal ecosystem, Banc d'Arguin (Mauritania): Testing the 'depletion by shorebirds' hypothesis; https://www.sciencedirect.com/science/article/pii/S0272771413004927?via%3Dihub; sowie: van der Geest, Matthijs: Multi-trophic interactions within the seagrass beds of Banc d'Arguin, Mauritania: a chemosyn-thesis-based intertidal ecosystem. PhD thesis, University of Groningen, Groningen, The Netherlands, 2013, S. 222
8 Oudman, Thomas: Red knot habits: An optimal foraging perspective on tidal life at Banc d' Arguin, Oudman, T. Groningen 2017, S. 91
9 Zwarts, Leo et al.: Why do waders reach high feeding densities on the intertidal flats of the Banc d'Arguin, Mauritania? Ardea 78, 1990: 39–52, S. 47
10 Leyrer, Jutta et al.: Mortality within the annual cycle: seasonal survival patterns in Afro-Siberian Red Knots Calidris *canutus canutus*, J Ornithol 2013, 154: 933–943, S. 940
11 El-Hacen, E-H. M.: Beds of grass at Banc d'Arguin, Mauritania: Ecosystem infrastructures underlying avian richness along the East Atlantic Flyway. University of Groningen, 2019
12 Campredon, Pierre: Between the Sahara and the Atlantic, la Tour du Valet, 2000, S. 81
13 Ebd, S. 75
14 Fernandes, Valentin: Valentin Ferdinand´s Beschreibung der Westküste Afrika´s vom Senegal bis zur Serl´a Leoa, im Auszuge dargestellt von Friedrick Kunstmann, 1856, S. 62
15 Ebd., S. 41

16 Ebd., S. 62

17 Ebd., S. 63

18 Ebd., S. 64

19 Paddock, Judah: A Narrative of the Shipwreck of the Ship Oswego: On the Coast of South Barbary, 1818, in: Magnus Ressel: Hamburger Sklavenhändler als Sklaven in Westafrika; in: Zeitschrift des Vereins für Hamburgische Geschichte 96 (2011), S.60; http://agora.sub.uni-hamburg.de/subhh/cntmng;jsessionid=8A32D749337C18C0F4F2565EF4669C95.jvm1?type=pdf&did=c1:61255S.40)

20 https://www.amnesty.de/.../mauretanien-folter-und-haft-fuer-einsatz-gegen-sklaverei, 21.03.2018

21 van der Heyden, Ulrich: Roter Adler an Afrikas Küsten, die brandenburg-preussische Kolonie in Westafrika, Berlin 2001, S.39 ff

22 Zitat aus einem kurfürstlichen Edikt vom 1. Januar 1686, aus: Gloger, Bruno: Friedrich Wilhelm – Kurfürst von Brandenburg. Biografie, 3. Auflage, Berlin 1989, S. 329, zitiert nach: https://de.wikipedia.org/wiki/Brandenburgisch-Afrikanische_Compagnie

23 van der Heyden, Ulrich: Roter Adler an Afrikas Küsten, die brandenburg-preussische Kolonie in Westafrika, Berlin 2001, S.39 ff

24 Puigaudeau, Odette du: Barfuß durch Mauretanien, München 2006, S. 53

25 Ebd., S. 54

26 Binns, J. A. / Barker, Rhiannon: At the Desert's Edge: Oral Histories From the Sahel, 1994https://www.researchgate.net/publication/240810876

27 Kane, Hadya Amadou / Hoffmann, Luc / Campredon, Pierre: Fischer in der Wüste; in: Kemf, E. (Hrsg.): Das Erbe der Ahnen, Basel 1993, S. 33 f

28 Hacan El Hassen, mdl.

29 Westemhagen, Wolfgang von: Limicolen-Vorkommen an der westafrikanischen Küste auf der Banc d'Arguin (Mauretanien), Journal für Ornithologie, 1968, Heft 2, S. 191 f

30 Verschiedene Quellen, z.B.: https://vebu.de/veggie-fakten/veganismus-und-vegetarismus-in-den-weltreligionen/

31 Zitiert nach: Tlili, Dr. Sarra: Vom Umgang mit Tieren im Islam; Deutschlandfunk 26.02.2016; https://www.deutschlandfunk.de/sure-6-vers-38-vom-umgang-mit-tieren-im-islam.2395.de.html?dram:article_id=346492

32 Ibn Khaldun: Die Muqaddima; München 2011, S. 403 f

33 https://www.deutschlandfunk.de/sure-45-verse-12-13-der-koran-und-die-wissenschaft.2395.de.html?dram:article_id=397588

34 Zitiert nach: Walz, Rainer (Hrsg.): Tiere und Menschen, Paderborn 1998, S. 122

35 Diallo, Valerie: Mensch und Natur in Mauretanien, Weikersheim 2005, S. 80

36 Koran 56:21; Quellen: (13001373)https://lesewerkarabisch.wordpress.com/tag/vogel/); Koran 2:117; 3:59 Koranfragmente nach Friedrich Rückert (zwischen 1836 und 1839): https://kitabalazama.wordpress.com/category/paradise/

37 WWF: Fishermen who »walk on water« burn their nets, 05 May 2004; http://wwf.panda.org/wwf_news/?12984

38 Amtsblatt der Europäischen Union, PROTOKOLL über die Festlegung der Fangmöglichkeiten und der finanziellen Gegenleistung nach dem partner-

schaftlichen Fischereiabkommen zwischen der Europäischen Gemeinschaft und der Islamischen Republik Mauretanien für einen Zeitraum von vier Jahren, Artikel 3, L 315/5, 1.12.2015

39 Amtsblatt der Europäischen Union L 69/34: BESCHLUSS (EU) 2017/451 DER KOMMISSION zur Genehmigung bestimmter Änderungen des Protokolls über die Festlegung der Fangmöglichkeiten und der finanziellen Gegenleistung nach dem partnerschaftlichen Fischereiabkommen zwischen der Europäischen Gemeinschaft und der Islamischen Republik Mauretanien im Namen der Europäischen Union, 14. März 2017; nach Angaben des Euractiv Netzwerkes sogar 59,13 Millionen Euro (Eurohttps://www.euractiv.de/section/entwicklungspolitik/news/gemischte-reaktionen-auf-neues-fischereiabkommen-zwischen-der- eu-und-mauretanien/; sowie: https://www.welthungerhilfe.de/welternaehrung/rubriken/entwicklungspolitik-agenda-2030/blinder-fleck-nachhaltige-fischerei/)

40 Amtsblatt der Europäischen Union: 1.12.2015, KAPITEL III , Gebühren, 2.1 Sachleistungen L315/18PROTOKOLL über die Festlegung der Fangmöglichkeiten und der finanziellen Gegenleistung nach dem partnerschaftlichen Fischereiabkommen zwischen der Europäischen Gemeinschaft und der Islamischen Republik Mauretanien für einen Zeitraum von vier Jahren; https://ec.europa.eu/transparency/regdoc/rep/1/2017/DE/COM-2017-125-F1-DE-MAIN-PART-1.PDF

41 Gregor Scheiffarth, mdl.

42 Zitiert nach: Rühl, Bettina: Überwinterungsgebiet für Vögel aus Europa. Der Nationalpark Banc d' Arguin in Mauretanien, Deutschlandfunk 03.03.2009; https://www.deutschlandfunk.de/ueberwinterungsgebiet-fuer-voegel-aus-europa.697.de.html?dram:article_id=75932

43 Ly, Djibril: Alternative solutions for a traditional society undergoing change: support for adding value to Imraguen fishery products from Banc d' Arguin National Park, Mauritania, in: Westlund, Lena et al.: Marine protected areas: Interactions with fishery livelihoods and food security; Fao fisheries and aquaculture technical Paper 603, Rom 2017, S. 66

5. Überwintern unter Palmen

1 World Heritage Nomination – IUCN technical Evaluation; Bijagos Archipel – Motom Moranghajogo (Guinea-Bissau) ID ID No. 1431, 2012

2 Prudhomme, Sylvain: Ein Lied für Dulce, Zürich 2014, S. 24

3 Angaben nach: de.climate-data.org/ – Bolama 2187 mm, Wilhelmshaven 781 mm https://de.climate-data.org/afrika/guinea-bissau/bolama-1266/
https://de.climate-data.org/europa/deutschland/niedersachsen/wilhelmshaven- 22851/

4 Republic of Guinea-Bissau, Secretary of state for environment and Tourism: Fifth National Report to the Convention on Biological Diversity; Bissau, 2014, S.41

5 van Roomen, M. et al.: Status of coastal waterbird populations in the East Atlantic Flyway 2014, Wilhelmshaven 2014, S. 148 f

6 Martin, R. et al.: Conservation of Migratory Birds project: scientific review of migratory birds, their key sites and habitats in West Africa, BirdLife International 2013

7 - Zwarts. Leo: Numbers and distribution of coastal waders in Guinea-Bissau: Ardea 76 (1988): 42–55

- Zwarts, Leo: The winter exploitation of fiddler crabs Uca tangeri by waders in Guinea-Bissau, 1985
- Ens, B.J. / Klaassen, M. / Zwarts, L.: Flocking and feeding in the fiddler crab (UCA tangeri): Prey availability as risk-taking behaviour
- Lourenco, Pedro M. / Catry, Teresa / Granadeiro, Jose P. : Diet and feeding ecology of wintering shorebird assemblage in the Bijagos archipelago, Guinea-Bissau; Journal of Sea Research, Volume 128, October 2017, S. 55

8 Salvig, J.C. et al.: Coastal waders in Guinea-Bissau- aerial surveyr esultsa nd seasonal occurrence on selected low water plots. Wader Study Group, Bull. 84, 1997, S. 33–38

9 Cá da Mosto, Alvise da: Newe unbekannthe landte und ein newe weldte in kurtz verganger Zeythe erfunden, 1508, in: Cá da Mosto, de Zurara, Barros: Heinrich der Seefahrer, Wiesbaden 2013, S. 160

10 Ebd., S. 161

11 Kommogne, Steve: Kankan Musa und die Blütezeit des Malireiches, 2010, S.4; https://wiki.asta-hannover.de/lib/exe/fetch.php?media=informationen:kontrast_2010-10_malireich.pdf; Francois-Xavier Fauvelle: Das goldene Rhinozeros – Afrika im Mittelalter, München 2017, S. 221 ff

12 Zitiert nach: Lundy. Brandon: Resistance is Fruitful: Bijagos of Guinea-Bissau. Peace and Conflict Management Working Paper No. 1, 2015, S. 4

13 Ebd., S. 3

14 Moreira, Mendes: Kurze ethnographischen Studie über die Bijagós, 1946, zitiert nach: Klute, Georg / Fernandes, Raúl: Globale Herausforderungen und die (Wieder-)Entstehung neo-traditioneller Landrechte. Rechtsanthropologische Untersuchungen in Guinea-Bissau; in: Globalisierung Süd; Leviathan Sonderheft 26/2010, S. 119

15 Arnaldo da Silva, mdl.

16 Zitiert nach: Lundy, Brandon: Resistance is Fruitful: Bijagos of Guinea-Bissau. Peace and Conflict Management Working Paper No. 1, 2015, S. 1–9

17 Shryock, Ricci: On Guinea-Bissau's Bubaque island, women rely on oysters for food and money – in pictures, The Guardian 2015; http://www.theguardian.com/global-development/gallery/2015/jan/09/women-guinea-bissau-oysters-in-pictures

18 http://ccas11bijagos.pbworks.com/w/page/35454778/DailyProzent20LifeProzent20andProzent20Traditions.

19 Arnaldo da Silva, mdl.

20 Kobsa-Mark, Michaela: Land-Based Religion in the Bijagós Archipelagos and the Catch 22 of Globalization Bijagós Archipelagos (webpage of Indigenous Religious Traditions)

21 Lerchenmüller, Franz: Öko-Reise: Bijagos-Inseln vor Guinea-Bissau, 12.11.2010 von (Die Presse – Schaufenster); https://diepresse.com/home/schaufenster/reise/609862/OekoReise_BijagosInseln-vor-GuineaBissau

22 José Alves, mdl.

23 Arnaldo da Silva, mdl.

24 Maretti, Claudio C.: The Bijagós Islands; culture, resistance and conservation; Edition: Policy Matters, 12, Chapter: The Bijagós Islands; culture, resistance and

conservation, Publisher: IUCN Commission on Environment, Economic and Social Policy (CEESP), Editors: Grazia Borrini-Feyerabend, Alex de Sherbinin, Chimère Diaw, Gonzalo Oviedo, Diane Pansky, S. 121–131

25 Campredon, Pierre: Coastal wetland planning and management in Guineau-Bissau, in: Towards the Wise Use of Wetlands: Report of the Ramsar Convention Wise Use Project; Edited by T. J. Davis, Ramsar Convention Bureau, Gland, Switzerland October 1993, https://www.ramsar.org/sites/default/files/documents/library/towards_the_wise_use_of_wetlands.pdf

26 http://www.monitoring-nature.info/monitoring/coastal_monitoring.htm

27 Arnaldo da Silva, mdl.

28 Cross, Helen: Why fish? Using entry-strategies to inform governance of the small-scale-sector: A case-study in the Bijagos Archipelago; Marine Policy 51, 2015, S. 128–135

29 Ebd., S.131

30 Republic of Guinea-Bissau Secretary of state for environment and Tourism: Fifth National Report to the Convention on Biological Diversity; Bissau, 2014, S. 37

31 Klute, Georg / Fernandes, Raúl: Globale Herausforderungen und die (Wieder-) Entstehung neo-traditioneller Landrechte, Rechtsanthropologische Untersuchungen in Guinea-Bissau; in: Globalisierung Süd; Leviathan Sonderheft 26/2010, S. 126

32 Cross, Helen: Displacement, disempowerment and corruption: challenges at the interface of fisheries, management and conservation in the Bijagós Archipelago, Guinea-Bissau; 2015 Fauna & Flora International, S. 4

33 Ebd., S. 5

34 Arnaldo da Silva, mdl.

35 Klute, Georg / Fernandes, Raúl: Globale Herausforderungen und die (Wieder-) Entstehung neo-traditioneller Landrechte. Rechtsanthropologische Untersuchungen in Guinea-Bissau; in: Globalisierung Süd; Leviathan Sonderheft 26/2010, S.130 f

36 Intchama JF. / Belhabib D. / Tomás Jumpe, RJ.: Assessing Guinea Bissau's Legal and Illegal Unreported and Unregulated Fisheries and the Surveillance Efforts to Tackle, Them. Front. Mar. Sci. 5:79., 2018 doi: 10.3389/fmars.2018.00079

37 Ebd.

38 Beschluss des Rates über die Unterzeichnung – im Namen der Union – und die vorläufige Anwendung des Protokolls zur Umsetzung des partnerschaftlichen Fischereiabkommens zwischen der Europäischen Gemeinschaft und der Republik Guinea-Bissau (2019–2024), Brüssel 10.4.2019

39 IUCN: World Heritage Nomination – IUCN technical Evaluation; Bijagos Archipel – Motom Moranghajogo (Guinea-Bissau) ID ID No. 1431, 2012

40 European Commission: https://ec.europa.eu/europeaid/news-and-events/european-union-tackling-illegal-fishing- western-africa-supporting-regional_en

41 Arnaldo da Silva, mdl.

42 Arte TV: Guinea-Bissau: Die Flußpferde der Bijagos-Inseln; Begegnung mit Meeresvölkern: Bijagos; Ausstrahlung, 2021

43 Maclean, Ruth: Our god is stronger – can biodiverse Bijagós fend off evangelical

threat? The Guardian 6.11.2018; https://www.theguardian.com/global-development/2018/nov/06/our-god-is-stronger-can-biodiverse-bijagos-fend-off-evangelical-threat

44 Ebd.

45 Bordonaro, Lorenzo I.: Discourse in Guinea-Bissau: Source: African Studies Review, Vol. 52, No. 2, Guinea-Bissau Today, 2009, S. 77–78

46 Ebd., S. 79

47 Arnaldo da Silva, mdl.

48 Bordonaro, Lorenzo I.: Discourse in Guinea-Bissau: Source: African Studies Review, Vol. 52, No. 2, Guinea-Bissau Today 2009, S. 74

49 http://www.gemeinsam-fuer-afrika.de/informieren/handel-und-wirtschaft/

50 Abiola, Hafsat: Politiker versprechen, die Fluchtursachen in den armen Ländern zu bekämpfen. Gleichzeitig versucht die EU, in Afrika ein verheerendes Freihandelsabkommen durchzusetzen; Zeit-online; 1. August 2016

51 Brenier, Ambroise / Ramos, Emanuel / Henriques, Augusta: Live from Urok! Urok Islands Community Marine Protected Area: lessons learned and impacts; 2009, S. 22

52 Ebd., S. 27

6. Lagunen am Sandmeer

1 Hirsch Soboil, Jeremy: Dunes and Dune movement in the Walvis Bay area of Namibia, and implications for future Land-use Planning and Development; Kapstadt, 1996, S. 43

2 van Roomen M. et al.: Simultaneous January 2020 waterbird census along the East Atlantic Flyway: National Reports. Wadden Sea Flyway Initiative p/a Common Wadden Sea Secretariat, Wilhelmshaven 2020, Germany, Wetlands International, Wageningen, The Netherlands, BirdLife International, Cambridge, United Kingdom, S. 118; siehe auch: Wearne, K. / Underhill, L.G.: Walvis Bay, Namibia: a key wetland for waders and other coastal birds in southern Africa, Wader Study Group Bull. 107, S. 25

3 Kolberg, H.: Trends in Namibian Waterbird Populations 9: Waders and Shorebirds – Part 3; Lanioturdus Vol. 46(3) 2013, S. 24

4 Lagoon monitoring on track: http://www.erongo.com.na/news/lagoon-monitoring-on-track2018-03-05/; 2018

5 Underhill, R.W. / Waltner, M: The dispersion of red knots Calidris canutus in Africa – is southern Africa a buffer for West Africa? African journal of marine science 2011 v.33 no.2 pp., S. 203–208; sowie: van Roomen, M. et al.: Simultaneous January 2020 waterbird census along the East Atlantic Flyway: National Reports. Wadden Sea Flyway Initiative p/a Common Wadden Sea Secretariat, Wilhelmshaven 2020, Germany, Wetlands International, Wageningen, The Netherlands, BirdLife International, Cambridge, United Kingdom, S. 118; siehe auch: Wearne, K, / Underhill, L.G.: Walvis Bay, Namibia: a key wetland for waders and other coastal birds in southern Africa, Wader Study Group Bull. 107, S. 118; sowie: Van Roomen, M. et.al: Status of coastal waterbird populations in the East Atlantic Flyway, Wilhelmshaven 2014, S. 81

6 Wearne, K. / Underhill, L.G.: Walvis Bay, Namibia: a key wetland for waders and other coastal birds in southern Africa, Wader Study Group Bull. 107: S.25, sowie: Kolberg, H.: Trends in Namibian Waterbird Populations 9: Waders and Shorebirds – Part 3, Lanioturdus Vol. 46 (3) 2013, S. 24; sowie: van Roomen M. et al.: Simultaneous January 2020 waterbird census along the East Atlantic Flyway: National Reports. Wadden Sea Flyway Initiative p/a Common Wadden Sea Secretariat, Wilhelmshaven 2020, Germany, Wetlands International, Wageningen, The Netherlands, BirdLife International, Cambridge, United Kingdom, S. 118; siehe auch Wearne, K, / Underhill, L.G.: Walvis Bay, Namibia: a key wetland for waders and other coastal birds in southern Africa, Wader Study Group Bull. 107, S. 118

7 Ebd., S. 24

8 Fijn, Ruben C. et al.: Arctic Terns Sterna pradisaea from The Netherlands migrate record distances across three oceans to Wilkes Land, East Antarctica, Ardea 2013, 101: S. 3–12

9 Alexander, Sir James Edward: An Expedition of Discovery Into the Interior of Africa: Through the Hitherto Undescribed Countries of the Great Namaquas, Boschmans, and Hill Damaras, Band 2, 1838, S. 72

10 Ebd., S. 72

11 van den Eynden, Veerle / Vernemmen, P. / van Damme, P. : The Ethnobotany of the Topnaar;The Commission of the European Community, 1992, S. 36 f

12 Schürmann, Felix: Der graue Unterstrom, Frankfurt am Main 2017, S. 100

13 Avery, Graham: Late Holocene avian remains from Wortel, Walvis Bay, SWA/ Namibia, and some observations on seasonality and Topnaar Hottentot prehistory; Madoqua. Vol. 14, No 1, 1984, S. 64

14 Schürmann, Felix: Der graue Unterstrom, Frankfurt am Main 2017, S. 105

15 Siehe dazu: Dedering, Tilman: Hate the old and follow the New – Khoekhoe and Missionaries in the Early Nineteenth-Century Namibia, Missionsgeschichtliches Archiv 2, Stuttgart 1997, S. 44 f; sowie: Klocke-Daffa, Sabine: Wenn Du hast, musst Du geben – Soziale Sicherung im Ritus und im Alltag bei den Nama von Berseba/Namibia, Münster 2001, S.113 ff

16 Schapira, I.: The Khoisan People of South Africa, London 1930, S. 382

17 Dedering, Tilman: Hate the Old and follow the New – Khoekhoe and Missionaries in the Early Nineteenth-Century Namibia, Missionsgeschichtliches Archiv 2, Stuttgart 1997, S. 44 f

18 Schürmann, Felix: Der graue Unterstrom, Frankfurt am Main 2017, S. 119

19 Silverman, Melinda: Between the Atlantic and the Namib, An Environmental History of Walvis Bay Commissoned by the Walvis Bay Local Agenda 21 ProjectWindhoek 2004, S. 22, nach: Baines, T. (1864): Explorations in South-West Africa, Salisbury 1973

20 Zitiert nach: Schürmann, Felix: Der graue Unterstrom, Frankfurt am Main 2017, S. 113

21 Ebd., S. 105

22 Hahn, Carl Hugo: Hahns Tagebücher, S.155, zitiert nach Schürmann, Felix: Der graue Unterstrom, Frankfurt am Main 2017, S. 117

23 Schürmann, Felix: Der graue Unterstrom, Frankfurt am Main 2017, S. 112 f
24 Rohden, L. von: Geschichte der Rheinischen Missionsgesellschaft. Im Auftrage des Vorstandes der Gesellschaft aus den Quellen migeteihlt; Barmen 1856, S. 167
25 Ebd., S. 171
26 Ebd., S. 180
27 Fabri, Friedrich: Bedarf Deutschland der Kolonien?, Streitschrift 1879
28 Metz, Johanna: Verdrängter Genozid; Das Parlament Nr 2-3/06.01.2020; https://www.dasparlament.de/2020/2_3/themenausgaben/676816-676816
29 Ebd.
30 Ebd.
31 Rohden, L. von: Geschichte der Rheinischen Missionsgesellschaft. Im Auftrage des Vorstandes der Gesellschaft aus den Quellen migeteihlt; Barmen 1856, S.102
32 Nach Reinhard, Wolfgang: Der Missionar; in: Jürgen Zimmerer (Hrsg.): Kein Platz an der Sonne, Frankfurt a. Main, 2013, S. 290
33 Außenminister Heiko Maas, zitiert aus: Versöhnungsabkommen mit Namibia – Deutschland erkennt Kolonialverbrechen als Genozid an: https://www.deutschlandfunk.de/versoehnungsabkommen-mit-namibia-deutschland-erkennt.2897.de.html?dram:article_id=497979
34 Deutsches Kolonial-Lexikon (1920), Band III, S. 663 f.
35 Kelso, Casey C.: Int the Twilight(Zone) of Apartheid – WalvsBay, Institute of current world affairs,1992; http://www.icwa.org/wp-content/uploads/2015/09/CCK-8.pdf
36 Ebd., S. 4
37 Ebd., S. 10
38 Grill, Bartholomäus: Wir Herrenmenschen, München 2019, S. 191 ff
39 Weidlich, Brigitte: Namibias Hafenbehörde rüstet sich für die Zukunft, namibiafocus, 10. August 2018; https://namibiafocus.com/namibias-hafenbehoerde-ruestet-sich-fuer-die-zukunft/
40 https://worldpopulationreview.com/countries/namibia-population/
41 McIntyre, Chris: Walvis Bay Lagoon: a bleak future; https://www.bradtguides.com/articles/walvis-bay-lagoon/; 30/06/2019
42 Magnúsdóttir, Katrín: Guests in their Homeland – The situation of the Topnaar community, the traditional but not legal residents in the Namib Naukluft Park, Reykjavik 2013, S. 76
43 Diese und die folgenden Angaben nach: Magnúsdóttir, Katrín: Guests in their Homeland – The situation of the Topnaar community, the traditional but not legal residents in the Namib Naukluft Park, Reykjavik 2013, S. 51 ff
44 Ebd., S. 76
45 Ebd., S. 90
46 Krämer, Mario: Neotraditional authority contested: the corporatization of tradition and the quest for democracy in the Topnaar Traditional Authority, Namibia, Africa 90 (2) 2020: 318–38 doi:10.1017/S0001972019001062

7. Schicksalhaft verbunden

1 Buehler, Deborah / Allan, M., Baker, J. / Piersma, Theunis: Reconstructing

palaeoflyways of late Pleistocene and early Holocene Red Knot calidris canutus; Ardea 94(3), 2006

2 Kleefstra R. et al.: Trends of Migratory and Wintering Waterbirds in the Wadden Sea 1987/1988–2019/2020, Wilhelmshaven 2022, S. 49

3 Helbig, A.J.: Inheritance of migratory direction in an bird species: a cross-breeding experiment with SE- and SW-migrating blckcaps (*Sylvia atricapilla*). Behavioral Ecology and Sociobiology 28, 1991, S. 9–12

4 Piersma, Theunis: Flyway evolution is too fast to be explained by the modern synthesis: proposals for an 'extended' evolutionary research agenda, J Ornithol (2011) 152 (Suppl 1; S151–S159DOI 10.1007/s10336-011-0716-z

5 Elvert, Jürgen: Europa, das Meer und die Welt, München 2018, S. 165, sowie: Nudson, Nicholas: Hottentots´and the evolution of European racism, Journal of European Studies 34(4) 2012, S. 309

6 Sowa, Frank: Indigene Völker in der Weltgesellschaft, Bielefeld 2014, S. 137 ff

7 Boas, Franz: Das Geschöpf des sechsten Tages, ursprünglich: Mind of Primitive Man, 1911, S. 226; zitiert nach: King, Charles: Schule der Rebellen, München 2020, S. 128 f

8 Ngũgĩ wa Thiongo´o: Afrika sichtbar machen; Münster 2016, S. 125

9 van Roomen, M. et.al: Status of coastal waterbird populations in the East Atlantic Flyway, Wilhelmshaven 2014, S. 81

10 van Roomen M. et al.: Simultaneous January 2020 waterbird census along the East Atlantic Flyway: National Reports. Wadden Sea Flyway Initiative p/a Common Wadden Sea Secretariat, Wilhelmshaven 2020, Germany, Wetlands International, Wageningen, The Netherlands, BirdLife International, Cambridge, United Kingdom, sowie: Kleefstra R. et al.: Trends of Migratory and Wintering Waterbirds in the Wadden Sea 1987/1988–2019/2020; Wilhelmshaven 2022

11 Hoose, Phillip: Moonbird: A Year on the Wind with the Great Survivor B95, New York 2012

12 Clay, Rob: Results of the 2020 Aerial Survey of rufa Red Knot in Tierra del Fuego, 2020; https://whsrn.org/results-of-the-2020-aerial-survey-of-rufa-red-knot-in-tierra-del-fuego/

13 http://datazone.birdlife.org/species/factsheet/red-knot-calidris-canutus/text

14 https://www.iucn.org/theme/protected-areas/about/protected-areas-categories/category-ii-national-park

15 Muir, John: Our National Parks, Boston, 1903, S. 1

16 Dowie, Mark: Die zwei Gesichter der Ökologie (The Guardian), in: der Freitag 6.6. 2009; https://www.freitag.de/autoren/the-guardian/die-zwei-gesichter-der-okologie

17 Hauff, Volker (Hrsg.): Unsere gemeinsame Zukunft. Der Brundtland-Bericht der Weltkommission für Umwelt und Entwicklung, Eggenkamp, Greven 1987, S. 149

18 Glaubrecht, Matthias: Das Ende der Evolution, München 2019, S. 383

19 Ebd.

20 AGENDA 21, Konferenz der Vereinten Nationen für Umwelt und Entwicklung, Rio de Janeiro, Juni 1992, S. 154

21 Nationale Strategie zur biologischen Vielfalt; Kabinettsbeschluss vom 7. November 2007, S.10; https://www.bmz.de/de/ministerium/ziele/2030_agenda/historie/rio_plus20/umweltgipfel/index.html

22 https://www.bmu.de/themen/natur-biologische-vielfalt-arten/naturschutz-biologische-vielfalt/internationales-eu/ramsar-konvention/

23 Hirschfeld, Axel / Attard, Geraldine, zitiert nach: //www.komitee.de/content/aktionen-und-projekte/jagdstrecken-europa

24 https://www.duden.de/rechtschreibung/Oekologie

25 van Roomen M. et al.: East Atlantic Flyway Assessment 2020. The status of coastal waterbird populations and their sites. Wadden Sea Flyway Initiative p/a CWSS, Wilhelmshaven, Germany, Wetlands International, Wageningen, The Netherlands, BirdLife International, Cambridge, United Kingdom, 2022, S. 200

26 Reise, Karsten: Wattökologische Folgen bei Änderung von Klima und Küste, S. 33; http://www.sdn-web.de/wp-content/uploadsThemen950414Watt%C3%B6kologische-Folgen-bei-%C3%84nderung-von-Klima-und-K%C3%BCste.pdf

27 Reichholf, Joseph H.: Comeback der Biber; München 1993, S. 226; zitiert nach: Sowa, Frank: Indigene Völker in der Weltgesellschaft, Bielefeld 2014, S. 112

28 https://www.shh.mpg.de/200480/reviewanthropocenehistory, Max-Planck-Institut für Menscheitsgeschichte

29 - https://www.sueddeutsche.de/wissen/un-umweltbericht-geo-plastikmuell-artensterben-1.4365808 13. März 2019
- UN Environment (2019). Global Environment Outlook – GEO-6: Healthy Planet, Healthy People. Nairobi. DOI 10.1017/9781108627146.
- Umweltbundesamt: TEXTE 24/2019, Veröffentlichung des 6. Globalen Umweltberichts (GEO-6) 2019: Analyse der Implikationen für Deutschland
- Schmeller, Dr. Dirk S.: Ursachen für den Verlust von Tierarten, in: Bundeszentrale für politische Bildung 2008; http://www.bpb.de/gesellschaft/umwelt/dossier-umwelt/61294/verlust-von-tierarten

30 IUCN: The IUCN Red List of Threatened Species; Redlist 2018; http://www.iucnredlist.org:

31 Gissibl, Bernhard / Höhler, Sabine / Kupper, Patrick: Towards a Global History of National Parks, in: Civilizing Nature National Parks in Global Historical Perspective, 2012, S. 1

32 Glaubrecht, Matthias: Das Ende der Evolution, München 2019, S. 790

33 Mitteilung der Kommission an das Europäische Parlament, den Rat, den Europäischen Wirtschafts- und Sozialausschuss und den Ausschuss der Regionen: EU-Biodiversitätsstrategie für 2030, Mehr Raum für die Natur in unserem Leben; Brüssel 20.5.2020, S. 3

34 Ebd., S. 4

35 Ebd, S. 7

36 Sowa, Frank: Indigene Völker in der Weltgesellschaft, Bielefeld 2014, S. 131 ff

37 Duden: https://www.duden.de/rechtschreibung/Nachhaltigkeit

38 https://www.shh.mpg.de/200480/reviewanthropocenehistory, Max-Planck-Institut für Menscheitsgeschichte

39 https://de.wikipedia.org/wiki/Moas

40 Siehe: Glaubrecht, Matthias: Das Ende der Evolution, München 2019, S. 811 ff; sowie Diamond, Gared: Kollaps, Frankfurt am Main 2005, S.103 f, S. 225 ff

41 Benrath, Manuel: Unter dem Nordlicht, Berlin 2020, S. 108

42 Adloff, Frank / Busse, Tanja: Gegen das Massensterben: Warum die Natur Rechte braucht, in: Blätter für Deutsche und internationale Politik, 66. Jahrgang, 11/2021, S. 43–52
43 Ebd., S. 48
44 Ebd., S. 46
45 Descola, Philippe: Relativer Universalismus, Anthropologie und kulturelle Diversität – für eine politische Ökologie, Lettre 112, Frühjahr 2016, S. 112

8. Rückkehr in eine veränderte Welt

1 https://www.sciencedaily.com/releases/2019/04/190424202546.htm https://www.theguardian.com/environment/2017/mar/01/northern-hemisphere-sees-in-early-spring-due-global-warming;
2 van Gils, Jan A. / Lisovski, Simeon / Lok, Tamar: Body shrinkage due to Arctic warming reduces red knot fitness in tropical wintering range; SCIENCE science mag.org 13 MAY 2016, VOL 352 ISSUE 6287, S. 819 f
3 van Gils, Jan A.: Climate change leads to shortage of males, Inaugural lecture Jan van Gils 21 September 2021 https://www.nioz.nl/en/news/inaugural-lecture-jan-van-gils-21-september-2021-climate-change-leads-to-shortage-of-males
4 Neuer Weltklimabericht, Schnellere Erwärmung, extremere Wetter 09.08.2021: https://www.tagesschau.de/ausland/europa/weltklima-bericht-ipcc-101.html
5 Beck, Ulrich: Die Metamorphose der Welt, Berlin 2017, S. 149
6 Staalesen, Atle: This Russian Arctic coast has planet‘s quickest warming; The barents observer, 2021
7 van Gils, Jan A.: Climate change leads to shortage of males, Inaugural lecture Jan van Gils 21 September 2021; https://www.nioz.nl/en/news/inaugural-lecture-jan-van-gils-21-september-2021-climate-change-leads-to-shortage-of-males; sowie Reneerkens, Jeroen : Climate change effects on Wadden Sea birds along the East-Atlantic-flyway; waddenacademie Position Paper 2020
8 Schmidt, Niels Martin et al.: Response of an arctic predator guild to collapsing lemming cycles; Article in Proceedings of the Royal Society B: Biological Sciences 279(1746):4417-4422; 2012, DOI: 10.1098/rspb.2012
9 TASS: https://tass.com/economy/1325263 ARCTIC TODAY, 12 Aug 2021
10 MDR: Öl-Unglück in Sibirien Russland nach Umweltkatastrophe: Bürgermeister schuld? 12. Juni 2020 https://www.mdr.de/nachrichten/osteuropa/land-leute/sibirien-norilsk-umweltkatastrophe-schuldige-100.html;
11 Polovtseva, Maria : A Blessing and a Curse: Melting Permafrost in the Russian Arctic; Climate and Environment, Commentary, Politics and Strategy, Russia, 2020, Permafrost.https://www.thearcticinstitute.org/blessing-curse-melting-permafrost-russian-arctic/
12 Sputniknews: https://de.sputniknews.com/panorama/20180831322164819-russland-nordostpassage-arktis/31.08.2018
13 Langer, Marco et al.: Perspektiven der arktischen Seefahrt in der Zukunft; Warn signal Klima; http://www.klima-warnsignale.uni-hamburg.de/wp-content/uploads/2013/02/Langer.
14 Gunnarsson, Dr. Bjørn: The Northern Sea Route's Economic and Strategic

Significance and Plan for Sustainable Usage; ASEM Symposium on Eurasia Transport & Logistics Network; Seoul, 2015

15 https://www.teekay.com/blog/2018/02/09/timelapse-eduard-toll-transiting-northern-sea-route/

16 Staalesen, Atle: https://thebarentsobserver.com/ru/node/156, 2015

17 Staalesen, Atle: This dark shadow over the Russian Arctic comes from coal, The Barents Observer, 2017; https://thebarentsobserver.com/en/about-us

18 Gunnarsson, Dr. Bjørn: The Northern Sea Route's Economic and Strategic Significance and Plan for Sustainable Usage; ASEM Symposium on Eurasia Transport & Logistics Network; Seoul, 2015

19 Ruck, Ina: Umweltskandal in Russland Giftige Brühe in der Tundra; ARD-Studio Moskau, 29.06.2020; https://www.tagesschau.de/ausland/russland-sibirien-umweltskandal-101.html

20 Koptseva, Natalia P. et al.: Traditional Nature Management Areas as Means of Organizing the Economic Activities of the Siberian Arctic's Indigenous Minorities; International Review of Management and Marketing, Vol 6, Special Issue, 2016, S. 154–161.

21 Krumenacker, Thomas: Zur falschen Zeit am richtigen Ort – wie der Klimawandel Vögel unter Druck setzt; https://www.riffreporter.de/flugbegleiter-koralle/flugbegleiter-klimawandel/

22 Rakhimberdiev, Eldar et al.: Fuelling conditions at staging sites can mitigate Arctic warming effects in a migratory bird; NATURE COMMUNICATIONS | (2018) 9:4263 | DOI: 10.1038/s41467-018-06673-5 | www.nature.com/nature communications 1

23 Hillman, Frank / Freund, Holger: Klimatische Veränderungen an der Küste – Daten derWetterstationen Wilhelmshaven, Jever und Hooksiel; in: Der Mellumrat e.V, Natur- und Umweltschutz, Bd 19, Heft 1, 2020, S. 28

24 Alfred-Wegener-Institut, Helmholtz-Zentrum für Polar- und Meeresforschung: Die Folgen des Klimawandels für das Leben in der Nordsee, AWI Fact sheet, 2014

25 Ministerium für Energiewende, Landwirtschaft, Umwelt und ländliche Räume des Landes Schleswig-Holstein: Strategie für das Wattenmeer 2100, 2015

26 NLWKN: https://www.nlwkn.niedersachsen.de/hochwasser_kuestenschutz/kuestenschutz/antworten_auf_haeufig_gestellte_fragen/kuestenschutz-und-deichbau-in-niedersachsen-45182.html

27 Klimareporter: Eindämmung der Nordsee soll am billigsten sein, 18. Februar 2020, https://www.klimareporter.de/technik/eindaemmung-der-nordsee-soll-am-billigsten-sein

28 Reneerkens, Jeroen: Climate change effects on Wadden Sea birds along the East-Atlantic-flyway; waddenacademie Position Paper 2020; siehe auch: Elguindi, Nellie / Giorgi, Filippo / Wisser, Dominik: Climatic Change 2015; http://link.springer.com/article/10.1007%2Fs10584-015-1522-z; 27

29 Reimer, Nick / Staud, Toralf: Deutschland 2050 – Wie der Klimawandel unser Leben verändern wird; Köln 2021, S. 44 ff

30 Kok, Eva (NIOZ): How to adjust travel plans in a changing world? Category: Knot; Blog 1, How to adjust travel plans in a changing world? April 6 2021

31 Climate Policy Watcher: Benguela Current; 28 Jan 2020/Global Climate https://www.climate-policy-watcher.org/global-climate-2/benguela-current.html; sowie: Eggert, B. (2011): Auswirkungen der Oberflächeneigenschaften in REMO auf die Simulation der unteren Atmosphäre, CSC Report 8, Climate Service Center, Germany

32 Mirowski, Philip: Untote leben länger, Berlin 2019, S. 56 ff

33 Hobbes, Thomas: Vom Bürger – Vom Menschen, Kap. I, 1647; in: Philosophische Bibliothek Bd 665, Hamburg 2017, S. 31 u. S. 29

34 Sloan Wilson, Heinrich / David, Joseph: Scientists discover what Economists haven´t found: Humans; Economics 2016; zitiert nach: Bregman, Lutger: Im Grunde gut, Hamburg 2020, S. 35

35 Smith, Adam: Theorie der ethischen Gefühle, Hamburg 2004, Vierter Teil, S. 324 und 326, erster Teil, S. 1; zitiert nach Raworth, Kate: Die Donut-Ökonomie, München 2018, S. 120

36 Beck, Ulrich: Die Metamorphose der Welt, Berlin 2017, S. 81

37 https://ec.europa.eu/info/strategy/priorities-2019-2024/european-green-deal/actions-being-taken-eu/eu-biodiversity-strategy-2030_de

38 Kern, Bruno: Das Märchen vom grünen Wachstum, Zürich 2019

39 Umweltbundesamt: https://www.umweltbundesamt.de/themen/klima-energie/erneuerbare-energien/erneuerbare-energien-in-zahlen#uberblick.

40 Vieweger, Hans-Joachim: Verschärfte Klimaziele. Deutlich höherer Stromverbrauch bis 2030, 13.07.2021; https://www.tagesschau.de/wirtschaft/altmaier-stromverbrauch-deutschland-erhoeung-101.html; sowie Schneidewind, Uwe: Die große Transformtion, Frankfurt am Main 2018, S. 196

41 Mehr Fortschritt wagen: Koalitionsvertrag 2021–2025 zwischen der Sozialdemokratischen Partei Deutschlands (SPD), Bündnis 90/Die Grünen und den Freien Demokraten (FDP), S. 56

42 Bethge, Philip: Grün-grünes Dilemma, in: Der Spiegel Nr.4/22.1.2022, S. 104 f

43 Glüsing, Jens, et. al.: Raubbau im Namen der Umwelt, in: Der Spiegel, Nr.44/30.10.2021, S. 8 ff

44 https://www.tagesschau.de/ausland/g20-klima-brown-to-green-report-101.html

45 Raworth, Kate: Die Donut-Ökonomie, München 2018, S. 71

46 - Postwachstumsökonomie: http://www.postwachstumsoekonomie.de/
- Gemeinwohlokonomie: https://www.ecogood.org/de/;
- Donut-Ökonmie: Raworth, Kate: Die Donut-Ökonomie, München 2018

47 Scheidler, Fabian: Das Ende der Megamaschine, Wien 2015

48 Rahmsdorf, S. / Schellnhuber, H.J.: Der Klimawandel, München 2018, S. 47

49 El-Menouar, Dr. Yasemin / Unzicker, Dr. Kai: Klimawandel, Vielfalt, Gerechtigkeit – Wie Werthaltungen unsere Einstellungen zu gesellschaftlichen Zukunftsfragen bestimmen, Gütersloh 2021, S. 13 ff

50 https://rp-online.de/politik/gruenen-waehler-fliegen-gern-aber-mit-schlechtem-gewissen_aid-19128257

51 https://www.theeuropean.de/martin-walzer/14862-die-gruene-doppelmoral

52 Ekardt, Felix: Wir können uns ändern, München 2017, S. 49

53 ARD Tagesschau am 21.09.2020 07:03 Uhr: https://www.tagesschau.de/ausland/oxfam-klima-reich-arm-101.html

54 Currid-Halkett, Elizabeth: Fair gehandelt?, München 2021, S. 196
55 Reckwitz, Andreas: Die Gesellschaft der Singularitäten, Berlin 2017, S. 320 ff
56 Ekardt, Felix: Wir können uns ändern, München 2017, S. 77
57 Jamieson, Dale: Reason in a Dark Time, Oxford Scholarship Online: April 2014; DOI:10.1093/acprof:oso/9780199337668.001.0001
58 Zitiert nach: Hage, Simon et al: Die Weltverbesserer; in: Der Spiegel, Nr. 29/13.7.2019, S. 15 ff
59 Kopatz, Michael: Schluss mit der Ökomoral, München 2019
60 Ebd., S. 7
61 Read, Rupert, Alexander, S.: Diese Zivilisation ist gescheitert, Hamburg 2020, S. 100
62 Bauman, Zygmunt: Retrotopia, Berlin 2017, S. 203
63 Siehe: Sapolski, Robert: Gewalt und Mitgefühl, München 2017
64 Bauman, Zygmunt: Retrotopia, Berlin 2017
65 Sikelsky, Robert und Edward: Wie viel ist genug?, München 2013, S. 170
66 Welzer, Harald: Alles könnte anders sein, Frankfurt am Main 2019, 1. Merksatz, S. 295
67 Hermann, Bernd: Noch eine Eigenschaft der Umweltgeschichte?, in: Margit Mersch (Hrsg.): Mensch-Natur-Wechselwirkungen in der Vormoderne, Beiträge zur mittelalterlichen und frühneuzeitlichen Umweltgeschichte, Göttingen 2016, S. 24